数学·统计学系列

数学分析（第3册）

Mathematical Analysis (Volume Ⅲ)

徐森林　金亚东　薛春华　编著

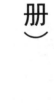

HITP
哈爾濱工業大學出版社
HARBIN INSTITUTE OF TECHNOLOGY PRESS

内容简介

本套书共分三册来讲解数学分析的内容. 在深入挖掘传统精髓内容的同时,力争做到与后续课程内容的密切结合,使内容具有近代数学的气息. 另外,从讲述和训练两个层面来体现因材施教的教学理念.

本册是第三册内容包括无穷级数,函数项级数,幂级数,用多项式一致逼近连续函数,含参变量积分,傅里叶分析. 书中配备大量典型实例,习题分练习题、思考题与复习题三个层次,供广大读者使用.

本套书可作为理工科大学或师范大学数学专业的教材,特别是基地班或试点班的教材,也可作为大学教师与数学工作者的参考书.

图书在版编目(CIP)数据

数学分析. 第3册/徐森林,金亚东,薛春华编著. —哈尔滨:哈尔滨工业大学出版社,2021.3(2022.9重印)

ISBN 978-7-5603-8073-5

Ⅰ. ①数… Ⅱ. ①徐… ②金… ③薛… Ⅲ. ①数学分析—高等学校—教材 Ⅳ. ①O17

中国版本图书馆 CIP 数据核字(2021)第048128号

策划编辑　刘培杰　张永芹
责任编辑　杜莹雪　王勇钢
封面设计　孙茵艾
出版发行　哈尔滨工业大学出版社
社　　址　哈尔滨市南岗区复华四道街10号　邮编150006
传　　真　0451-86414749
网　　址　http://hitpress.hit.edu.cn
印　　刷　哈尔滨市颉升高印刷有限公司
开　　本　787 mm×1 092 mm　1/16　印张24.25　字数438千字
版　　次　2021年3月第1版　2022年9月第2次印刷
书　　号　ISBN 978-7-5603-8073-5
定　　价　28.00元

前　言

数学分析是数学专业最重要的基础课,它对后继课程(实变函数、泛函分析、拓扑、微分几何)和近代数学的学习与研究具有非常深远的影响和至关重要的作用. 一本优秀的数学分析教材必须包含传统微积分内容的精髓和分析能力与方法的传授,也必须包含近代的内容,其检验标准是若干年后能否涌现出一批高水准的应用数学人才和数学研究人才,特别是一些数学顶尖人物. 作者从事数学分析教学几十年,继承导师、著名数学家吴文俊教授的一整套教学(特别是教授数学分析的)方法(中国科学技术大学称之为"吴龙"),并将其发扬光大,因材施教,在中国科学技术大学培养了一批国内外知名的数学家与数学工作者. 目前,作者徐森林被特聘到华中师范大学数学与统计学学院,并在数学试点班用此教材讲授数学分析,效果显著.

本书的主要特色可以归纳为以下几点:

1. 传统精髓内容的完善化.

本书包含了实数的各种引入,七个实数连续性等价命题的论述;给出了单变量与多变量的 Riemann 可积的各等价命题的证明;讨论了微分中值定理,Taylor 公式余项的各种表达;介绍了积分第一、第二中值定理,隐函数存在性定理与反函数定理的两种不同的证法等内容.

2. 与后继课程的紧密结合,使内容近代化.

本书在介绍经典微积分理论的同时,将近代数学中许多重要的概念、理论恰到好处地引入分析教材中. 例如,在积分理论中,给出了 Lebesgue 定理:函数 f Riemann 可积的充要条件是 f 几乎处处连续且有界;详细讨论了 $\mathbb{R}^n$ 中的拓扑及相应的开集、闭集、聚点等概念,描述了 $\mathbb{R}^n$ 中集合的紧致性、连通性、可数性、Hausdorff 性等拓扑不变性,使读者站在拓扑的高度来理解零值定理、介值定理、最值定理与一致连续性定理. 引进外微分形式及外微分运算,将经典 Newton-Leibniz 公式、平面 Green 公式、空间 Stokes 公式与 Gauss 公式统一为 Stokes 公式,并对闭形式、恰当形式与场论的对偶关系给出了全新的表述. 这不仅使教材内容本身近代化,而且为学生在高年级学习拓扑、实变函数、泛函分析、微分几何等课程提供了一个实际模型并打下良好的基础,为经典数学与近代数学架设了一座桥梁.

3. 因材施教,着重培养学生的研究与创新能力.

同一定理(如零值定理、一致连续性定理、Lagrange 中值定理、Cauchy 中值定理、隐函数存在性定理与反函数定理等)经常采用多种证法;同一例题应用不同定理或不同方法解答,这是本书的又一特色. 它使学生广开思路、积极锻炼思维能力,使思维越来越敏捷与成熟. 书中举出大量例题是为了让读者得到一定的基本训练,同时从定理的证明和典型实例的分析中掌握数学分析的技巧与方法. 习题共分 3 个层次:练习题、思考题与复习题. 练习题是基本题,是为读者熟练掌握内容与方法所设置的. 为提高学生对数学的兴趣及解题的能力,设置了思考题. 为了让读者减少做题的障碍,增强对数学的自信心,其中有些题给出了提示. 实际上,每一节的标题就是最好的提示. 在每一章设置了大量复习题,这些题不给提示,因此大部分学生对它们会感到无从下手,这些题是为少数想当数学家的学生特别设置的,希望他们能深入思考,自由发挥,将复习题一一解答出来,为将来的研究培养自己的创新能力. 如有困难,我们还可撰写一本精练的学习指导书.

本套书共分三册. 第 1 册内容包括数列极限,函数极限与连续,一元函数的导数与微分中值定理,Taylor 公式,不定积分以及 Riemann 积分;第 2 册内容包括 $\mathbb{R}^n$ 中的拓扑,n 元函数的极限与连续,n 元函数的微分学,隐函数定理与反函数定理，n 重积分，第一型曲线、曲面积分，第二型曲线、曲面积分，Stokes 定理，外微分形式与场论；第 3 册内容包括数项级数和各种收敛判别法，函数项级数的一致收敛性及其性质，含参变量反常积分的一致收敛性及其性质，Euler 积分（Γ 函数与 B 函数），幂级数与 Taylor 级数，Fourier 分析.

在撰写本书的时候，得到了华中师范大学数学与统计学学院领导和教师们的热情鼓励与大力支持，作者们谨在此对他们表示诚挚的感谢. 博士生邓勤涛、胡自胜、薛琼，硕士生金亚东、鲍焱红等对本书的写作提出了许多宝贵的意见，使本书增色不少，在此也一并感谢.

特别还要感谢的是哈尔滨工业大学出版社的副社长刘培杰老师，编辑张永芹、杜莹雪、王勇钢，他们为我们提供了出版这本数学分析书的机会，了却了我多年的心愿.

徐森林

目　录

第12章　无穷级数

前面接触到的函数主要是初等函数，有相当多的自然现象和工程技术中的问题需要用这些函数来描述. 但是，随着科学技术的发展，人们对自然界的认识逐步深化，发现许多自然现象不能用初等函数来描述，特别是有很多微分方程的解不能用初等函数来表达，这就要求人们去构造一些新的函数.

19 世纪上半叶，数学家普遍认为，连续函数除了一些特殊点外都是可导的，他们不能想象有处处连续、处处不可导的函数存在. 1875 年 Weierstrass 首先构造出具有上述性质的函数，使大家对连续与可导的概念在认识上前进了一大步. Weierstrass 构造的这个函数正是用无穷级数 $\sum\limits_{n=1}^{\infty} u_n(x)$ 来表达的. 在例 13.2.14中介绍的例子不是 Weierstrass 构造的，而是由 van der Waerden 在 1930 年构造的，它在想法上更直观一些.

由此可见，无穷级数是构造新函数的一个十分有用的工具. 当然，随之会有很多新问题：无穷多个函数如何求和？如何研究和函数的性质？

12.1　数项级数

定义 12.1.1　设 $a_1,\cdots,a_n,\cdots$ 为一实数列，称形式和 $\sum\limits_{n=1}^{\infty} a_n$ 为**无穷级数**，称 a_n 为该无穷级数的**第 n 项**（也称为**通项**），称 $S_n = \sum\limits_{k=1}^{n} a_k$ 为它的**第 n 个部分和**. 如果

$$\lim_{n\to+\infty} S_n = \lim_{n\to+\infty}\sum_{k=1}^{n} a_k = S \in \mathbb{R}$$

则称级数 $\sum\limits_{n=1}^{\infty} a_n$ 是**收敛**的，其和为 S，记作

$$\sum_{n=1}^{\infty} a_n = S = \lim_{n\to+\infty} S_n = \lim_{n\to+\infty} \sum_{k=1}^{n} a_k$$

否则称级数 $\sum_{n=1}^{\infty} a_n$ 是**发散**的.

如果 $\lim_{n\to+\infty} S_n = +\infty$(或 $-\infty$,∞),则称级数 $\sum_{n=1}^{\infty} a_n$ 的和为 $+\infty$(或 $-\infty$,∞),但此时级数 $\sum_{n=1}^{\infty} a_n$ 是发散的. 有时,也说级数 $\sum_{n=1}^{\infty} a_n$ 发散于 $+\infty$(或 $-\infty$,∞),记作 $\sum_{n=1}^{\infty} a_n = +\infty$(或 $-\infty$,∞).

上述表明,由数列$\{a_n\}$得出一个新数列 $S_n = \sum_{k=1}^{n} a_k$;反之,对任何一个数列$\{S_n\}$,令 $a_1 = S_1, a_2 = S_2 - S_1, \cdots, a_n = S_n - S_{n-1}\,(n\geqslant 2)$,就有

$$\sum_{k=1}^{n} a_k = S_1 + (S_2 - S_1) + \cdots + (S_n - S_{n-1}) = S_n$$

它是级数 $\sum_{n=1}^{\infty} a_n$ 的第 n 个部分和,于是

$$级数 \sum_{n=1}^{\infty} a_n 收敛(发散)\Leftrightarrow 数列 S_n = \sum_{k=1}^{n} a_k 收敛(发散)$$

由此可想象到,级数 $\sum_{n=1}^{\infty} a_n$ 与数列$\{S_n\}$之间具有对偶性,也就是级数 $\sum_{n=1}^{\infty} a_n$ 具有的性质(问题)可以翻译成(化为)数列$\{S_n\}$的性质(问题);反之,数列$\{S_n\}$具有的性质(问题)可以翻译成(化为)级数 $\sum_{n=1}^{\infty} a_n$ 的性质(问题). 但是,应该注意的是,它们各有自己固有的特性和方便的论述. 因此,即使对数列已积累了大量的结果,我们还是有必要研究级数的各种收敛判别法,函数项级数一致收敛判别法以及级数的重要性质.

定理 12.1.1(级数收敛的 Cauchy 判别法——级数收敛的 Cauchy 准则) 下列结论是等价的:

(1)级数 $\sum_{n=1}^{\infty} a_n$ 收敛;

(2)$\forall \varepsilon>0$, $\exists N\in\mathbb{N}$,当 $n,m\in\mathbb{N}$,$m>n$ 时,有

$$\left|\sum_{k=n+1}^{m} a_k\right| < \varepsilon$$

(3) $\forall \varepsilon>0, \exists N\in\mathbb{N}$，当 $n>N$ 时，有

$$\left|\sum_{k=n+1}^{n+p} a_k\right|<\varepsilon \quad (\forall p\in\mathbb{N})$$

证明　(1)级数 $\sum_{n=1}^{\infty} a_n$ 收敛，即 $S_n=\sum_{k=1}^{n} a_k$ 收敛，根据数列收敛的 Cauchy 判别法$\Leftrightarrow \forall \varepsilon>0, \exists N\in\mathbb{N}$，当 $n,m\in\mathbb{N}$，$m\geqslant n$ 时，有

$$|S_n-S_m|<\varepsilon$$

$\Leftrightarrow$(2) $\forall \varepsilon>0, \exists N\in\mathbb{N}$，当 $n,m\in\mathbb{N}$，$m>n$ 时，有

$$\left|\sum_{k=n+1}^{m} a_k\right|=|S_n-S_m|<\varepsilon$$

$\Leftrightarrow$(3) $\forall \varepsilon>0, \exists N\in\mathbb{N}$，当 $n>N$ 时，有

$$\left|\sum_{k=n+1}^{n+p} a_k\right|<\varepsilon \quad (\forall p\in\mathbb{N})$$

现在，我们来重述定理1.4.1.

定理12.1.2(级数收敛的必要条件)　设级数 $\sum_{n=1}^{\infty} a_n$ 收敛，则 $\lim_{n\to+\infty} a_n=0$，但反之不真.

证法1　显然

$$\lim_{n\to+\infty} a_n=\lim_{n\to+\infty}(S_n-S_{n-1})=\lim_{n\to+\infty}S_n-\lim_{n\to+\infty}S_{n-1}=S-S=0$$

证法2　$\forall \varepsilon>0$，因为级数 $\sum_{n=1}^{\infty} a_n$ 收敛，所以根据级数收敛的 Cauchy 判别法知，$\exists N\in\mathbb{N}$，当 $n-1>N$ 时，取 $p=1$，有

$$|a_n-0|=\left|\sum_{k=(n-1)+1}^{(n-1)+1} a_k\right|<\varepsilon$$

这就证明了 $\lim_{n\to+\infty} a_n=0$.

但是，反之不真. 例如：$a_n=\frac{1}{n}$，$\lim_{n\to+\infty} a_n=\lim_{n\to+\infty}\frac{1}{n}=0$. 而由例1.4.2，$\sum_{n=1}^{\infty}\frac{1}{n}$ 发散.

推论12.1.1　如果 $\lim_{n\to+\infty} a_n\neq 0$，则 $\sum_{n=1}^{\infty} a_n$ 发散.

证明　(反证法)假设 $\sum_{n=1}^{\infty} a_n$ 收敛，由定理12.1.2，$\lim_{n\to+\infty} a_n=0$，这与已知 $\lim_{n\to+\infty} a_n\neq 0$ 相矛盾.

定理12.1.3(级数收敛的简单性质)　设级数 $\sum_{n=1}^{\infty} a_n$，$\sum_{n=1}^{\infty} b_n$ 都收敛,c 为常数,则级数 $\sum_{n=1}^{\infty} ca_n$ 与 $\sum_{n=1}^{\infty}(a_n \pm b_n)$ 也收敛,且

$$\sum_{n=1}^{\infty} ca_n = c\sum_{n=1}^{\infty} a_n$$

$$\sum_{n=1}^{\infty}(a_n \pm b_n) = \sum_{n=1}^{\infty} a_n \pm \sum_{n=1}^{\infty} b_n$$

证明　$$\sum_{n=1}^{\infty} ca_n = \lim_{n\to+\infty}\sum_{k=1}^{n} ca_k = \lim_{n\to+\infty} c\sum_{k=1}^{n} a_k = c\lim_{n\to+\infty}\sum_{k=1}^{n} a_k = c\sum_{n=1}^{\infty} a_n$$

$$\sum_{n=1}^{\infty}(a_n \pm b_n) = \lim_{n\to+\infty}\sum_{k=1}^{n}(a_k \pm b_k) = \lim_{n\to+\infty}\left(\sum_{k=1}^{n} a_k \pm \sum_{k=1}^{n} b_k\right)$$

$$= \lim_{n\to+\infty}\sum_{k=1}^{n} a_k \pm \lim_{n\to+\infty}\sum_{k=1}^{n} a_k = \sum_{n=1}^{\infty} a_n \pm \sum_{n=1}^{\infty} b_n$$

定理12.1.4　级数 $\sum_{n=1}^{\infty} a_n$ 去掉或加上有限项,不影响级数的敛散性.

证明　设去掉级数 $\sum_{n=1}^{\infty} a_n$ 前面 m 项所得级数为 $\sum_{n=m+1}^{\infty} a_n$. 记

$$S_n = \sum_{k=1}^{n} a_k$$

$$S'_n = \sum_{k=m+1}^{m+n} a_k = S_{m+n} - S_m$$

于是

$$\sum_{n=1}^{\infty} a_n \text{ 敛散} \Leftrightarrow S_n \text{ 敛散} \Leftrightarrow S_{m+n} \text{ 敛散}(m \text{ 固定}) \Leftrightarrow S'_n = S_{m+n} - S_m \text{ 敛散} \Leftrightarrow \sum_{n=m+1}^{\infty} a_n \text{ 敛散}$$

定理12.1.5　设级数 $\sum_{n=1}^{\infty}$ 收敛. 如果将级数的项任意归组,但不改变先后次序,所得新级数为

$$(a_1 + \cdots + a_{n_1}) + (a_{n_1+1} + \cdots + a_{n_2}) + \cdots + (a_{n_{k-1}+1} + \cdots + a_{n_k}) + \cdots$$

则新级数也收敛,且与原级数有相同的和.

注意,逆命题不成立.

证明　设原级数的部分和为 S_n,则新级数的部分和为 $S'_k = S_{n_k}$,它为原级数部分和的一个子列. 由已知,S_n 收敛,故 S_{n_k} 也收敛,且

$$(a_1 + \cdots + a_{n_1}) + (a_{n_1+1} + \cdots + a_{n_2}) + \cdots + (a_{n_{k-1}+1} + \cdots + a_{n_k}) + \cdots$$

$$= \lim_{k\to+\infty} S_{n_k} = \lim_{n\to+\infty} S_n = \sum_{n=1}^{\infty} a_n$$

反例：考查级数 $\sum_{n=1}^{\infty}(-1)^{n-1}=1-1+1-1+1-1+\cdots$. 由于

$$\lim_{k\to+\infty}S_{2k-1}=\lim_{k\to+\infty}1=1$$
$$\lim_{k\to+\infty}S_{2k}=\lim_{k\to+\infty}0=0$$

$\lim_{n\to+\infty}S_n$ 不存在，所以级数 $\sum_{n=1}^{\infty}(-1)^{n-1}$ 发散，但新级数

$$(1-1)+(1-1)+(1-1)+\cdots$$

收敛.

如果加一个条件，定理 12.1.5 的逆命题就成立了.

定理 12.1.6　设级数

$$(a_1+\cdots+a_{n_1})+(a_{n_1+1}+\cdots+a_{n_2})+\cdots+(a_{n_{k-1}+1}+\cdots+a_{n_k})+\cdots$$

在同一括号内有相同的符号，且此级数收敛，则原级数 $\sum_{n=1}^{\infty}a_n$ 也收敛，且两级数之和相等.

证明　设

$$S'_k=(a_1+\cdots+a_{n_1})+(a_{n_1+1}+\cdots+a_{n_2})+\cdots+(a_{n_{k-1}+1}+\cdots+a_{n_k})=S_{n_k}$$

由新级数收敛，故 $\lim_{k\to+\infty}S'_k=S$. 因为每个括号内是同号的，所以当 n 从 n_{k-1} 变到 n_k 时，原级数的部分和将单调地在 $S'_{k-1}=S_{n_{k-1}}$ 与 $S'_k=S_{n_k}$ 之间变动，即

$$S'_{k-1}=S_{n_{k-1}}\leqslant S_{n_{k-1}+1}\leqslant\cdots\leqslant S_{n_k-1}\leqslant S_{n_k}=S'_k\quad(\text{当 } a_{n_{k-1}+1}\geqslant0,\cdots,a_{n_k}\geqslant0)$$
$$S'_{k-1}=S_{n_{k-1}}\geqslant S_{n_{k-1}+1}\geqslant\cdots\geqslant S_{n_k-1}\geqslant S_{n_k}=S'_k\quad(\text{当 } a_{n_{k-1}+1}\leqslant0,\cdots,a_{n_k}\leqslant0)$$

令 $n\to+\infty$，则 $k\to+\infty$，且 $\lim_{k\to+\infty}S'_k=\lim_{k\to+\infty}S'_{k-1}=S$. 根据极限的定义立知

$$\lim_{n\to+\infty}S_n=S$$

例 12.1.1　讨论等比级数的收敛性.

解　$\sum_{n=0}^{\infty}q^n=1+q+q^2+\cdots+q^n+\cdots$

$$=\begin{cases}\lim\limits_{n\to+\infty}\sum\limits_{k=0}^{n}q^k=\lim\limits_{n\to+\infty}\dfrac{1-q^{n+1}}{1-q}=\begin{cases}\dfrac{1}{1-q},|q|<1,\text{级数收敛}\\+\infty,q>1\\\infty,q<-1\end{cases}\\\lim\limits_{n\to+\infty}\sum\limits_{k=0}^{n}1=\lim\limits_{n\to+\infty}(n+1)=+\infty,q=1\\\lim\limits_{n\to+\infty}\sum\limits_{k=0}^{n}(-1)^k=\lim\limits_{n\to+\infty}\dfrac{1+(-1)^n}{2}\text{不存在},q=-1\end{cases}$$

（其中 $q>1$、$q<-1$、$q=1$、$q=-1$ 四种情形：级数发散）

裂项相消法 将 a_n 表示为 $V_{n+1}-V_n$(或 V_n-V_{n-1})的形式,如果 $\lim\limits_{n\to+\infty} V_{n+1}$ 存在,则

$$S_n=\sum_{k=1}^{n}a_k=\sum_{k=1}^{n}(V_{k+1}-V_k)=V_{n+1}-V_1\to\lim_{n\to+\infty}V_{n+1}-V_1\quad(n\to+\infty)$$

$$\left(\text{或 } S_n=\sum_{k=1}^{n}a_k=\sum_{k=1}^{n}(V_k-V_{k-1})=V_n-V_0\to\lim_{n\to+\infty}V_n-V_0(n\to+\infty)\right)$$

特别的,若 $a_n=\dfrac{1}{\alpha_n\alpha_{n+1}\cdots\alpha_{n+m}}$,其中 α_k 形成公差为 d 的等差数列,取

$$V_n=-\frac{1}{md}\frac{1}{\alpha_n\alpha_{n+1}\cdots\alpha_{n+m-1}}\quad(m\in\mathbb{N})$$

则有

$$\begin{aligned}V_{n+1}-V_n&=-\frac{1}{md}\left(\frac{1}{\alpha_{n+1}\alpha_{n+2}\cdots\alpha_{n+m}}-\frac{1}{\alpha_n\alpha_{n+1}\cdots\alpha_{n+m-1}}\right)\\&=-\frac{1}{md}\frac{\alpha_n-\alpha_{n+m}}{\alpha_n\alpha_{n+1}\cdots\alpha_{n+m}}=-\frac{1}{md}\frac{-md}{\alpha_n\alpha_{n+1}\cdots\alpha_{n+m}}\\&=\frac{1}{\alpha_n\alpha_{n+1}\cdots\alpha_{n+m}}=a_n\end{aligned}$$

例 12.1.2 求下列级数的和:

(1) $\displaystyle\sum_{n=1}^{\infty}\frac{1}{n(n+1)}$;

(2) $\displaystyle\sum_{n=1}^{\infty}\frac{1}{4n^2-1}$;

(3) $\displaystyle\sum_{n=1}^{\infty}\frac{1}{n(n+1)(n+2)}$;

(4) $\displaystyle\sum_{n=1}^{\infty}\arctan\frac{1}{n^2+n+1}$.

解 (1) $$\sum_{n=1}^{\infty}\frac{1}{n(n+1)}=\lim_{n\to+\infty}\sum_{k=1}^{n}\left(\frac{1}{k}-\frac{1}{k+1}\right)\xlongequal{\text{裂项相消}}\lim_{n\to+\infty}\left(1-\frac{1}{n+1}\right)=1-0=1$$

(2) $$\sum_{n=1}^{\infty}\frac{1}{4n^2-1}=\lim_{n\to+\infty}\sum_{k=1}^{n}\frac{1}{2}\left(\frac{1}{2k-1}-\frac{1}{2k+1}\right)\xlongequal{\text{裂项相消}}\lim_{n\to+\infty}\frac{1}{2}\left(1-\frac{1}{2n+1}\right)=\frac{1}{2}(1-0)=\frac{1}{2}$$

(3) $$\sum_{n=1}^{\infty}\frac{1}{n(n+1)(n+2)}=\lim_{n\to+\infty}\sum_{k=1}^{n}\frac{1}{k(k+1)(k+2)}$$

$$=\lim_{n\to+\infty}\sum_{k=1}^{n}\frac{1}{2}\left[\frac{1}{k(k+1)}-\frac{1}{(k+1)(k+2)}\right]$$

$$\xlongequal{\text{裂项相消}}\lim_{n\to+\infty}\frac{1}{2}\left[\frac{1}{1\times 2}-\frac{1}{(n+1)(n+2)}\right]$$

$$=\frac{1}{2}\left(\frac{1}{2}-0\right)=\frac{1}{4}$$

(4) $$\sum_{n=1}^{\infty}\arctan\frac{1}{n^2+n+1}=\sum_{n=1}^{\infty}\arctan\frac{(n+1)-n}{n^2+n+1}$$

$$=\sum_{n=1}^{\infty}[\arctan(n+1)-\arctan n]$$

$$=\lim_{n\to+\infty}\sum_{k=1}^{n}[\arctan(k+1)-\arctan k]$$

$$=\lim_{n\to+\infty}[\arctan(n+1)-\arctan 1]$$

$$=\frac{\pi}{2}-\frac{\pi}{4}=\frac{\pi}{4}$$

例 12.1.3　求级数 $\sum\limits_{n=0}^{\infty}\frac{(-1)^n+2}{3^n}$ 的和.

解　$$\sum_{n=0}^{\infty}\frac{(-1)^n+2}{3^n}\xlongequal{\text{定理 12.1.3}}\sum_{n=0}^{\infty}\left(\frac{-1}{3}\right)^n+2\sum_{n=0}^{\infty}\left(\frac{1}{3}\right)^n$$

$$=\frac{1}{1-\left(-\frac{1}{3}\right)}+2\frac{1}{1-\frac{1}{3}}=\frac{3}{4}+3=\frac{15}{4}$$

例 12.1.4　求级数 $\sum\limits_{n=1}^{\infty}\frac{n}{3^n}$.

解法 1　设 $S=\sum\limits_{n=1}^{\infty}\frac{n}{3^n}$,则

$$\frac{1}{3}S=\sum_{n=1}^{\infty}\frac{n}{3^{n+1}}=\sum_{n=2}^{\infty}\frac{n-1}{3^n}$$

两式相减得

$$\frac{2}{3}S=S-\frac{1}{3}S=\sum_{n=1}^{\infty}\frac{n}{3^n}-\sum_{n=2}^{\infty}\frac{n-1}{3^n}=\frac{1}{3}+\sum_{n=2}^{\infty}\frac{1}{3^n}=\frac{\frac{1}{3}}{1-\frac{1}{3}}=\frac{1}{2}$$

$$S=\frac{3}{2}\times\frac{1}{2}=\frac{3}{4}$$

解法2 因为

$$\begin{aligned}\sum_{k=1}^{n}kx^{k-1}&=\left(\sum_{k=1}^{n}x^{k}\right)'=\left(\frac{1-x^{n+1}}{1-x}\right)'\\&=\frac{-(n+1)x^{n}(1-x)-(1-x^{n+1})(-1)}{(1-x)^{2}}\\&=\frac{nx^{n+1}-(n+1)x^{n}+1}{(1-x)^{2}}\end{aligned}$$

所以

$$\begin{aligned}\sum_{n=1}^{\infty}\frac{n}{3^{n}}&=\frac{1}{3}\sum_{n=1}^{\infty}n\left(\frac{1}{3}\right)^{n-1}=\frac{1}{3}\lim_{n\to+\infty}\sum_{k=1}^{n}k\left(\frac{1}{3}\right)^{k-1}\\&=\frac{1}{3}\lim_{n\to+\infty}\frac{n\left(\frac{1}{3}\right)^{n+1}-(n+1)\left(\frac{1}{3}\right)^{n}+1}{\left(1-\frac{1}{3}\right)^{2}}=\frac{1}{3}\,\frac{0+0+1}{\left(\frac{2}{3}\right)^{2}}=\frac{3}{4}\end{aligned}$$

例 12.1.5 证明:级数 $\sum_{n=1}^{\infty}n\sin\frac{1}{n}$ 与 $\sum_{n=1}^{\infty}\left(1+\frac{1}{n}\right)^{n}$ 均发散.

证明 因为

$$\lim_{n\to+\infty}n\sin\frac{1}{n}=\lim_{n\to+\infty}\frac{\sin\frac{1}{n}}{\frac{1}{n}}=1\neq0$$

$$\lim_{n\to+\infty}\left(1+\frac{1}{n}\right)^{n}=\mathrm{e}\neq0$$

所以,据推论 12.1.1,级数 $\sum_{n=1}^{\infty}n\sin\frac{1}{n}$ 与 $\sum_{n=1}^{\infty}\left(1+\frac{1}{n}\right)^{n}$ 均发散.

例 12.1.6 设 $a_n>0$,$\{a_n-a_{n+1}\}$ 为一个严格减的数列. 如果 $\sum_{n=1}^{\infty}a_n$ 收敛,证明

$$\lim_{n\to+\infty}\left(\frac{1}{a_{n+1}}-\frac{1}{a_n}\right)=+\infty$$

证明 因为 $\sum_{n=1}^{\infty}a_n$ 收敛,由定理 12.1.2 知,$\lim_{n\to+\infty}a_n=0$,从而 $\lim_{n\to+\infty}(a_n-a_{n+1})=0$. 但因 $\{a_n-a_{n+1}\}$ 严格减,故必有 $a_n-a_{n+1}>0$,即 $\{a_n\}$ 为严格减的数

列. 此外,由于$\{a_n - a_{n+1}\}$严格减,故有

$$a_n^2 = \sum_{k=n}^{\infty}(a_k^2 - a_{k+1}^2) = \sum_{k=n}^{\infty}(a_k - a_{k+1})(a_k + a_{k+1})$$
$$< (a_n - a_{n+1})\sum_{k=n}^{\infty}(a_k + a_{k+1})$$

于是

$$\frac{1}{a_{n+1}} - \frac{1}{a_n} = \frac{a_n - a_{n+1}}{a_n a_{n+1}} > \frac{a_n - a_{n+1}}{a_n^2} > \frac{1}{\sum\limits_{k=n}^{\infty}(a_k + a_{k+1})} \to +\infty \quad (n \to +\infty)$$

这是因为$\sum\limits_{k=1}^{\infty}(a_k + a_{k+1})$收敛,所以$\lim\limits_{n\to+\infty}\sum\limits_{k=n}^{\infty}(a_k + a_{k+1}) = 0$. 由此推得

$$\lim_{n\to+\infty}\left(\frac{1}{a_{n+1}} - \frac{1}{a_n}\right) = +\infty$$

练习题 12.1

1. 研究下列级数的敛散性

$$\sum_{n=1}^{\infty}\sqrt{n},\ \sum_{n=1}^{\infty}\frac{1}{\sqrt{n}},\ \sum_{n=1}^{\infty}\frac{1}{10^n},\ \sum_{n=1}^{\infty}\frac{1}{4n+5},\ \sum_{n=1}^{\infty}\frac{1}{\ln n}$$

2. 证明下列级数发散:

(1) $\sum\limits_{n=1}^{\infty}\frac{n}{n+1}$;　　(2) $\sum\limits_{n=1}^{\infty}(-1)^n\frac{n^2+1}{3n^2-2}$;

(3) $\sum\limits_{n=1}^{\infty}\frac{1}{\sqrt[n]{n}}$;　　(4) $\sum\limits_{n=1}^{\infty}\left(1-\frac{1}{n}\right)^n$;

(5) $\sum\limits_{n=1}^{\infty}\left(1+\frac{1}{n}\right)^n$;　　(6) $\sum\limits_{n=1}^{\infty}(-1)^n n\sin\frac{1}{n}$.

3. 求下列级数的和:

(1) $1-\frac{1}{2}+\frac{1}{4}-\frac{1}{8}+\cdots+(-1)^{n-1}\frac{1}{2^{n-1}}+\cdots$;

(2) $\frac{1}{1\times3}+\frac{1}{3\times5}+\frac{1}{5\times7}+\cdots+\frac{1}{(2n-1)(2n+1)}+\cdots$;

(3) $\frac{1}{1\times4}+\frac{1}{4\times7}+\frac{1}{7\times10}+\cdots+\frac{1}{(3n-2)(3n+1)}+\cdots$;

(4) $\frac{1}{1\times 4}+\frac{1}{2\times 5}+\frac{1}{3\times 6}+\cdots+\frac{1}{n(n+3)}+\cdots$;

(5) $\frac{1}{2}+\frac{3}{2^2}+\frac{5}{2^3}+\cdots+\frac{2n-1}{2^n}+\cdots$;

(6) $\sum\limits_{n=1}^{\infty}\arctan\frac{2n+1}{n^2(n+1)^2+1}$.

4. 证明下列等式:

(1) $\sum\limits_{n=1}^{\infty}\frac{2n+1}{n^2(n+1)^2}=1$;

(2) $\sum\limits_{n=1}^{\infty}(\sqrt{n+2}-2\sqrt{n+1}+\sqrt{n})=1-\sqrt{2}$;

(3) $\sum\limits_{n=1}^{\infty}\ln\frac{n(2n+1)}{(n+1)(2n-1)}=\ln 2$;

(4) $\sum\limits_{n=1}^{\infty}\frac{1}{n(n+m)}=\frac{1}{m}\left(1+\frac{1}{2}+\cdots+\frac{1}{m}\right)$,其中 m 为自然数.

5. 作一无穷级数 $\sum\limits_{n=1}^{\infty}a_n$,使其部分和 $S_n=\frac{1}{n}$,$n=1,2,\cdots$.

6. 设 $\sum\limits_{n=1}^{\infty}a_n$ 收敛,证明:$\sum\limits_{n=1}^{\infty}(a_n+a_{n+1})$ 也收敛.举例说明逆命题不成立.但若 $a_n\geqslant 0$,则逆命题也成立,试证之.

7. 设 $\sum\limits_{n=1}^{\infty}a_n$ 收敛,证明:$\sum\limits_{n=1}^{\infty}(a_n+b_n)$ 与 $\sum\limits_{n=1}^{\infty}b_n$ 同敛散.

8. 设 $\sum\limits_{n=1}^{\infty}a_n$ 与 $\sum\limits_{n=1}^{\infty}b_n$ 都是发散级数,举例说明下列级数

$$\sum_{n=1}^{\infty}(a_n+b_n),\ \sum_{n=1}^{\infty}(a_n-b_n),\ \sum_{n=1}^{\infty}a_nb_n,\ \sum_{n=1}^{\infty}\frac{a_n}{b_n}$$

可能收敛,也可能发散.

9. 计算 $\sum\limits_{n=1}^{\infty}n\mathrm{e}^{-nx}$(提示:考虑$(1-\mathrm{e}^{-x})S_n$).

10. 求下列级数的和:

(1) $\sum\limits_{n=0}^{\infty}\frac{x^{2^n}}{1-x^{2^{n+1}}}$,$|x|<1$;

(2) $\sum\limits_{k=1}^{\infty}\arctan\frac{1}{2k^2}$;

(3) $\sum\limits_{k=1}^{\infty}\arctan\frac{2}{4k^2-4k+1}$;

(4) $\sum\limits_{n=1}^{\infty}\frac{1}{n(n+1)^2}$(见例16.1.3).

思考题 12.1

1. 设 r 为正整数, $pn+q\neq 0, n=1,2,\cdots$, 证明

$$\sum_{n=1}^{\infty}\frac{1}{(pn+q)(pn+q+pr)}=\frac{1}{pr}\left(\frac{1}{q+p}+\frac{1}{q+2p}+\cdots+\frac{1}{q+rp}\right)$$

2. 设 m 为给定的正整数,证明

$$\sum_{n=1}^{\infty}\frac{1}{m^2-n^2}=-\frac{1}{4m^2}$$

3. 应用不等式

$$\ln\left(1+\frac{1}{k}\right)<\frac{1}{k}<\ln\left(1+\frac{1}{k-1}\right)\quad (k=2,3,\cdots)$$

证明

$$10<1+\frac{1}{2}+\frac{1}{3}+\cdots+\frac{1}{10^6}<20$$

4. 设数列 $\{na_n\}$ 与级数 $\sum\limits_{n=1}^{\infty}n(a_n-a_{n+1})$ 都收敛. 证明:级数 $\sum\limits_{n=1}^{\infty}a_n$ 也收敛.

5. (1)设 $\sum\limits_{n=1}^{\infty}a_n$ 为一个收敛级数,其和为 S. 用 $\{S_n\}$ 记它的部分和数列. 令

$$\sigma_n=\frac{S_1+S_2+\cdots+S_n}{n}$$

证明: $\lim\limits_{n\to+\infty}\sigma_n=S$.

(2)构造一个发散级数 $\sum\limits_{n=1}^{\infty}a_n$,使得由(1)所定义的 $\{\sigma_n\}$ 却是收敛的.

(3)设 $\{\sigma_n\}$ 是由(1)定义的数列. 如果 $\lim\limits_{n\to+\infty}\sigma_n=S$, 证明: $a_n=o(n), n\to+\infty$.

6. 证明:级数 $\sum\limits_{n=1}^{\infty}a_n$ 收敛⇔对于任意的正整数序列 $p_1,p_2,\cdots,p_k,\cdots$ 及自然数的任意子序列 $\{n_k\}$, 皆有

$$\lim_{k\to+\infty}(a_{n_k+1}+a_{n_k+2}+\cdots+a_{n_k+p_k})=0$$

12.2 正项级数的判别法

我们先来给出正项级数的各种判别法. 它们都是根据级数的通项 a_n 的性质来判定无穷级数 $\sum\limits_{n=1}^{\infty} a_n$ 的敛散性,从而得到了部分和 $S_n = \sum\limits_{k=1}^{n} a_k$ 所组成的数列的敛散性. 这也是从 a_n 这局部性态反映和 $\sum\limits_{n=1}^{\infty} a_n$ 的整体性质.

定义 12.2.1 设 $a_n \geqslant 0 (a_n > 0), n = 1, 2, \cdots$,则称级数 $\sum\limits_{n=1}^{\infty} a_n$ 为(**严格**)**正项级数**. 显然,(严格)正项级数的部分和数列 $S_n = S_{n-1} + a_n \geqslant S_{n-1} (> S_{n-1})$ 是(严格)单调增的.

因此,有下面的定理.

定理 12.2.1 正项级数 $\sum\limits_{n=1}^{\infty} a_n$ 收敛$\Leftrightarrow$部分和 $S_n = \sum\limits_{k=1}^{n} a_k$ 有界.

证明 ($\Leftarrow$)因 S_n 单调增有界,故 S_n 收敛,它等价于 $\sum\limits_{n=1}^{\infty} a_n$ 收敛.

($\Rightarrow$) $\sum\limits_{n=1}^{\infty} a_n$ 收敛,它等价于 S_n 收敛. 根据数列收敛的定理 1.2.2 知,S_n 有界.

由定理 12.2.1 可推出下面几个重要的比较判别法.

定理 12.2.2(Cauchy 积分比较判别法) 设 $f(x)$ 为 $[a, +\infty)$ 上的非负单调减的连续函数,其中 $a > 0$,则级数 $\sum\limits_{n=1}^{\infty} f(a+n)$ 与广义积分 $\int_a^{+\infty} f(x)\mathrm{d}x$ 同敛散.

证明 由 $f(x)$ 单调减,故当 $a+k \leqslant x \leqslant a+k+1$ 时

$$f(a+k+1) \leqslant f(x) \leqslant f(a+k)$$

于是

$$\begin{aligned} f(a+k+1) &= \int_{a+k}^{a+k+1} f(a+k+1)\mathrm{d}x \leqslant \int_{a+k}^{a+k+1} f(x)\mathrm{d}x \leqslant \int_{a+k}^{a+k+1} f(a+k)\mathrm{d}x \\ &= f(a+k) \quad (k = 0, 1, 2, \cdots) \end{aligned}$$

$$\sum_{k=0}^{n} f(a+k+1) \leqslant \sum_{k=0}^{n} \int_{a+k}^{a+k+1} f(x)\,\mathrm{d}x = \int_{a}^{a+n+1} f(x)\,\mathrm{d}x \leqslant \sum_{k=0}^{n} f(a+k)$$

如果 $\int_a^{+\infty} f(x)\,\mathrm{d}x$ 收敛，则

$$\sum_{k=0}^{n} f(a+k+1) \leqslant \int_{a}^{a+n+1} f(x)\,\mathrm{d}x \leqslant \int_{a}^{+\infty} f(x)\,\mathrm{d}x < +\infty$$

根据定理 12.2.1 知，$\sum_{k=0}^{\infty} f(a+k+1)$ 从而 $\sum_{n=1}^{\infty} f(a+n)$ 收敛.

如果 $\sum_{n=1}^{\infty} f(a+n)$ 收敛（即 $\sum_{k=0}^{\infty} f(a+k)$ 收敛），则 $\forall A > a$，有充分大的 n，使得 $A < a+n+1$，

$$\int_{a}^{A} f(x)\,\mathrm{d}x \leqslant \int_{a}^{a+n+1} f(x)\,\mathrm{d}x \leqslant \sum_{k=0}^{n} f(a+k) \leqslant \sum_{k=0}^{\infty} f(a+k) < +\infty$$

从而 $\int_a^{+\infty} f(x)\,\mathrm{d}x$ 收敛.

例 12.2.1　对于级数

$$\sum_{n=1}^{\infty} \frac{1}{n^x} = 1 + \frac{1}{2^x} + \frac{1}{3^x} + \cdots$$

证明：当 $x>1$ 时，此级数收敛；当 $x\leqslant 1$ 时，此级数发散. 于是，$\zeta(x) = \sum_{n=1}^{\infty} \frac{1}{n^x}$ 定义了 $(1,+\infty)$ 上的一个函数，称为 Riemann ζ 函数.

证法 1　参阅例 1.4.2.

证法 2　应用 Cauchy 积分比较判别法知

$$\sum_{n=1}^{\infty} \frac{1}{n^x} \text{敛散} \Leftrightarrow \int_1^{+\infty} \frac{\mathrm{d}t}{t^x} \text{敛散}$$

而当 $x>1$ 时，$\int_1^{+\infty} \frac{\mathrm{d}t}{t^x}$ 收敛；当 $x \leqslant 1$ 时，$\int_1^{+\infty} \frac{\mathrm{d}t}{t^x}$ 发散.

因此，当 $x > 1$ 时，$\sum_{n=1}^{\infty} \frac{1}{n^x}$ 收敛；当 $x \leqslant 1$ 时，$\sum_{n=1}^{\infty} \frac{1}{n^x}$ 发散.

例 12.2.2　证明：级数

$$\sum_{n=3}^{\infty} \frac{1}{n^{\alpha} \ln^{\beta} n \ln^{\gamma} \ln n}$$

当 $\alpha>1$ 时收敛；当 $\alpha<1$ 时发散；当 $\alpha=1,\beta>1$ 时收敛；当 $\alpha=1,\beta<1$ 时发散；当 $\alpha=1,\beta=1,\gamma>1$ 时收敛；当 $\alpha=1,\beta=1,\gamma\leqslant 1$ 时发散.

证明 由例6.5.1知,当$\alpha>1$时,$\int_3^{+\infty}\frac{\mathrm{d}x}{x^\alpha}$收敛;当$\alpha\leqslant 1$时,$\int_3^{+\infty}\frac{\mathrm{d}x}{x^\alpha}$发散.

当$\alpha>1$时,令$\alpha=1+2\varepsilon,\varepsilon>0$,则

$$\frac{1}{x^\alpha\ln^\beta x\ln^\gamma\ln x}=\frac{1}{x^{1+\varepsilon}}\frac{1}{x^\varepsilon\ln^\beta x\ln^\gamma\ln x}$$

$$\lim_{x\to+\infty}\frac{\frac{1}{x^\alpha\ln^\beta x\ln^\gamma\ln x}}{\frac{1}{x^{1+\varepsilon}}}=\lim_{x\to+\infty}\frac{1}{x^\varepsilon\ln^\beta x\ln^\gamma\ln x}=0$$

因此,由$\int_3^{+\infty}\frac{\mathrm{d}x}{x^{1+\varepsilon}}$收敛知,$\sum_{n=3}^{\infty}\frac{1}{n^\alpha\ln^\beta n\ln^\gamma\ln n}$收敛.

当$\alpha<1$时,令$\alpha=1-2\varepsilon,\varepsilon>0$,则

$$\frac{1}{x^\alpha\ln^\beta x\ln^\gamma\ln x}=\frac{1}{x^{1-\varepsilon}}\frac{x^\varepsilon}{\ln^\beta x\ln^\gamma\ln x}$$

$$\lim_{x\to+\infty}\frac{\frac{1}{x^\alpha\ln^\beta x\ln^\gamma\ln x}}{\frac{1}{x^{1-\varepsilon}}}=\lim_{x\to+\infty}\frac{x^\varepsilon}{\ln^\beta x\ln^\gamma\ln x}=+\infty$$

因此,由$\int_3^{+\infty}\frac{\mathrm{d}x}{x^{1-\varepsilon}}$发散知,$\sum_{n=3}^{\infty}\frac{1}{n^\alpha\ln^\beta n\ln^\gamma\ln n}$发散.

当$\alpha=1$时,因为

$$\int_3^{+\infty}\frac{\mathrm{d}x}{x\ln^\beta x\ln^\gamma\ln x}\xlongequal{u=\ln x}\int_{\ln 3}^{+\infty}\frac{\mathrm{d}u}{u^\beta\ln^\gamma u}$$

所以,当$\beta>1$时,积分收敛;当$\beta<1$时,积分发散;当$\beta=1$时,积分

$$\int_{\ln 3}^{+\infty}\frac{\mathrm{d}u}{u\ln^\gamma u}=\int_{\ln\ln 3}^{+\infty}\frac{\mathrm{d}v}{v^\gamma}$$

因此,当$\gamma>1$时,此积分收敛;当$\gamma\leqslant 1$时,此积分发散.

根据上述结果以及积分判别法(定理12.2.2)得到级数

$$\sum_{n=3}^{\infty}\frac{1}{n^\alpha\ln^\beta n\ln^\gamma\ln n}$$

当$\alpha>1$时收敛;当$\alpha<1$时发散;当$\alpha=1,\beta>1$时收敛;当$\alpha=1,\beta<1$时发散;当$\alpha=1,\beta=1,\gamma>1$时收敛;当$\alpha=1,\beta=1,\gamma\leqslant 1$时发散.

定理12.2.3(比较判别法) 设$\sum_{n=1}^{\infty}a_n$与$\sum_{n=1}^{\infty}b_n$都为正项级数.如果$\exists N\in$

$\mathbb{N}$，使得当$n>N$时，有 $a_n \leqslant b_n$，则：

（1）$\sum\limits_{n=1}^{\infty} b_n$ 收敛$\Rightarrow \sum\limits_{n=1}^{\infty} a_n$ 也收敛；

（2）$\sum\limits_{n=1}^{\infty} a_n$ 发散$\Rightarrow \sum\limits_{n=1}^{\infty} b_n$ 也发散.

大的级数收敛，小的级数也收敛；小的级数发散，大的级数也发散.

证明　从 $N+1$ 项开始有，$a_n \leqslant b_n$. 并设 $S_n = \sum\limits_{k=1}^{n} a_k$，$S'_n = \sum\limits_{k=1}^{n} b_k$.

（1）由 $\sum\limits_{k=1}^{n} b_k$ 收敛推得 S'_n 有界，则当 $n > N+1$ 时，有

$$\begin{aligned} S_n &= a_1 + \cdots + a_n = a_1 + \cdots + a_N + a_{N+1} + \cdots + a_n \\ &\leqslant a_1 + \cdots + a_N + b_{N+1} + \cdots + b_n \\ &= \sum_{k=1}^{n} b_k + \sum_{k=1}^{N} a_k - \sum_{k=1}^{N} b_k = S'_n + \sum_{k=1}^{N} a_k - \sum_{k=1}^{N} b_k < +\infty \end{aligned}$$

故 S_n 也有界. 根据定理 12.2.1，$\sum\limits_{n=1}^{\infty} a_n$ 收敛.

（2）（反证法）假设$\sum\limits_{n=1}^{\infty} b_n$ 收敛，由（1）知，$\sum\limits_{n=1}^{\infty} a_n$ 也收敛，这与已知$\sum\limits_{n=1}^{\infty} a_n$ 发散相矛盾.

定理 12.2.3′（比较判别法的极限形式）　设$\sum\limits_{n=1}^{\infty} a_n$ 与$\sum\limits_{n=1}^{\infty} b_n$ 为两个正项级数，且有极限

$$\lim_{n\to+\infty} \frac{a_n}{b_n} = l$$

则：

（1）若$0 < l < +\infty$，则$\sum\limits_{n=1}^{\infty} a_n$ 与$\sum\limits_{n=1}^{\infty} b_n$ 同敛散；

（2）若 $l=0$，则$\sum\limits_{n=1}^{\infty} b_n$ 收敛蕴涵$\sum\limits_{n=1}^{\infty} a_n$ 收敛；

（3）若 $l=+\infty$，则$\sum\limits_{n=1}^{\infty} b_n$ 发散蕴涵$\sum\limits_{n=1}^{\infty} a_n$ 发散.

证明　（1）因为$\lim\limits_{n\to+\infty} \frac{a_n}{b_n} = l$，$0<l<+\infty$，所以对 $\varepsilon = \frac{l}{2}$，$\exists N \in \mathbb{N}$，当 $n>N$ 时

$$0<\frac{l}{2}=l-\frac{l}{2}<\frac{a_n}{b_n}<l+\frac{l}{2}=\frac{3l}{2}$$

即

$$\frac{l}{2}b_n<a_n<\frac{3}{2}lb_n$$

如果 $\sum_{n=1}^{\infty}b_n$ 收敛，$\sum_{n=1}^{\infty}\frac{3}{2}lb_n$ 也收敛. 根据定理 12. 2. 3(1)，$\sum_{n=1}^{\infty}a_n$ 收敛. 如果 $\sum_{n=1}^{\infty}b_n$ 发散,则 $\sum_{n=1}^{\infty}\frac{l}{2}b_n$ 也发散. 根据定理 12. 2. 3(2)，$\sum_{n=1}^{\infty}a_n$ 发散. 这就证明了 $\sum_{n=1}^{\infty}a_n$ 与 $\sum_{n=1}^{\infty}b_n$ 同敛散.

(2)因为 $\lim\limits_{n\to+\infty}\frac{a_n}{b_n}=0$,所以 $\exists N\in\mathbb{N}$，当 $n>N$ 时

$$0\leqslant\frac{a_n}{b_n}\leqslant1$$

即

$$a_n\leqslant b_n$$

根据定理 12. 2. 3(1)，$\sum_{n=1}^{\infty}b_n$ 收敛蕴涵 $\sum_{n=1}^{\infty}a_n$ 收敛.

(3)因为 $\lim\limits_{n\to+\infty}\frac{a_n}{b_n}=+\infty$,所以 $\exists N\in\mathbb{N}$，当 $n>N$ 时

$$\frac{a_n}{b_n}>1$$

即

$$a_n>b_n>0$$

根据定理 12. 2. 3(2)，$\sum_{n=1}^{\infty}b_n$ 发散蕴涵 $\sum_{n=1}^{\infty}a_n$ 发散.

应用比较判别法,就可派生出几个常用的判别法.

将正项级数与几何(即等比)级数比较,就派生出 Cauchy 判别法与 d'Alembert 判别法.

将正项级数与收敛较慢的级数 $\sum_{n=1}^{\infty}\frac{1}{n^{\alpha}}(\alpha>1)$ 作比较,就派生出 Raabe 判别法.

将正项级数与收敛更慢的级数 $\sum_{n=2}^{\infty} \frac{1}{n\ln^{\alpha} n}(\alpha > 1)$ 作比较,就派生出 Gauss 判别法.

一般来说,用于比较的级数收敛越慢,所派生出的判别法就越精细,它能判别的级数越广泛.

定理 12.2.4(Cauchy 判别法)　设 $\sum_{n=1}^{\infty} a_n$ 为正项级数.

(1)如果 $\exists q \in [0,1)$,使得

$$\sqrt[n]{a_n} \leqslant q < 1 \quad (n \geqslant N, N \in \mathbb{N}\ \text{为某个自然数})$$

则级数 $\sum_{n=1}^{\infty} a_n$ 收敛;

(2)如果 $\sqrt[n]{a_n} \geqslant 1$ 对无穷个 n 成立,则级数 $\sum_{n=1}^{\infty} a_n$ 发散.

证明　(1)由于 $\sqrt[n]{a_n} \leqslant q < 1(n \geqslant N)$,故

$$0 \leqslant a_n \leqslant q^n$$

再由等比级数 $\sum_{n=1}^{\infty} q^n$ 收敛及定理 12.2.3(1) 知,$\sum_{n=1}^{\infty} a_n$ 收敛.

(2)由于 $\sqrt[n]{a_n} \geqslant 1$ 对无穷个 n 成立,故 $a_n \geqslant 1$ 对无穷个 n 成立,它蕴涵 $\lim\limits_{n \to +\infty} a_n \neq 0$. 根据推论 12.1.1,级数 $\sum_{n=1}^{\infty} a_n$ 发散.

定理 12.2.4′(Cauchy 判别法的极限形式)　设 $\sum_{n=1}^{\infty} a_n$ 为正项级数,且

$$\overline{\lim_{n \to +\infty}} \sqrt[n]{a_n} = q$$

则:

(1) 当 $0 \leqslant q < 1$ 时,级数 $\sum_{n=1}^{\infty} a_n$ 收敛;

(2) 当 $q > 1$ 时,级数 $\sum_{n=1}^{\infty} a_n$ 发散:

(3) 当 $q = 1$ 时,不能判定级数 $\sum_{n=1}^{\infty} a_n$ 的敛散性.

证明　(1)由 $\overline{\lim\limits_{n \to +\infty}} \sqrt[n]{a_n} = q < 1$,取 $\varepsilon > 0$,使 $q + \varepsilon < 1$. 于是,$\exists N \in \mathbb{N}$,当 $n > N$ 时

$$\sqrt[n]{a_n} < q + \varepsilon < 1$$

根据定理12.2.4，$\sum_{n=1}^{\infty} a_n$ 收敛.

(2)由 $\overline{\lim_{n\to+\infty}} \sqrt[n]{a_n} = q > 1$,则存在$\{a_n\}$的子列$\{a_{n_k}\}$使

$$\lim_{k\to+\infty} \sqrt[n_k]{a_{n_k}} = q > 1$$

故有无穷个 n 使$\sqrt[n]{a_n} \geqslant 1$. 根据定理12.2.4(2)知，$\sum_{n=1}^{\infty} a_n$ 发散.

(3)对于级数 $\sum_{n=1}^{\infty} \frac{1}{n}$ 与$\sum_{n=1}^{\infty} \frac{1}{n^2}$ 有

$$\lim_{n\to+\infty} \sqrt[n]{\frac{1}{n}} = \lim_{n\to+\infty} \frac{1}{\sqrt[n]{n}} = 1$$

$$\lim_{n\to+\infty} \sqrt[n]{\frac{1}{n^2}} = \lim_{n\to+\infty} \left(\frac{1}{\sqrt[n]{n}}\right)^2 = 1$$

但 $\sum_{n=1}^{\infty} \frac{1}{n}$ 发散,$\sum_{n=1}^{\infty} \frac{1}{n^2}$ 收敛.

定理12.2.5(d'Alembert 判别法)　设 $\sum_{n=1}^{\infty} a_n$ 为严格正项级数.

(1)若$\exists q \in (0,1)$,使得

$$\frac{a_{n+1}}{a_n} \leqslant q < 1 \quad (n \geqslant N,\text{某个 } N \in \mathbb{N})$$

则级数 $\sum_{n=1}^{\infty} a_n$ 收敛;

(2)若$\frac{a_{n+1}}{a_n} \geqslant 1$($n \geqslant N$,某个 $N \in \mathbb{N}$),则级数 $\sum_{n=1}^{\infty} a_n$ 发散.

证明　(1)由条件得

$$\frac{a_{N+1}}{a_N} \leqslant q, \frac{a_{N+2}}{a_{N+1}} \leqslant q, \cdots, \frac{a_n}{a_{n-1}} \leqslant q, \cdots$$

于是

$$\frac{a_n}{a_N} = \frac{a_n}{a_{n-1}} \cdots \frac{a_{N+2}}{a_{N+1}} \frac{a_{N+1}}{a_N} \leqslant q^{n-N}$$

$$0 \leqslant a_n \leqslant q^{n-N} a_N = \frac{a_N}{q^N} q^n \quad (n \geqslant N, q \in (0,1))$$

由等比级数 $\sum\limits_{n=1}^{\infty} q^n$ 收敛从而 $\sum\limits_{n=1}^{\infty} \frac{a_N}{q^N} q^n$ 收敛,以及定理 12.2.3(1) 知, $\sum\limits_{n=1}^{\infty} a_n$ 收敛.

(2) 由条件,当 $n \geqslant N$ 时,有

$$a_{n+1} \geqslant a_n \geqslant \cdots \geqslant a_{N+1} \geqslant a_N$$

由此知, $\{a_n\}$ $(n \geqslant N)$ 单调增. 又因 $a_n > 0$,故 $\lim\limits_{n \to +\infty} a_n \neq 0$. 根据推论 12.1.1, $\sum\limits_{n=1}^{\infty} a_n$ 发散.

定理 12.2.5′(d' Alembert 判别法的极限形式)　设 $\sum\limits_{n=1}^{\infty} a_n$ 为严格正项级数.

(1) 若 $\overline{\lim\limits_{n \to +\infty}} \frac{a_{n+1}}{a_n} = q \in (0,1)$,则 $\sum\limits_{n=1}^{\infty} a_n$ 收敛;

(2) 若 $\underline{\lim\limits_{n \to +\infty}} \frac{a_{n+1}}{a_n} = q' > 1$,则 $\sum\limits_{n=1}^{\infty} a_n$ 发散;

(3) 当 $q = 1$ 或 $q' = 1$ 时, $\sum\limits_{n=1}^{\infty} a_n$ 的敛散性不能加以判定.

证明　(1) 取 $\varepsilon > 0$,使 $0 < q + \varepsilon < 1$. 于是,由 $\overline{\lim\limits_{n \to +\infty}} \frac{a_{n+1}}{a_n} = q$, $\exists N \in \mathbb{N}$,当 $n \geqslant N$ 时

$$\frac{a_{n+1}}{a_n} < q + \varepsilon < 1$$

则由定理 12.2.5(1), $\sum\limits_{n=1}^{\infty} a_n$ 收敛.

(2) 先取 $\varepsilon > 0$ 使 $q' - \varepsilon > 1$. 由下极限定义, $\exists N \in \mathbb{N}$,当 $n > N$ 时

$$\frac{a_{n+1}}{a_n} > q' - \varepsilon > 1$$

则由定理 12.2.5(2) 知, $\sum\limits_{n=1}^{\infty} a_n$ 发散.

(3) 对级数 $\sum\limits_{n=1}^{\infty} \frac{1}{n}$ 与 $\sum\limits_{n=1}^{\infty} \frac{1}{n^2}$ 有

$$\overline{\lim_{n \to +\infty}} \frac{a_{n+1}}{a_n} = \underline{\lim_{n \to +\infty}} \frac{a_{n+1}}{a_n} = \lim_{n \to +\infty} \frac{a_{n+1}}{a_n} = 1$$

但$\sum\limits_{n=1}^{\infty}\frac{1}{n}$发散，$\sum\limits_{n=1}^{\infty}\frac{1}{n^2}$收敛. 因此，当$q=1$或$q'=1$时，$\sum\limits_{n=1}^{\infty}a_n$的敛散性不能判定.

Cauchy 判别法与 d' Alembert 判别法哪个强些？根据下面的引理 12. 2. 1 可以看出：凡用 d' Alembert 判别法可判定的，用 Cauchy 判别法也一定能判定（若$\overline{\lim\limits_{n\to+\infty}}\frac{a_{n+1}}{a_n}=q<1$，则$\overline{\lim\limits_{n\to+\infty}}\sqrt[n]{a_n}\leqslant\overline{\lim\limits_{n\to+\infty}}\frac{a_{n+1}}{a_n}=q<1$；若$\underline{\lim\limits_{n\to+\infty}}\frac{a_{n+1}}{a_n}=q'>1$，则$\overline{\lim\limits_{n\to+\infty}}\sqrt[n]{a_n}\geqslant\underline{\lim\limits_{n\to+\infty}}\frac{a_{n+1}}{a_n}=q'>1$.）. 但反之不然（参阅例 12. 2. 14）. 由此可见，Cauchy 判别法比 d' Alembert 判别法适用的面要宽一些. 理论上，Cauchy 判别法比 d' Alembert 判别法要强. 但在有些场合下，使用 d' Alembert 判别法要方便些，特别是$\frac{a_{n+1}}{a_n}$简单或$\overline{\lim\limits_{n\to+\infty}}\frac{a_{n+1}}{a_n}$，$\underline{\lim\limits_{n\to+\infty}}\frac{a_{n+1}}{a_n}$好算的情形！因此，它还是受欢迎的.

但总的来说，这两个判别法的适用面都不宽，原因是它们只能判别比某个几何（等比）级数收敛得还快的级数（参阅引理 12. 2. 2）. 所谓级数$\sum\limits_{n=1}^{\infty}a_n$比$\sum\limits_{n=1}^{\infty}b_n$收敛得快，是指

$$\lim_{n\to+\infty}\frac{a_n}{b_n}=0$$

例如：当$0<q<1,\alpha>1,\beta>1$时，$\sum\limits_{n=1}^{\infty}q^n$比$\sum\limits_{n=1}^{\infty}\frac{1}{n^{\alpha}}$收敛得快；$\sum\limits_{n=1}^{\infty}\frac{1}{n^{\alpha}}$比$\sum\limits_{n=1}^{\infty}\frac{1}{n(\ln n)^{\beta}}$收敛得快.

引理 12. 2. 1 设$a_n>0(n=1,2,\cdots)$，则

$$\underline{\lim_{n\to+\infty}}\frac{a_{n+1}}{a_n}\leqslant\underline{\lim_{n\to+\infty}}\sqrt[n]{a_n}\leqslant\overline{\lim_{n\to+\infty}}\sqrt[n]{a_n}\leqslant\overline{\lim_{n\to+\infty}}\frac{a_{n+1}}{a_n}$$

证明 先证$\overline{\lim\limits_{n\to+\infty}}\sqrt[n]{a_n}\leqslant\overline{\lim\limits_{n\to+\infty}}\frac{a_{n+1}}{a_n}$.

设$\overline{\lim\limits_{n\to+\infty}}\frac{a_{n+1}}{a_n}=q$. 若$q=+\infty$，则不等式自然成立.

若$0<q<+\infty$，则$\forall\varepsilon>0$，$\exists N\in\mathbb{N}$，当$n\geqslant N$时，有

$$\frac{a_{n+1}}{a_n}<q+\varepsilon$$

因而

$$\frac{a_{N+1}}{a_N}<q+\varepsilon,\frac{a_{N+2}}{a_{N+1}}<q+\varepsilon,\cdots,\frac{a_{N+k}}{a_{N+k-1}}<q+\varepsilon$$

各式相乘得

$$\frac{a_{N+k}}{a_N}<(q+\varepsilon)^k$$

即

$$a_{N+k}<a_N(q+\varepsilon)^k$$

或

$$a_n<a_N(q+\varepsilon)^{n-N}=a_N(q+\varepsilon)^{-N}(q+\varepsilon)^n$$

于是

$$\sqrt[n]{a_n}<\sqrt[n]{a_N(q+\varepsilon)^{-N}}(q+\varepsilon)$$

所以，$\overline{\lim\limits_{n\to+\infty}}\sqrt[n]{a_n}\leqslant q+\varepsilon$. 令 $\varepsilon\to0^+$，得到

$$\overline{\lim_{n\to+\infty}}\sqrt[n]{a_n}\leqslant q=\overline{\lim_{n\to+\infty}}\frac{a_{n+1}}{a_n}$$

再证 $\underline{\lim\limits_{n\to+\infty}}\frac{a_{n+1}}{a_n}\leqslant\underline{\lim\limits_{n\to+\infty}}\sqrt[n]{a_n}$.

若 $\underline{\lim\limits_{n\to+\infty}}\frac{a_{n+1}}{a_n}=0$，则不等式显然成立.

若 $\underline{\lim\limits_{n\to+\infty}}\frac{a_{n+1}}{a_n}=q>0$，则 $\forall\varepsilon>0$ 且 $q-\varepsilon>0$，$\exists N\in\mathbb{N}$，当 $n\geqslant N$ 时，有

$$0<q-\varepsilon<\frac{a_{n+1}}{a_n}$$

特别的，有

$$\frac{a_{N+1}}{a_N}>q-\varepsilon,\frac{a_{N+2}}{a_{N+1}}>q-\varepsilon,\cdots,\frac{a_n}{a_{n-1}}>q-\varepsilon$$

各式相乘得

$$\frac{a_n}{a_N}>(q-\varepsilon)^{n-N}$$

即

$$a_n > a_N(q-\varepsilon)^{-N}(q-\varepsilon)^n$$

于是

$$\sqrt[n]{a_n} > \sqrt[n]{a_N(q-\varepsilon)^{-N}}(q-\varepsilon)$$

所以,$\varliminf\limits_{n\to+\infty}\sqrt[n]{a_n}\geqslant q-\varepsilon$. 再令 $\varepsilon\to0^+$,得到

$$\varliminf_{n\to+\infty}\sqrt[n]{a_n}\geqslant q=\varliminf_{n\to+\infty}\frac{a_{n+1}}{a_n}$$

引理 12.2.2 设级数 $\sum\limits_{n=1}^{\infty}a_n$ 满足 Cauchy 判别法或 d' Alembert 判别法判定收敛的条件($\varlimsup\limits_{n\to+\infty}\sqrt[n]{a_n}=q<1$ 或 $\varlimsup\limits_{n\to+\infty}\frac{a_{n+1}}{a_n}=q<1$),则必 $\exists r\in(q,1)$,使得

$$\lim_{n\to+\infty}\frac{a_n}{r^n}=0$$

即 $\sum\limits_{n=1}^{\infty}a_n$ 比几何(等比) 级数 $\sum\limits_{n=1}^{\infty}r^n$ 收敛得快.

证明 (1)取 $r,\varepsilon>0$,使 $q+\varepsilon<r<1$. 因为

$$\varlimsup_{n\to+\infty}\sqrt[n]{a_n}=q<1$$

所以,$\exists N\in\mathbb{N}$,当 $n\geqslant N$ 时,$\sqrt[n]{a_n}<q+\varepsilon<r$,即 $a_n<(q+\varepsilon)^n<r^n$,于是

$$\frac{a_n}{r^n}=\frac{a_n}{(q+\varepsilon)^n}\frac{(q+\varepsilon)^n}{r^n}\to0\quad(n\to+\infty)$$

这就表明 $\sum\limits_{n=1}^{\infty}a_n$ 比 $\sum\limits_{n=1}^{\infty}r^n$ 收敛得快.

(2) $\varlimsup\limits_{n\to+\infty}\frac{a_{n+1}}{a_n}=q<1$,则 $\exists N\in\mathbb{N}$,当 $n\geqslant N$ 时,$\frac{a_{n+1}}{a_n}<q+\varepsilon<r$,所以

$$a_n=\frac{a_n}{a_{n-1}}\frac{a_{n-1}}{a_{n-2}}\cdots\frac{a_{N+1}}{a_N}a_N<a_N(q+\varepsilon)^{n-N}=a_N(q+\varepsilon)^{-N}(q+\varepsilon)^n\leqslant a_Nr^{-N}r^n$$

于是

$$\frac{a_n}{r^n}=\frac{a_n}{(q+\varepsilon)^n}\left(\frac{q+\varepsilon}{r}\right)^n\to0\quad(n\to+\infty)$$

这就表明 $\sum\limits_{n=1}^{\infty}a_n$ 比 $\sum\limits_{n=1}^{\infty}r^n$ 收敛得快.

如果 $\sum\limits_{n=1}^{\infty}a_n$ 比任何几何(等比) 级数收敛得慢$\left(如 \sum\limits_{n=1}^{\infty}\frac{1}{n^{\alpha}},\alpha>1\right)$,必须有更

精细的判别法. $\sum_{n=1}^{\infty} a_n$ 与 $\sum_{n=1}^{\infty} \frac{1}{n^{\alpha}}$ 相比较得到 Raabe 判别法.

定理 12.2.6（Raabe 判别法）　设 $\sum_{n=1}^{\infty} a_n$ 为严格正项级数.

(1)若 $\exists r>1$, $\exists N_0 \in \mathbb{N}$,使得当 $n \geqslant N_0$ 时,有

$$n\left(\frac{a_n}{a_{n+1}}-1\right) \geqslant r$$

则级数 $\sum_{n=1}^{\infty} a_n$ 收敛;

(2)若 $\exists N_0 \in \mathbb{N}$,使得当 $n \geqslant N_0$ 时,有

$$n\left(\frac{a_n}{a_{n+1}}-1\right) \leqslant 1$$

则级数 $\sum_{n=1}^{\infty} a_n$ 发散.

证明　(1)取 $\alpha \in (1,r)$. 易知

$$\lim_{n \to +\infty} \frac{\left(1+\frac{1}{n}\right)^{\alpha}-1}{\frac{1}{n}} = \lim_{x \to 0} \frac{(1+x)^{\alpha}-1}{x} \xlongequal{\text{L' Hospital 法则}} \lim_{x \to 0} \frac{\alpha(1+x)^{\alpha-1}}{1} = \alpha < r$$

故 $\exists N \in \mathbb{N}$,当 $n>N$ 时

$$\frac{\left(1+\frac{1}{n}\right)^{\alpha}-1}{\frac{1}{n}} < r$$

$$\left(1+\frac{1}{n}\right)^{\alpha} < 1+\frac{r}{n}$$

由条件,当 $n>\max\{N_0,N\}$ 时,有

$$\frac{a_n}{a_{n+1}} \geqslant 1+\frac{r}{n} > \left(1+\frac{1}{n}\right)^{\alpha} = \frac{(n+1)^{\alpha}}{n^{\alpha}}$$

$$n^{\alpha} a_n > (n+1)^{\alpha} a_{n+1}$$

即 $\{n^{\alpha} a_n \mid n>\max\{N_0,N_1\}\}$ 单调减且大于零,故 $\{n^{\alpha} a_n\}$ 有界,从而 $\exists M>0$ 使

$$n^{\alpha} a_n < M \quad (n=1,2,\cdots)$$

即

$$a_n < \frac{M}{n^{\alpha}} \quad (n=1,2,\cdots)$$

由 $\alpha>1$ 知 $\sum\limits_{n=1}^{\infty}\frac{M}{n^{\alpha}}$ 收敛,根据定理 12.2.3(1) 得到 $\sum\limits_{n=1}^{\infty}a_n$ 是收敛的.

(2)由条件,当 $n>N_0$ 时

$$\frac{a_n}{a_{n+1}}\leqslant 1+\frac{1}{n}=\frac{n+1}{n}$$

$$na_n\leqslant(n+1)a_{n+1}$$

即数列 $\{na_n \mid n\geqslant N_0\}$ 单调增,于是

$$na_n\geqslant N_0a_{N_0}\quad (n\geqslant N_0)$$

$$a_n\geqslant\frac{N_0a_{N_0}}{n}>0\quad (n\geqslant N_0)$$

从 $\sum\limits_{n=1}^{\infty}\frac{N_0a_{N_0}}{n}$ 发散及定理 12.2.3(2) 知 $\sum\limits_{n=1}^{\infty}a_n$ 发散.

定理 12.2.6′(Raabe 判别法的极限形式) 设 $\sum\limits_{n=1}^{\infty}a_n$ 为严格正项级数.

(1)若 $\varliminf\limits_{n\to+\infty}n\left(\frac{a_n}{a_{n+1}}-1\right)=l>1$,则 $\sum\limits_{n=1}^{\infty}a_n$ 收敛;

(2)若 $\varlimsup\limits_{n\to+\infty}n\left(\frac{a_n}{a_{n+1}}-1\right)=l'<1$,则 $\sum\limits_{n=1}^{\infty}a_n$ 发散;

(3)若 $l=1$ 或 $l'=1$,则 $\sum\limits_{n=1}^{\infty}a_n$ 不能断定敛散性.

证明 (1)由于 $\varliminf\limits_{n\to+\infty}n\left(\frac{a_n}{a_{n+1}}-1\right)=l>1$,取 $r\in(1,l)$,则 $\exists N_0\in\mathbb{N}$,当 $n\geqslant N_0$时,有

$$n\left(\frac{a_n}{a_{n+1}}-1\right)>r>1$$

由定理 12.2.6(1)知,级数 $\sum\limits_{n=1}^{\infty}a_n$ 收敛.

(2)因为 $\varlimsup\limits_{n\to+\infty}n\left(\frac{a_n}{a_{n+1}}-1\right)=l'<1$,所以 $\exists N_0\in\mathbb{N}$,当 $n\geqslant N_0$ 时,有

$$n\left(\frac{a_n}{a_{n+1}}-1\right)<1$$

由定理 12.2.6(2)知,级数 $\sum\limits_{n=1}^{\infty}a_n$ 发散.

(3)考虑级数 $\sum_{n=2}^{\infty}\frac{1}{n\ln^2 n}$ 与 $\sum_{n=2}^{\infty}\frac{1}{n}$. 显然

$$n\left[\frac{\frac{1}{n\ln^2 n}}{\frac{1}{(n+1)\ln^2(n+1)}}-1\right]=n\left(\frac{(n+1)\ln^2(n+1)}{n\ln^2 n}-1\right)$$

$$=\frac{(n+1)\ln^2(n+1)-n\ln^2 n}{\ln^2 n}$$

$$=\frac{\ln^2(n+1)}{\ln^2 n}+\frac{n[\ln(n+1)+\ln n][\ln(n+1)-\ln n]}{\ln^2 n}$$

$$=\frac{\ln^2(n+1)}{\ln^2 n}+\frac{[\ln(n+1)+\ln n]\ln\left(1+\frac{1}{n}\right)^n}{\ln^2 n}$$

$$\to 1+0\cdot\ln \mathrm{e}$$

$$=1\quad(n\to+\infty)$$

$$n\left[\frac{\frac{1}{n}}{\frac{1}{n+1}}-1\right]=n\,\frac{(n+1)-n}{n}=1\to 1\quad(n\to+\infty)$$

但是, $\sum_{n=2}^{\infty}\frac{1}{n}$ 发散;而由

$$\int_2^{+\infty}\frac{\mathrm{d}x}{x\ln^2 x}=\int_2^{+\infty}\frac{\mathrm{d}\ln x}{\ln^2 x}=-\frac{1}{\ln x}\Big|_2^{+\infty}=\frac{1}{\ln 2}$$

收敛及积分比较判别法可知, $\sum_{n=2}^{\infty}\frac{1}{n\ln^2 n}$ 收敛.

如果级数 $\sum_{n=1}^{\infty}a_n$ 与比 $\sum_{n=2}^{\infty}\frac{1}{n^{\alpha}}(\alpha>1)$ 收敛得更慢的级数 $\sum_{n=2}^{\infty}\frac{1}{n\ln^{\beta}n}(\beta>1)$ 相比较就得到 Gauss 判别法.

定理 12.2.7(高斯判别法)　设 $\sum_{n=1}^{\infty}a_n$ 为严格正项级数,且

$$\frac{a_n}{a_{n+1}}=1+\frac{1}{n}+\frac{\delta}{n\ln n}+o\left(\frac{1}{n\ln n}\right)\quad(n\to+\infty)$$

则级数 $\sum_{n=1}^{\infty}a_n$:

(1)当 $\delta>1$ 时,收敛;

(2)当 $\delta<1$ 时,发散;

(3)当 $\delta=1$ 时,不能判定敛散性.

证明 (1)因为 $\delta>1$,所以可取 β 使 $\delta>\beta>1$. 下面证明:$\exists N\in\mathbb{N}$,当 $n\geqslant N$ 时,有

$$a_n\leqslant\frac{M}{n\ln^{\beta}n}\quad(M\text{ 为正的常数})$$

从而由例 12. 2. 2 知 $\sum\limits_{n=2}^{\infty}\frac{M}{n\ln^{\beta}n}$ 收敛,再由比较判别法(定理 12. 2. 3)推得 $\sum\limits_{n=1}^{\infty}a_n$ 收敛.

因为

$$\frac{\ln(n+1)}{\ln n}=\frac{\ln n+\ln\left(1+\frac{1}{n}\right)}{\ln n}=1+\frac{\frac{1}{n}+o\left(\frac{1}{n}\right)}{\ln n}=1+\frac{1}{n\ln n}+o\left(\frac{1}{n\ln n}\right)$$

所以

$$\left[\frac{\ln(n+1)}{\ln n}\right]^{\beta}=\left[1+\frac{1}{n\ln n}+o\left(\frac{1}{n\ln n}\right)\right]^{\beta}=1+\frac{\beta}{n\ln n}+o\left(\frac{1}{n\ln n}\right)$$

于是

$$\begin{aligned}\frac{n+1}{n}\left[\frac{\ln(n+1)}{\ln n}\right]^{\beta}&=\left(1+\frac{1}{n}\right)\left[1+\frac{\beta}{n\ln n}+o\left(\frac{1}{n\ln n}\right)\right]\\&=1+\frac{1}{n}+\frac{\beta}{n\ln n}+\frac{\beta}{n^2\ln n}+o\left(\frac{1}{n\ln n}\right)\\&=1+\frac{1}{n}+\frac{\beta}{n\ln n}+o\left(\frac{1}{n\ln n}\right)\end{aligned}$$

由此推得

$$\begin{aligned}\frac{a_n}{a_{n+1}}-\frac{n+1}{n}\left[\frac{\ln(n+1)}{\ln n}\right]^{\beta}&\xlongequal{\text{题设}}\left[1+\frac{1}{n}+\frac{\delta}{n\ln n}+o\left(\frac{1}{n\ln n}\right)\right]-\\&\qquad\left[1+\frac{1}{n}+\frac{\beta}{n\ln n}+o\left(\frac{1}{n\ln n}\right)\right]\\&=\frac{\delta-\beta}{n\ln n}+o\left(\frac{1}{n\ln n}\right)\\&=\frac{1}{n\ln n}\left[\delta-\beta+\frac{o\left(\frac{1}{n\ln n}\right)}{\frac{1}{n\ln n}}\right]\quad(n\to+\infty)\qquad(1)\end{aligned}$$

因为 $\delta-\beta>0$,所以 $\exists N\in\mathbb{N}$,当 $n\geqslant N$ 时,上式为正,即

$$\frac{a_n}{a_{n+1}}-\frac{n+1}{n}\left[\frac{\ln(n+1)}{\ln n}\right]^{\beta}>0$$

于是

$$n\ln^{\beta}n a_n>(n+1)\ln^{\beta}(n+1)a_{n+1}$$

这就表明数列 $\{n\ln^{\beta}n a_n \mid n\geqslant N\}$ 单调减有下界 0,所以它有界,即 $\exists M>0$,使得

$$n\ln^{\beta}n a_n<M$$

$$a_n<\frac{M}{n\ln^{\beta}n}$$

由例 12.2.2, $\sum\limits_{n=2}^{\infty}\frac{M}{n\ln^{\beta}n}(\beta>1)$ 收敛. 根据比较判别法(定理 12.2.3(1))得到 $\sum\limits_{n=1}^{\infty}a_n$ 收敛.

(2)因为 $\delta<1$,在(1)的式(1)中取 $\beta=1$,就有

$$\frac{a_n}{a_{n+1}}-\frac{n+1}{n}\frac{\ln(n+1)}{\ln n}=\frac{\delta-1}{n\ln n}+o\left(\frac{1}{n\ln n}\right)\quad(n\to+\infty)$$

故 $\exists N\in\mathbb{N}$,当 $n\geqslant N$ 时,上式为负,即

$$\frac{a_n}{a_{n+1}}-\frac{n+1}{n}\frac{\ln(n+1)}{\ln n}<0$$

于是

$$n\ln n a_n<(n+1)\ln(n+1)a_{n+1}$$

这就表明数列 $\{n\ln n a_n \mid n\geqslant N\}$ 单调增,从而

$$n\ln n a_n\geqslant N\ln N a_N>0$$

$$a_n\geqslant\frac{N\ln N a_N}{n\ln n}$$

由 $\sum\limits_{n=2}^{\infty}\frac{N\ln N a_N}{n\ln n}$ 发散与比较判别法(定理 12.2.3(2))得到 $\sum\limits_{n=1}^{\infty}a_n$ 发散.

(3) 由例 12.2.2 知, $\sum\limits_{n=2}^{\infty}\frac{1}{n\ln n}$ 发散,而 $\sum\limits_{n=3}^{\infty}\frac{1}{n\ln n(\ln\ln n)^2}$ 收敛.

另一方面,由于

$$\frac{\ln(n+1)}{\ln n}=\frac{\ln n+\ln\left(1+\frac{1}{n}\right)}{\ln n}=\frac{\ln n+\frac{1}{n}+o\left(\frac{1}{n}\right)}{\ln n}=1+\frac{1}{n\ln n}+o\left(\frac{1}{n\ln n}\right)$$

$$\frac{\ln\ln(n+1)}{\ln\ln n}=\frac{\ln\left[\ln n+\frac{1}{n}+o\left(\frac{1}{n}\right)\right]}{\ln\ln n}=\frac{\ln\left\{\ln n\left[1+\frac{1}{n\ln n}+o\left(\frac{1}{n\ln n}\right)\right]\right\}}{\ln\ln n}$$

$$=\frac{\ln\ln n+\ln\left[1+\frac{1}{n\ln n}+o\left(\frac{1}{n\ln n}\right)\right]}{\ln\ln n}=\frac{\ln\ln n+\frac{1}{n\ln n}+o\left(\frac{1}{n\ln n}\right)}{\ln\ln n}$$

$$=1+o\left(\frac{1}{n\ln n}\right)$$

我们有

$$\frac{\frac{1}{n\ln n}}{\frac{1}{(n+1)\ln(n+1)}}=\left(1+\frac{1}{n}\right)\frac{\ln(n+1)}{\ln n}=\left(1+\frac{1}{n}\right)\left[1+\frac{1}{n\ln n}+o\left(\frac{1}{n\ln n}\right)\right]$$

$$=1+\frac{1}{n}+\frac{1}{n\ln n}+o\left(\frac{1}{n\ln n}\right)$$

$$\frac{\frac{1}{n\ln n(\ln\ln n)^2}}{\frac{1}{(n+1)\ln(n+1)[\ln(\ln(n+1))]^2}}$$

$$=\left(1+\frac{1}{n}\right)\frac{\ln(n+1)}{\ln n}\frac{[\ln\ln(n+1)]^2}{(\ln\ln n)^2}$$

$$=\left[1+\frac{1}{n}+\frac{1}{n\ln n}+o\left(\frac{1}{n\ln n}\right)\right]\left[1+o\left(\frac{1}{n\ln n}\right)\right]^2$$

$$=1+\frac{1}{n}+\frac{1}{n\ln n}+o\left(\frac{1}{n\ln n}\right)$$

这表明级数 $\sum\limits_{n=2}^{\infty}\frac{1}{n\ln n}$ 与 $\sum\limits_{n=3}^{\infty}\frac{1}{n\ln n(\ln\ln n)^2}$ 都不能用 Gauss 判别法判定.

用完全类似的证明可以得到推广的 Gauss 判别法.

定理 12.2.7′(推广的 Gauss 判别法) 设 $\sum\limits_{n=1}^{\infty}a_n$ 为严格正项级数,且

$$\frac{a_n}{a_{n+1}}=1+\frac{1}{n}+\frac{\delta_n}{n\ln n}+o\left(\frac{1}{n\ln n}\right)\quad(n\to+\infty)$$

如果 $\lim\limits_{n\to+\infty}\delta_n=\delta\in\mathbb{R}$,则级数 $\sum\limits_{n=1}^{\infty}a_n$:

(1) 当 $\delta>1$ 时,收敛;

(2) 当 $\delta<1$ 时，发散；

(3) 当 $\delta=1$ 时，不能判定敛散性.

注 12.2.1　如果定理 12.2.7 中，$\delta=1$，则应用 Gauss 判别法不能判定级数 $\sum_{n=1}^{\infty}a_n$ 的敛散性. 若要用比较判别法，则需找出一个比 $\sum_{n=2}^{\infty}\frac{1}{n\ln^{\beta}n}(\beta>1)$ 收敛得更慢的级数来比较，例如 $\sum_{n=2}^{\infty}\frac{1}{n\ln n\ln^{r}\ln n}(r>1)$ 就是这样的级数.

根据下面的例 12.2.3 与例 12.2.17，收敛得最慢的级数是不存在的. 因此，与一个已知级数作比较来建立判断一切级数的敛散性的"万能"判别法是不存在的. 不过上面介绍的这些判别法，对于相当广泛的级数已经足够用了.

例 12.2.3　设 $\sum_{n=1}^{\infty}a_n$ 为收敛的严格正项级数，如果

$$\overline{\lim_{n\to+\infty}}\sqrt[n]{a_n}=q\in[0,1)\quad 或\quad \overline{\lim_{n\to+\infty}}\frac{a_{n+1}}{a_n}=q\in[0,1)$$

则

$$\overline{\lim_{n\to+\infty}}\sqrt[n]{na_n}=q\in[0,1)\quad 或\quad \overline{\lim_{n\to+\infty}}\frac{(n+1)a_{n+1}}{na_n}=q\in[0,1)$$

因此 $\sum_{n=1}^{\infty}na_n$ 也收敛. 此外，由

$$\lim_{n\to+\infty}\frac{a_n}{na_n}=\lim_{n\to+\infty}\frac{1}{n}=0$$

知 $\sum_{n=1}^{\infty}na_n$ 比 $\sum_{n=1}^{\infty}a_n$ 收敛得更慢.

例 12.2.4　证明：级数 $\sum_{n=1}^{\infty}\frac{1}{n!}$ 收敛.

证法 1　当 $n\geqslant 2$ 时，$\frac{1}{n!}\leqslant\frac{1}{(n-1)n}$，由 $\sum_{n=2}^{\infty}\frac{1}{(n-1)n}$ 收敛及比较判别法定理 12.2.3(1) 知，$\sum_{n=1}^{\infty}\frac{1}{n!}$ 也收敛.

证法 2　因为 $\frac{a_{n+1}}{a_n}=\frac{n!}{(n+1)!}=\frac{1}{n+1}\leqslant\frac{1}{2}<1$，由 d'Alembert 判别法知 $\sum_{n=1}^{\infty}\frac{1}{n!}$ 收敛.

证法3 因为几何平均数小于算术平均数,所以

$$0<\sqrt[n]{\frac{1}{n!}}\leqslant\frac{1+\frac{1}{2}+\cdots+\frac{1}{n}}{n}\to\lim_{n\to+\infty}\frac{1}{n}=0\quad(n\to+\infty)$$

所以 $\lim\limits_{n\to+\infty}\sqrt[n]{\frac{1}{n!}}=0<1$. 根据 Cauchy 判别法的极限形式知, $\sum\limits_{n=1}^{\infty}\frac{1}{n!}$ 收敛.

例 12.2.5 证明:级数 $\sum\limits_{n=1}^{\infty}\frac{1}{\sqrt{n(n^2+1)}}$ 收敛.

证明 因为

$$\frac{1}{\sqrt{n(n^2+1)}}<\frac{1}{\sqrt{n\cdot n^2}}=\frac{1}{n^{\frac{3}{2}}}$$

又 $\sum\limits_{n=1}^{\infty}\frac{1}{n^{\frac{3}{2}}}$ 收敛,根据比较判别法定理 12.2.3(1) 知,级数 $\sum\limits_{n=1}^{\infty}\frac{1}{\sqrt{n(n^2+1)}}$ 收敛.

例 12.2.6 证明:级数 $\sum\limits_{n=2}^{\infty}\frac{1}{(\ln n)^{\ln n}}$ 收敛.

证明 因为当 $n>\mathrm{e}^{\mathrm{e}^2}$ 时,有

$$(\ln n)^{\ln n}=\mathrm{e}^{\ln n\ln\ln n}=(\mathrm{e}^{\ln n})^{\ln\ln n}=n^{\ln\ln n}>n^2$$

所以

$$\frac{1}{(\ln n)^{\ln n}}<\frac{1}{n^2}$$

再由 $\sum\limits_{n=2}^{\infty}\frac{1}{n^2}$ 收敛及比较判别法定理 12.2.3(1) 得到级数 $\sum\limits_{n=2}^{\infty}\frac{1}{(\ln n)^{\ln n}}$ 收敛.

例 12.2.7 研究级数 $\sum\limits_{n=1}^{\infty}\left(1-\cos\frac{x}{n}\right)$ 的敛散性.

解 因为

$$\lim_{n\to+\infty}\frac{1-\cos\frac{x}{n}}{\frac{1}{n^2}}=\lim_{n\to+\infty}\frac{2\sin^2\frac{x}{2n}}{\frac{1}{n^2}}=\begin{cases}0,x=0\\ \lim\limits_{n\to+\infty}\left(\frac{\sin\frac{x}{2n}}{\frac{x}{2n}}\right)^2\cdot\frac{x^2}{2},x\neq0\end{cases}$$

$$=\frac{x^2}{2}\geqslant0$$

所以由 $\sum\limits_{n=1}^{\infty}\frac{1}{n^2}$ 收敛及比较判别法的极限形式(定理 12.2.3′(1)(2))知,级数 $\sum\limits_{n=1}^{\infty}\left(1-\cos\frac{x}{n}\right)$收敛.

例 12.2.8　讨论级数 $\sum\limits_{n=1}^{\infty}\left[\frac{1}{n}-\ln\left(1+\frac{1}{n}\right)\right]$的敛散性.

解　从定理 1.4.2(3) 中不等式

$$\frac{1}{n+1}<\ln\left(1+\frac{1}{n}\right)<\frac{1}{n}$$

得到

$$0<\frac{1}{n}-\ln\left(1+\frac{1}{n}\right)<\frac{1}{n}-\frac{1}{n+1}=\frac{1}{n(n+1)}<\frac{1}{n^2}$$

再由 $\sum\limits_{n=1}^{\infty}\frac{1}{n^2}$ 收敛及比较判别法(定理 12.2.3(1))知, $\sum\limits_{n=1}^{\infty}\left[\frac{1}{n}-\ln\left(1+\frac{1}{n}\right)\right]$收敛,其和记为

$$\begin{aligned}C&=\sum_{n=1}^{\infty}\left[\frac{1}{n}-\ln\left(1+\frac{1}{n}\right)\right]=\lim_{n\to+\infty}\sum_{k=1}^{n}\left[\frac{1}{k}-\ln\left(1+\frac{1}{k}\right)\right]\\&=\lim_{n\to+\infty}\left[\sum_{k=1}^{n}\frac{1}{k}-\sum_{k=1}^{n}(\ln(k+1)-\ln k)\right]\\&=\lim_{n\to+\infty}\left[\sum_{k=1}^{n}\frac{1}{k}-\ln(n+1)\right]\\&=\lim_{n\to+\infty}\left[\sum_{k=1}^{n}\frac{1}{k}-\ln n-\ln\left(1+\frac{1}{n}\right)\right]\\&=\lim_{n\to+\infty}\left(\sum_{k=1}^{n}\frac{1}{k}-\ln n\right)\end{aligned}$$

并称它为 Euler 常数,可证 $C=0.577\,215\cdots$. 记

$$\varepsilon_n=1+\frac{1}{2}+\cdots+\frac{1}{n}-\ln n-C$$

则 $\lim\limits_{n\to+\infty}\varepsilon_n=C-C=0$,且有

$$1+\frac{1}{2}+\cdots+\frac{1}{n}=\ln n+C+\varepsilon_n$$

这是调和级数 $\sum\limits_{n=1}^{\infty}\frac{1}{n}$ 部分和的一个渐近表达式. 由此得到

$$\lim_{n\to+\infty}\frac{1+\frac{1}{2}+\cdots+\frac{1}{n}}{\ln n}=\lim_{n\to+\infty}\frac{\ln n+C+\varepsilon_n}{\ln n}=\lim_{n\to+\infty}\left(1+\frac{C+\varepsilon_n}{\ln n}\right)=1+0=1$$

即 $1+\frac{1}{2}+\cdots+\frac{1}{n}\sim\ln n(n\to+\infty)$.

例 12.2.9 判别级数 $\sum_{n=1}^{\infty}\frac{1}{2^n}\left(1+\frac{1}{n}\right)^{n^2}$ 的敛散性.

解法1 因为 $\lim_{n\to+\infty}\sqrt[n]{a_n}=\lim_{n\to+\infty}\frac{1}{2}\left(1+\frac{1}{n}\right)^n=\frac{\mathrm{e}}{2}>1$,所以应用 Cauchy 判别法的极限形式(定理 12.2.4′(2))知,级数 $\sum_{n=1}^{\infty}\frac{1}{2^n}\left(1+\frac{1}{n}\right)^{n^2}$ 发散.

解法2 因为 $\lim_{n\to+\infty}a_n=\lim_{n\to+\infty}\frac{1}{2^n}\left(1+\frac{1}{n}\right)^{n^2}=\lim_{n\to+\infty}\left[\frac{\left(1+\frac{1}{n}\right)^n}{2}\right]^n=+\infty\neq0$,所以由定理 12.2.2 推得 $\sum_{n=1}^{\infty}\frac{1}{2^n}\left(1+\frac{1}{n}\right)^{n^2}$ 发散.

例 12.2.10 讨论级数 $\sum_{n=1}^{\infty}n!x^n(x\geqslant0)$ 的敛散性.

解 因为当 $x>0$ 时

$$\lim_{n\to+\infty}\frac{a_{n+1}}{a_n}=\lim_{n\to+\infty}\frac{(n+1)!x^{n+1}}{n!x^n}=\lim_{n\to+\infty}(n+1)x=+\infty$$

所以根据 d'Alembert 判别法的极限形式(定理 12.2.5′(2))知,$\sum_{n=1}^{\infty}n!x^n(x\geqslant0)$ 仅当 $x=0$ 时收敛.

例 12.2.11 讨论级数 $\sum_{n=1}^{\infty}\frac{n!}{n^n}x^n(x\geqslant0)$ 的敛散性.

解 因为当 $x>0$ 时

$$\lim_{n\to+\infty}\frac{a_{n+1}}{a_n}=\lim_{n\to+\infty}\frac{\frac{(n+1)!}{(n+1)^{n+1}}x^{n+1}}{\frac{n!}{n^n}x^n}=\lim_{n\to+\infty}\frac{x}{\left(1+\frac{1}{n}\right)^n}=\frac{x}{\mathrm{e}}\begin{cases}<1,0<x<\mathrm{e}\\=1,x=\mathrm{e}\\>1,x>\mathrm{e}\end{cases}$$

所以根据 d'Alembert 判别法的极限形式(定理 12.2.5′(1)(2))知,级数 $\sum_{n=1}^{\infty}\frac{n!}{n^n}x^n$ 当 $0<x<\mathrm{e}$ 时收敛;当 $x>\mathrm{e}$ 时此级数发散.

当 $x=\mathrm{e}$ 时，$\lim\limits_{n\to+\infty}\dfrac{a_{n+1}}{a_n}=\dfrac{\mathrm{e}}{\mathrm{e}}=1$，不能应用定理 12.2.5′ 判定. 但由于

$$\frac{a_{n+1}}{a_n}=\frac{x}{\left(1+\frac{1}{n}\right)^n}=\frac{\mathrm{e}}{\left(1+\frac{1}{n}\right)^n}>1$$

根据 d’Alembert 判别法（定理 12.2.5(2)）知，级数 $\sum\limits_{n=1}^{\infty}\dfrac{n!}{n^n}\mathrm{e}^n$ 发散.

综上得到级数 $\sum\limits_{n=1}^{\infty}\dfrac{n!}{n^n}x^n$ 仅当 $0\leqslant x<\mathrm{e}$ 时收敛.

例 12.2.12　讨论级数 $\sum\limits_{n=1}^{\infty}\dfrac{n!}{(x+1)(x+2)\cdots(x+n)}$ 当 $x\geqslant 0$ 时的敛散性.

解　由于 $\lim\limits_{n\to+\infty}\dfrac{a_{n+1}}{a_n}=\lim\limits_{n\to+\infty}\dfrac{n+1}{n+1+x}=1$（$x$ 固定），故不能用 d’Alembert 判别法判定. 因为

$$\lim_{n\to+\infty}n\left(\frac{a_n}{a_{n+1}}-1\right)=\lim_{n\to+\infty}\frac{nx}{n+1}=x$$

所以根据 Raabe 判别法的极限形式（定理 12.2.6′(1)(2)）知，当 $x>1$ 时，级数 $\sum\limits_{n=1}^{\infty}\dfrac{n!}{(x+1)(x+2)\cdots(x+n)}$ 收敛；当 $0\leqslant x<1$ 时此级数发散.

当 $x=1$ 时，虽然用 Raabe 判别法不能判定，但是原级数

$$\sum_{n=1}^{\infty}\frac{n!}{(1+1)(1+2)\cdots(1+n)}=\sum_{n=1}^{\infty}\frac{1}{n+1}$$

发散.

综上得到级数 $\sum\limits_{n=1}^{\infty}\dfrac{n!}{(x+1)(x+2)\cdots(x+n)}$ 仅当 $x>1$ 时收敛.

例 12.2.13　设 $p>0,q>0$，问：p,q 取何值时，级数

$$\sum_{n=1}^{\infty}\frac{p(p+1)\cdots(p+n-1)}{n!}\frac{1}{n^q}$$

收敛.

解　因为

$$\frac{a_n}{a_{n+1}}=\frac{n+1}{n+p}\left(1+\frac{1}{n}\right)^q=\left(1+\frac{1-p}{n+p}\right)\left(1+\frac{q}{n}+o\left(\frac{1}{n}\right)\right)$$

$$= 1 + \frac{q}{n} + \frac{1-p}{n+p} + o\left(\frac{1}{n}\right) = 1 + \frac{q+1-p}{n} + o\left(\frac{1}{n}\right)$$

故

$$n\left(\frac{a_n}{a_{n+1}} - 1\right) = q - p + 1 + o\left(\frac{1}{n}\right)$$
$$\to q - p + 1 \quad (n \to +\infty)$$

所以,根据 Raabe 判别法,级数当 $q > p$ 时收敛;当 $q < p$ 时此级数发散.

例 12.2.14 证明:级数

$$\frac{1}{2} + \frac{1}{3} + \frac{1}{2^2} + \frac{1}{3^2} + \frac{1}{2^3} + \frac{1}{3^3} + \frac{1}{2^4} + \frac{1}{3^4} + \cdots$$

收敛.

证明 因为

$$\overline{\lim_{n\to+\infty}} \sqrt[n]{a_n} = \lim_{n\to+\infty} \sqrt[2n-1]{\frac{1}{2^n}} = \lim_{n\to+\infty}\left(\frac{1}{2}\right)^{\frac{n}{2n-1}} = \left(\frac{1}{2}\right)^{\frac{1}{2}} = \frac{1}{\sqrt{2}} < 1$$

所以由 Cauchy 判别法的极限形式(定理 12.2.4′(1))知,该级数收敛. 但是

$$\underline{\lim_{n\to+\infty}} \frac{a_{n+1}}{a_n} = \lim_{n\to+\infty} \frac{\left(\frac{1}{3}\right)^n}{\left(\frac{1}{2}\right)^n} = \lim_{n\to+\infty}\left(\frac{2}{3}\right)^n = 0$$

$$\overline{\lim_{n\to+\infty}} \frac{a_{n+1}}{a_n} = \lim_{n\to+\infty} \frac{\frac{1}{2^{n+1}}}{\frac{1}{3^n}} = \frac{1}{2}\lim_{n\to+\infty}\left(\frac{3}{2}\right)^n = +\infty$$

故用 d' Alembert 判别法的极限形式不能判定此级数的敛散性.

例 12.2.15 讨论级数 $\sum_{n=1}^{\infty} \frac{x^n}{(1+x)(1+x^2)\cdots(1+x^n)}$ $(x \geqslant 0)$ 的敛散性.

解 当 $x > 0$ 时,由

$$\lim_{n\to+\infty} \frac{a_{n+1}}{a_n} = \lim_{n\to+\infty} \frac{x}{1+x^{n+1}} = \begin{cases} x, 0 < x < 1 \\ \frac{1}{2}, x = 1 \\ 0, x > 1 \end{cases}$$
$$< 1$$

根据 d' Alembert 判别法的极限形式(定理 12.2.5′(1))知,原级数当 $x \geqslant 0$ 时

都收敛(其中 $x=0$ 时,原级数为 $\sum_{n=1}^{\infty} 0$ 收敛).

例 12.2.16　研究超几何级数

$$F(\alpha,\beta,\gamma,x)=1+\sum_{n=1}^{\infty}\frac{\alpha(\alpha+1)\cdots(\alpha+n-1)\beta(\beta+1)\cdots(\beta+n-1)}{n!\gamma(\gamma+1)\cdots(\gamma+n-1)}x^n$$

的敛散性,其中 α,β,γ 皆为正数,$x\geqslant 0$.

解　令

$$a_n=\frac{\alpha(\alpha+1)\cdots(\alpha+n-1)\beta(\beta+1)\cdots(\beta+n-1)}{n!\gamma(\gamma+1)\cdots(\gamma+n-1)}x^n$$

则

$$\lim_{n\to+\infty}\frac{a_{n+1}}{a_n}=\lim_{n\to+\infty}\frac{(n+\alpha)(n+\beta)x}{(n+1)(n+\gamma)}=x$$

根据 d' Alembert 判别法的极限形式(定理 12.2.5′(1)(2)):

(1) 当 $0\leqslant x<1$ 时,$F(\alpha,\beta,\gamma,x)$ 收敛;

(2) 当 $x>1$ 时,$F(\alpha,\beta,\gamma,x)$ 发散;

(3) 当 $x=1$ 时,有

$$\begin{aligned}\lim_{n\to+\infty}n\left(\frac{a_n}{a_{n+1}}-1\right)&=\lim_{n\to+\infty}n\left[\frac{(n+1)(n+\gamma)}{(n+\alpha)(n+\beta)}-1\right]\\&=\lim_{n\to+\infty}\frac{(\gamma+1-\alpha-\beta)n^2+(\gamma-\alpha\beta)n}{n^2+(\alpha+\beta)n+\alpha\beta}\\&=\gamma+1-\alpha-\beta\end{aligned}$$

应用 Raabe 判别法的极限形式(定理 12.2.6′(1)(2))推得:

① 当 $\gamma+1-\alpha-\beta>1$(即 $\gamma>\alpha+\beta$)时,$F(\alpha,\beta,\gamma,x)$ 收敛;

② 当 $\gamma+1-\alpha-\beta<1$(即 $\gamma<\alpha+\beta$)时,$F(\alpha,\beta,\gamma,x)$ 发散;

③ 当 $\gamma+1-\alpha-\beta=1$(即 $\gamma=\alpha+\beta$)时,应进一步讨论.

因为 α,β 皆为正数,所以

$$\begin{aligned}n\left(\frac{a_n}{a_{n+1}}-1\right)-1&=\frac{(\gamma+1-\alpha-\beta)n^2+(\gamma-\alpha\beta)n}{n^2+(\alpha+\beta)n+\alpha\beta}-1\\&=\frac{n^2+(\gamma-\alpha\beta)n}{n^2+(\alpha+\beta)n+\alpha\beta}-1\\&=\frac{(\gamma-\alpha-\beta-\alpha\beta)n-\alpha\beta}{n^2+(\alpha+\beta)n+\alpha\beta}\end{aligned}$$

$$= \frac{-\alpha\beta n - \alpha\beta}{n^2 + (\alpha + \beta)n + \alpha\beta} < 0$$

于是，$\forall n \in \mathbb{N}$，恒有

$$n\left(\frac{a_n}{a_{n+1}} - 1\right) < 1$$

根据 Raabe 判别法(定理 12.2.6)可知 $F(\alpha,\beta,\gamma,x)$ 发散.

或由

$$\begin{aligned}
\frac{a_n}{a_{n+1}} &= \frac{(n+1)(n+\gamma)}{(n+\alpha)(n+\beta)} = \frac{n^2 + (\gamma+1)n + \gamma}{n^2 + (\alpha+\beta)n + \alpha\beta} \\
&= 1 + \frac{(\gamma + 1 - \alpha - \beta)n + \gamma - \alpha\beta}{n^2 + (\alpha+\beta)n + \alpha\beta} \\
&= 1 + \frac{n + \gamma - \alpha\beta}{n^2 + (\alpha+\beta)n + \alpha\beta} \\
&= 1 + \frac{1}{n} + \frac{0}{n\ln n} + \frac{-\alpha\beta n - \alpha\beta}{n[n^2 + (\alpha+\beta)n + \alpha\beta]} \\
&= 1 + \frac{1}{n} + \frac{0}{n\ln n} + o\left(\frac{1}{n\ln n}\right)
\end{aligned}$$

根据 Gauss 判别法(定理 12.2.7(2))，$F(\alpha,\beta,\gamma,x)$ 发散.

例 12.2.17 设 $\sum\limits_{n=1}^{\infty} a_n$ 为一个收敛的正项级数，试作一收敛的严格正项级数 $\sum\limits_{n=1}^{\infty} b_n$，使得

$$\lim_{n\to+\infty} \frac{a_n}{b_n} = 0$$

这表明收敛得最慢的正项级数是不存在的.

证明 第1步，设 $\sum\limits_{n=1}^{\infty} a_n$ 为严格正项级数，记 $\sum\limits_{n=1}^{\infty} a_n = S, S_0 = 0, S_n = \sum\limits_{k=1}^{n} a_k$，$\beta_n = S - S_{n-1}$，则 $\beta_n(>0)$ 严格减且 $\lim\limits_{n\to+\infty}\beta_n = \lim\limits_{n\to+\infty}(S - S_{n-1}) = S - S = 0$. 令 $b_n = \sqrt{\beta_n} - \sqrt{\beta_{n+1}}$，则 $b_n > 0$ 且

$$\sum_{k=1}^{n} b_k = \sum_{k=1}^{n}(\sqrt{\beta_k} - \sqrt{\beta_{k+1}}) = \sqrt{\beta_1} - \sqrt{\beta_{n+1}} \to \sqrt{\beta_1} - 0 = \sqrt{\beta_1} \quad (n \to +\infty)$$

即 $\sum\limits_{n=1}^{\infty} b_n = \sqrt{\beta_1} = \sqrt{S - S_0} = \sqrt{S}$. 此外

$$\frac{a_n}{b_n}=\frac{a_n}{\sqrt{\beta_n}-\sqrt{\beta_{n+1}}}=\frac{a_n(\sqrt{\beta_n}+\sqrt{\beta_{n+1}})}{\beta_n-\beta_{n+1}}=\frac{a_n(\sqrt{\beta_n}+\sqrt{\beta_{n+1}})}{S_n-S_{n+1}}$$
$$=\sqrt{\beta_n}+\sqrt{\beta_{n+1}}\to 0\quad(n\to+\infty)$$

所以，$\sum\limits_{n=1}^{\infty}b_n$ 就是要找的正项级数.

第 2 步，设 $\sum\limits_{n=1}^{\infty}a_n$ 为正项级数，则 $a_n\geqslant 0$. 令

$$\tilde{a}_n=\begin{cases}a_n,a_n>0\\ \dfrac{1}{2^n},a_n=0\end{cases}$$

则 $\sum\limits_{n=1}^{\infty}\tilde{a}_n$ 为收敛的严格正项级数. 根据第 1 步，存在收敛的严格正项级数 $\sum\limits_{n=1}^{\infty}b_n$，使得

$$\lim_{n\to+\infty}\frac{\tilde{a}_n}{b_n}=0$$

由于

$$0\leqslant\frac{a_n}{b_n}\leqslant\frac{\tilde{a}_n}{b_n}\to 0\quad(n\to+\infty)$$

及夹逼定理知

$$\lim_{n\to+\infty}\frac{b_n}{a_n}=0$$

因此，$\sum\limits_{n=1}^{\infty}b_n$ 就是比 $\sum\limits_{n=1}^{\infty}a_n$ 收敛得慢的严格正项级数.

练习题 12.2

1. 用比较判别法讨论下列级数的敛散性：

(1) $\sum\limits_{n=1}^{\infty}\dfrac{1}{3n^2+5}$；　　(2) $\sum\limits_{n=1}^{\infty}\dfrac{1}{n2^n}$；

(3) $\sum\limits_{n=1}^{\infty}\left(\dfrac{n^2}{3n^2+1}\right)^n$；　　(4) $\sum\limits_{n=1}^{\infty}\dfrac{1}{n}\sin\dfrac{1}{n}$；

(5) $\sum_{n=1}^{\infty}\frac{n+1}{n(n+2)}$; (6) $\sum_{n=1}^{\infty}\frac{1}{n^{1+\frac{1}{n}}}$;

(7) $\sum_{n=2}^{\infty}\frac{1}{(\ln n)^{\ln n}}$; (8) $\sum_{n=2}^{\infty}\frac{1}{(\ln n)^{\ln\ln n}}$;

(9) $\sum_{n=1}^{\infty}\left(n\ln\frac{2n+1}{2n-1}-1\right)$; (10) $\sum_{n=1}^{\infty}\frac{(-1)^n\sin\sqrt{n^2+1}\,\pi}{n^{\alpha}}$.

2. 讨论下列级数的敛散性:

(1) $\sum_{n=1}^{\infty}n\tan\frac{\pi}{2^{n+1}}$; (2) $\sum_{n=1}^{\infty}\frac{n^2}{3^n}$;

(3) $\sum_{n=1}^{\infty}\frac{n^5}{3^n}[\sqrt{3}+(-1)^n]^n$; (4) $\sum_{n=1}^{\infty}\frac{n^2}{\left(1+\frac{1}{n}\right)^n}$;

(5) $\sum_{n=1}^{\infty}\frac{n^{n+\frac{1}{n}}}{\left(n+\frac{1}{n}\right)^n}$; (6) $\sum_{n=1}^{\infty}\frac{x^n}{n!}(x\geqslant 0)$;

(7) $\sum_{n=1}^{\infty}\left(\frac{n-4}{3n+1}\right)^n$; (8) $\sum_{n=2}^{\infty}\frac{n^{\ln n}}{(\ln n)^n}$.

3. 应用 Raabe 判别法,讨论下列级数的敛散性:

(1) $\sum_{n=1}^{\infty}\frac{\sqrt{n!}}{(a+\sqrt{1})(a+\sqrt{2})\cdots(a+\sqrt{n})}, a>0$;

(2) $\sum_{n=1}^{\infty}\frac{n!\,n^{-p}}{q(q+1)\cdots(q+n)}, p>0, q>0$.

4. 证明:级数 $\sum_{n=2}^{\infty}\frac{1}{n\ln n\ln\ln n}$ 发散.

5. 问 p,q 取何值时,级数 $\sum_{n=3}^{\infty}\frac{1}{n(\ln n)^p(\ln\ln n)^q}$ 收敛.

6. 设正项级数 $\sum_{n=1}^{\infty}a_n$ 收敛,证明:$\sum_{n=1}^{\infty}a_n^2$ 也收敛. 但反之不然,举例说明之. 构造一个收敛级数 $\sum_{n=1}^{\infty}a_n$,但 $\sum_{n=1}^{\infty}a_n^2$ 发散.

7. 设 $\sum_{n=1}^{\infty}a_n^2$, $\sum_{n=1}^{\infty}b_n^2$ 收敛,证明:$\sum_{n=1}^{\infty}|a_nb_n|$, $\sum_{n=1}^{\infty}(a_n+b_n)^2$ 也收敛.

8. 设正项级数 $\sum_{n=1}^{\infty}a_n$ 收敛. 证明:级数 $\sum_{n=1}^{\infty}\sqrt{a_na_{n+1}}$ 也收敛. 举例说明逆命题

不成立. 但若$\{a_n\}$为单调减数列,则逆命题也成立.

9. 设$\sum\limits_{n=1}^{\infty} a_n$为一个收敛的正项级数. 证明:$\forall \delta > 0$,级数$\sum\limits_{n=1}^{\infty} n^{-\frac{1+\delta}{2}}\sqrt{a_n} < +\infty$. 问:当$\delta = 0$时,结论是否还成立?

10. 设$\delta > 0, a_n > 0, n = 1,2,\cdots$. 证明:

(1) 如果当$n > N$时,有$\left(\ln \dfrac{1}{a_n}\right)(\ln n)^{-1} \geqslant 1 + \delta$,则$\sum\limits_{n=1}^{\infty} a_n$收敛;

(2) 如果当$n > N$时,有$\left(\ln \dfrac{1}{a_n}\right)(\ln n)^{-1} \leqslant 1$,则$\sum\limits_{n=1}^{\infty} a_n$发散;

(3) 应用上面的结果,证明$\sum\limits_{n=2}^{\infty} \dfrac{1}{(\ln n)^{\ln n}}, \sum\limits_{n=1}^{\infty} \dfrac{1}{3^{\ln n}}$都收敛.

11. 设$p \geqslant 0$. 证明:级数

$$\sum_{n=1}^{\infty} \frac{n!}{(p+1)(p+2)\cdots(p+n)}$$

当$p > 1$时收敛;当$0 \leqslant p \leqslant 1$时发散.

12. 设$a_n \geqslant 0$,证明:级数$\sum\limits_{n=1}^{\infty} \dfrac{a_n}{(1+a_1)(1+a_2)\cdots(1+a_n)}$收敛.

13. 设$a = A_0 < A_1 < A_2 < \cdots < A_n < \cdots, A_n \to +\infty\ (n \to +\infty)$为任意给定的序列,$f(x) > 0$,则$\int_a^{+\infty} f(x)\,\mathrm{d}x$与$\sum\limits_{n=1}^{\infty} \int_{A_{n-1}}^{A_n} f(x)\,\mathrm{d}x$同敛散,且当收敛时,有

$$\int_a^{+\infty} f(x)\,\mathrm{d}x = \sum_{n=1}^{\infty} \int_{A_{n-1}}^{A_n} f(x)\,\mathrm{d}x$$

14. 设$a_n \neq 0, n = 1,2,\cdots$,且$\lim\limits_{n\to+\infty} a_n = a \neq 0$. 证明:级数$\sum\limits_{n=1}^{\infty} |a_{n+1} - a_n|$与$\sum\limits_{n=1}^{\infty} \left|\dfrac{1}{a_{n+1}} - \dfrac{1}{a_n}\right|$同时敛散.

思考题 12.2

1. 证明:级数$\sum\limits_{n=1}^{\infty} x^{1+\frac{1}{2}+\cdots+\frac{1}{n}}$当$0 < x < \mathrm{e}^{-1}$时收敛;当$x \geqslant \mathrm{e}^{-1}$时,发散.

2. 设 $a_n > 0, S_n = \sum_{k=1}^{n} a_k$. 证明:

(1) 若 $\sum_{n=1}^{\infty} a_n$ 收敛,则 $\sum_{n=1}^{\infty} \frac{a_n}{S_n^{\alpha}}$ 也收敛;

(2) 若 $\sum_{n=1}^{\infty} a_n$ 发散,则 $\frac{a_k}{S_n^2} \leqslant \frac{1}{S_{k-1}} - \frac{1}{S_k}$ 且 $\sum_{n=1}^{\infty} \frac{a_n}{S_n^2}$ 收敛;

(3) 若 $\sum_{n=1}^{\infty} a_n$ 发散,则当 $\alpha > 1$ 时, $\sum_{n=1}^{\infty} \frac{a_n}{S_n^{\alpha}}$ 收敛;当 $\alpha \leqslant 1$ 时, $\sum_{n=1}^{\infty} \frac{a_n}{S_n^{\alpha}}$ 发散.

3. 设 $\{a_n\}$ 为单调减的正数列. 证明:级数 $\sum_{n=1}^{\infty} a_n$ 与 $\sum_{n=1}^{\infty} 2^n a_{2^n}$ 同敛散. 应用上述结果证明:

(1) $\sum_{n=1}^{\infty} \frac{1}{n^{1+\alpha}}$ 当 $\alpha > 0$ 时收敛,当 $\alpha \leqslant 0$ 时发散;

(2) $\sum_{n=2}^{\infty} \frac{1}{n \ln n}$ 发散.

4. 设 $\sum_{n=1}^{\infty} a_n$ 为一个发散的正项级数.

(1) 证明: $\sum_{n=1}^{\infty} \frac{a_n}{1+a_n}$ 发散, $\sum_{n=1}^{\infty} \frac{a_n}{1+n^2 a_n}$ 收敛.

(2) 研究 $\sum_{n=1}^{\infty} \frac{a_n}{1+a_n^2}, \sum_{n=1}^{\infty} \frac{a_n}{1+na_n}$ 的敛散性.

5. 证明:从调和级数 $\sum_{n=1}^{\infty} \frac{1}{n}$ 中划去所有分母中含有数字 9 的那些项 $\left(\text{例如}: \frac{1}{9}, \frac{1}{19}, \frac{1}{29}, \cdots\right)$ 之后,所得的新级数是收敛的,且其和不超过 80.

6. 设 $\sum_{n=1}^{\infty} a_n$ 为一个正项级数,如果 $\overline{\lim_{n \to +\infty}} \frac{a_{n+1}}{a_n} = q < 1$ 或 $\overline{\lim_{n \to +\infty}} \sqrt[n]{a_n} = q < 1$, 则 $\forall r \in (q, 1)$, 总有 $\lim_{n \to +\infty} \frac{a_n}{r^n} = 0$. 这说明能用 d' Alembert 判别法的极限形式或 Cauchy 判别法的极限形式判定收敛的级数 $\sum_{n=1}^{\infty} a_n$ 总比等比(几何)级数 $\sum_{n=1}^{\infty} \frac{1}{r^n}$ 收敛得快.

7. 研究下列级数的敛散性:

(1) $\sum\limits_{n=1}^{\infty}\left(\frac{1}{\sqrt{n}}-\sqrt{\ln\frac{n+1}{n}}\right)$;

(2) $\sum\limits_{n=1}^{\infty}\left(a^{\frac{1}{n}}-\frac{b^{\frac{1}{n}}+c^{\frac{1}{n}}}{2}\right), a>0, b>0, c>0$;

(3) $\sum\limits_{n=1}^{\infty}(n^{\frac{1}{n^2+1}}-1)$.

8. 设 $a_n \geqslant 0, n=1,2,\cdots, \sum\limits_{n=1}^{\infty} a_n$ 收敛. 证明：$\lim\limits_{m\to+\infty}\frac{1}{m}\sum\limits_{\substack{n\leqslant m\\ a_n>\frac{1}{n}}} 1=0$，其中 $\sum\limits_{\substack{n\leqslant m\\ a_n>\frac{1}{n}}} 1$ 表示 $a_1,\cdots,a_m$ 中满足 $a_n>\frac{1}{n}$ 的 a_n 的个数.

9. 设 $a_n>0(n=1,2,\cdots)$，$\sum\limits_{n=1}^{\infty} a_n$ 收敛，令 $r_n=\sum\limits_{k=n}^{\infty} a_k$，证明：级数 $\sum\limits_{k=1}^{\infty}\frac{a_k}{r_k}$ 发散.

10. 设 $\lim\limits_{n\to+\infty}(n^{2n\sin\frac{1}{n}}a_n)=1$，证明：级数 $\sum\limits_{n=1}^{\infty} a_n$ 收敛.

11. 设 $a_n=\left(1-\frac{p\ln n}{n}\right)^n$，证明：

(1) $a_n \sim \frac{1}{n^p}(n\to+\infty)$；

(2) 级数 $\sum\limits_{n=1}^{\infty} a_n$ 当 $p>1$ 时收敛，当 $p\leqslant 1$ 时发散.

12. 设 $0<p_1<p_2<\cdots<p_n<\cdots$，证明

$$\sum_{n=1}^{\infty}\frac{1}{p_n}\text{收敛}\Leftrightarrow\sum_{n=1}^{\infty}\frac{n}{p_1+p_2+\cdots+p_n}\text{收敛}$$

13. 设 $a_n\geqslant 0$，且 $\sum\limits_{n=1}^{\infty} a_n$ 收敛，证明：当 $p>\frac{1}{2}$ 时，级数 $\sum\limits_{n=1}^{\infty}\frac{\sqrt{a_n}}{n^p}$ 收敛.

14. 设 $\sum\limits_{n=1}^{\infty} a_n$ 为正项级数，满足：

(1) $\sum\limits_{k=1}^{n}(a_k-a_n)$ 对 n 有界；

(2) 当 n 趋于 $+\infty$ 时，$\{a_n\}$ 单调减趋于 0.

证明：级数 $\sum\limits_{n=1}^{\infty} a_n$ 收敛.

15. 应用 d'Alembert 判别法证明级数

$$\sqrt{2-\sqrt{2}}+\sqrt{2-\sqrt{2+\sqrt{2}}}+\sqrt{2-\sqrt{2+\sqrt{2+\sqrt{2}}}}+\cdots$$

收敛.

16. 设级数 $\sum\limits_{n=1}^{\infty} a_n$ 收敛, $a_n \geqslant 0$, $\{a_n\}$ 单调减,证明: $\lim\limits_{n\to+\infty} na_n = 0$,即 $a_n = o\left(\frac{1}{n}\right)(n\to+\infty)$. 举例说明,删去条件"$\{a_n\}$ 单调减",上述结论不成立. 进而给出 $a_n > 0(n=1,2,\cdots)$ 的反例.

17. 设 $\{a_n\}$ 为正的单调减数列, $\sum\limits_{n=1}^{\infty} a_n$ 发散. 证明

$$\lim_{n\to+\infty}\frac{a_2+a_4+\cdots+a_{2n}}{a_1+a_3+\cdots+a_{2n-1}}=1$$

18. 设 $\{a_n\}$ 为正的单调增数列. 证明:级数 $\sum\limits_{n=1}^{\infty}\left(1-\frac{a_n}{a_{n+1}}\right)$ 当 $\{a_n\}$ 有界时收敛;而当 $\{a_n\}$ 无界时发散.

12.3 一般级数

当级数 $\sum\limits_{n=1}^{\infty} a_n$ 的通项 a_n 可正可负时,称它为一般级数. 例如: $\sum\limits_{n=1}^{\infty}\frac{\sin nx}{n}$, $\sum\limits_{n=1}^{\infty}\frac{(-1)^{n-1}}{n}=1-\frac{1}{2}+\frac{1}{3}-\cdots+(-1)^{n-1}\frac{1}{n}+\cdots$ 都为一般级数.

对于一般级数,可以用级数收敛的定义及级数的 Cauchy 收敛判别法(收敛准则)来判定其敛散性.

这一节我们将给出一般级数的几种特殊判别法:Leibniz 判别法,Dirichlet 判别法,Abel 判别法等.

定理 12.3.1(Leibniz 判别法) 如果 $\{a_n\}$ 单调减趋于 0,则交错级数 $\sum\limits_{n=1}^{\infty}(-1)^{n-1}a_n(a_n\geqslant 0)$ 收敛.

设 S_n 为级数 $\sum\limits_{n=1}^{\infty}(-1)^{n-1}a_n$ 的第 n 个部分和,则 $\{S_{2k}\}$ 单调增趋于 S, $\{S_{2k-1}\}$

单调减趋于 S. 于是,用 S_n 作为 $S=\sum\limits_{n=1}^{\infty}(-1)^{n-1}a_n$ 的近似值,其绝对误差为

$$|S_n-S|\leqslant a_{n+1}$$

证明 因为$\{a_n\}$单调减趋于0,故 $a_n-a_{n+1}\geqslant 0$,从而

$$\begin{aligned}S_{2k}&=(a_1-a_2)+(a_3-a_4)+\cdots+(a_{2k-3}-a_{2k-2})+(a_{2k-1}-a_{2k})\\&=S_{2k-2}+(a_{2k-1}-a_{2k})\geqslant S_{2k-2}\end{aligned}$$

这就表明$\{S_{2k}\}$单调增.

另一方面,由 $S_{2k}=a_1-(a_2-a_3)-\cdots-(a_{2k-2}-a_{2k-1})-a_{2k}<a_1$ 知$\{S_{2k}\}$有上界 a_1. 因此,$\{S_{2k}\}$收敛于实数 S. 又

$$\lim_{k\to+\infty}S_{2k+1}=\lim_{k\to+\infty}(S_{2k}+a_{2k+1})=S+0=S$$

根据定理1.1.1,$\{S_n\}$收敛,即$\sum\limits_{n=1}^{\infty}(-1)^{n-1}a_n$收敛,记$\sum\limits_{n=1}^{\infty}(-1)^{n-1}a_n=\lim\limits_{n\to+\infty}S_n=S$.

从

$$S_{2k-1}=S_{2k-3}-(a_{2k-2}-a_{2k-1})\leqslant S_{2k-3}$$

知$\{S_{2k-1}\}$单调减,由上段的结论可知它趋于 S. 于是

$$|S_n-S|\leqslant|S_n-S_{n+1}|=a_{n+1}$$

$\{a_n\}$单调减趋于0的交错级数$\sum\limits_{n=1}^{\infty}(-1)^{n-1}a_n$常称为 Leibniz 级数.

为给出 Dirichlet 判别法与 Abel 判别法,我们先证两个引理.

引理12.3.1(分部求和法) 设 $S_k=a_1+\cdots+a_k(k=1,2,\cdots)$,则有

$$\sum_{k=1}^{n}a_kb_k=\sum_{k=1}^{n-1}S_k(b_k-b_{k+1})+S_nb_n$$

证明 设 $S_0=0$,则 $a_k=S_k-S_{k-1},k=1,2,\cdots$. 于是

$$\begin{aligned}\sum_{k=1}^{n}a_kb_k&=\sum_{k=1}^{n}(S_k-S_{k-1})b_k=\sum_{k=1}^{n}S_kb_k-\sum_{k=1}^{n}S_{k-1}b_k\\&=\sum_{k=1}^{n-1}S_kb_k-\sum_{k=1}^{n-1}S_kb_{k+1}+S_nb_n\\&=\sum_{k=1}^{n-1}S_k(b_k-b_{k+1})+S_nb_n\end{aligned}$$

引理12.3.2(Abel 引理) (1) 设 $b_1\geqslant b_2\geqslant\cdots\geqslant b_n\geqslant 0$

$$m\leqslant S_k=\sum_{l=1}^{k}a_l\leqslant M\quad(k=1,2,\cdots,n)$$

则有

$$b_1 m \leqslant \sum_{k=1}^{n} a_k b_k \leqslant b_1 M$$

(2) 设 $b_1 \geqslant b_2 \geqslant \cdots \geqslant b_n$ 或 $b_1 \leqslant b_2 \leqslant \cdots \leqslant b_n$,记 $S_k = \sum_{l=1}^{k} a_l$,如果 $|S_k| \leqslant M, k = 1, \cdots, n$,则

$$\sum_{k=1}^{n} a_k b_k \leqslant M(|b_1| + 2|b_n|)$$

证明 (1) 由引理 12.3.1(1) 及 $b_1 \geqslant b_2 \geqslant \cdots \geqslant b_n \geqslant 0, b_k - b_{k+1} \geqslant 0$ $(k = 1, 2, \cdots, n-1)$,有

$$\sum_{k=1}^{n} a_k b_k = \sum_{k=1}^{n-1} S_k(b_k - b_{k+1}) + S_n b_n \leqslant M \sum_{k=1}^{n-1} (b_k - b_{k+1}) + M b_n = M b_1$$

同理

$$m b_1 \leqslant \sum_{k=1}^{n} a_k b_k$$

结合上面的不等式得到

$$m b_1 \leqslant \sum_{k=1}^{n} a_k b_k \leqslant M b_1$$

(2) 由分部求和公式得

$$\begin{aligned}
\left| \sum_{k=1}^{n} a_k b_k \right| &= \left| \sum_{k=1}^{n-1} S_k(b_k - b_{k+1}) + S_n b_n \right| \\
&\leqslant \sum_{k=1}^{n-1} |S_k| |b_k - b_{k+1}| + |S_n| |b_n| \\
&\leqslant M\left(\sum_{k=1}^{n-1} |b_k - b_{k+1}| + |b_n| \right) \\
&= M(|b_1 - b_n| + |b_n|) \\
&\leqslant M(|b_1| + 2|b_n|)
\end{aligned}$$

从 Abel 引理立即有下面的结论.

定理 12.3.2(Dirichlet 判别法) 设:

(1) $\{b_n\}$ 单调趋于 0;

(2) $S_k = a_1 + \cdots + a_k, |S_k| \leqslant M, k = 1, 2, \cdots$,即 $\sum_{n=1}^{\infty} a_n$ 的部分和有界.

则 $\sum_{n=1}^{\infty} a_n b_n$ 收敛.

证法 1　由条件(2)知，$-M \leqslant S_k \leqslant M, k = 1,2,\cdots$，于是

$$-M - S_n \leqslant S_{n+p} - S_n = a_{n+1} + \cdots + a_{n+p} \leqslant M - S_n \quad (\forall p \in \mathbb{N})$$

由条件(1)，且不妨设$\{b_n\}$单调减($\{b_n\}$单调增时用$\{-b_n\}$代替$\{b_n\}$)趋于0，即$b_n \geqslant 0$. 根据 Abel 引理 12. 3. 2(1)，有

$$(-M - S_n) b_{n+1} \leqslant a_{n+1} b_{n+1} + \cdots + a_{n+p} b_{n+p} \leqslant (M - S_n) b_{n+1}$$

所以

$$\left| \sum_{k=n+1}^{n+p} a_k b_k \right| \leqslant \max\{|-M - S_n|, |M - S_n|\} b_{n+1} \leqslant 2M b_{n+1}$$

因为$\{b_n\}$单调趋于0，所以$\forall \varepsilon > 0, \exists N \in \mathbb{N}$，当$n > N$时，$b_{n+1} < \dfrac{\varepsilon}{2M+1}$，于是

$$\left| \sum_{k=n+1}^{n+p} a_k b_k \right| < 2M \cdot \frac{\varepsilon}{2M+1} < \varepsilon$$

根据级数的 Cauchy 收敛准则(定理 12. 1. 1)，$\sum\limits_{n=1}^{\infty} a_n b_n$ 收敛.

证法 2　由条件(2)知，$|S_k| \leqslant M, k = 1,2,\cdots$. 再由$\{b_n\}$单调减及 Abel 引理 12. 3. 2(2)得到

$$\left| \sum_{k=n+1}^{n+p} a_k \right| = |S_{n+p} - S_n| \leqslant |S_{n+p}| + |S_n| \leqslant 2M$$

$$\left| \sum_{k=n+1}^{n+p} a_k b_k \right| \leqslant 2M(|b_{n+1}| + 2|b_{n+p}|)$$

因为$\{b_n\}$趋于0，所以$\forall \varepsilon > 0, \exists N = N(\varepsilon) \in \mathbb{N}$，当$n > N$时，$|b_n| < \dfrac{\varepsilon}{6M+1}$，于是

$$\left| \sum_{k=n+1}^{n+p} a_k b_k \right| \leqslant 2M(|b_{n+1}| + 2|b_{n+p}|) < 2M \cdot \frac{3\varepsilon}{6M+1} < \varepsilon$$

根据级数的 Cauchy 收敛准则(定理 12. 1. 1)，$\sum\limits_{n=1}^{\infty} a_n b_n$ 收敛.

定理 12. 3. 3(Abel 判别法)　设：

(1) $\{b_n\}$ 单调有界；

(2) $\sum\limits_{n=1}^{\infty} a_n$ 收敛.

因此$\sum\limits_{n=1}^{\infty} a_n b_n$ 收敛.

证法1 由于$\{b_n\}$单调有界,故$\{b_n\}$收敛,记$\lim\limits_{n\to+\infty}b_n=b$. 不妨设$\{b_n\}$单调减,则$b_n\geqslant b$. 令$b'_n=b_n-b$,则$\{b'_n\}$单调减趋于0.

又因$\sum\limits_{n=1}^{\infty}a_n$收敛,故部分和有界,根据 Dirichlet 判别法(定理 12.3.3)知$\sum\limits_{n=1}^{\infty}a_nb'_n$收敛. 从而

$$\sum_{n=1}^{\infty}a_nb_n=\sum_{n=1}^{\infty}a_n(b'_n+b)=\sum_{n=1}^{\infty}a_nb'_n+b\sum_{n=1}^{\infty}a_n$$

也收敛.

证法2 由条件$|b_n|\leqslant B,\forall n\in\mathbb{N}$. 又因$\sum\limits_{n=1}^{\infty}a_n$收敛,故根据级数的 Cauchy 收敛准则(定理 12.1.1),$\forall\varepsilon>0,\exists N\in\mathbb{N}$,当$n>N$时,有

$$|\widetilde{S}_p|<\frac{\varepsilon}{2B+1}\quad(\forall p\in\mathbb{N})$$

其中$\widetilde{S}_p=a_{n+1}\cdots+a_{n+p}$,则$\{\widetilde{S}_p\}(p\in\mathbb{N})$有界,且

$$-\frac{\varepsilon}{2B+1}<\widetilde{S}_p=a_{n+1}+\cdots+a_{n+p}<\frac{\varepsilon}{2B+1}$$

又因$\{b_n\}$单调有界. 不妨设$\{b_n\}$单调减(否则用$\{-b_n\}$代替),且以0为下界(否则用$\{b_n+B\}$代替). 根据 Abel 引理 12.3.2(1) 得到

$$-\frac{\varepsilon}{2B+1}b_{n+1}\leqslant a_{n+1}b_{n+1}+\cdots+a_{n+p}b_{n+p}\leqslant\frac{\varepsilon}{2B+1}b_{n+1}$$

所以

$$\left|\sum_{k=n+1}^{n+p}a_kb_k\right|\leqslant\frac{\varepsilon}{2B+1}\cdot b_{n+1}\leqslant\frac{\varepsilon}{2B+1}\cdot B<\varepsilon$$

根据级数的 Cauchy 收敛准则(定理 12.1.1),$\sum\limits_{n=1}^{\infty}a_nb_n$收敛.

证法3 由条件$|b_n|\leqslant B,\forall n\in\mathbb{N}$. 又因$\sum\limits_{n=1}^{\infty}a_n$收敛,故$\forall\varepsilon>0$,根据级数的 Cauchy 收敛准则(定理 12.1.1),$\exists N\in\mathbb{N}$,当$n>N$时

$$|a_{n+1}+\cdots+a_{n+l}|<\frac{\varepsilon}{3B+1}\quad(\forall l\in\mathbb{N})$$

根据 Abel 引理 12.3.2(2) 得到

$$\left|\sum_{k=n+1}^{n+p} a_k b_k\right| \leqslant \frac{\varepsilon}{3B+1}(|b_{n+1}|+2|b_{n+p}|)$$

$$\leqslant \frac{\varepsilon}{3B+1}\cdot 3B < \varepsilon$$

再根据级数的 Cauchy 收敛准则(定理 12. 1. 1)，$\sum\limits_{n=1}^{\infty} a_n b_n$ 收敛.

注 12. 3. 1 Leibniz 判别法(定理 12. 3. 1)是 Dirichlet 判别法(定理 12. 3. 2)的特殊情形. 事实上，由于 $\sum\limits_{n=1}^{\infty}(-1)^{n-1}$ 的部分和 $\sum\limits_{k=1}^{n}(-1)^{k-1}$ 满足 $\left|\sum\limits_{k=1}^{n}(-1)^{k-1}\right| \leqslant 2$，即部分和有界. 又因为 $\{a_n\}$ 单调减趋于 0，根据 Dirichlet 判别法知，$\sum\limits_{n=1}^{\infty}(-1)^{n-1}a_n$ 收敛.

例 12. 3. 1 证明：$\sum\limits_{n=1}^{\infty}\dfrac{(-1)^{n-1}}{n}$ 与 $\sum\limits_{n=2}^{\infty}\dfrac{(-1)^{n}}{\ln n}$ 收敛.

证明 因为 $\left\{\dfrac{1}{n}\right\}$ 与 $\left\{\dfrac{1}{\ln n}\right\}$ 都单调减趋于 0，所以根据 Leibniz 判别法知，$\sum\limits_{n=1}^{\infty}\dfrac{(-1)^{n}}{n}$ 与 $\sum\limits_{n=2}^{\infty}\dfrac{(-1)^{n}}{\ln n}$ 都收敛.

例 12. 3. 2 研究 $\sum\limits_{n=1}^{\infty}\dfrac{\cos nx}{n}$ 的敛散性(此级数既非正项级数又非 Leibniz 级数).

解 设 $a_n=\cos nx$，$b_n=\dfrac{1}{n}$，$n=1,2,\cdots$. 显然，$\{b_n\}$ 单调减趋于 0，而

$$|S_n| = |\cos x+\cos 2x+\cdots+\cos nx| = \left|\frac{1}{2\sin\frac{x}{2}}\sum_{k=1}^{n}2\sin\frac{x}{2}\cos kx\right|$$

$$= \left|\frac{1}{2\sin\frac{x}{2}}\sum_{k=1}^{n}\left[\sin\left(k+\frac{1}{2}\right)x-\sin\left(k-\frac{1}{2}\right)x\right]\right|$$

$$= \left|\frac{\sin\left(n+\frac{1}{2}\right)x-\sin\frac{x}{2}}{2\sin\frac{x}{2}}\right|$$

$$\leqslant \left|\frac{2}{2\sin\frac{x}{2}}\right| = \left|\frac{1}{\sin\frac{x}{2}}\right| \quad (x \neq 2m\pi, m \in \mathbb{Z})$$

此时,$S_n = \sum\limits_{k=1}^{n} a_k$ 有界. 根据 Dirchlet 判别法(定理 12.3.2),当 $x \neq 2m\pi$ $(m \in \mathbb{Z})$ 时收敛;当 $x = 2m\pi(m \in \mathbb{Z})$ 时,$\sum\limits_{n=1}^{\infty} \frac{\cos n(2m\pi)}{n} = \sum\limits_{n=1}^{\infty} \frac{1}{n}$ 发散.

例 12.3.3 研究级数 $\sum\limits_{n=1}^{\infty} \frac{\cos 3n}{n}\left(1+\frac{1}{n}\right)^n$ 的敛散性.

解 由例 12.3.2,$\sum\limits_{n=1}^{\infty} \frac{\cos 3n}{n}$ 收敛,$\left(1+\frac{1}{n}\right)^n$ 单调增且有上界3(或e). 根据 Abel 判别法知,$\sum\limits_{n=1}^{\infty} \frac{\cos 3n}{n}\left(1+\frac{1}{n}\right)^n$ 收敛.

例 12.3.4 研究级数 $\sum\limits_{n=1}^{\infty} (-1)^n \frac{\sin^2 n}{n}$ 的敛散性.

解 由 Leibniz 判别法知,$\sum\limits_{n=1}^{\infty} \frac{(-1)^n}{n}$ 收敛. 再根据例 12.3.2

$$\sum_{n=1}^{\infty} (-1)^n \frac{\cos 2n}{n} = \sum_{n=1}^{\infty} \frac{\cos n(2+\pi)}{n} \text{ 收敛} \quad (\text{因 } 2+\pi \neq 2m\pi, m \in \mathbb{Z})$$

于是

$$\sum_{n=1}^{\infty} (-1)^n \frac{\sin^2 n}{n} = \sum_{n=1}^{\infty} (-1)^n \frac{1-\cos 2n}{2n} = \frac{1}{2}\left[\sum_{n=1}^{\infty} \frac{(-1)^n}{n} - \sum_{n=1}^{\infty} \frac{(-1)^n}{n}\cos 2n\right]$$

是收敛的.

但是

$$\sum_{n=1}^{\infty} \left|(-1)^n \frac{\sin^2 n}{n}\right| = \sum_{n=1}^{\infty} \frac{\sin^2 n}{n} = \frac{1}{2}\sum_{n=1}^{\infty} \frac{1-\cos 2n}{n}$$

是发散的.

(反证法)假设 $\sum\limits_{n=1}^{\infty} \frac{1-\cos 2n}{n}$ 是收敛的,则由例12.3.2及定理12.1.3推得

$$\sum_{n=1}^{\infty} \frac{1}{n} = \sum_{n=1}^{\infty} \left(\frac{1-\cos 2n}{n} + \frac{\cos 2n}{n}\right)$$

也收敛. 这与例 12.2.1 中 $\sum\limits_{n=1}^{\infty} \frac{1}{n}$ 发散相矛盾.

例 12.3.5 (1) 设 $\{a_n\}$ 为单调减的正数列，如果 $\sum_{n=1}^{\infty} a_n$ 收敛，则 $a_n = o\left(\frac{1}{n}\right)$；

(2) 举出例子：$a_n \geqslant 0$，$\{a_n\}$ 单调减且 $a_n = o\left(\frac{1}{n}\right)$，$n \to +\infty$，但 $\sum_{n=1}^{\infty} a_n$ 发散；

(3) 举出例子：$a_n \geqslant 0$，$\sum_{n=1}^{\infty} a_n$ 收敛，但 $a_n \neq o\left(\frac{1}{n}\right)$，$n \to +\infty$.

证明　(1) 因为 $\sum_{n=1}^{\infty} a_n$ 收敛，根据级数的 Cauchy 收敛准则，$\forall \varepsilon > 0$，$\exists N \in \mathbb{N}$，当 $n > N$ 时

$$|a_{n+1} + \cdots + a_{n+p}| < \frac{\varepsilon}{2} \quad (\forall p \in \mathbb{N})$$

特别取 $p = n$，并由 $\{a_n\}$ 单调减得到

$$na_{2n} \leqslant a_{n+1} + \cdots + a_{2n} < \frac{\varepsilon}{2}$$

$$0 \leqslant 2na_{2n} < 2 \cdot \frac{\varepsilon}{2} = \varepsilon$$

$$\lim_{n \to +\infty} 2na_{2n} = 0$$

又因为

$$0 \leqslant (2n+1)a_{2n+1} \leqslant 2na_{2n} + a_{2n+1} \to 0 + 0 = 0 \quad (n \to +\infty)$$

所以

$$\lim_{n \to +\infty} (2n+1)a_{2n+1} = 0$$

根据定理 1.1.1 得到

$$\lim_{n \to +\infty} \frac{a_n}{\frac{1}{n}} = \lim_{n \to +\infty} na_n = 0$$

即
$$a_n = o\left(\frac{1}{n}\right) \quad (n \to +\infty)$$

(2) 显然

$$a_n = \frac{1}{(n+1)\ln(n+1)} = o\left(\frac{1}{n}\right) \quad (n \to +\infty)$$

且 $\{a_n\}$ 单调减，$a_n \geqslant 0$. 但是，$\sum_{n=1}^{\infty} \frac{1}{(n+1)\ln(n+1)}$ 发散.

(3) 设

$$a_n=\begin{cases}0, n\neq m^2\\ \dfrac{1}{m^2}, n=m^2\end{cases}\quad (m=1,2,\cdots)$$

或

$$a_m=\begin{cases}\dfrac{1}{2^n}, n\neq m^2\\ \dfrac{1}{m^2}, n=m^2\end{cases}\quad (m=1,2,\cdots)$$

则 $a_n\geqslant 0$(后者 $a_n>0$),$\sum\limits_{n=1}^{\infty}a_n$ 收敛,但 $a_n\neq o\left(\dfrac{1}{n}\right), n\to+\infty$.

定理 12.3.4 $\sum\limits_{n=1}^{\infty}|a_n|$ 收敛蕴涵 $\sum\limits_{n=1}^{\infty}a_n$ 收敛. 反之不真.

证明 因为 $\sum\limits_{n=1}^{\infty}|a_n|$ 收敛,故由级数的 Cauchy 收敛准则,$\forall\varepsilon>0, \exists N\in\mathbb{N}$,当 $n>N$ 时,有

$$|a_{n+1}|+\cdots+|a_{n+p}|<\varepsilon\quad (\forall p\in\mathbb{N})$$

则

$$|a_{n+1}+\cdots+a_{n+p}|\leqslant|a_{n+1}|+\cdots+|a_{n+p}|<\varepsilon$$

再由级数的 Cauchy 收敛准则,$\sum\limits_{n=1}^{\infty}a_n$ 收敛.

但反之不真,反例:$\sum\limits_{n=1}^{\infty}\dfrac{(-1)^n}{n}$.

定义 12.3.1 如果 $\sum\limits_{n=1}^{\infty}|a_n|$ 收敛,则称级数 $\sum\limits_{n=1}^{\infty}a_n$ **绝对收敛**. 根据定理 12.3.4,绝对收敛的级数 $\sum\limits_{n=1}^{\infty}a_n$,它本身必收敛. 如果 $\sum\limits_{n=1}^{\infty}a_n$ 收敛,而 $\sum\limits_{n=1}^{\infty}|a_n|$ 发散,则称级数 $\sum\limits_{n=1}^{\infty}a_n$ 是**条件收敛**的.

例如:$\sum\limits_{n=1}^{\infty}\dfrac{(-1)^{[\sqrt{n}]}}{n^2}$, $\sum\limits_{n=1}^{\infty}\dfrac{\cos nx}{n^2}$ 都是绝对收敛的. 而 $\sum\limits_{n=1}^{\infty}\dfrac{(-1)^{n-1}}{n}$, $\sum\limits_{n=1}^{\infty}\dfrac{(-1)^n}{n}\sin^2 n$(例 12.3.4)都是条件收敛的.

定义 12.3.2　设 $\sum_{n=1}^{\infty} a_n$ 为一般级数,令

$$a_n^+ = \begin{cases} a_n, a_n \geqslant 0 \\ 0, a_n < 0 \end{cases}$$

$$a_n^- = \begin{cases} 0, a_n \geqslant 0 \\ -a_n, a_n < 0 \end{cases}$$

则 $\sum_{n=1}^{\infty} a_n^+$, $\sum_{n=1}^{\infty} a_n^-$ 都是正项级数,且

$$\sum_{n=1}^{\infty} a_n = \sum_{n=1}^{\infty} (a_n^+ - a_n^-)$$

$$\sum_{n=1}^{\infty} |a_n| = \sum_{n=1}^{\infty} (a_n^+ + a_n^-)$$

定理 12.3.5　(1) $\sum_{n=1}^{\infty} a_n$ 绝对收敛 $\Leftrightarrow \sum_{n=1}^{\infty} a_n^+$ 与 $\sum_{n=1}^{\infty} a_n^-$ 都收敛;

(2) $\sum_{n=1}^{\infty} a_n$ 条件收敛 $\Rightarrow \sum_{n=1}^{\infty} a_n^+ = \sum_{n=1}^{\infty} a_n^- = +\infty$. 但反之不真.

证明　(1) 易见

$$|a_n| = a_n^+ + a_n^-, a_n^+ \leqslant |a_n|, a_n^- \leqslant |a_n|$$

$$\sum_{n=1}^{N} |a_n| = \sum_{n=1}^{N} a_n^+ + \sum_{n=1}^{N} a_n^-$$

因此

$$\sum_{n=1}^{N} |a_n| \text{ 有上界} \Leftrightarrow \sum_{n=1}^{N} a_n^+ \text{ 与 } \sum_{n=1}^{N} a_n^- \text{ 同时有上界}$$

即

$$\sum_{n=1}^{\infty} |a_n| \text{ 收敛} \Leftrightarrow \sum_{n=1}^{\infty} a_n^+ \text{ 与 } \sum_{n=1}^{\infty} a_n^- \text{ 同时收敛}$$

此时

$$\sum_{n=1}^{\infty} |a_n| = \sum_{n=1}^{\infty} (a_n^+ + a_n^-) = \sum_{n=1}^{\infty} a_n^+ + \sum_{n=1}^{\infty} a_n^-$$

$$\sum_{n=1}^{\infty} a_n = \sum_{n=1}^{\infty} (a_n^+ - a_n^-) = \sum_{n=1}^{\infty} a_n^+ - \sum_{n=1}^{\infty} a_n^-$$

(2) 因为 $\sum_{n=1}^{\infty} a_n$ 条件收敛,即 $\sum_{n=1}^{\infty} a_n$ 收敛,但 $\sum_{n=1}^{\infty} |a_n|$ 发散. 根据(1), $\sum_{n=1}^{\infty} a_n^+$

与$\sum_{n=1}^{\infty} a_n^-$至少有一个发散.(反证法)假设有一个收敛,一个发散,则

$$\sum_{n=1}^{\infty} a_n = \sum_{n=1}^{\infty} a_n^+ - \sum_{n=1}^{\infty} a_n^-$$

发散,这与已知$\sum_{n=1}^{\infty} a_n$收敛相矛盾.这就证明了$\sum_{n=1}^{\infty} a_n^+$与$\sum_{n=1}^{\infty} a_n^-$都发散,即

$$\sum_{n=1}^{\infty} a_n^+ = \sum_{n=1}^{\infty} a_n^- = +\infty$$

但反之不真.例如

$$a_n = (-1)^n$$

$$a_n^+ = \begin{cases} 1, n = 2k \\ 0, n = 2k-1 \end{cases}$$

$$a_n^- = \begin{cases} 0, n = 2k \\ 1, n = 2k-1 \end{cases}$$

$\sum_{n=1}^{\infty} a_n^+ = \sum_{n=1}^{\infty} a_n^- = +\infty$,而$\sum_{n=1}^{\infty} a_n$不收敛,当然它也不是条件收敛的.

定理 12.3.6(绝对收敛级数的特性)　绝对收敛级数中交换任意(或无穷)多项的次序所得的新级数仍然绝对收敛,其和不变.

证明　第1步,先设$\sum_{n=1}^{\infty} a_n$为收敛的正项级数.交换任意项的次序后所得新级数为$\sum_{n=1}^{\infty} b_n$.因此,新级数的部分和$\sum_{n=1}^{N} b_n$是从$\sum_{n=1}^{\infty} a_n$中挑出来的有限项构成的和.于是,有

$$\sum_{n=1}^{\infty} b_n \leqslant \sum_{n=1}^{\infty} a_n < +\infty$$

即$\sum_{n=1}^{\infty} b_n$的部分和有界,故由定理12.2.1知,$\sum_{n=1}^{\infty} b_n$收敛,且$\sum_{n=1}^{\infty} b_n \leqslant \sum_{n=1}^{\infty} a_n$.反之,$\sum_{n=1}^{\infty} a_n$也可看作$\sum_{n=1}^{\infty} b_n$交换任意项的次序得到的新级数.于是,又有

$$\sum_{n=1}^{\infty} a_n \leqslant \sum_{n=1}^{\infty} b_n$$

综上得到$\sum_{n=1}^{\infty} a_n = \sum_{n=1}^{\infty} b_n$.

第 2 步,再考虑一般的绝对收敛级数 $\sum_{n=1}^{\infty} a_n$. 由定理 12.3.5(1) 有

$$\sum_{n=1}^{\infty} a_n = \sum_{n=1}^{\infty} a_n^+ - \sum_{n=1}^{\infty} a_n^-$$

设交换 $\sum_{n=1}^{\infty} a_n$ 的任意项次序所得新级数为 $\sum_{n=1}^{\infty} b_n$. 显然, $\sum_{n=1}^{\infty} b_n^+$, $\sum_{n=1}^{\infty} b_n^-$ 分别是由 $\sum_{n=1}^{\infty} a_n^+$, $\sum_{n=1}^{\infty} a_n^-$ 交换任意项次序所得的新级数. 由于 $\sum_{n=1}^{\infty} a_n^+$, $\sum_{n=1}^{\infty} a_n^-$ 都是正项级数,根据第 1 步知, $\sum_{n=1}^{\infty} b_n^+ = \sum_{n=1}^{\infty} a_n^+$, $\sum_{n=1}^{\infty} b_n^- = \sum_{n=1}^{\infty} a_n^-$,并且都是收敛的. 再由定理 12.3.5(1) 有

$$\sum_{n=1}^{\infty} b_n = \sum_{n=1}^{\infty} b_n^+ - \sum_{n=1}^{\infty} b_n^- = \sum_{n=1}^{\infty} a_n^+ - \sum_{n=1}^{\infty} a_n^- = \sum_{n=1}^{\infty} a_n$$

收敛,且其和不变.

例 12.3.6　举例说明:对于条件收敛级数,交换它的任意多项的次序,定理 12.3.6 中的结论不成立.

解　反例: $\sum_{n=1}^{\infty} \frac{(-1)^{n-1}}{n}$ 是条件收敛的

$$a_n = \frac{(-1)^{n-1}}{n}$$

$$a_n^+ = \begin{cases} \frac{1}{2k-1}, n = 2k-1 \\ 0, n = 2k \end{cases}$$

$$a_n^- = \begin{cases} 0, n = 2k-1 \\ \frac{1}{2k}, n = 2k \end{cases}$$

$$\sum_{n=1}^{\infty} a_n^+ = \sum_{n=1}^{\infty} \frac{1}{2k-1} = +\infty$$

$$\sum_{n=1}^{\infty} a_n^- = \sum_{n=1}^{\infty} \frac{1}{2k} = +\infty$$

将

$$S = 1 - \frac{1}{2} + \frac{1}{3} - \frac{1}{4} + \frac{1}{5} - \frac{1}{6} + \frac{1}{7} - \frac{1}{8} + \frac{1}{9} - \frac{1}{10} + \frac{1}{11} - \frac{1}{12} + \cdots$$

与

$$\frac{1}{2}S = \frac{1}{2} - \frac{1}{4} + \frac{1}{6} - \frac{1}{8} + \frac{1}{10} - \frac{1}{12} + \cdots$$

相加得

$$\frac{3}{2}S = 1 + \frac{1}{3} - \frac{1}{2} + \frac{1}{5} + \frac{1}{7} - \frac{1}{4} + \frac{1}{9} + \frac{1}{11} - \frac{1}{6} + \cdots$$

可看出上述级数是由原级数$\sum\limits_{n=1}^{\infty}\frac{(-1)^{n-1}}{n}$交换了无穷多项的次序得到的. 它的和为$\frac{3}{2}S$,与原级数的和 S 不相等.

更一般的,有下面的 Riemann 定理.

定理 12.3.7(条件收敛级数的特性,Riemann)　设级数$\sum\limits_{n=1}^{\infty}a_n$条件收敛,则适当交换其项的次序,可使其收敛于任一事先指定的实数 S,也可使其发散.

证明　(1) 设 $|S|<+\infty$.

因为$\sum\limits_{n=1}^{\infty}a_n$条件收敛,由定理 12.3.5(2) 知,$\sum\limits_{n=1}^{\infty}a_n^+ = \sum\limits_{n=1}^{\infty}a_n^- = +\infty$. 于是,可取 $n_1\in\mathbb{N}$ 使

$$a_1^+ + a_2^+ + \cdots + a_{n_1-1}^+ \leqslant S < a_1^+ + a_2^+ + \cdots + a_{n_1-1}^+ + a_{n_1}^+$$

($n_1=1$ 表示 $S<a_{n_1}^+=a_1^+$),这时,有

$$0<(a_1^+ + a_2^+ + \cdots + a_{n_1-1}^+ + a_{n_1}^+) - S \leqslant a_{n_1}^+$$

再取 $n_1'\in\mathbb{N}$,使

$$a_1^+ + \cdots + a_{n_1}^+ - a_1^- - \cdots - a_{n_1'-1}^- - a_{n_1'}^- < S \leqslant a_1^+ + \cdots + a_{n_1}^+ - a_1^- - \cdots - a_{n_1'-1}^-$$

这时,有

$$0<S-\left(\sum_{k=1}^{n_1}a_k^+ - \sum_{k=1}^{n_1'}a_k^-\right)\leqslant a_{n_1'}^-$$

再取 $n_2\in\mathbb{N}$,使

$$\sum_{k=1}^{n_1}a_k^+ - \sum_{k=1}^{n_1'}a_k^- + \sum_{k=n_1+1}^{n_2-1}a_k^+ \leqslant S < \sum_{k=1}^{n_1}a_k^+ - \sum_{k=1}^{n_1'}a_k^- + \sum_{k=n_1+1}^{n_2}a_k^+$$

于是,有

$$0<\sum_{k=1}^{n_1}a_k^+ - \sum_{k=1}^{n_1'}a_k^- + \sum_{k=n_1+1}^{n_2'}a_k^- - S \leqslant a_{n_2}^+$$

依次类推,可得到一无穷级数,它是由原级数交换无穷多项的次序得到的新级

数. 下面证该级数收敛于 S. 事实上,总有

$$0 < \left(\sum_{k=1}^{n_1} a_k^+ - \sum_{k=1}^{n_1'} a_k^- + \cdots + \sum_{k=n_{l-1}+1}^{n_l} a_k^+\right) - S \leqslant a_{n_l}^+$$

$$0 < S - \left(\sum_{k=1}^{n_1} a_k^+ - \sum_{k=1}^{n_1'} a_k^- + \cdots + \sum_{k=n_{l-1}+1}^{n_l} a_k^+ - \sum_{k=n_{l-1}'+1}^{n_l'} a_k^-\right) \leqslant a_{n_l'}^-$$

由于 $\sum\limits_{n=1}^{\infty} a_n$ 收敛,根据定理 12.1.2, $\lim\limits_{n\to+\infty} a_n = 0$,从而有

$$\lim_{n\to+\infty} a_{n_l}^+ = 0 = \lim_{n\to+\infty} a_{n_l'}^-$$

这就证明了

$(a_1^+ + \cdots + a_{n_1}^+) - (a_1^- + \cdots + a_{n_1'}^-) + (a_{n_1+1}^+ + \cdots + a_{n_2}^+) - (a_{n_1'+1}^- + \cdots + a_{n_2'}^-) + \cdots$ 的和为 S. 由于上述级数的每个括号内有相同的符号,根据定理 12.1.5,打开括号后的级数也收敛,且和仍为 S.

(2)$S = +\infty$.

取 $n_1 \in \mathbb{N}$,使 $\sum\limits_{k=1}^{n_1} a_k^+ > 1$. 再取 n_2 使 $\sum\limits_{k=1}^{n_1} a_k^+ - a_1^- + \sum\limits_{k=n_1+1}^{n_2} a_k^+ > 2,\cdots$,依次可取 n_l 使 $\sum\limits_{k=1}^{n_1} a_k^+ - a_1^- + \sum\limits_{k=n_1+1}^{n_2} a_k^+ - a_2^- + \cdots - a_{l-1}^- + \sum\limits_{k=n_{l-1}+1}^{n_l} a_k^+ > l$. 由于 $\lim\limits_{n\to+\infty} a_n^- = 0$,故当 l 充分大时,有 $0 \leqslant a_{n_{l-1}}^- < \dfrac{1}{2}$. 于是,由数列极限为 $+\infty$ 的定义知,适当交换原级数项的次序可使得到的新极数发散到 $+\infty$.

类似可作新级数使其发散到 $-\infty$. 也可作新级数使其部分和无极限.

让我们用一个例子来重温一下上述的 Riemann 定理 12.3.7.

例 12.3.7　将级数

$$1 - \frac{1}{\sqrt{2}} + \frac{1}{\sqrt{3}} - \frac{1}{\sqrt{4}} + \frac{1}{\sqrt{5}} - \frac{1}{\sqrt{6}} + \cdots$$

的项重新安排如下:先依次取 p 个正项,接着依次取 q 个负项,再接着依次取 p 个正项,如此下去. 证明:所得新级数收敛的充分必要条件是 $p = q$;当 $p > q$ 时,新级数发散到 $+\infty$;当 $p < q$ 时,新级数发散到 $-\infty$.

证明　由例 1.4.2 知,级数

$$1 + \frac{1}{\sqrt{2}} + \frac{1}{\sqrt{3}} + \cdots + \frac{1}{\sqrt{n}} + \cdots = \sum_{n=1}^{\infty} \frac{1}{\sqrt{n}} = \sum_{n=1}^{\infty} \frac{1}{n^{\frac{1}{2}}}$$

发散. 再由 Leibniz 判别法知

$$1-\frac{1}{\sqrt{2}}+\frac{1}{\sqrt{3}}-\frac{1}{\sqrt{4}}+\cdots+(-1)^{n-1}\frac{1}{\sqrt{n}}+\cdots=\sum_{n=1}^{\infty}\frac{(-1)^{n-1}}{\sqrt{n}}$$

收敛,因而它是条件收敛的级数.

设重排以后的新级数为 $\sum_{n=1}^{\infty}a_n$. 对于任给的正整数 N,记 $m=\left[\frac{N}{p+q}\right]$,则当 $N\to+\infty$ 时有 $m\to+\infty$,且 $m(p+q)\leqslant N<(m+1)(p+q)$. 将 $\sum_{n=1}^{\infty}a_n$ 的部分和写成

$$\sum_{n=1}^{N}a_n=\sum_{n=1}^{m(p+q)}a_n+\sum_{n=m(p+1)+1}^{N}a_n$$

因为 $N-m(p+q)<p+q$,这说明等式右端第2个和式的项数不超过 $p+q$. 所以,当 $N\to+\infty$ 时,有

$$\left|\sum_{n=m(p+q)+1}^{N}a_n\right|\leqslant\sum_{n=m(p+q)+1}^{n}|a_n|\leqslant(p+q)\frac{1}{\sqrt{m(p+q)}}$$

$$=\frac{\sqrt{p+q}}{\sqrt{m}}\to 0\quad(N\to+\infty,m\to+\infty)$$

于是

$$\sum_{n=1}^{\infty}a_n=\lim_{N\to+\infty}\sum_{n=1}^{N}a_n=\lim_{m\to+\infty}\sum_{n=1}^{m(p+q)}a_n$$

$$=\lim_{m\to+\infty}\left(\sum_{n=1}^{mp}\frac{1}{\sqrt{2n-1}}-\sum_{n=1}^{mq}\frac{1}{\sqrt{2n}}\right)$$

$$=\lim_{m\to+\infty}\left\{\left[\sqrt{2mp}+\left(1-\frac{1}{\sqrt{2}}\right)\beta+O\left(\frac{1}{\sqrt{m}}\right)\right]-\left[\sqrt{2mq}+\frac{1}{\sqrt{2}}\beta+O\left(\frac{1}{\sqrt{m}}\right)\right]\right\}$$

$$=\lim_{m\to+\infty}\left[\sqrt{2m}(\sqrt{p}-\sqrt{q})+(1-\sqrt{2})\beta+O\left(\frac{1}{\sqrt{m}}\right)\right]$$

$$=\begin{cases}(1-\sqrt{2})\beta,\text{当 } p=q \text{ 时}\\ +\infty,\text{当 } p>q \text{ 时}\\ -\infty,\text{当 } p<q \text{ 时}\end{cases}$$

其中第3个等式是在引理12.3.3中取 $f(x)=\frac{1}{\sqrt{x}}$,立即可得

$$\sum_{k=1}^{n}\frac{1}{\sqrt{k}}=2\sqrt{n}+\beta+O\left(\frac{1}{\sqrt{n}}\right)\quad(n\to+\infty)$$

这里β为某个常数. 于是

$$\begin{aligned}\sum_{n=1}^{mp}\frac{1}{\sqrt{2n-1}}&=\sum_{n=1}^{2mp}\frac{1}{\sqrt{n}}-\frac{1}{\sqrt{2}}\sum_{n=1}^{mp}\frac{1}{\sqrt{n}}\\&=\left[2\sqrt{2mp}+\beta+O\left(\frac{1}{\sqrt{2mp}}\right)\right]-\frac{1}{\sqrt{2}}\left[2\sqrt{mp}+\beta+O\left(\frac{1}{\sqrt{mp}}\right)\right]\\&=\sqrt{2mp}+\left(1-\frac{1}{\sqrt{2}}\right)\beta+O\left(\frac{1}{\sqrt{m}}\right)\end{aligned}$$

$$\begin{aligned}\sum_{n=1}^{mq}\frac{1}{\sqrt{2n}}&=\frac{1}{\sqrt{2}}\sum_{n=1}^{mq}\frac{1}{\sqrt{n}}=\frac{1}{\sqrt{2}}\left[2\sqrt{mq}+\beta+O\left(\frac{1}{\sqrt{mq}}\right)\right]\\&=\sqrt{2mq}+\frac{1}{\sqrt{2}}\beta+O\left(\frac{1}{\sqrt{m}}\right)\end{aligned}$$

引理 12.3.3　设$a\in\mathbb{N}$,当$x\geqslant a$时函数f非负单调减,则极限

$$\lim_{n\to+\infty}\left(\sum_{k=a}^{n}f(k)-\int_a^n f(x)\,\mathrm{d}x\right)=\alpha$$

存在,且$0\leqslant\alpha\leqslant f(a)$. 更进一步,如果$\lim\limits_{x\to+\infty}f(x)=0$,则

$$\left|\sum_{k=a}^{[\xi]}f(k)-\int_a^{\xi}f(x)\,\mathrm{d}x-\alpha\right|\leqslant f(\xi-1)$$

其中$\xi\geqslant a+1$.

(1) 取$f(x)=\dfrac{1}{\sqrt{x}}$,$a=1$,$\alpha=\beta+2$,得到

$$\begin{aligned}\left|\sum_{k=1}^{n}\frac{1}{\sqrt{k}}-2\sqrt{n}-\beta\right|&=\left|\sum_{k=1}^{n}\frac{1}{\sqrt{k}}-2\sqrt{n}+2-\alpha\right|\\&=\left|\sum_{k=1}^{n}\frac{1}{\sqrt{k}}-\int_1^n\frac{\mathrm{d}x}{\sqrt{x}}-\alpha\right|\leqslant\frac{1}{\sqrt{n-1}}\end{aligned}$$

即

$$\sum_{k=1}^{n}\frac{1}{\sqrt{k}}=2\sqrt{n}+\beta+O\left(\frac{1}{\sqrt{n}}\right)\quad(n\to+\infty)$$

(2) 取$f(x)=\dfrac{1}{x}$,$a=1$,$\alpha=C$,得到

$$\left|\sum_{k=1}^{n}\frac{1}{k}-\ln n-C\right|=\left|\sum_{k=1}^{n}\frac{1}{k}-\ln n-\alpha\right|\leqslant\frac{1}{n-1}$$

即

$$\sum_{k=1}^{n}\frac{1}{k}=\ln n+C+O\left(\frac{1}{n}\right)\quad(n\to+\infty)$$

这里的常数 C 称为 Euler **常数**(参阅定理1.4.2(4)). 可证 $C=0.577\ 21\cdots$.

证明 令

$$g(\xi)=\sum_{k=a}^{[\xi]}f(k)-\int_a^{\xi}f(x)\mathrm{d}x$$

这里 $a\in\mathbb{N}$,有

$$\begin{aligned}g(n)-g(n+1)&=-f(n+1)+\int_n^{n+1}f(x)\mathrm{d}x\\&\geqslant-f(n+1)+f(n+1)=0\end{aligned}$$

另一方面

$$\begin{aligned}g(n)&=\sum_{k=a}^{n-1}\left(f(k)-\int_k^{k+1}f(x)\mathrm{d}x\right)+f(n)\\&\geqslant\sum_{k=a}^{n-1}(f(k)-f(k))+f(n)=f(n)\geqslant 0\end{aligned}$$

这说明$\{g(n)\}$是一个非负单调减的数列且有下界0. 因此,$\alpha=\lim\limits_{n\to+\infty}g(n)=\lim\limits_{n\to+\infty}\left[\sum_{k=a}^{n}f(k)-\int_a^nf(x)\mathrm{d}x\right]$存在且有限. 由于$0\leqslant g(n)\leqslant g(a)=f(a)$,故$0\leqslant\alpha\leqslant f(a)$.

如果进一步假定$\lim\limits_{x\to+\infty}f(x)=0$,则

$$\begin{aligned}g(\xi)-\alpha&=\sum_{k=a}^{[\xi]}f(k)-\int_a^{\xi}f(x)\mathrm{d}x-\lim_{n\to+\infty}\left[\sum_{k=a}^{n}f(k)-\int_a^nf(x)\mathrm{d}x\right]\\&=\sum_{k=a}^{[\xi]}f(k)-\int_a^{[\xi]}f(x)\mathrm{d}x-\int_{[\xi]}^{\xi}f(x)\mathrm{d}x-\lim_{n\to+\infty}\left[\sum_{k=a}^{n}f(k)-\int_a^nf(x)\mathrm{d}x\right]\\&=-\int_{[\xi]}^{\xi}f(x)\mathrm{d}x-\lim_{n\to+\infty}\left(\sum_{k=[\xi]+1}^{n}f(k)-\int_{[\xi]}^nf(x)\mathrm{d}x\right)\\&=-\int_{[\xi]}^{\xi}f(x)\mathrm{d}x+\lim_{n\to+\infty}\sum_{k=[\xi]+1}^{n}\int_{k-1}^{k}[f(x)-f(k)]\mathrm{d}x\\&\leqslant\lim_{n\to+\infty}\sum_{k=[\xi]+1}^{n}\int_{k-1}^{k}[f(k-1)-f(k)]\mathrm{d}x=f([\xi])\leqslant f(\xi-1)\end{aligned}$$

类似的,有

$$\begin{aligned}
g(\xi)-\alpha &= -\int_{[\xi]}^{\xi} f(x)\,\mathrm{d}x + \lim_{n\to+\infty}\sum_{k=[\xi]+1}^{n}\int_{k-1}^{k}[f(x)-f(k)]\,\mathrm{d}x \\
&\geqslant -\int_{[\xi]}^{\xi} f(x)\,\mathrm{d}x \\
&\geqslant -(\xi-[\xi])f([\xi]) \\
&\geqslant -f([\xi]) \\
&\geqslant -f(\xi-1)
\end{aligned}$$

至此,我们已经证得了

$$\left|\sum_{k=a}^{[\xi]} f(k) - \int_{a}^{\xi} f(x)\,\mathrm{d}x - \alpha\right| = |g(\xi)-\alpha| \leqslant f(\xi-1)$$

练习题 12.3

1. 应用 Cauchy 收敛原理讨论下列级数的敛散性:

(1) $\sum\limits_{n=1}^{\infty}\dfrac{1}{2n-1}$;　　(2) $\sum\limits_{n=1}^{\infty}\dfrac{\sin n}{2^{n}}$;

(3) $\sum\limits_{n=1}^{\infty}\dfrac{\cos n!}{n(n+1)}$;　　(4) $\sum\limits_{n=1}^{\infty}\dfrac{a\cos n+b\sin n}{n(n+\sin n!)}$.

2. 应用Cauchy收敛原理及$\left|\sum\limits_{n=N+1}^{N+p}(-1)^{n-1}a_n\right|\leqslant a_N$证明交错级数的Leibniz判别法.

3. 设 $a_n\leqslant c_n\leqslant b_n, n=1,2,\cdots$,如果$\sum\limits_{n=1}^{\infty}a_n$, $\sum\limits_{n=1}^{\infty}b_n$ 都是收敛级数. 证明:$\sum\limits_{n=1}^{\infty}c_n$ 也收敛,如果$\sum\limits_{n=1}^{\infty}a_n$, $\sum\limits_{n=1}^{\infty}b_n$ 都发散,结论如何?

4. 在交错级数的Leibniz判别法中,如果去掉$\{a_n\}$单调减这个条件,结论可能不成立. 试以下例

$$\sum_{n=3}^{\infty}\frac{(-1)^{n-1}}{\sqrt{\left[\frac{n+1}{2}\right]+(-1)^{n}}}=\frac{1}{\sqrt{2}-1}-\frac{1}{\sqrt{2}+1}+\frac{1}{\sqrt{3}-1}-\frac{1}{\sqrt{3}+1}+\cdots$$

说明之.

5. 讨论下列级数的敛散性:

(1) $\sum_{n=1}^{\infty}(-1)^{n-1}\frac{\sqrt{n}}{n+1}$;　　(2) $\sum_{n=1}^{\infty}(-1)^{n-1}\frac{1}{\sqrt[n]{n}}$;

(3) $\sum_{n=1}^{\infty}(-1)^{n-1}\sin\frac{1}{n}$;　　(4) $\sum_{n=1}^{\infty}\frac{\sin nx}{n}$.

6. 设$\{a_n\}$单调减趋于0,讨论级数$\sum_{n=1}^{\infty}a_n\cos nx$,$\sum_{n=1}^{\infty}a_n\sin nx$的敛散性.

7. 设$\sum_{n=1}^{\infty}a_n$为一个收敛级数,如果$\lim_{n\to+\infty}\frac{b_n}{a_n}=1$,能否断言$\sum_{n=1}^{\infty}b_n$也为收敛级数?请研究级数

$$\sum_{n=1}^{\infty}\frac{(-1)^{n-1}}{\sqrt{n}}$$

$$\sum_{n=1}^{\infty}\left\{\frac{(-1)^{n-1}}{\sqrt{n}}+\frac{1}{n}\right\}$$

8. 设$\sum_{n=1}^{\infty}a_n$收敛,应用分部求和公式证明

$$\lim_{n\to+\infty}\frac{a_1+2a_2+\cdots+na_n}{n}=0$$

9. 下列级数,哪些是绝对收敛的?哪些是条件收敛的?

(1) $\sum_{n=1}^{\infty}\frac{\sin nx}{n^{\alpha}},\alpha>1$;　　(2) $\sum_{n=1}^{\infty}\frac{(-1)^{n-1}}{2^n}\cos nx$;

(3) $\sum_{n=2}^{\infty}(-1)^n\frac{1}{n\ln n}$;　　(4) $\sum_{n=1}^{\infty}(-1)^{\frac{1}{2}n(n-1)}\frac{n^{10}}{a^n},a>1$;

(5) $\sum_{n=1}^{\infty}(-1)^n\frac{n-1}{n+1}\frac{1}{\sqrt[3]{n}}$;　　(6) $\sum_{n=2}^{\infty}\frac{\sin\frac{n\pi}{4}}{\ln n}$.

10. 讨论下列级数的绝对收敛性与条件收敛性:

(1) $\sum_{n=1}^{\infty}\frac{(-1)^{n-1}}{n^{p+\frac{1}{n}}}$;　　(2) $\sum_{n=1}^{\infty}(-1)^n\frac{\cos 2n}{n^p}$.

11. 设$\sum_{n=1}^{\infty}a_n$条件收敛,证明:

(1) $\sum_{n=1}^{\infty}a_n^+=\sum_{n=1}^{\infty}a_n^-=+\infty$,逆命题是否成立?

(2) 记$S_N^+=\sum_{n=1}^{N}a_n^+$,$S_N^-=\sum_{n=1}^{N}a_n^-$,则$\lim_{N\to+\infty}\frac{S_N^+}{S_N^-}=1$.

思考题 12.3

1. 讨论下列级数的敛散性：

(1) $\sum_{n=1}^{\infty}\sin(\pi\sqrt{n^2+1})$；　　(2) $\sum_{n=1}^{\infty}\left(1+\frac{1}{2}+\cdots+\frac{1}{n}\right)\frac{\sin nx}{n}$.

2. 设级数 $\sum_{n=1}^{\infty}\frac{a_n}{n^{\alpha}}$ 收敛，则 $\forall\beta>\alpha$，级数 $\sum_{n=1}^{\infty}\frac{a_n}{n^{\beta}}$ 也收敛.

3. 设 $\lim_{n\to+\infty}n\left(\frac{a_n}{a_{n+1}}-1\right)=\lambda>0$，则交错级数 $\sum_{n=1}^{\infty}(-1)^{n-1}a_n$ 收敛.

4. 设 $a>0,b>0$. 应用 Raabe 判别法证明：当 $b-1>a$ 时，级数

$$1+\sum_{n=1}^{\infty}\frac{a(a+1)\cdots(a+n-1)}{b(b+1)\cdots(b+n-1)}$$

收敛，其和为 $\frac{b-1}{b-a-1}$. 当 $b-1\leqslant a$ 时，收敛情况如何？

5. 设 $\{a_n\}$ 为正的单调增数列，证明：级数 $\sum_{n=1}^{\infty}\left(\frac{a_{n+1}}{a_n}-1\right)$ 收敛 $\Leftrightarrow\{a_n\}$ 有界.

6. 应用 Leibniz 判别法证明：

(1) $\sum_{n=1}^{\infty}\frac{(-1)^{[\sqrt{n}]}}{n}$ 收敛；

(2) $1-\frac{1}{3}\left(1+\frac{1}{2}\right)+\frac{1}{5}\left(1+\frac{1}{2}+\frac{1}{3}\right)-\frac{1}{7}\left(1+\frac{1}{2}+\frac{1}{3}+\frac{1}{4}\right)+\cdots$ 收敛.

7. 讨论下列级数的绝对收敛性与条件收敛性：

(1) $\sum_{n=2}^{\infty}\ln\left(1+\frac{(-1)^n}{n^p}\right),p>0$；

(2) $\sum_{n=1}^{\infty}(-1)^{n-1}\left(\frac{1\cdot3\cdot5\cdot\cdots\cdot(2n-1)}{2\cdot4\cdot6\cdot\cdots\cdot(2n)}\right)^p$；

(3) $\frac{1}{1^p}-\frac{1}{2^q}+\frac{1}{3^p}-\frac{1}{4^q}+\frac{1}{5^p}-\frac{1}{6^q}+\cdots$

8. 若将级数

$$1-\frac{1}{2}+\frac{1}{3}-\frac{1}{4}+\frac{1}{5}-\frac{1}{6}+\cdots$$

的项重新这样安排:先依次取 p 个正项,接着依次取 q 个负项,再接着依次取 p 个正项,如此继续下去,应用公式 $1+\frac{1}{2}+\cdots+\frac{1}{n}=\ln n+C+o(1)$(参阅定理 1.4.2(5) 的证明)证明所得新级数的和为 $\ln 2+\frac{1}{2}\ln\frac{p}{q}$.

9. 将级数

$$1-\frac{1}{2^{\alpha}}+\frac{1}{3^{\alpha}}-\frac{1}{4^{\alpha}}+\frac{1}{5^{\alpha}}-\frac{1}{6^{\alpha}}+\cdots\quad(0<\alpha<1)$$

的项重新安排如下:先依次取 p 个正项,接着依次取 q 个负项,再接着依次取 p 个正项. 如此继续下去. 证明:所得新级数收敛 $\Leftrightarrow p=q$;当 $p>q$ 时,新级数发散到 $+\infty$:当 $p<q$ 时,新级数发散到 $-\infty$.

10. 如果改变调和级数

$$1+\frac{1}{2}+\frac{1}{3}+\cdots+\frac{1}{n}+\cdots$$

中某些项的符号,使得 p 个正项后,跟 q 个负项,但不改变原来的次序. 证明:新得的级数仅当 $p=q$ 时收敛.

11. 设 $S_n=q\cos\alpha+q^2\cos 2\alpha+\cdots+q^n\cos n\alpha=\sum\limits_{k=1}^{n}q^k\cos k\alpha$.

(1) 证明

$$2qS_n\cos\alpha=\left[q^{n+1}\cos(n+1)\alpha+S_n-q\cos\alpha\right]+\left[q^2+q^2S_n-q^{n+2}\cos n\alpha\right]$$

(2) $\sum\limits_{k=1}^{\infty}q^k\cos k\alpha=\lim\limits_{n\to+\infty}S_n=\dfrac{q\cos\alpha-q^2}{1+q^2-2q\cos\alpha}$, $|q|<1$;

(3) 利用复数和式

$$\sum_{k=0}^{n}z^k=\frac{1-z^{n+1}}{1-z}$$

取实部推得(1) 与(2).

12. 证明

$$1+\frac{1}{2}+\left(\frac{1}{3}-1\right)+\frac{1}{4}+\frac{1}{5}+\left(\frac{1}{6}-\frac{1}{2}\right)+\frac{1}{7}+\frac{1}{8}+\left(\frac{1}{9}-\frac{1}{3}\right)+\cdots=\ln 3$$

13. 设 $S_n(x)=\sum\limits_{k=1}^{n}\dfrac{\sin kx}{k}$.

(1) 证明

$$S_n'(x) = \frac{\sin\left(n + \frac{1}{2}\right)x}{2\sin\frac{x}{2}} - \frac{1}{2}$$

$$S_n(x) = -\frac{1}{2}\int_x^{\pi} \frac{1}{\sin\frac{t}{2}}\sin\left(n + \frac{1}{2}\right)t\mathrm{d}t + \frac{1}{2}(\pi - x)$$

$$(2)S(x) = \sum_{k=1}^{\infty} \frac{\sin kx}{k} = \begin{cases} 0, & x = 0 \\ \frac{\pi - x}{2}, & 0 < x \leqslant \pi \end{cases}.\text{（对照例 16.1.2）}$$

14. 设将级数 $\sum\limits_{n=1}^{\infty} a_n$ 的前 n 项和 S_n 分成两项，即 $S_n = S_n^+ + S_n^-$，其中 S_n^+ 与 S_n^- 分别为正项之和与负项之和. 如果 $\sum\limits_{n=1}^{\infty} a_n$ 条件收敛，证明：$\lim\limits_{n\to+\infty} \dfrac{S_n^+}{S_n^-} = -1$.

15. 举出一个发散的交错级数，使其通项趋于 0. 考查级数

$$1 - \frac{1}{2} + \frac{1}{3^2} - \frac{1}{4} + \frac{1}{5^2} - \cdots + \frac{1}{(2n-1)^2} - \frac{1}{2n} + \cdots$$

16. 设 $a_n > 0, a_n > a_{n+1}(n = 1,2,\cdots)$，且 $\lim\limits_{n\to+\infty} a_n = 0$. 证明：级数

$$\sum_{n=1}^{\infty} (-1)^{n-1} \frac{a_1 + a_2 + \cdots + a_n}{n}$$

是收敛的.

12.4　级数的乘法

设有两个收敛级数 $\sum\limits_{n=1}^{\infty} a_n = A, \sum\limits_{n=1}^{\infty} b_n = B$. 这两个无穷级数如何相乘？对于有限和的乘法，有

$$\begin{aligned}\sum_{i=1}^{m} a_i \cdot \sum_{j=1}^{n} b_j &= (a_1 + a_2 + \cdots + a_m)(b_1 + b_2 ++ \cdots + b_n) \\ &= a_1b_1 + a_2b_1 + \cdots + a_mb_1 \\ &\quad + a_1b_2 + a_2b_2 + \cdots + a_mb_2 + \cdots \\ &\quad + a_1b_n + a_2b_n + \cdots + a_mb_n\end{aligned}$$

形式地套到无穷级数的乘积上,可以写作

$$\begin{aligned}&a_1b_1+a_2b_1+a_3b_1+\cdots+a_mb_1+\cdots\\&+a_1b_2+a_2b_2+a_3b_2+\cdots+a_mb_2+\cdots\\&+a_1b_3+a_2b_3+a_3b_3+\cdots+a_mb_3+\cdots\\&+a_1b_n+a_2b_n+a_3b_n+\cdots+a_mb_n+\cdots\\&=\sum_{i,j=1}^{\infty}a_ib_j\end{aligned}$$

这些项如何求它的部分和?通常有两种方法:

(1) 沿对角线相加

$$a_1b_1+(a_1b_2+a_2b_1)+(a_1b_3+a_2b_2+a_3b_1)+(a_1b_4+a_2b_3+a_3b_2+a_4b_1)+\cdots$$

$$+(a_1b_n+a_2b_{n-1}+\cdots+a_{n-1}b_2+a_nb_1)+\cdots=\sum_{n=1}^{\infty}c_n$$

其中 $c_n=\sum_{i=1}^{n}a_ib_{n-i+1}=a_1b_n+a_2b_{n-1}+\cdots+a_{n-1}b_2+a_nb_1$.

(2) 沿方块相加

$$a_1b_1+(a_1b_2+a_2b_2+a_2b_1)+(a_1b_3+a_2b_3+a_3b_3+a_3b_2+a_3b_1)$$

$$+(a_1b_4+a_2b_4+a_3b_4+a_4b_4+a_4b_3+a_4b_2+a_4b_1)+\cdots=\sum_{n=1}^{\infty}d_n$$

其中 $d_n=a_1b_n+a_2b_n+\cdots+a_nb_n+a_nb_{n-1}+\cdots+a_nb_1$(共 $2n-1$ 项).

用得较多的是对角线法. 问题是 $\sum_{n=1}^{\infty}c_n=AB$?先观察例子.

例 12.4.1 设 $a_n=b_n=\dfrac{(-1)^{n-1}}{\sqrt{n}}$,由 Leibniz 判别法知,$\sum_{n=1}^{\infty}a_n=\sum_{n=1}^{\infty}b_n=\sum_{n=1}^{\infty}\dfrac{(-1)^{n-1}}{\sqrt{n}}$ 收敛. 而从

$$\begin{aligned}c_n&=\sum_{i=1}^{n}a_ib_{n-i+1}=a_1b_n+a_2b_{n-1}+a_3b_{n-2}+\cdots+a_nb_1\\&=1\cdot\frac{(-1)^{n-1}}{\sqrt{n}}+\frac{-1}{\sqrt{2}}\cdot\frac{(-1)^{n-2}}{\sqrt{n-1}}+\frac{(-1)^2}{\sqrt{3}}\cdot\frac{(-1)^{n-3}}{\sqrt{n-2}}+\cdots+\frac{(-1)^{n-1}}{\sqrt{n}}\cdot 1\\&=(-1)^{n-1}\left[\frac{1}{\sqrt{1\cdot n}}+\frac{1}{\sqrt{2(n-1)}}+\frac{1}{\sqrt{3(n-2)}}+\cdots+\frac{1}{\sqrt{n\cdot 1}}\right]\end{aligned}$$

$$|c_n|=\sum_{k=1}^{n}\frac{1}{\sqrt{k(n-k+1)}}\geqslant\frac{n}{\dfrac{k+(n-k+1)}{2}}=\frac{2n}{n+1}\to 2\neq 0\quad(n\to+\infty)$$

即 $\lim\limits_{n\to+\infty} c_n \neq 0$ 以及定理 12.1.2 立即推得 $\sum\limits_{n=1}^{\infty} c_n$ 发散.

这表明收敛级数的乘积按对角线求和未必收敛. 但是,如果 $\sum\limits_{n=1}^{\infty} a_n$ 与 $\sum\limits_{n=1}^{\infty} b_n$ 都是绝对收敛的级数,情形就不一样了.

定理 12.4.1(Cauchy)　设级数 $\sum\limits_{n=1}^{\infty} a_n$ 与 $\sum\limits_{n=1}^{\infty} b_n$ 都绝对收敛,其和分别为 A 与 B,则 $\sum\limits_{n=1}^{\infty} c_n$ 也是绝对收敛的级数,且 $\sum\limits_{n=1}^{\infty} c_n = AB$,其中 $c_n = \sum\limits_{i=1}^{n} a_i b_{n-i+1}$.

证明　设 $A_N = \sum\limits_{n=1}^{N} a_n, B_N = \sum\limits_{n=1}^{N} b_n$ 为部分和. 由条件知

$$\lim_{N\to+\infty} A_N = A$$
$$\lim_{N\to+\infty} B_N = B$$

再设

$$A_N^* = \sum_{n=1}^{N} |a_n|, B_N^* = \sum_{n=1}^{N} |b_n|, A^* = \lim_{N\to+\infty} A_N^*, B^* = \lim_{N\to+\infty} B_N^*$$

$$\begin{aligned}(1)C_N^* &= \sum_{n=1}^{N} |c_n| = \sum_{n=1}^{N} |a_1 b_n + a_2 b_{n-1} + \cdots + a_n b_1| \\ &\leqslant \sum_{n=1}^{N} [|a_1 b_n| + |a_2 b_{n-1}| + \cdots + |a_n b_1|] \\ &= |a_1 b_1| + (|a_1 b_2| + |a_2 b_1|) + \cdots + (|a_1 b_N| + \cdots + |a_N b_1|) \\ &= |a_1 b_1| + |a_2 b_1| + \cdots + |a_N b_1| \\ &\quad + |a_1 b_2| + |a_2 b_2| + \cdots + |a_N b_2| + \cdots \\ &\quad + |a_1 b_N| + |a_2 b_N| + \cdots + |a_N b_N| \\ &= \sum_{n=1}^{N} |a_n| \cdot \sum_{n=1}^{N} |b_n| = A_N^* B_N^* \leqslant A^* B^*\end{aligned}$$

即部分和 $\sum\limits_{n=1}^{N} |c_n|$ 有上界,因此,$\sum\limits_{n=1}^{\infty} |c_n|$ 收敛,从而 $\sum\limits_{n=1}^{\infty} c_n$ 绝对收敛.

(2) 再证 $\sum\limits_{n=1}^{\infty} c_n = AB$. 令

$$\begin{aligned}C_N = \sum_{n=1}^{N} c_n &= a_1 b_1 + (a_1 b_2 + a_2 b_1) + (a_1 b_3 + a_2 b_2 + a_3 b_1) + \cdots \\ &\quad + (a_1 b_N + a_2 b_{N-1} + \cdots + a_N b_1) \to C \quad (N\to+\infty)\end{aligned}$$

由于

$$\sum_{n=1}^{\infty}|c_n|=|a_1b_1|+(|a_1b_2|+|a_2b_1|)+\cdots+(|a_1b_n|+\cdots+|a_nb_1|)+\cdots$$

绝对收敛,故打开括号

$$|a_1b_1|+|a_1b_2|+|a_2b_1|+|a_1b_3|+|a_2b_2|+|a_3b_1|+\cdots$$

也收敛,即级数

$$a_1b_1+a_1b_2+a_2b_1+a_1b_3+a_2b_2+a_3b_1+\cdots$$

绝对收敛. 根据定理12.3.6,可以任意交换它的无穷多项,且任意结合所得新级数也绝对收敛,且和不变. 因此,可按方块形式相加得

$$C=\lim_{N\to+\infty}A_NB_N=\lim_{N\to+\infty}A_N\cdot\lim_{N\to+\infty}B_N=AB$$

如果将定理12.4.1中条件减弱为有一个级数绝对收敛,而另一个级数收敛,则有下面的定理.

定理12.4.2(Mertens) 设级数$\sum_{n=1}^{\infty}a_n$绝对收敛,$\sum_{n=1}^{\infty}b_n$收敛,且$\sum_{n=1}^{\infty}a_n=A$,$\sum_{n=1}^{\infty}b_n=B$,则

$$\sum_{n=1}^{\infty}c_n=AB$$

其中$c_n=a_1b_n+a_2b_{n-1}+\cdots+a_nb_1=\sum_{i=1}^{n}a_ib_{n-i+1}$.

证明 令

$$A_n=\sum_{k=1}^{n}a_k,B_n=\sum_{k=1}^{n}b_k,C_n=\sum_{k=1}^{n}c_k$$

则

$$\lim_{n\to+\infty}A_n=A,\lim_{n\to+\infty}B_n=B$$

再令$\beta_n=B-B_n$,显然有

$$\lim_{n\to+\infty}\beta_n=\lim_{n\to+\infty}(B-B_n)=B-B=0$$

于是

$$\begin{aligned}C_n&=\sum_{k=1}^{n}c_k=a_1b_1+(a_1b_2+a_2b_1)+\cdots+(a_1b_n+a_2b_{n-1}+\cdots+a_nb_1)\\&\xlongequal{\text{重新组合}}a_1(b_1+\cdots+b_n)+a_2(b_1+\cdots+b_{n-1})+\cdots+a_nb_1\\&=a_1B_n+a_2B_{n-1}+\cdots+a_nB_1=a_1(B-\beta_n)+a_2(B-\beta_{n-1})+\cdots+a_n(B-\beta_1)\end{aligned}$$

$$= (a_1 + a_2 + \cdots + a_n)B - (a_1\beta_n + a_2\beta_{n-1} + \cdots + a_n\beta_1)$$
$$\to AB - 0 = AB \quad (n \to +\infty)$$

这就证明了 $\sum_{n=1}^{\infty} c_n = \lim_{N\to+\infty} C_N = AB.$

最后，我们来证明 $\lim_{n\to+\infty}(a_1\beta_n + \cdots + a_n\beta_1) = 0$. 事实上，由于 $\lim_{n\to+\infty}\beta_n = 0$，故 $|\beta_n| < M, \forall n \in \mathbb{N}$. 且 $\forall \varepsilon > 0, \exists N_1 \in \mathbb{N}$，当 $n > N_1$ 时

$$|\beta_n| < \frac{\varepsilon}{2A^* + 1}，其中 A^* = \sum_{n=1}^{\infty} |a_n|$$

又由 $\sum_{n=1}^{\infty} |a_n|$ 绝对收敛，故从级数的柯西收敛准则 $\exists N_2 \in \mathbb{N}$，当 $n > N_2$ 时

$$|a_{n+1}| + \cdots + |a_{n+p}| < \frac{\varepsilon}{2M}$$

取 $N = N_1 + N_2$，当 $n > N$ 时，$n - N_1 > N - N_1 = N_2$，有

$$|a_1\beta_n + a_2\beta_{n-1} + \cdots + a_n\beta_1|$$
$$\leqslant |a_1\beta_n| + \cdots + |a_{n-N_1}\beta_{N_1+1}| + |a_{n-N_1-1}\beta_{N_1}| + \cdots + |a_n\beta_1|$$
$$< (|a_1| + \cdots + |a_{n-N_1}|)\frac{\varepsilon}{2A^* + 1} + M(|a_{n-N_1+1}| + \cdots + |a_n|)$$
$$< A^* \cdot \frac{\varepsilon}{2A^* + 1} + M \cdot \frac{\varepsilon}{2M} < \frac{\varepsilon}{2} + \frac{\varepsilon}{2} = \varepsilon$$

例 12.4.2　证明：$\sum_{n=1}^{\infty} nx^{n-1} = \frac{1}{(1-x)^2}, |x| < 1.$

证法 1　因为

$$1 + x + x^2 + \cdots + x^{n-1} + \cdots = \frac{1}{1-x} \quad (|x| < 1)$$

绝对收敛，所以

$$\frac{1}{(1-x)^2} = \left(\frac{1}{1-x}\right)^2 = \left(\sum_{n=1}^{\infty} x^{n-1}\right)^2 \xlongequal[\text{或定理 12.4.2}]{\text{定理 12.4.1}} \sum_{n=1}^{\infty} c_n$$
$$= \sum_{n=1}^{\infty}(1 \cdot x^{n-1} + x \cdot x^{n-2} + \cdots + x^{n-1} \cdot 1) = \sum_{n=1}^{\infty} nx^{n-1}$$

证法 2　根据幂级数的逐项求导定理 14.1.4 得到

$$\frac{1}{(1-x)^2} = \left(\frac{1}{1-x}\right)' = \left(\sum_{n=0}^{\infty} x^n\right)' \xlongequal{\text{逐项求导}} \sum_{n=0}^{\infty}(x^n)' = \sum_{n=1}^{\infty} nx^{n-1} \quad (|x| < 1)$$

例 12.4.3　考查幂级数

$$E(x) \xlongequal{\text{def}} \sum_{n=0}^{\infty} \frac{x^n}{n!} = 1 + x + \frac{x^2}{2!} + \frac{x^3}{3!} + \cdots + \frac{x^n}{n!} + \cdots$$

证明:$E(x)$ 收敛,因而定义了$\mathbb{R}$ 上的一个函数,并且

$$E(x)E(y) = E(x+y)$$

如果记 $E(x) = \mathrm{e}^x$,则 $\mathrm{e}^x \cdot \mathrm{e}^y = \mathrm{e}^{x+y}$.

证法1 因为

$$\frac{|a_{n+1}|}{|a_n|} = \frac{\left|\frac{x^n}{n!}\right|}{\left|\frac{x^{n-1}}{(n-1)!}\right|} = \frac{|x|}{n} \to 0 < 1 \quad (n \to +\infty)$$

根据 d' Alembert 判别法知,对 $\forall x \in \mathbb{R}$,级数 $\sum\limits_{n=1}^{\infty} \frac{x^n}{n!}$ 绝对收敛. 从而 $E(x) = \sum\limits_{n=1}^{\infty} \frac{x^n}{n!}$ 为定义在$\mathbb{R}$ 上的一个函数,并且

$$E(x) \cdot E(y) = \sum_{n=0}^{\infty} \frac{x^n}{n!} \cdot \sum_{n=0}^{\infty} \frac{y^n}{n!} \xlongequal[\text{或定理 12.4.2}]{\text{定理 12.4.1}} \sum_{n=0}^{\infty} c_n(x,y)$$

$$= \sum_{n=0}^{\infty} \frac{(x+y)^n}{n!} = E(x+y)$$

其中

$$c_0(x,y) = 1$$

$$c_1(x,y) = 1 \cdot y + x \cdot 1 = x + y$$

$$\vdots$$

$$c_n(x,y) = 1 \cdot \frac{y_n}{n!} + \frac{x}{1!} \cdot \frac{y^{n-1}}{(n-1)!} + \frac{x^2}{2!} \cdot \frac{y^{n-2}}{(n-2)!} + \cdots + \frac{x^{n-1}}{(n-1)!} \cdot \frac{y}{1!} + \frac{x^n}{n!} \cdot 1$$

$$= \sum_{k=0}^{n} \frac{x^k \cdot y^{n-k}}{k!(n-k)!} = \frac{1}{n!} \sum_{k=0}^{n} \frac{n!}{k!(n-k)!} x^k y^{n-k}$$

$$= \frac{1}{n!} \sum_{k=0}^{n} \mathrm{C}_n^k x^k y^{n-k} = \frac{(x+y)^n}{n!}$$

证法2 根据幂级数的逐项求导定理 14.1.4 得到

$$E'(x) = \left(\sum_{n=0}^{\infty} \frac{x^n}{n!}\right)' = \sum_{n=0}^{\infty} \left(\frac{x^n}{n!}\right)' = \sum_{n=1}^{\infty} \frac{x^{n-1}}{(n-1)!} = \sum_{n=0}^{\infty} \frac{x^n}{n!} = E(x)$$

于是

$$\frac{\partial}{\partial x}\left[\frac{E(x+y)}{E(x)E(y)}\right] = \frac{E'(x+y)E(x)E(y) - E(x+y)E'(x)E(y)}{E^2(x)E^2(y)}$$

$$= \frac{E(x+y)E(x)E(y) - E(x+y)E(x)E(y)}{E^2(x)E^2(y)} = 0$$

同理

$$\frac{\partial}{\partial y}\left[\frac{E(x+y)}{E(x)E(y)}\right] = 0$$

根据定理 8.2.10,有

$$\frac{E(x+y)}{E(x)E(y)} = \frac{E(0+0)}{E(0)E(0)} = \frac{1}{1\cdot 1} = 1$$

即

$$E(x+y) = E(x)E(y)$$

证法 3　设 $a > 0$.

当 $m,n \in \mathbb{N}$ 时

$$a^m \cdot a^n = (\underbrace{a\cdots a}_{m个}) \cdot (\underbrace{a\cdots a}_{n个}) = \underbrace{a\cdots a}_{m+n个} = a^{m+n}$$

$$a^{-m} \cdot a^n = \frac{1}{\underbrace{a\cdots a}_{m个}} \cdot (\underbrace{a\cdots a}_{n个}) = a^{-m+n}$$

同理 $a^m \cdot a^{-n} = a^{m-n}$;此外,还有

$$a^{-m} \cdot a^{-n} = \frac{1}{\underbrace{a\cdots a}_{m个}} \cdot \frac{1}{\underbrace{a\cdots a}_{n个}} = \frac{1}{a^{m+n}} = a^{-(m+n)} = a^{-m-n}$$

当 $m = 0, n \in \mathbb{Z}$(整数集)时

$$a^m \cdot a^n = a^0 \cdot a^n = 1 \cdot a^n = a^n = a^{0+n} = a^{m+n}$$

同理,当 $m \in \mathbb{Z}, n = 0$ 时,也有 $a^m \cdot a^n = a^{m+n}$.

当 $m,p \in \mathbb{Z}, n,q \in \mathbb{Z}$ 时

$$a^{\frac{m}{n}} \cdot a^{\frac{p}{q}} = a^{\frac{mq}{nq}} \cdot a^{\frac{np}{nq}} = (a^{\frac{1}{nq}})^{mq} \cdot (a^{\frac{1}{nq}})^{np} = (a^{\frac{1}{nq}})^{mq+np} = a^{\frac{mq+np}{nq}} = a^{\frac{m}{n}+\frac{p}{q}}$$

当 $x,y \in \mathbb{R}$ 时,取有理数列 x_n 与 y_n,使得 $\lim\limits_{n\to+\infty} x_n = x$, $\lim\limits_{n\to+\infty} y_n = y$. 于是

$$a^x \cdot a^y = \lim_{n\to+\infty} a^{x_n} \cdot \lim_{n\to+\infty} a^{y_n} = \lim_{n\to+\infty}(a^{x_n} \cdot a^{y_n}) = \lim_{n\to+\infty} a^{x_n+y_n} = a^{x+y}$$

另一方面,由证法 2 知,$E'(x) = E(x)$,即 $(\ln E(x))' = \dfrac{E'(x)}{E(x)} = 1$. 由 Newton-Leibniz 公式得到

$$\ln E(x) = \ln E(0) + \int_0^x (\ln E(x))'\mathrm{d}x = \ln 1 + \int_0^x \mathrm{d}x = x$$

$$E(x)=\mathrm{e}^x$$

于是

$$E(x)E(y)=\mathrm{e}^x\cdot\mathrm{e}^y=\mathrm{e}^{x+y}=E(x+y)$$

证法4 由例4.1.2知

$$\mathrm{e}^x=\sum_{k=0}^{n}\frac{x^k}{k!}+R_n(x)=\sum_{k=0}^{n}\frac{x^k}{k!}+\frac{\mathrm{e}^{\theta x}}{(n+1)!}x^{n+1}\quad(\theta\in(0,1))$$

另一方面,由例1.1.5,有$\lim\limits_{n\to+\infty}\frac{|x|^{n+1}}{(n+1)!}=0$. 或者由

$$\lim_{n\to+\infty}\frac{\frac{|x|^{n+1}}{(n+1)!}}{\frac{|x|^n}{n!}}=\lim_{n\to+\infty}\frac{|x|}{n+1}=0$$

及d'Alembert判别法推得$\sum\limits_{n=0}^{\infty}\frac{|x|^n}{n!}$收敛. 再由定理12.1.2,$\lim\limits_{n\to+\infty}\frac{|x|^{n+1}}{(n+1)!}=0$. 于是

$$\left|\frac{\mathrm{e}^{\theta x}}{(n+1)!}x^{n+1}\right|\leqslant\mathrm{e}^{|x|}\frac{|x|^{n+1}}{(n+1)!}\to0\quad(n\to+\infty)$$

$$E(x)=\sum_{n=0}^{\infty}\frac{x^n}{n!}=\lim_{n\to+\infty}\sum_{k=0}^{n}\frac{x^k}{k!}=\lim_{n\to+\infty}\left[\mathrm{e}^x-\frac{\mathrm{e}^{\theta x}}{(n+1)!}x^{n+1}\right]$$

$$=\mathrm{e}^x-0=\mathrm{e}^x$$

$$E(x)E(y)=\mathrm{e}^x\cdot\mathrm{e}^y=\mathrm{e}^{x+y}=E(x+y)$$

练习题12.4

1. 设$|q|<1$,证明

$$\left(\sum_{n=0}^{\infty}q^n\right)^2=\sum_{n=0}^{\infty}(n+1)q^n$$

2. 设级数$\sum\limits_{n=0}^{\infty}a_nx^n$,$\sum\limits_{n=0}^{\infty}b_nx^n$对$(-R,R)$中的$x$绝对收敛. 证明

$$\left(\sum_{n=0}^{\infty}a_nx^n\right)\left(\sum_{n=0}^{\infty}b_nx^n\right)=\sum_{n=0}^{\infty}c_nx^n$$

其中$c_n=\sum\limits_{k=0}^{n}a_kb_{n-k}$.

3. 证明:级数

$$C(x) = \sum_{n=0}^{\infty}(-1)^n \frac{x^{2n}}{(2n)!}$$

$$S(x) = \sum_{n=0}^{\infty}(-1)^n \frac{x^{2n+1}}{(2n+1)!}$$

对所有实数 x 绝对收敛,而且

$$S(2x) = 2S(x)C(x)$$

思考题 12.4

1. 证明:下面两个级数

$$\sum_{n=1}^{\infty}(-1)^{n-1}\frac{1}{n^{\alpha}},\sum_{n=1}^{\infty}(-1)^{n-1}\frac{1}{n^{\beta}}\quad(\alpha>0,\beta>0)$$

的 Cauchy 乘积当 $\alpha+\beta>1$ 时收敛;当 $\alpha+\beta\leqslant 1$ 时发散.

2. 证明:下面两个发散级数

$$1-\sum_{n=1}^{\infty}\left(\frac{3}{2}\right)^n$$

$$1+\sum_{n=1}^{\infty}\left(\frac{3}{2}\right)^{n-1}\left(2^n+\frac{1}{2^{n+1}}\right)$$

的 Cauchy 乘积是一个绝对收敛级数.

12.5　无穷乘积

与无穷级数相对偶地可研究无穷乘积.

定义 12.5.1　设 $p_1,p_2,\cdots,p_n,\cdots$ 为一给定的数列. 称形式乘积

$$\prod_{n=1}^{\infty}p_n = p_1p_2\cdots p_n\cdots$$

为**无穷乘积**. $P_n = p_1p_2\cdots p_n$ 称为 $\prod\limits_{n=1}^{\infty}p_n$ 的**第 n 个部分乘积**.

如果 $\lim\limits_{n\to+\infty}P_n = P\neq 0$,则称无穷乘积 $\prod\limits_{n=1}^{\infty}p_n$ **收敛**,且表示为 $\prod\limits_{n=1}^{\infty}p_n = P$. 否则

($\lim\limits_{n\to+\infty}P_n=0,+\infty,-\infty,\infty$ 或不存在)称无穷乘积$\prod\limits_{n=1}^{\infty}p_n$ **发散**. 特别当 $P=0$ 时,称无穷乘积$\prod\limits_{n=1}^{\infty}p_n$ **发散于** 0.

定理 12.5.1(无穷乘积收敛的必要条件) 设无穷乘积$\prod\limits_{n=1}^{\infty}p_n$ 收敛,则 $\lim\limits_{n\to+\infty}p_n=1$. 但反之不真.

证明 设无穷乘积$\prod\limits_{n=1}^{\infty}p_n$ 收敛于 $P\neq 0$,即 $\lim\limits_{n\to+\infty}P_n=P$. 于是

$$\lim_{n\to+\infty}p_n=\lim_{n\to+\infty}\frac{P_n}{P_{n-1}}=\frac{\lim\limits_{n\to+\infty}P_n}{\lim\limits_{n\to+\infty}P_{n-1}}=\frac{P}{P}=1$$

但反之不真. 例如:考查无穷级数$\prod\limits_{n=1}^{\infty}\left(1+\dfrac{1}{n}\right)$. 显然

$$\lim_{n\to+\infty}p_n=\lim_{n\to+\infty}\left(1+\frac{1}{n}\right)=1$$

而

$$P_n=\prod_{k=1}^{n}\left(1+\frac{1}{k}\right)=\frac{2}{1}\cdot\frac{3}{2}\cdot\cdots\cdot\frac{n}{n-1}\cdot\frac{n+1}{n}=n+1$$

$\prod\limits_{n=1}^{\infty}\left(1+\dfrac{1}{n}\right)$发散于 $\lim\limits_{n\to+\infty}P_n=+\infty$.

例 12.5.1 $\sum\limits_{n=1}^{\infty}p_n$ 发散于 0,未必有 $\lim\limits_{n\to+\infty}p_n=1$.

(1) $p_n=\dfrac{1}{2}$, $\lim\limits_{n\to+\infty}p_n=\dfrac{1}{2}\neq 1$,但$\prod\limits_{n=1}^{\infty}p_n=\prod\limits_{n=1}^{\infty}\dfrac{1}{2}=\lim\limits_{n\to+\infty}\prod\limits_{k=1}^{n}\dfrac{1}{2}=\lim\limits_{n\to+\infty}\dfrac{1}{2^n}=0.$

(2) $p_n=\dfrac{(-1)^n}{2}$, $\lim\limits_{n\to+\infty}p_n$ 不存在,当然 $\lim\limits_{n\to+\infty}p_n\neq 1$,但

$$\prod_{n=1}^{\infty}p_n=\prod_{n=1}^{\infty}\frac{(-1)^n}{2}=\lim_{n\to+\infty}\prod_{k=1}^{n}\frac{(-1)^k}{2}=\lim_{n\to+\infty}\frac{(-1)^{\frac{n(n+1)}{2}}}{2^n}=0$$

(3) 设 $p_{n_0}=0$,则当 $n>n_0$ 时,$P_n=p_1\cdots p_{n_0}\cdots p_n=0$,因而

$$\prod_{n=1}^{\infty}p_n=\lim_{n\to+\infty}P_n=\lim_{n\to+\infty}0=0$$

定理 12.5.2(无穷乘积与无穷级数敛散性的对偶定理) 设 $p_n>0$,则:

(1) $\prod_{n=1}^{\infty} p_n$ 收敛于 $P > 0 \Leftrightarrow \sum_{n=1}^{\infty} \ln p_n$ 收敛于 $S = \ln P (P = e^S)$；

(2) $\prod_{n=1}^{\infty} p_n$ 发散于 $0 \Leftrightarrow \sum_{n=1}^{\infty} \ln p_n$ 发散于 $-\infty$.

证明　(1) $\prod_{n=1}^{\infty} p_n$ 收敛于 $P > 0 \Leftrightarrow$ 数列 $P_n = \prod_{k=1}^{n} p_k$ 收敛于 $P > 0$

$\Leftrightarrow$ 数列 $\ln P_n = \sum_{k=1}^{n} \ln p_k$ 收敛于 $\ln P = S$

$\Leftrightarrow \sum_{n=1}^{\infty} \ln p_n$ 收敛于 $\ln P = S$

(2) $\prod_{n=1}^{\infty} p_n$ 发散于 $0 \Leftrightarrow$ 数列 $P_n = \prod_{k=1}^{n} p_k$ 收敛于 0

$\Leftrightarrow$ 数列 $\ln P_n = \sum_{k=1}^{n} \ln p_k$ 发散于 $-\infty$

如果 $\prod_{n=1}^{\infty} p_n$ 收敛，由定理 11.5.1 知，$\lim_{n\to+\infty} p_n = 1$，则 $\exists N \in \mathbb{N}$，当 $n > N$ 时，$p_n > 0$. 令 $p_n = 1 + a_n, a_n > -1$. 记

$$\prod_{n=1}^{\infty} p_n = \prod_{n=1}^{\infty} (1 + a_n)$$

此无穷乘积收敛 $\Leftrightarrow \lim_{n\to+\infty} p_n = 1 \Leftrightarrow \lim_{n\to+\infty} a_n = 0$.

这样改变无穷乘积的形式，能否带来什么好结果呢？以下诸定理给出了肯定的回答，并且将判别无穷乘积敛散的问题转化为判别无穷级数敛散的问题.

定理 12.5.3　如果 $a_n \geq 0$（或 $a_n \leq 0$ 且 $1 + a_n > 0$，），$n = 1, 2, \cdots$，则 $\prod_{n=1}^{\infty} (1 + a_n)$ 与 $\sum_{n=1}^{\infty} a_n$ 同敛散.

证明　因为不论 $\prod_{n=1}^{\infty} (1 + a_n)$ 与 $\sum_{n=1}^{\infty} a_n$ 何者收敛，都有 $\lim_{n\to+\infty} a_n = 0$. 此时，若 $a_n \neq 0$，有

$$\lim_{n\to+\infty} \frac{\ln(1 + a_n)}{a_n} = \lim_{n\to+\infty} \ln(1 + a_n)^{\frac{1}{a_n}} = \ln e = 1$$

所以，$\sum_{n=1}^{\infty} \ln(1 + a_n)$ 与 $\sum_{n=1}^{\infty} a_n$ 同敛散（同为正项级数或同为负项级数，再由比较判别法的极限形式. 注意，$a_n = 0$ 不影响敛散性的证明）. 根据定理 12.5.2，有

$\prod_{n=1}^{\infty}(1+a_n)$ 与 $\sum_{n=1}^{\infty}\ln(1+a_n)$ 同敛散,所以,$\prod_{n=1}^{\infty}(1+a_n)$ 与 $\sum_{n=1}^{\infty}a_n$ 同敛散.

注 12.5.1 在定理12.5.3中,如果 $a_n \geqslant 0$, $\sum_{n=1}^{\infty}a_n=+\infty$,则 $\prod_{k=1}^{n}(1+a_k) \geqslant a_1+a_2+\cdots+a_n=\sum_{k=1}^{n}a_k \to +\infty(n\to+\infty)$,从而 $\prod_{n=1}^{\infty}(1+a_n)=+\infty$.

如果 $a_n \leqslant 0, 1+a_n \geqslant 0$ 且 $\sum_{n=1}^{\infty}a_n=-\infty$,则 $P_n=\prod_{n=1}^{\infty}(1+a_k)$ 单调减且有下界0. 此时 $\prod_{n=1}^{\infty}(1+a_n)$ 必发散于0.

如果 $\{a_n\}$ 不保号,就有下面的结论.

定理 12.5.4 (1) 设 $\sum_{n=1}^{\infty}a_n^2$ 收敛,则 $\prod_{n=1}^{\infty}(1+a_n)$ 与 $\sum_{n=1}^{\infty}a_n$ 同敛散.

(2) 设 $\sum_{n=1}^{\infty}a_n$ 收敛, $\sum_{n=1}^{\infty}a_n^2=+\infty$,则 $\prod_{n=1}^{\infty}(1+a_n)$ 发散于0.

证明 (1) 因为 $\sum_{n=1}^{\infty}a_n^2$ 收敛,根据定理 12.1.2, $\lim_{n\to+\infty}a_n^2=0$,从而 $\lim_{n\to+\infty}a_n=0$. 于是,当 $a_n\neq 0$ 时,有

$$\lim_{n\to+\infty}\frac{a_n-\ln(1+a_n)}{a_n^2}=\lim_{x\to 0}\frac{x-\ln(1+x)}{x^2}\xlongequal{\text{L'Hospital 法则}}\lim_{x\to 0}\frac{1-\frac{1}{1+x}}{2x}$$
$$=\lim_{x\to 0}\frac{1}{2(1+x)}=\frac{1}{2}$$

从而,$\sum_{n=1}^{\infty}[a_n-\ln(1+a_n)]$ 也收敛(注意,若 $a_n=0$,不影响收敛性的证明). 由此推得 $\sum_{n=1}^{\infty}\ln(1+a_n)$ 与 $\sum_{n=1}^{\infty}a_n$ 同敛散. 再由定理 12.5.2 知,$\prod_{n=1}^{\infty}(1+a_n)$ 与 $\sum_{n=1}^{\infty}\ln(1+a_n)$ 同敛散,所以 $\prod_{n=1}^{\infty}(1+a_n)$ 与 $\sum_{n=1}^{\infty}a_n$ 同敛散.

(2) 从 $\sum_{n=1}^{\infty}a_n^2=+\infty$ 与

$$\lim_{n\to+\infty}\frac{a_n-\ln(1+a_n)}{a_n^2}=\frac{1}{2}\quad(a_n\neq 0)$$

便知 $\sum_{n=1}^{\infty}[a_n-\ln(1+a_n)]=+\infty$. 再由 $\sum_{n=1}^{\infty}a_n$ 收敛推得 $\sum_{n=1}^{\infty}\ln(1+a_n)=-\infty$,

因而$\prod_{n=1}^{\infty}(1+a_n)$发散到 0.

定理 12.5.5　设$1+a_n>0$，则$\prod_{n=1}^{\infty}(1+|a_n|)$收敛蕴涵$\prod_{n=1}^{\infty}(1+a_n)$收敛.但反之不真.

证明　显然

$$\prod_{n=1}^{\infty}(1+|a_n|)\text{收敛}\xLeftrightarrow{\text{定理 12.5.2(1)}}\sum_{n=1}^{\infty}\ln(1+|a_n|)\text{收敛}$$

$$\xLeftrightarrow{\text{定理 12.5.3}}\sum_{n=1}^{\infty}|a_n|\text{收敛}$$

$$\xLeftrightarrow[(*)]{\text{比较判别法}}\sum_{n=1}^{\infty}|\ln(1+a_n)|\text{收敛}$$

$$\Rightarrow\sum_{n=1}^{\infty}\ln(1+a_n)\text{收敛}$$

$$\xLeftrightarrow{\text{定理 12.5.1(1)}}\prod_{n=1}^{\infty}(1+a_n)\text{收敛}$$

其中$(*)$是当$a_n\neq 0$时，有

$$\lim_{n\to+\infty}\frac{|\ln(1+a_n)|}{|a_n|}=\lim_{n\to+\infty}\left|\frac{\ln(1+a_n)}{a_n}\right|=1$$

但是，其逆命题不真. 反例：设

$$a_n=\begin{cases}-\dfrac{1}{\sqrt{k+1}}, n=2k-1\\ \dfrac{1}{\sqrt{k+1}}+\dfrac{1}{k+1}+\dfrac{1}{(k+1)\sqrt{k+1}}, n=2k\end{cases}$$

则$\sum_{n=3}^{\infty}a_n$，$\sum_{n=3}^{\infty}a_n^2$都发散，$\prod_{n=1}^{\infty}(1+|a_n|)$发散，而$\prod_{n=1}^{\infty}(1+a_n)$收敛.

事实上，因为

$$\sum_{n=1}^{2N}a_n=\sum_{k=1}^{N}(a_{2k-1}+a_{2k})=\sum_{k=1}^{N}\left(-\frac{1}{\sqrt{k+1}}+\frac{1}{\sqrt{k+1}}+\frac{1}{k+1}+\frac{1}{(k+1)\sqrt{k+1}}\right)$$

$$=\sum_{k=1}^{N}\frac{1}{k+1}+\sum_{k=1}^{N}\frac{1}{(k+1)\sqrt{k+1}}\to+\infty\quad(N\to+\infty)$$

所以，$\sum_{n=1}^{\infty}a_n=+\infty$. 而

$$\sum_{n=1}^{2N} a_n^2 = \sum_{k=1}^{N}(a_{2k-1}^2 + a_{2k}^2) \geqslant \sum_{k=2}^{N} \frac{1}{k+1} \to +\infty \quad (N \to +\infty)$$

所以, $\sum_{n=1}^{\infty} a_n^2 = +\infty$. 现在证明 $\prod_{n=1}^{\infty}(1+a_n)$ 收敛. 因为

$$\begin{aligned} P_{2N} &= \prod_{n=1}^{2N}(1+a_n) = \prod_{k=1}^{N}(1+a_{2k-1})(1+a_{2k}) \\ &= \prod_{k=1}^{N}\left(1-\frac{1}{\sqrt{k+1}}\right)\left(1+\frac{1}{\sqrt{k+1}}+\frac{1}{k+1}+\frac{1}{(k+1)\sqrt{k+1}}\right) \\ &= \prod_{k=1}^{N}\left(1-\frac{1}{\sqrt{k+1}}\right)\left(1+\frac{1}{\sqrt{k+1}}\right)\left(1+\frac{1}{k+1}\right) \\ &= \prod_{k=1}^{N}\left[1-\frac{1}{(k+1)^2}\right] \end{aligned}$$

由于 $\sum_{k=1}^{\infty} \frac{1}{(k+1)^2}$ 收敛与上面得到的结果知, $\prod_{k=1}^{\infty}\left(1-\frac{1}{(k+1)^2}\right)$ 收敛. 这说明数列 $\{P_{2N}\}$ 当 $N \to +\infty$ 时有非零的极限, 设 $\lim_{N\to+\infty} P_{2N} = P \neq 0$. 于是

$$\lim_{N\to+\infty} P_{2N+1} = \lim_{N\to+\infty} P_{2N}(1+a_{2N+1}) = P(1+0) = P$$

根据定理 1.1.1 就证明了 $\lim_{n\to+\infty} P_n = P \neq 0$, 即 $\prod_{n=1}^{\infty}(1+a_n)$ 收敛于 P.

再证 $\prod_{n=1}^{\infty}(1+|a_n|)$ 发散. (反证法) 假设 $\prod_{n=1}^{\infty}(1+|a_n|)$ 收敛, 由于定理 12.5.3, 它应等价于 $\sum_{n=1}^{\infty}|a_n|$ 收敛. 由此推得 $\sum_{n=1}^{\infty} a_n$ 收敛, 这与上面已证得 $\sum_{n=1}^{\infty} a_n = +\infty$ (发散于 $+\infty$) 相矛盾.

例 12.5.2 在定理 12.5.4 中, 如果 $\sum_{n=1}^{\infty} a_n^2 = +\infty$, 问: $\prod_{n=1}^{\infty}(1+a_n)$ 与 $\sum_{n=1}^{\infty} a_n$ 是否仍同敛散? 回答是否定的. 定理 12.5.5 中的反例也是这里的反例.

定义 12.5.2 如果 $\prod_{n=1}^{\infty}(1+|a_n|)$ 收敛, 则称 $\prod_{n=1}^{\infty}(1+a_n)$ **绝对收敛**; 如果 $\prod_{n=1}^{\infty}(1+a_n)$ 收敛, 而 $\prod_{n=1}^{\infty}(1+|a_n|)$ 发散, 则称 $\prod_{n=1}^{\infty}(1+a_n)$ **条件收敛**.

显然, 定理 12.5.5 表明 $\prod_{n=1}^{\infty}(1+a_n)$ 绝收收敛, 它必收敛. 但是, 反之不真.

例 12.5.6 中，当$\frac{1}{2}<\alpha\leqslant 1$时，$\prod_{n=1}^{\infty}\left[1+(-1)^{n-1}\frac{1}{n^{\alpha}}\right]$也是收敛非绝对收敛的反例.

根据无穷乘积与无穷级数敛散性的对偶定理 12.5.2 以及绝对收敛级数的特性定理 12.3.6，我们有下面绝对收敛无穷乘积的特性定理.

定理 12.5.6（绝对收敛无穷乘积的特性）　绝对收敛的无穷乘积，可以任意改变其因子的次序而不影响其收敛性与积.

证明　设$\prod_{n=1}^{\infty}(1+a_n)$改变因子的先后次序变成$\prod_{n=1}^{\infty}(1+b_n)$. 因为$\prod_{n=1}^{\infty}(1+a_n)$绝对收敛，即$\prod_{n=1}^{\infty}(1+|a_n|)$收敛. 从定理 12.5.5 的证明知道，它等价于$\sum_{n=1}^{\infty}\ln(1+|a_n|)$收敛，等价于$\sum_{n=1}^{\infty}|a_n|$收敛，也等价于$\sum_{n=1}^{\infty}\ln(1+a_n)$绝对收敛. 由定理 12.3.6 得到$\sum_{n=1}^{\infty}\ln(1+b_n)$也绝对收敛，而且$\sum_{n=1}^{\infty}\ln(1+b_n)=\sum_{n=1}^{\infty}\ln(1+a_n)$. 从而，$\prod_{n=1}^{\infty}(1+b_n)$绝对收敛，而且

$$\prod_{n=1}^{\infty}(1+a_n)=\prod_{n=1}^{\infty}(1+b_n)$$

与条件收敛级数的特性定理 12.3.7（Riemann）相呼应，有下面的定理.

定理 12.5.7（条件收敛无穷乘积的特性）　设无穷乘积$\prod_{n=1}^{\infty}(1+a_n)$条件收敛$(1+a_n>0)$，则适当交换它的因子的次序，可使其收敛于任一事先指定的正数，也可使其发散（发散于 0，$+\infty$，或$P_n=\prod_{k=1}^{n}(1+a_k)$无极限）.

证明　因为$\prod_{n=1}^{\infty}(1+a_n)$条件收敛，所以$\prod_{n=1}^{\infty}(1+a_n)$收敛，而$\prod_{n=1}^{\infty}(1+|a_n|)$发散. 由定理 12.5.3 知，$\sum_{n=1}^{\infty}|a_n|=+\infty$. 再由

$$\lim_{n\to+\infty}\left|\frac{\ln(1+a_n)}{a_n}\right|=1\quad(a_n\neq 0)$$

推得$\sum_{n=1}^{\infty}|\ln(1+a_n)|=+\infty$. 从而$\sum_{n=1}^{\infty}\ln(1+a_n)$为一个条件收敛的级数，设其

和为α. 今改变$\sum\limits_{n=1}^{\infty}\ln(1+a_n)$的次序,得一新级数$\sum\limits_{n=1}^{\infty}\ln(1+b_n)$,使其和为预先指定的实数$\beta\neq\alpha$,于是

$$\prod_{n=1}^{\infty}(1+b_n)=e^{\beta}\neq e^{\alpha}=\prod_{n=1}^{\infty}(1+a_n)$$

而$\prod\limits_{n=1}^{\infty}(1+b_n)$正是由$\prod\limits_{n=1}^{\infty}(1+a_n)$改变因子次序所得的无穷乘积.

如果$\beta=+\infty$,则$\sum\limits_{n=1}^{\infty}(1+b_n)=+\infty$;如果$\beta=-\infty$,则$\sum\limits_{n=1}^{\infty}(1+b_n)=0$(发散于0);如果新级数$\sum\limits_{n=1}^{\infty}\ln(1+b_n)$无极限,则新无穷乘积$\prod\limits_{n=1}^{\infty}(1+b_n)$的部分积无极限. 这些是罗列的新无穷乘积发散的各种情况.

例 12.5.3 (1)$\prod\limits_{n=1}^{\infty}\left(1+\frac{1}{n}\right)=+\infty$;(2)$\prod\limits_{n=2}^{\infty}\left(1-\frac{1}{n}\right)=0$.

证法1 (1)

$$\prod_{n=1}^{\infty}\left(1+\frac{1}{n}\right)=\lim_{n\to+\infty}\prod_{k=1}^{n}\left(1+\frac{1}{k}\right)=\lim_{n\to+\infty}\left(\frac{2}{1}\cdot\frac{3}{2}\cdot\cdots\cdot\frac{n+1}{n}\right)$$
$$=\lim_{n\to+\infty}(n+1)=+\infty$$

(2)

$$\prod_{n=2}^{\infty}\left(1-\frac{1}{n}\right)=\lim_{n\to+\infty}\prod_{k=2}^{n}\left(1-\frac{1}{k}\right)=\lim_{n\to+\infty}\left(\frac{1}{2}\cdot\frac{2}{3}\cdot\cdots\cdot\frac{n-1}{n}\right)$$
$$=\lim_{n\to+\infty}\frac{1}{n}=0$$

证 法 2 从$\sum\limits_{n=1}^{\infty}\frac{1}{n}=+\infty$及定理 12.5.3 可知,$\prod\limits_{n=1}^{\infty}\left(1+\frac{1}{n}\right)$与$\prod\limits_{n=2}^{\infty}\left(1-\frac{1}{n}\right)$都发散. 由于$1+\frac{1}{n}>1,0<1-\frac{1}{n}<1$可推得

$$\prod_{n=1}^{\infty}\left(1+\frac{1}{n}\right)=+\infty$$
$$\prod_{n=2}^{\infty}\left(1-\frac{1}{n}\right)=0$$

例 12.5.4 证明:

(1)$\prod\limits_{n=1}^{\infty}\left[1+\frac{1}{(n+1)^2}\right]$;

(2)$\prod\limits_{n=1}^{\infty}\left[1-\frac{1}{(n+1)^2}\right]$.

都绝对收敛,当然也是收敛的.

证明　(1)(2) 从$\sum_{n=1}^{\infty}\frac{1}{(n+1)^2}<+\infty$(收敛)及定理 12.5.3 立知

$$\prod_{n=1}^{\infty}\left[1+\frac{1}{(n+1)^2}\right]与\prod_{n=1}^{\infty}\left[1-\frac{1}{(n+1)^2}\right]$$

都是绝对收敛的.

事实上,对于(2)

$$\begin{aligned}
&\prod_{n=1}^{\infty}\left[1-\frac{1}{(n+1)^2}\right]\\
&=\lim_{n\to+\infty}\prod_{k=1}^{n}\left[1-\frac{1}{(k+1)^2}\right]\\
&=\lim_{n\to+\infty}\prod_{k=1}^{n}\left(1-\frac{1}{k+1}\right)\left(1+\frac{1}{k+1}\right)\\
&=\lim_{n\to+\infty}\prod_{k=1}^{n}\frac{k}{k+1}\prod_{k=1}^{n}\frac{k+2}{k+1}\\
&=\lim_{n\to+\infty}\left(\frac{1}{2}\cdot\frac{2}{3}\cdot\frac{3}{4}\cdot\frac{4}{5}\cdot\cdots\cdot\frac{n}{n+1}\right)\left(\frac{3}{2}\cdot\frac{4}{3}\cdot\frac{5}{4}\cdot\cdots\cdot\frac{n+1}{n}\cdot\frac{n+2}{n+1}\right)\\
&=\lim_{n\to+\infty}\left(\frac{1}{2}\cdot\frac{n+2}{n+1}\right)=\frac{1}{2}
\end{aligned}$$

即$\prod_{n=1}^{\infty}\left[1-\frac{1}{(n+1)^2}\right]$收敛于$\frac{1}{2}$.

例 12.5.5　证明:

(1) $\prod_{n=1}^{\infty}\left[1+\frac{1}{(n+1)^{\alpha}}\right]$;

(2) $\prod_{n=1}^{\infty}\left[1-\frac{1}{(n+1)^{\alpha}}\right]$.

当$\alpha>1$时都绝对收敛;当$\alpha<1$时都发散.

证明　例 1.4.2 表明$\sum_{n=1}^{\infty}\frac{1}{(n+1)^{\alpha}}$当$\alpha>1$时收敛;当$\alpha<1$时发散. 再根据定理 12.5.3 知,$\prod_{n=1}^{\infty}\left[1+\frac{1}{(n+1)^{\alpha}}\right]$与$\prod_{n=1}^{\infty}\left[1-\frac{1}{(n+1)^{\alpha}}\right]$当$\alpha>1$时都绝对收敛;当$\alpha\leqslant 1$时都发散.

例 12.5.6　设$\alpha>0$,讨论无穷乘积

$$\prod_{n=1}^{\infty}\left[1+(-1)^{n-1}\frac{1}{n^{\alpha}}\right]$$

的敛散性.

解 记$a_n=(-1)^{n-1}\frac{1}{n^{\alpha}}$,则由 Leibniz 判别法知$\sum\limits_{n=1}^{\infty}a_n$收敛. 当$\alpha>\frac{1}{2}$时,$\sum\limits_{n=1}^{\infty}a_n^2=\sum\limits_{n=1}^{\infty}\frac{1}{n^{2\alpha}}$收敛. 根据定理 12.5.4(1),无穷级数$\sum\limits_{n=1}^{\infty}\left[1+(-1)^{n-1}\frac{1}{n^{\alpha}}\right]$是收敛的. 但是,由于当$\frac{1}{2}<\alpha\leqslant 1$时,$\prod\limits_{n=1}^{\infty}(1+|a_n|)=\prod\limits_{n=1}^{\infty}\left(1+\frac{1}{n^{\alpha}}\right)$发散立知,$\prod\limits_{n=1}^{\infty}\left[1+(-1)^{n-1}\frac{1}{n^{\alpha}}\right]$是条件收敛的.

当$0<\alpha\leqslant\frac{1}{2}$时,由于$\sum\limits_{n=1}^{\infty}a_n^2=\sum\limits_{n=1}^{\infty}\frac{1}{n^{2\alpha}}$发散,而$\sum\limits_{n=1}^{\infty}a_n=\sum\limits_{n=1}^{\infty}(-1)^{n-1}\frac{1}{n^{\alpha}}$收敛,根据定理 12.5.4(2),无穷级数$\prod\limits_{n=1}^{\infty}(1+a_n)$发散于0.

综合上述与例 12.5.5 的结论

$$\prod_{n=1}^{\infty}\left[1+(-1)^{n-1}\frac{1}{n^{\alpha}}\right]$$

当$\alpha>1$时绝对收敛;当$\frac{1}{2}<\alpha\leqslant 1$时条件收敛;当$0<\alpha\leqslant\frac{1}{2}$时发散于0.

例 12.5.7 设$\alpha>\beta>0$. 证明

$$\prod_{n=1}^{\infty}\frac{\beta+n}{\alpha+n}=\lim_{n\to+\infty}\frac{(\beta+1)(\beta+2)\cdots(\beta+n)}{(\alpha+1)(\alpha+2)\cdots(\alpha+n)}=0$$

证明 考虑无穷乘积

$$\prod_{n=1}^{\infty}\frac{\beta+n}{\alpha+n}=\prod_{n=1}^{\infty}\left(1+\frac{\beta-\alpha}{\alpha+n}\right)$$

令$\alpha_n=\frac{\beta-\alpha}{\alpha+n}$,则$\alpha_n<0$且$\sum\limits_{n=1}^{\infty}\frac{\beta-\alpha}{\alpha+n}$发散. 由注 12.5.1 知,无穷乘积$\prod\limits_{n=1}^{\infty}\frac{\beta+n}{\alpha+n}$发散于0,即

$$\prod_{n=1}^{\infty}\frac{\beta+n}{\alpha+n}=\lim_{n\to+\infty}\frac{(\beta+1)(\beta+2)\cdots(\beta+n)}{(\alpha+1)(\alpha+2)\cdots(\alpha+n)}=0$$

例 12.5.8 讨论$\prod\limits_{n=1}^{\infty}(1+x^{2^{n-1}})$的敛散性.

解 $P_n=(1+x)(1+x^2)(1+x^4)(1+x^8)\cdots(1+x^{2^{n-1}})$.

当 $x=1$ 时，$P_n=2^n\to+\infty\,(n\to+\infty)$，无穷乘积发散于 $+\infty$.

当 $x=-1$ 时，因为 $1+x=0$，所以 $P_n=0(n\in\mathbb{N})$，$\prod\limits_{n=1}^{\infty}(1+x^{2^{n-1}})=\lim\limits_{n\to+\infty}P_n=\lim\limits_{n\to+\infty}0=0$，无穷乘积发散于0.

当 $x\neq\pm1$ 时

$$P_n=\frac{(1-x)(1+x)(1+x^2)(1+x^4)\cdots(1+x^{2^{n-1}})}{1-x}$$

$$=\frac{1-x^{2^n}}{1-x}\to\begin{cases}\dfrac{1}{1-x},&|x|<1\\+\infty,&x>1\\-\infty,&x<-1\end{cases}$$

于是，$\prod\limits_{n=1}^{\infty}(1+x^{2^{n-1}})$. 当且仅当 $|x|<1$ 时收敛.

例 12.5.9　设 $\alpha>-1$

$$C_\alpha^0=1,C_\alpha^n=\frac{\alpha(\alpha-1)\cdots(\alpha-n+1)}{n!}$$

证明：$\lim\limits_{n\to+\infty}C_\alpha^n=0$.

证明　易见

$$(-1)^nC_\alpha^n=(-1)^n\frac{\alpha(\alpha-1)\cdots(\alpha-n+1)}{n!}$$

$$=\left(1-\frac{\alpha+1}{1}\right)\left(1-\frac{\alpha+1}{2}\right)\cdots\left(1-\frac{\alpha+1}{n}\right)$$

$$=\prod_{k=1}^{\infty}\left(1-\frac{\alpha+1}{k}\right)$$

因为 $\alpha+1>0$，且 $\sum\limits_{n=1}^{\infty}\dfrac{\alpha+1}{n}$ 发散，故由注12.5.1知无穷乘积 $\prod\limits_{k=1}^{\infty}\left(1-\dfrac{\alpha+1}{k}\right)$ 发散于0，即

$$\lim_{n\to+\infty}C_\alpha^n=\lim_{n\to+\infty}(-1)^n\prod_{k=1}^{n}\left(1-\frac{\alpha+1}{k}\right)=0$$

例 12.5.10　证明：$\prod\limits_{n=1}^{\infty}\dfrac{(2n)^2}{(2n-1)(2n+1)}=\dfrac{\pi}{2}$（Wallis 公式）.

证明　当 $0<\alpha<\dfrac{\pi}{2}$ 时，$\sin^{2n+1}x<\sin^{2n}x<\sin^{2n-1}x$，积分得

$$\int_0^{\frac{\pi}{2}}\sin^{2n+1}x\mathrm{d}x < \int_0^{\frac{\pi}{2}}\sin^{2n}x\mathrm{d}x < \int_0^{\frac{\pi}{2}}\sin^{2n-1}x\mathrm{d}x$$

即

$$\frac{(2n)!!}{(2n+1)!!} < \frac{(2n-1)!!}{(2n)!!}\frac{\pi}{2} < \frac{(2n-2)!!}{(2n-1)!!}$$

于是

$$\frac{1}{2n+1}\left[\frac{(2n)!!}{(2n-1)!!}\right]^2 < \frac{\pi}{2} < \left[\frac{(2n)!!}{(2n-1)!!}\right]^2\cdot\frac{1}{2n}$$

又因为

$$P_n = \prod_{k=1}^{n}\frac{(2k)^2}{(2k-1)(2k+1)} = \frac{1}{2n+1}\left[\frac{(2n)!!}{(2n-1)!!}\right]^2$$

所以与上式比较得到

$$P_n < \frac{\pi}{2} < P_n\cdot\frac{2n+1}{2n}$$

$$\frac{2n}{2n+1}\cdot\frac{\pi}{2} < P_n < \frac{\pi}{2}$$

根据 $\lim\limits_{n\to+\infty}\frac{2n}{2n+1}\cdot\frac{\pi}{2} = \frac{\pi}{2} = \lim\limits_{n\to+\infty}\frac{\pi}{2}$ 与夹逼定理推得

$$\prod_{n=1}^{\infty}\frac{(2n)^2}{(2n-1)(2n+1)} = \lim_{n\to+\infty}P_n = \frac{\pi}{2}$$

练习题 12.5

1. 讨论下列无穷乘积的敛散性:

(1) $\prod\limits_{n=1}^{\infty}\frac{1}{n}$;　　(2) $\prod\limits_{n=1}^{\infty}\frac{(n+1)^2}{n(n+2)}$;

(3) $\prod\limits_{n=1}^{\infty}\sqrt[n]{1+\frac{1}{n}}$.

2. 证明下列等式:

(1) $\prod\limits_{n=2}^{\infty}\frac{n^2-1}{n^2+1} = \frac{2}{3}$;　　(2) $\prod\limits_{n=2}^{\infty}\left(1-\frac{2}{n(n+1)}\right) = \frac{1}{3}$;

(3) $\prod\limits_{n=0}^{\infty}\left(1+\left(\frac{1}{2}\right)^{2^n}\right) = 2$.

3. 应用 Wallis 公式证明：

(1) $\prod_{n=1}^{\infty}\left(1-\frac{1}{4n^2}\right)=\frac{2}{\pi}$;　　(2) $\prod_{n=1}^{\infty}\left(1-\frac{1}{(2n+1)^2}\right)=\frac{\pi}{4}$.

4. 设 $\sum_{n=1}^{\infty}a_n^2<+\infty$，证明：$\prod_{n=1}^{\infty}\cos a_n$ 收敛.

5. 能否由 $\prod_{n=1}^{\infty}p_n$，$\prod_{n=1}^{\infty}q_n$ 的收敛性推得下列乘积

$$\prod_{n=1}^{\infty}(p_n+q_n),\ \prod_{n=1}^{\infty}p_nq_n,\ \prod_{n=1}^{\infty}\frac{p_n}{q_n}$$

的收敛性？

思考题 12.5

1. 讨论下列无穷乘积的敛散性：

(1) $\prod_{n=1}^{\infty}\frac{n}{\sqrt{n^2+1}}$;　　(2) $\prod_{n=2}^{\infty}\left(\frac{n^2-1}{n^2+1}\right)^p$，$p$ 为任意实数；

(3) $\prod_{n=1}^{\infty}\sqrt[n]{\ln(n+x)-\ln n}$，$x>0$.

2. 证明下列等式：

(1) $\prod_{n=1}^{\infty}\cos\frac{x}{2^n}=\frac{\sin x}{x}$，$x\neq 0$;

(2) $\frac{2}{\sqrt{2}}\cdot\frac{2}{\sqrt{2+\sqrt{2}}}\cdot\frac{2}{\sqrt{2+\sqrt{2+\sqrt{2}}}}\cdot\cdots=\frac{\pi}{2}$;

(3) $\prod_{n=1}^{\infty}\left(1+\frac{1}{a_n}\right)=\mathrm{e}$，其中 $a_1=1$，$a_n=n(a_{n-1}+1)$.

$\left(\text{提示：先证 } P_n=\prod_{k=1}^{\infty}\left(1+\frac{1}{a_k}\right)=\frac{a_n+1}{n!}.\right)$

3. 设

$$a_n=\begin{cases}-\frac{1}{\sqrt{k}}, & n=2k-1\\ \frac{1}{\sqrt{k}}+\frac{1}{k}+\frac{1}{k\sqrt{k}}, & n=2k\end{cases}$$

证明：$\sum_{n=1}^{\infty}a_n$，$\sum_{n=1}^{\infty}a_n^2$ 都发散，但 $\prod_{n=1}^{\infty}(1+a_n)$ 收敛.

4. 设级数 $\sum_{n=1}^{\infty} x_n^2$ 收敛,证明:无穷乘积 $\prod_{n=1}^{\infty} \cos x_n$ 也收敛.

5. 设级数 $\sum_{n=1}^{\infty} \alpha_n$ 绝对收敛,证明:无穷乘积 $\prod_{n=1}^{\infty} \tan\left(\frac{\pi}{4} + \alpha_n\right)$ 也收敛,其中 $|\alpha_n| < \frac{\pi}{4}$.

6. 证明:级数

$$\left(\frac{1}{\sqrt{2}} + \frac{1}{2}\right) + \left(-\frac{1}{\sqrt{2}}\right) + \left(\frac{1}{\sqrt{3}} + \frac{1}{3}\right) + \left(-\frac{1}{\sqrt{3}}\right) + \cdots$$

发散,但无穷乘积

$$\left(1 + \frac{1}{\sqrt{2}} + \frac{1}{2}\right)\left(1 - \frac{1}{\sqrt{2}}\right)\left(1 + \frac{1}{\sqrt{3}} + \frac{1}{3}\right)\left(1 - \frac{1}{\sqrt{3}}\right)\cdots$$

却收敛.

复 习 题 12

1. 设 $\sum_{n=1}^{\infty} a_n$ 为正项级数,如果存在正数 α 与 β,使得 $a_n - a_{n+1} \geqslant \beta \alpha_n^{2-\alpha}$. 证明:

(1) $\{a_n\}$ 单调减趋于0,且 $\alpha \leqslant 1$;

(2) $\sum_{n=1}^{\infty} a_n < +\infty$,且

$$\sum_{n=N}^{\infty} a_n = O(a_N^{\alpha}) \quad (N \to +\infty)$$

2. 试作一个收敛级数 $\sum_{n=1}^{\infty} a_n$,使得 $\sum_{n=1}^{\infty} a_n^3$ 发散.

3. 设 $\{b_n\}$ 单调趋于0,且 $\sum_{n=1}^{\infty} a_n b_n$ 收敛. 应用柯西收敛原理与Abel引理证明

$$\lim_{n\to+\infty} (a_1 + a_2 + \cdots + a_n) b_n = 0$$

4. 设 $\sum_{n=1}^{\infty} \frac{a_n}{n^{\alpha}} (\alpha > 0)$ 收敛. 证明

$$\lim_{n\to+\infty} \frac{a_1 + a_2 + \cdots + a_n}{n^{\alpha}} = 0$$

5. 设$\{b_n\}$为正的单调增趋于$+\infty$的数列,如果$\sum\limits_{n=1}^{\infty} a_n$收敛. 证明

$$\lim_{n\to+\infty} \frac{a_1b_1 + a_2b_2 + \cdots + a_nb_n}{b_n} = 0$$

注意:当$b_n = n$时,就得到练习题 12. 3 中题 8 的结论. 因此,本题是它的推广.

6. 设$\sum\limits_{n=1}^{\infty} a_n$收敛,令

$$b_n = \frac{a_1 + 2a_2 + \cdots + na_n}{n(n+1)}$$

证明:(1) $\sum\limits_{k=1}^{\infty} b_k = \sum\limits_{k=1}^{n} a_k - \dfrac{a_1 + 2a_2 + \cdots + na_n}{n+1}$;

(2) $\sum\limits_{n=1}^{\infty} b_n$收敛,且$\sum\limits_{n=1}^{\infty} b_n = \sum\limits_{n=1}^{\infty} a_n$.

7. 设级数$\sum\limits_{n=1}^{\infty} a_n$绝对收敛,且$\lim\limits_{n\to+\infty} b_n = 0$. 证明

$$\lim_{n\to+\infty} (a_1b_n + a_2b_{n-1} + \cdots + a_nb_1) = 0$$

8. 如果对任意一个趋于 0 的数列$\{x_n\}$,级数$\sum\limits_{n=1}^{\infty} a_nx_n$都收敛. 试用反证法证明$\sum\limits_{n=1}^{\infty} a_n$一定绝对收敛.

如果将条件中的"任意一个趋于0的数列"改为"任意一个单调减趋于0的数列",结论是否成立?

9. 证明:$\prod\limits_{n=1}^{\infty} \dfrac{1}{\mathrm{e}}\left(1 + \dfrac{1}{n}\right)^n = 0$,并由此推得$\lim\limits_{n\to+\infty} \dfrac{n^n}{n!}\mathrm{e}^{-n} = 0$.

10. 设级数

$$\sum_{n=1}^{\infty} a_n(x^2 - 1)(x^2 - 2^2)\cdots(x^2 - n^2)$$

在$x = x_0$(非整数)处收敛,证明:该级数对所有的x都收敛.

11. 设正数列$\{a_n\}$满足

$$\frac{a_n}{a_{n+1}} = 1 + \frac{1}{n} + O(b_n) \quad (n \to +\infty)$$

其中$\sum\limits_{n=1}^{\infty} b_n$是一个绝对收敛级数. 证明:$\sum\limits_{n=1}^{\infty} a_n$发散.

12. 设$p_1 = 2, p_2 = 3, p_3 = 5, \cdots$为从小到大排列的全体素(质)数,证明:

(1) $\prod_{n=1}^{\infty} \frac{1}{1-\frac{1}{p_n^x}} = \sum_{n=1}^{\infty} \frac{1}{n^x} = \zeta(x)$(Riemann ζ 函数). 当 $x > 1$ 时收敛;当 $0 < x \leqslant 1$ 时发散到 $+\infty$.

(2) $\sum_{k=1}^{\infty} \frac{1}{p_k} = \frac{1}{2} + \frac{1}{3} + \frac{1}{5} + \frac{1}{7} + \frac{1}{11} + \cdots = +\infty$.

13. 证明:级数

$$\sum_{n=1}^{\infty} (2-e^{\alpha})(2-e^{\frac{\alpha}{2}})\cdots(2-e^{\frac{\alpha}{n}})$$

当 $\alpha = N\ln 2$(N 为自然数)或 $\alpha > 1$ 时收敛;当 $\alpha \leqslant 1$ 且 $\alpha \neq N\ln 2$(N 为自然数)时发散.

14. 如果对满足 $\sum_{n=1}^{\infty} a_n^2$ 收敛的任意 a_n,必有 $\sum_{n=1}^{\infty} a_n b_n$ 收敛,证明:$\sum_{n=1}^{\infty} b_n^2$ 也收敛.

15. 如果对任意满足 $\int_a^{+\infty} f^2(x)\mathrm{d}x$ 收敛的 f,必有 $\int_a^{+\infty} f(x)g(x)\mathrm{d}x$ 收敛,证明:$\int_a^{+\infty} g^2(x)\mathrm{d}x$ 也收敛.

16. 设 $a_n \geqslant 0, n = 1,2,\cdots, \sum_{n=1}^{\infty} a_n^2 < +\infty$. 证明:

(1) $\sum_{n=1}^{\infty} \frac{\sqrt{m}}{\sqrt{n}(m+n)} \leqslant \pi, m = 1,2,\cdots$;

(2) $\sum_{m,n=1}^{\infty} \frac{a_m a_n}{m+n} \leqslant \pi \sum_{n=1}^{\infty} a_n^2$.

17. 设 $a_1 = 1, a_2 = 2, a_n = a_{n-2} + a_{n-1}\ (n \geqslant 3)$,证明:$\frac{a_n}{a_{n+1}} \leqslant \frac{2}{3}$,且 $\sum_{n=1}^{\infty} \frac{1}{a_n}$ 收敛.

18. 设 $\{a_n\}$ 为正实数序列,$\sum_{n=1}^{\infty} \frac{1}{a_n}$ 收敛. 证明:级数

$$\sum_{n=1}^{\infty} \frac{n^2}{(a_1 + a_2 + \cdots + a_n)^2} a_n$$

也收敛.

19. 设级数 $\sum_{n=1}^{\infty} a_n$ 收敛,$\sum_{n=1}^{\infty} (b_{n+1} - b_n)$ 收敛. 证明:级数 $\sum_{n=1}^{\infty} a_n b_n$ 也收敛.

20. 设 $\alpha > \beta > 1$

$$I_n = \int_0^{\frac{\pi}{2}} \frac{\mathrm{d}t}{1 + (n\pi + t)^\alpha \sin^\beta t}$$

$$J_n = \int_{\frac{\pi}{2}}^{\pi} \frac{\mathrm{d}t}{1 + (n\pi + t)^\alpha \sin^\beta t}$$

证明：

(1) $\displaystyle\int_0^{+\infty} \frac{\mathrm{d}x}{1 + x^\alpha |\sin x|^\beta} = \sum_{n=0}^{\infty} I_n + \sum_{n=0}^{\infty} J_n$；

(2) $\displaystyle\sum_{n=0}^{\infty} I_n, \sum_{n=0}^{\infty} J_n, \int_0^{+\infty} \frac{\mathrm{d}x}{1 + x^\alpha |\sin x|^\beta}$ 均收敛.

21. 证明：

(1) $\displaystyle\left| x\sin\frac{1}{x^2} - \frac{1}{x}\cos\frac{1}{x^2} \right| \geqslant \frac{1}{x}\left|\cos\frac{1}{x^2}\right| - x$；

(2) $\displaystyle\int_0^1 \left| x\sin\frac{1}{x^2} - \frac{1}{x}\cos\frac{1}{x^2} \right| \mathrm{d}x$ 发散.

22. 证明：$\displaystyle\sum_{k=0}^{\infty} \int_{2k\pi}^{(2k+1)\pi} \mathrm{e}^{-\frac{x}{2}} \frac{|\sin x - \cos x|}{\sqrt{\sin x}} \mathrm{d}x = \frac{2\sqrt[4]{8}\,\mathrm{e}^{-\frac{\pi}{8}}}{1 - \mathrm{e}^{-\pi}}$.

23. 设单调函数 $f(x)$ 在 $[0, +\infty)$ 上有定义，而广义积分 $\displaystyle\int_0^{+\infty} f(x)\mathrm{d}x$ 存在且有限. 证明

$$\lim_{h \to 0} h[f(h) + f(2h) + \cdots] = \int_0^{+\infty} f(x)\mathrm{d}x$$

24. 将题 23 应用于单调函数 $f(x) = \dfrac{\mathrm{e}^{-x}}{1 + \mathrm{e}^{-x}}$，证明

$$\lim_{t \to t^-} (1 - t)\left(\frac{t}{1 + t} + \frac{t^2}{1 + t^2} + \cdots + \frac{t^n}{1 + t^n} + \cdots \right) = \ln 2$$

25. 设数列 $\{a_n\}$ 单调减少趋于 0，且

$$b_k = a_k - 2a_{k+1} + a_{k+2} \geqslant 0 \quad (k = 1, 2, \cdots)$$

证明：$\displaystyle\sum_{k=1}^{\infty} kb_k = a_1$.

26. 设 $\{a_n\}$ 为实数列，它满足不等式

$$0 \leqslant a_k \leqslant 100a_n \quad (n \leqslant k \leqslant 2n, n = 1, 2, \cdots)$$

又级数 $\displaystyle\sum_{n=0}^{\infty} a_n$ 收敛. 证明：$\displaystyle\lim_{n \to +\infty} na_n = 0$.

第 13 章　函数项级数

在有了数项级数的知识之后,就有可能讨论如何通过无穷多个函数的叠加来产生新函数,以及研究这样产生的新函数的性质. 而函数项级数的一致收敛性起着关键的作用.

13.1　函数项级数的一致收敛

在数项级数的基础上,我们来研究函数项级数.

定义 13.1.1　设 $u_n(x)(n \in \mathbb{N})$ 为定义在集合 $J \subset \mathbb{R}$ 上的函数列. 固定 $x \in J$, $\sum\limits_{n=1}^{\infty} u_n(x)$ 为一个数项级数. 当 x 在 J 中变动时,称 $\sum\limits_{n=1}^{\infty} u_n(x)$ 为 J 上的一个**函数项级数**. $S_n(x) = \sum\limits_{k=1}^{n} u_k(x)$ 称为该函数项级数的**第 n 个部分和**.

如果 $x \in J$,级数 $\sum\limits_{n=1}^{\infty} u_n(x) = \lim\limits_{n \to +\infty} S_n(x)$ 收敛,则称 x 为该函数项级数的**收敛点**,或函数项级数在 **x 点处收敛**;如果 $x \in J$,级数 $\sum\limits_{n=1}^{\infty} u_n(x)$ 发散,则称 x 为该函数项级数的**发散点**,或函数项级数在 **x 点处发散**.

$\sum\limits_{n=1}^{\infty} u_n(x)$ 的收敛点的集合称为该函数项级数的**收敛点集**,记为 I; $\sum\limits_{n=1}^{\infty} u_n(x)$ 的发散点的集合称为该函数项级数的**发散点集**.

于是,$\forall x \in I$(收敛点集),级数 $\sum\limits_{n=1}^{\infty} u_n(x)$ 都有一个确定的和

$$S(x) = \lim_{n \to +\infty} S_n(x) = \lim_{n \to +\infty} \sum_{k=1}^{n} u_k(x)$$

因此,它确定了 I 上的一个函数,称为该函数项级数的**和函数**,

即$S(x)=\sum_{n=1}^{\infty}u_n(x),x\in I.$

例 13.1.1　求函数项级数$x^1+\sum_{n=2}^{\infty}(x^n-x^{n-1})$的收敛点集，并研究其和函数的连续性与可导性.

解　因为

$$S(x)=\lim_{n\to+\infty}S_n(x)=\lim_{n\to+\infty}x^n=\begin{cases}0,|x|<1\\1,x=1\\+\infty,x>1\\\text{无极限},x=-1\\\infty,x<-1\end{cases}$$

所以收敛点集为$(-1,1]$.

显然，x^1,x^n-x^{n-1}在$(-1,1]$上都连续、可导，但和函数

$$S(x)=x^1+\sum_{n=2}^{\infty}(x^n-x^{n-1})$$

在$x=1$处不连续，当然也不可导. 换句话说，$S_n(x)=x^n$都在$(-1,1]$上连续、可导，但极限函数$S(x)$在$x=1$处不连续，当然也不可导.

换一种方式可表达为

$$\lim_{x\to1^-}\sum_{k=1}^{\infty}u_k(x)=\lim_{x\to1^-}S(x)=\lim_{x\to1^-}0=0\neq1$$

$$=S(1)=\sum_{k=1}^{\infty}u_k(1)=\sum_{k=1}^{\infty}\lim_{x\to1^-}u_k(x)$$

$$\left(\sum_{k=1}^{\infty}u_k(x)\right)'\Big|_{x=1}=S'(1)\neq\lim_{n\to+\infty}S_n'(1)$$

$$=\lim_{n\to+\infty}\sum_{k=1}^{n}u_k'(1)=\sum_{k=1}^{\infty}u_k'(1)$$

即在$x=1$处不能逐项取极限，不能逐项求导.

例 13.1.2　求函数项级数$\sum_{n=0}^{\infty}x^n$的收敛点集与发散点集.

证明　从

$$\sum_{n=0}^{\infty} x^n = \begin{cases} \lim\limits_{n\to+\infty} \sum\limits_{k=0}^{n-1} x_k = \lim\limits_{n\to+\infty} \dfrac{1-x^n}{1-x} = \dfrac{1-0}{1-x} = \dfrac{1}{1-x}, |x|<1 \\ \lim\limits_{n\to+\infty} \sum\limits_{k=0}^{n-1} 1 = \lim\limits_{n\to+\infty} n = +\infty, x=1 \\ \lim\limits_{n\to+\infty} \sum\limits_{k=0}^{n-1} (-1)^k = \lim\limits_{n\to+\infty} \dfrac{1+(-1)^{n-1}}{2} \text{不存在}, x=-1 \\ \lim\limits_{n\to+\infty} \dfrac{1-x^n}{1-x} = +\infty, x>1 \\ \lim\limits_{n\to+\infty} \dfrac{1-x^n}{1-x} = \infty, x<-1 \end{cases}$$

可知,该函数项级数 $\sum\limits_{n=0}^{\infty} x^n$ 的收敛点集为 $(-1,1)$,而发散点集为 $(-\infty,-1] \cup [1,+\infty)$.

例 13.1.3 求函数项级数 $\sum\limits_{n=1}^{\infty} \dfrac{x^n}{1+x^n}$ 的收敛点集与发散点集.

解 显然,当 $x=-1$,n 为奇数时 $\dfrac{x^n}{1+x^n}$ 无意义;而每个函数 $\dfrac{x^n}{1+x^n}$ 当 $x\neq-1$ 时都有意义. 由于 $n\to+\infty$,有

$$\frac{|u_{n+1}(x)|}{|u_n(x)|} = \left|\frac{x(1+x^n)}{1+x^{n+1}}\right| \to \begin{cases} \left|\dfrac{x(1+0)}{1+0}\right| = |x| < 1, |x|<1 \\ 1, |x|\geqslant 1, x\neq -1 \end{cases}$$

故当 $|x|<1$ 时,根据 d'Alembert 判别法的极限形式,$\sum\limits_{n=1}^{\infty} \dfrac{x^n}{1+x^n}$ 绝对收敛;又当 $|x|>1$ 时

$$u_n(x) = \frac{x^n}{1+x^n} = \frac{1}{\dfrac{1}{x^n}+1} \to \frac{1}{0+1} = 1 \quad (n\to+\infty)$$

根据定理 12.1.2,$\sum\limits_{n=1}^{\infty} \dfrac{x^n}{1+x^n}$ 发散;当 $x=1$ 时

$$u_n(x) = \frac{1}{2} \to \frac{1}{2} \neq 0 \quad (n\to+\infty)$$

再根据定理 12.1.2 知道,$\sum\limits_{n=1}^{\infty} \dfrac{x^n}{1+x^n}$ 也发散. 由此得到函数项级数 $\sum\limits_{n=1}^{\infty} \dfrac{x^n}{1+x^n}$ 的收敛点集为 $(-1,1)$;发散点集为 $(-\infty,-1] \cup [1,+\infty)$.

例 13.1.4　设 $u_1(x) = 2xe^{-x^2}, u_n(x) = 2n^2xe^{-n^2x^2} - 2(n-1)^2xe^{-(n-1)^2x^2}$, $n \geqslant 2$. 证明

$$\int_0^1 \sum_{k=1}^{\infty} u_k(x)\mathrm{d}x \neq \sum_{k=1}^{\infty}\int_0^1 u_k(x)\mathrm{d}x$$

即积分号与求和号不能交换，或不能逐项积分.

证明　在[0,1]上，考虑 $\sum_{n=1}^{\infty} u_n(x)$ 的部分和函数列

$$S_n(x) = 2n^2xe^{-n^2x^2} \quad (n = 1,2,\cdots)$$

显然

$$S(x) = \lim_{n\to+\infty} S_n(x) = \lim_{n\to+\infty} 2n^2xe^{-n^2x^2} = 0$$

因而

$$\lim_{n\to+\infty}\int_0^1 S_n(x)\mathrm{d}x = \lim_{n\to+\infty}\int_0^1 2n^2xe^{-n^2x^2}\mathrm{d}x = \lim_{n\to+\infty}(-e^{n^2x^2})\Big|_0^1$$

$$= \lim_{n\to+\infty}(1-e^{-n^2}) = 1 \neq 0 = \int_0^1 0\mathrm{d}x = \int_0^1 S(x)\mathrm{d}x$$

$$= \int_0^1 \lim_{n\to+\infty} S_n(x)\mathrm{d}x$$

它相当于

$$\sum_{k=1}^{\infty}\int_0^1 u_k(x)\mathrm{d}x = \lim_{n\to+\infty}\sum_{k=1}^{n}\int_0^1 u_k(x)\mathrm{d}x = \lim_{n\to+\infty}\int_0^1\sum_{k=1}^{n} u_k(x)\mathrm{d}x$$

$$= \lim_{n\to+\infty}\int_0^1 S_n(x)\mathrm{d}x \neq \int_0^1 \lim_{n\to+\infty} S_n(x)\mathrm{d}x$$

$$= \int_0^1 \sum_{k=1}^{\infty} u_k(x)\mathrm{d}x$$

例 13.1.5　设 $u_n(x) = nx(1-x^2)^n - (n-1)x(1-x^2)^{n-1}, n = 1,2,\cdots$. 证明

$$\int_0^1 \sum_{n=1}^{\infty} u_k(x)\mathrm{d}x \neq \sum_{n=1}^{\infty}\int_0^1 u_n(x)\mathrm{d}x$$

即积分号与求和号不能交换，或不能逐项积分.

证明　显然，$u_n(x)$ 在[0,1]上连续，故它在[0,1]上可积，且

$$\int_0^1 u_n(x)\mathrm{d}x = \int_0^1 [nx(1-x^2)^n - (n-1)x(1-x^2)^{n-1}]\mathrm{d}x$$

$$= \left[-\frac{n}{2(n+1)}(1-x^2)^{n-1} + \frac{n-1}{2n}(1-x^2)^n\right]\Big|_0^1$$

$$= 0 - \left[-\frac{n}{2(n+1)} + \frac{n-1}{2n} \right]$$

$$= \frac{1}{2n(n+1)}$$

另一方面,由函数项级数的部分和

$$S_n(x) = \sum_{k=1}^{n} u_k(x) = \sum_{k=1}^{n} [kx(1-x^2)^k - (k-1)x(1-x^2)^{k-1}]$$

$$= nx(1-x^2)^n = \begin{cases} 0, x = 0,1 \\ nx(1-x^2)^n, 0 < x < 1 \end{cases} \to 0 \quad (n \to +\infty)$$

知,其和函数为

$$S(x) = \lim_{n \to +\infty} S_n(x) = 0 \quad (\forall x \in [0,1])$$

于是

$$\sum_{n=1}^{\infty} \int_0^1 u_n(x)\,\mathrm{d}x = \sum_{n=1}^{\infty} \frac{1}{2n(n+1)} = \frac{1}{2}\sum_{n=1}^{\infty}\left(\frac{1}{n} - \frac{1}{n+1}\right)$$

$$\xlongequal{\text{裂项相消}} \frac{1}{2} \neq 0 = \int_0^1 0\,\mathrm{d}x = \int_0^1 S(x)\,\mathrm{d}x$$

$$= \int_0^1 \sum_{n=1}^{\infty} u_n(x)\,\mathrm{d}x$$

例 13.1.6 设 $u_n(x) = \mathrm{e}^{-n^2x^2} - \mathrm{e}^{-(n-1)^2x^2}$, $n = 1,2,\cdots$, $u_n(x)$ 在 $[0,1]$ 上可导. 证明

$$\left(\sum_{n=1}^{\infty} u_n(x) \right)' \neq \sum_{n=1}^{\infty} u_n'(x)$$

即求导与求和号不能交换,或不能逐项求导.

证明 显然

$$\sum_{n=1}^{\infty} u_n'(x) = \sum_{n=1}^{\infty} [-2n^2 x \mathrm{e}^{-n^2x^2} + 2(n-1)^2 x \mathrm{e}^{-(n-1)^2}x^2]$$

$$= \lim_{n \to +\infty} \sum_{k=1}^{n} [-2k^2 x \mathrm{e}^{-k^2x^2} + 2(k-1)^2 x \mathrm{e}^{-(k-1)^2x^2}]$$

$$\xlongequal{\text{裂项相消}} \lim_{n \to +\infty} (-2n^2 x \mathrm{e}^{-n^2x^2}) = \begin{cases} \lim\limits_{n \to +\infty} 0 = 0, x = 0 \\ 0, x \in (0,1] \end{cases}$$

$$= 0 \neq \left(\sum_{n=1}^{\infty} u_n(x) \right)'$$

事实上

$$S(x)=\sum_{n=1}^{\infty}u_n(x)=\lim_{n\to+\infty}\sum_{k=1}^{n}u_k(x)=\lim_{n\to+\infty}\sum_{k=1}^{n}\left[\mathrm{e}^{-k^2x^2}-\mathrm{e}^{-(k-1)^2x^2}\right]$$

$$\xlongequal{\text{裂项相消}}\lim_{n\to+\infty}\left(\mathrm{e}^{-n^2x^2}-1\right)$$

$$\to\begin{cases}0, x=0\\-1, 0<x\leqslant 1\end{cases}$$

它在 $x=0$ 点处不连续，当然不可导.

例 13.1.7　设 $\mathbb{Q}\cap[0,1]=\{r_1,r_2,\cdots,r_n,\cdots\}$ 是 $[0,1]$ 上的全体有理数，在 $[0,1]$ 上定义

$$S_n(x)=\begin{cases}1, x=r_1,r_2,\cdots,r_n\\0, x\text{ 为其他值}\end{cases}$$

$$S(x)=\begin{cases}1, x\text{ 为有理数}\\0, x\text{ 为无理数}\end{cases}$$

显然，$\lim\limits_{n\to+\infty}S_n(x)=S(x)$. 对于每一个固定的 $n\in\mathbb{N}$，$S_n(x)$ 在 $[0,1]$ 上是 Riemann 可积的，但 $S(x)$ 在 $[0,1]$ 上非 Riemann 可积. 当然

$$\int_0^1 S(x)\mathrm{d}x=\lim_{n\to+\infty}\int_0^1 S_n(x)\mathrm{d}x$$

更不成立，即极限号与积分号不可交换.

如果令 $u_1(x)=S_1(x)$，$u_n(x)=S_n(x)-S_{n-1}(x)$，$n=2,3,\cdots$，则 $S_n(x)=\sum\limits_{k=1}^{n}u_k(x)$，$S(x)=\sum\limits_{k=1}^{\infty}u_k(x)=\lim\limits_{n\to+\infty}\sum\limits_{k=1}^{n}u_k(x)=\lim\limits_{n\to+\infty}S_n(x)$. 因此

$$\begin{aligned}\int_0^1\sum_{k=1}^{\infty}u_k(x)\mathrm{d}x&=\int_0^1 S(x)\mathrm{d}x\neq\lim_{n\to+\infty}\int_0^1 S_n(x)\mathrm{d}x\\&=\lim_{n\to+\infty}\int_0^1\sum_{k=1}^{n}u_k(x)\mathrm{d}x=\lim_{n\to+\infty}\sum_{k=1}^{n}\int_0^1 u_k(x)\mathrm{d}x\\&=\sum_{n=1}^{\infty}\int_0^1 u_k(x)\mathrm{d}x\end{aligned}$$

此例表明积分号与求和号不能交换，即不能逐项积分.

经过上述例子的讨论，我们首先关心的是函数项级数 $\sum\limits_{n=1}^{\infty}u_n(x)$ 所确定的和函数 $S(x)$ 是否具有有限和的各种性质？也就是：

(1) 如果 $\lim\limits_{x\to x_0}u_n(x)=a_n(n=1,2,\cdots)$ 是否有

$$\lim_{x\to x_0}\lim_{n\to+\infty}S_n(x)=\lim_{x\to x_0}S(x)=\lim_{x\to x_0}\sum_{k=1}^{\infty}u_k(x)\overset{?}{=}\sum_{k=1}^{\infty}a_k=\sum_{k=1}^{\infty}\lim_{x\to x_0}u_n(x)$$
$$=\lim_{n\to+\infty}\lim_{x\to x_0}S_n(x)$$

即两个极限号能否交换?或者函数项级数的求和号与极限号能否交换?即能否逐项求极限?特别当 $u_n(x)(n=1,2,\cdots)$ 都在 x_0 连续时,它成为

$$\lim_{x\to x_0}S(x)=\lim_{x\to x_0}\sum_{k=1}^{\infty}u_k(x)=\sum_{k=1}^{\infty}\lim_{x\to x_0}u_k(x)=\sum_{k=1}^{\infty}u_k(x_0)$$
$$\left(=\lim_{n\to+\infty}\sum_{k=1}^{n}u_k(x_0)=\lim_{n\to+\infty}S_n(x_0)\right)=S(x_0)$$

即和函数 $S(x)$ 在 x_0 仍连续.

(2) 如果 $u_n(x)(n=1,2,\cdots)$ 都在 $[a,b]$ 上 Riemann 可积,它们的和函数 $S(x)$ 是否在 $[a,b]$ 上也 Riemann 可积?如果 $S(x)$ 在 $[a,b]$ 上 Riemann 可积,等式

$$\int_a^b\lim_{n\to+\infty}S_n(x)\,\mathrm{d}x=\int_a^b S(x)\,\mathrm{d}x=\int_a^b\sum_{k=1}^{\infty}u_k(x)\,\mathrm{d}x$$
$$\overset{?}{=}\sum_{k=1}^{\infty}\int_a^b u_k(x)\,\mathrm{d}x=\lim_{n\to+\infty}\sum_{k=1}^{n}\int_a^b u_k(x)\,\mathrm{d}x$$
$$=\lim_{n\to+\infty}\int_a^b S_n(x)\,\mathrm{d}x$$

是否成立?即积分号与极限号能否交换?或者函数项级数的求和号与积分号能否交换?即能否逐项求积分?

(3) 如果 $u_n(x)(n=1,2,\cdots)$ 都在 $[a,b]$ 上可导,$S(x)$ 在 $[a,b]$ 上是否也可导?等式

$$\left(\lim_{n\to+\infty}S_n(x)\right)'=S'(x)=\left(\sum_{n=1}^{\infty}u_k(x)\right)'$$
$$\overset{?}{=}\sum_{k=1}^{\infty}u_k'(x)=\lim_{n\to+\infty}\sum_{k=1}^{n}u_k'(x)$$
$$=\lim_{n\to+\infty}S_n'(x)$$

是否成立?即求导与极限号能否交换?或者函数项级数的求和号与导数运算能否交换?即能否逐项求导?

以上(1)(2)(3) 可依次简述为

$$\lim_{x\to x_0}\lim_{n\to+\infty}S_n(x)=\lim_{n\to+\infty}\lim_{x\to x_0}S_n(x)$$

$$\left(\text{或}\lim_{x\to x_0}\sum_{k=1}^{\infty}u_k(x)\xlongequal{\text{逐项求极限}}\sum_{k=1}^{\infty}\lim_{x\to x_0}u_k(x)\right)$$

$$\int_a^b S(x)\,\mathrm{d}x = \int_a^b \lim_{n\to+\infty}S_n(x)\,\mathrm{d}x = \lim_{n\to+\infty}\int_a^b S_n(x)\,\mathrm{d}x$$

$$\left(\text{或}\int_a^b\sum_{k=1}^{\infty}u_k(x)\,\mathrm{d}x\xlongequal{\text{逐项求积分}}\sum_{k=1}^{\infty}\int_a^b u_k(x)\,\mathrm{d}x\right)$$

$$S'(x) = (\lim_{n\to+\infty}S_n(x))' = \lim_{n\to+\infty}S_n'(x)$$

$$\left(\text{或}\left(\sum_{k=1}^{\infty}u_k(x)\right)'\xlongequal{\text{逐项求导}}\sum_{k=1}^{\infty}u_k'(x)\right)$$

是否成立?回答是否定的. 例 13. 1. 1,例 13. 1. 4 ~ 例 13. 1. 7 就是所需的反例. 进而,自然会问,应附加什么条件,上述各式一定成立. 这是使等式成立的充分条件. 思来想去,19 世纪许多著名的数学家发现,为给出充分条件必须引进比函数项级数收敛更强的一致收敛的重要概念.

根据函数项级数 $\sum_{n=1}^{\infty}u_n(x)$ 与部分和函数列 $\{S_n(x)\}$ 之间的对偶关系,自然可将定义 6. 3. 1 中函数列一致收敛的概念与性质翻译成函数项级数 $\sum_{n=1}^{\infty}u_n(x)$ 的一致收敛性概念与性质.

设 $\{f_n(x)\}$ 为定义在 $I\subset\mathbb{R}$ 上的一个函数列. 对于 $x_0\in I$, 如果数列 $\{f_n(x_0)\}$ 收敛,就称函数列 $\{f_n(x)\}$ 在 x_0 点收敛,如果 $\{f_n(x)\}$ 在 I 中每点都收敛,就称 $\{f_n(x)\}$ 在 I 上收敛或 I 上逐点收敛. 一般来说,这些数列收敛的快慢是不一致的,有的收敛的快些,有的慢些. 用 $\varepsilon - N$ 的语言,$\forall x_0\in I,\forall\varepsilon>0$, $\exists N = N(x_0,\varepsilon)\in\mathbb{N}$,当 $n>N$ 时,就有

$$|f_n(x_0)-f(x_0)|<\varepsilon$$

这里 $N = N(x_0,\varepsilon)$ 不仅与 ε 有关,也与 x_0 有关. 对于同一个 $\varepsilon>0$,不同的 x_0 所要求的 $N(x_0,\varepsilon)$ 值可以相差很大.

例 13. 1. 8　(1) 设 $f_n(x) = x^n, x\in(0,1)$. 显然

$$f(x) = \lim_{n\to+\infty}f_n(x) = \lim_{n\to+\infty}x^n = 0$$

于是,$\forall\varepsilon\in(0,1)$,取 $N = N(x,\varepsilon) = \left[\frac{\ln\varepsilon}{\ln x}\right]$,当 $n>N(x,\varepsilon) = \left[\frac{\ln\varepsilon}{\ln x}\right]$ 时,有 $n>\frac{\ln\varepsilon}{\ln x}$,且

$$|f_n(x)-f(x)|=|x^n-0|=x^n<\varepsilon$$

对于不同的x,相应的$N(x,\varepsilon)$就很不一样. 例如:取$\varepsilon=10^{-100}$,$x=10^{-10},10^{-4}$,10^{-1}就分别有$N(x,\varepsilon)=\left[\dfrac{\ln\varepsilon}{\ln x}\right]=10,25,100$. 由此可见,当$x$越靠近原点,$\{x^n\}$收敛于0的速度越快. 那么,对任意给定的$\varepsilon>0$,能否找到一个与$x$无关的$N=N(\varepsilon)$,只要$n>N$,对$(0,1)$中任意$x$都有$x^n<\varepsilon$呢?容易知道,这样的$N$是不存在的.(反证)假设这样的$N=N(\varepsilon)$存在,则当$n>N$时,恒有$x^n<\varepsilon$. 取$x=\varepsilon^{\frac{1}{n}}$,便得到不等式

$$\varepsilon=(\varepsilon^{\frac{1}{n}})^n=x^n<\varepsilon$$

矛盾(或者设$\varepsilon\in(0,1)$,由于$x^n<\varepsilon$,$\forall x\in(0,1)$,令$x\to1^-$得到$1\leqslant\varepsilon<1$,矛盾).

实际上,固定$\varepsilon>0$,就有

$$\lim_{x\to1^-}N(x,\varepsilon)=\lim_{x\to1^-}\left[\frac{\ln\varepsilon}{\ln x}\right]=+\infty$$

也说明不存在与x无关的$N=N(\varepsilon)$.

(2) 设$f_n(x)=\dfrac{1}{n+x}$,$n=1,2,\cdots$. 显然,$\forall x\in(0,1)$,都有$f(x)=\lim\limits_{n\to+\infty}f_n(x)=0$. 于是,$\forall\varepsilon>0$,取$N=N(\varepsilon)=\left[\dfrac{1}{\varepsilon}\right]$,当$n>N$时,有$n>\dfrac{1}{\varepsilon}$,且

$$|f_n(x)-f(x)|=\left|\frac{1}{n+x}-0\right|=\frac{1}{n+x}<\frac{1}{n}<\varepsilon\quad(\forall x\in(0,1))$$

显然,这时的$N=N(\varepsilon)=\left[\dfrac{1}{\varepsilon}\right]$只与$\varepsilon$有关,而与$x$无关!

以上两例,同时都在$(0,1)$上收敛,然而却有似乎很微小但又是非常重要的差别:在给定正数ε以后,前者对于每一个$x\in(0,1)$,都有相应的$N(x,\varepsilon)$,但却找不到一个与x无关的N;后者则有这样的N. 因此,后者比前者多满足了一个条件:存在与x无关的N. 这个条件对于上面提出的(1)(2)(3)成立具有实质性的作用. 因此,有必要在原来的收敛概念的基础上建立一个更强的一致收敛概念. 回顾一下定义6.3.1,它就是下面的定义.

定义13.1.2 设函数列$\{f_n(x)\}$在$I\subset\mathbb{R}$上收敛于$f(x)$. 如果$\forall\varepsilon>0$,

$\exists N = N(\varepsilon) \in \mathbb{N}$（$N(\varepsilon)$ 只与 ε 有关而与 $x \in I$ 无关），使得当 $n > N = N(\varepsilon)$ 时，有

$$|f_n(x) - f(x)| < \varepsilon \quad (\forall x \in I)$$

即 $f(x) - \varepsilon < f_n(x) < f(x) + \varepsilon$，则称函数列 $\{f_n(x)\}$ 在 I 上**一致收敛**于函数 $f(x)$（图 13.1.1）．并简记为

$$f_n(x) \rightrightarrows f(x)\,(n \to +\infty) \quad (x \in I)$$

从几何上看，$y = f_n(x)$ $(n = 1,2,\cdots)$ 表示一列曲线，所谓 $\{f_n(x)\}$ 一致收敛于 $f(x)$，就是从某个足标 $N = N(\varepsilon)$ 之后，所有的曲线

$$y = f_n(x) \quad (n = N+1, N+2, \cdots)$$

全部落入条形区域 $f(x) - \varepsilon < y < f(x) + \varepsilon$（图 13.1.1）之中．

根据这个定义，函数列 $\{x^n\}$ 在 $(0,1)$ 上收敛于 0，但不一致收敛于 0．从图 13.1.2 可以看出，不论 n 多大，曲线 $y = x^n$ 永远不会全部落入条形区域 $-\varepsilon < y < \varepsilon$ 之中，其中 $\varepsilon \in (0,1)$．因而 $\{x^n\}$ 在 $(0,1)$ 上不是一致收敛于 0 的．

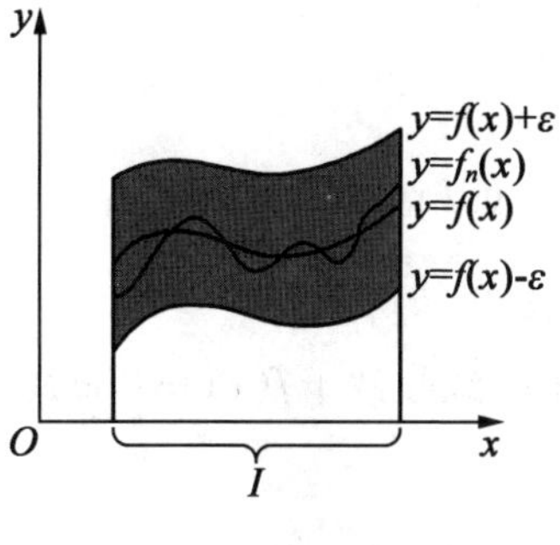

图　13.1.1

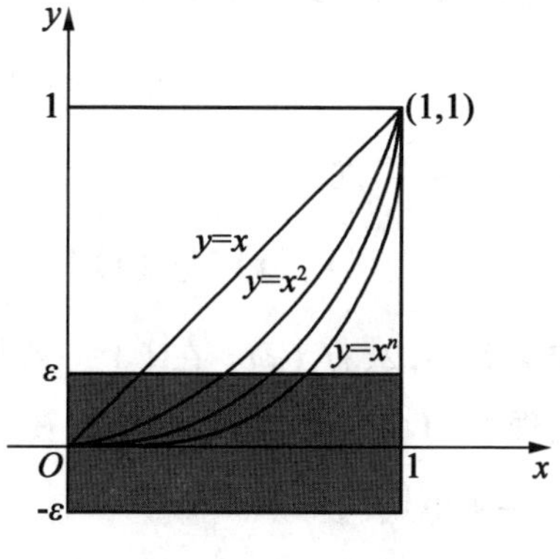

图　13.1.2

而由例 13.1.8(2) 的证明知，函数列 $\left\{\dfrac{1}{n+x}\right\}$ 在 $(0,1)$ 上一致收敛于 0．

像数列的 Cauchy 收敛准则一样，也有判断函数列是否一致收敛的 Cauchy 准则，它的优点是无须知道极限函数，就能判别其是否一致收敛．

定理 13.1.1（函数列一致收敛的 Cauchy 收敛准则）　设 $\{f_n(x)\}$ 为 $I \subset \mathbb{R}$ 上的一个函数列，则以下结论等价：

(1) $\{f_n(x)\}$ 在 I 上一致收敛；

(2) $\forall \varepsilon > 0, \exists N = N(\varepsilon) \in \mathbb{N}$，当 $n, m > N$ 时，$|f_m(x) - f_n(x)| < \varepsilon, \forall x \in I$；

(3) $\forall \varepsilon > 0, \exists N = N(\varepsilon) \in \mathbb{N}$,当 $n > N$ 时,$|f_{n+p}(x) - f_n(x)| < \varepsilon$, $\forall x \in I, \forall p \in \mathbb{N}$.

证明 (2)⇔(3) 显然.

(1)⇒(2). 设$\{f_n(x)\}$ 在于 I 上一致收敛于$f(x)$,则 $\forall \varepsilon > 0, \exists N = N(\varepsilon) \in \mathbb{N}$,当 $n > N$ 时,有

$$|f_n(x) - f(x)| < \frac{\varepsilon}{2} \quad (\forall x \in I)$$

于是,当 $n, m > N$ 时,有

$$|f_m(x) - f_n(x)| \leqslant |f_m(x) - f(x)| + |f(x) - f_n(x)| < \frac{\varepsilon}{2} + \frac{\varepsilon}{2} = \varepsilon \quad (\forall x \in I)$$

(1)⇐(2). 设(2) 成立,则 $\forall \varepsilon > 0, \exists N = N(\varepsilon) \in \mathbb{N}$,当 $n, m > N$ 时 $|f_m(x) - f_n(x)| < \frac{\varepsilon}{2}, \forall x \in I$. 根据数列的Cauchy收敛准则,$\{f_n(x)\}$ 在I上每点 x 处都收敛,设其极限函数为$f(x)$. 在

$$|f_m(x) - f_n(x)| < \frac{\varepsilon}{2}$$

中令 $m \to +\infty$ 得到

$$|f(x) - f_n(x)| \leqslant \frac{\varepsilon}{2} < \varepsilon \quad (\forall x \in I)$$

根据定义 13.1.2,$\{f_n(x)\}$ 在 I 上一致收敛于$f(x)$.

定理 13.1.2 函数列$\{f_n(x)\}$ 在$I \subset \mathbb{R}$上一致收敛于$f(x) \Leftrightarrow \lim\limits_{n \to +\infty} \beta_n = 0$,其中$\beta_n = \sup\limits_{x \in I} |f_n(x) - f(x)|$.

证明 (⇒) 设$\{f_n(x)\}$ 在I上一致收敛,则 $\forall \varepsilon > 0, \exists N = N(\varepsilon) \in \mathbb{N}$,当 $n > N$ 时,有

$$|f_n(x) - f(x)| < \frac{\varepsilon}{2} \quad (\forall x \in I)$$

由此得到

$$\beta_n = \sup_{x \in I} |f_n(x) - f(x)| \leqslant \frac{\varepsilon}{2} < \varepsilon$$

即 $\lim\limits_{n \to +\infty} \beta_n = 0$.

(⇐) 设 $\lim\limits_{n \to +\infty} \beta_n = 0$,则 $\forall \varepsilon > 0, \exists N = N(\varepsilon) \in \mathbb{N}$,当 $n > N$ 时,$\beta_n < \varepsilon$,

有

$$|f_n(x)-f(x)| \leqslant \sup_{u\in I}|f_n(u)-f(u)| = \beta_n < \varepsilon$$

这就证明了$\{f_n(x)\}$在I上是一致收敛的.

例 13.1.9　在例 13.1.8(1) 中,由于

$$\beta_n = \sup_{x\in(0,1)}|f_n(x)-f(x)| = \sup_{x\in(0,1)} x^{n_1} = 1 \not\to 0 \quad (n\to+\infty)$$

故$f_n(x)=x^n$在$(0,1)$上不一致收敛.

例 13.1.10　分别讨论函数列$f_n(x)=\dfrac{nx}{1+n^2x^2}$在$(0,1)$与$(1,+\infty)$上的一致收敛性.

解　对任意给定的$x\in(0,+\infty)$,显然

$$f(x) = \lim_{n\to+\infty} f_n(x) = \lim_{n\to+\infty}\frac{nx}{1+n^2x^2} = 0$$

(1) 当$x\in(0,1)$时,由于

$$\beta_n = \sup_{x\in(0,1)}|f_n(x)-f(x)| = \left|f_n\left(\frac{1}{n}\right)-f\left(\frac{1}{n}\right)\right| = \frac{1}{2}\to 0 \quad (n\to+\infty)$$

所以,$\lim\limits_{n\to+\infty}\beta_n\neq 0$,根据定理 13.1.2 知,$\{f_n(x)\}$在$(0,1)$上不一致收敛于 0.

(2) 当$x\in(1,+\infty)$时,$\forall\varepsilon>0$,取$N=N(\varepsilon)>\dfrac{1}{\varepsilon}$,当$n>N$时,有

$$|f_n(x)-f(x)| = \frac{nx}{1+n^2x^2} \leqslant \frac{nx}{n^2x^2} = \frac{1}{nx} < \frac{1}{n} < \frac{1}{N} < \varepsilon$$

故$\{f_n(x)\}$在$(1,+\infty)$上一致收敛于 0. 或者由

$$0 \leqslant \beta_n = \sup_{x\in(1,+\infty)}|f_n(x)-f(x)| \leqslant \frac{1}{n}\to 0 \quad (n\to+\infty)$$

及夹逼定理得到$\lim\limits_{n\to+\infty}\beta_n=0$. 根据定理 13.1.2 知$\{f_n(x)\}$在$(1,+\infty)$上一致收敛.

例 13.1.11　讨论函数列

$$f_n(x) = 2n^2xe^{-n^2x^2} \quad (n=1,2,\cdots)$$

在$[0,1]$上的一致收敛性.

解　从例 13.1.4 知,$f(x)=\lim\limits_{n\to+\infty}f_n(x)=\lim\limits_{n\to+\infty}2n^2xe^{-n^2x^2}=0$. 由于

$$\beta_n = \sup_{x\in(0,1)}|f_n(x)-f(x)| \geqslant \left|f_n\left(\frac{1}{n}\right)-f\left(\frac{1}{n}\right)\right| = 2ne^{-1}\to+\infty\neq 0 \quad (n\to+\infty)$$

故 $\lim\limits_{n\to+\infty}\beta_n\neq 0$. 根据定理 13.1.2 推得 $\{f_n(x)\}$ 在 $[0,1]$ 上非一致收敛.

例 13.1.12 证明

$$\sum_{n=1}^{\infty}\left[\mathrm{e}^{-n^2x^2}-\mathrm{e}^{-(n-1)^2x^2}\right]$$

在 $(0,1)$ 中不一致收敛.

证明

$$S_n(x)=\mathrm{e}^{-n^2x^2}-1$$

$$S(x)=\lim_{n\to+\infty}(\mathrm{e}^{-n^2x^2}-1)=0-1=-1\quad(\forall x\in(0,1))$$

$$\begin{aligned}\beta_n&=\sup_{x\in(0,1)}|S_n(x)-S(x)|=\sup_{x\in(0,1)}\mathrm{e}^{n^2x^2}\geqslant \mathrm{e}^{-n^2\cdot\frac{1}{n^2}}\\&=\mathrm{e}^{-1}\not\to 0\quad(n\to+\infty)\end{aligned}$$

从而 $\lim\limits_{n\to+\infty}\beta_n\neq 0$. 根据定理 13.1.2,原函数项级数在 $(0,1)$ 中不一致收敛.

应用函数项级数与部分和函数列之间的对偶关系,我们将给出函数项级数的一致收敛及其判别法.

定义 13.1.2′ 设 $\sum\limits_{n=1}^{\infty}u_n(x)$ 是定义在 $I\subset\mathbb{R}$ 上的函数项级数,$S_n(x)=\sum\limits_{k=1}^{n}u_k(x)$ 为其部分和. 如果函数列 $\{S_n(x)\}$ 在 I 上**一致收敛**于 $S(x)$,就称 $\sum\limits_{n=1}^{\infty}u_n(x)$ 在 I 上一致收敛于 $S(x)$. 并记 $S(x)=\sum\limits_{n=1}^{\infty}u_n(x)$. 用 $\varepsilon-N$ 语言表达为:$\forall\varepsilon>0,\exists N=N(\varepsilon)\in\mathbb{N}$,当 $n>N$ 时,有

$$\left|\sum_{k=n+1}^{\infty}u_k(x)\right|=\left|\sum_{k=1}^{n}u_k(x)-\sum_{k=1}^{\infty}u_k(x)\right|=|S_n(x)-S(x)|<\varepsilon\quad(\forall x\in I)$$

定理 13.1.1′(函数项级数一致收敛的 Cauchy 准则) 以下结论等价:

(1) 函数项级数 $\sum\limits_{n=1}^{\infty}u_n(x)$ 在 $I\subset\mathbb{R}$ 上一致收敛;

(2) $\forall\varepsilon>0,\exists N=N(\varepsilon)\in\mathbb{N}$,当 $m>n>N$ 时,有

$$\left|\sum_{k=n+1}^{m}u_k(x)\right|<\varepsilon\quad(\forall x\in I)$$

(3) $\forall\varepsilon>0,\exists N=N(\varepsilon)\in\mathbb{N}$,当 $n>N$ 时,有

$$\left|\sum_{k=n+1}^{n+p}u_k(x)\right|<\varepsilon\quad(\forall p\in\mathbb{N},\forall x\in I)$$

证明 (1) $\sum\limits_{n=1}^{\infty}u_n(x)$ 在 I 上一致收敛

$\Leftrightarrow\{S_n(x)\}$ 在 I 上一致收敛

$\Leftrightarrow \forall \varepsilon > 0, \exists N = N(\varepsilon) \in \mathbb{N}$，当 $m \geqslant n > N$ 时，有

$$|S_m(x) - S_n(x)| < \varepsilon \quad (\forall x \in I)$$

$\Leftrightarrow$(2) $\forall \varepsilon > 0, \exists N = N(\varepsilon) \in \mathbb{N}$，当 $m > n > N$ 时，有

$$\left|\sum_{k=n+1}^{m} u_k(x)\right| = \left|\sum_{k=1}^{m} u_k(x) - \sum_{k=1}^{n} u_k(x)\right| < \varepsilon \quad (\forall x \in I)$$

(2)$\Leftrightarrow$(3)，显然.

推论 13.1.1（函数项级数一致收敛的必要条件）　函数项级数 $\sum_{n=1}^{\infty} u_n(x)$ 在 $I \subset \mathbb{R}$ 上一致收敛的必要条件是通项 $u_n(x) \rightrightarrows 0, x \in I(n \to +\infty)$. 但反之不真.

证法 1　由定理 13.1.1′(3) 中取 $p = 1$ 立知，$\forall \varepsilon > 0, \exists N = N(\varepsilon) \in \mathbb{N}$，当 $n > N$ 时，有

$$|u_{n+1}(x)| = \left|\sum_{k=n+1}^{n+1} u_k(x)\right| < \varepsilon \quad (\forall x \in I)$$

于是，$u_n(x) \rightrightarrows 0, x \in I(n \to +\infty)$.

但反之不真. 反例：$u_n(x) = \dfrac{1}{n}$.

证法 2　因为 $\sum_{n=1}^{\infty} u_n(x)$ 在 I 上一致收敛，所以 $\{S_n(x)\}$ 在 I 上一致收敛，即 $\forall \varepsilon > 0, \exists N = N(\varepsilon) \in \mathbb{N}$，当 $n > N$ 时，有

$$|S_n(x) - S(x)| < \frac{\varepsilon}{2} \quad (\forall x \in I)$$

于是，当 $n > N + 1$ 时，有

$$\begin{aligned}|u_n(x)| &= |S_n(x) - S_{n-1}(x)| \leqslant |S_n(x) - S(x)| + |S(x) - S_{n-1}(x)| \\ &< \frac{\varepsilon}{2} + \frac{\varepsilon}{2} = \varepsilon \quad (\forall x \in I)\end{aligned}$$

这就证明了 $u_n(x) \rightrightarrows 0, x \in I(n \to +\infty)$.

这个必要条件经常用来判断函数项级数的非一致收敛性，即如果 $u_n(x) \not\rightrightarrows 0$，$x \in I(n \to +\infty)$，则函数项级数 $\sum_{n=1}^{\infty} u_n(x)$ 在 I 上非一致收敛. 它由局部($u_n(x)$)

的性态反映了整体($\sum_{n=1}^{\infty} u_n(x)$)的性态.

下面的 Weierstrass 判别法是判别函数项级数一致收敛的最常用也是最简单的方法. 读者在讨论函数项级数的一致收敛性时,它是首选的判别法,切记!

定理 13.1.3(Weierstrass 判别法) 如果存在收敛的正项级数 $\sum_{n=1}^{\infty} a_n$,使得

$$|u_n(x)| \leqslant a_n \quad (n = 1,2,\cdots, \forall x \in I \subset \mathbb{R})$$

则函数项级数 $\sum_{n=1}^{\infty} u_n(x)$ 在 I 上一致收敛. 而数项级数 $\sum_{n=1}^{\infty} a_n$ 称为 $\sum_{n=1}^{\infty} u_n(x)$ 在 I 上的**优级数**.

证明 因为正项级数 $\sum_{n=1}^{\infty} a_n$ 收敛,由数项级数的 Cauchy 收敛准则,$\forall \varepsilon > 0, \exists N = N(\varepsilon) \in \mathbb{N}$,当 $n > N$ 时,有

$$a_{n+1} + \cdots + a_{n+p} < \varepsilon \quad (\forall p \in \mathbb{N})$$

由题设 $|u_n(x)| \leqslant a_n (n = 1,2,\cdots)$ 知道,当 $n > N$ 时,有

$$\left|\sum_{k=n+1}^{n+p} u_k(x)\right| \leqslant \sum_{k=n+1}^{n+p} |u_k(x)| \leqslant \sum_{k=n+1}^{n+p} a_k < \varepsilon \quad (\forall p \in \mathbb{N}, \forall x \in I)$$

则根据函数项级数一致收敛的 Cauchy 准则(定理 13.1.1′), $\sum_{n=1}^{\infty} u_n(x)$ 在 I 上是一致收敛的.

注 13.1.1 如果定理 13.1.3 中收敛的正项级数改为更一般的一致收敛的正项级数 $\sum_{n=1}^{\infty} a_n(x)$, $|u_n(x)| \leqslant a_n(x) (n = 1,2,\cdots)$,则 $\sum_{n=1}^{\infty} u_n(x)$ 在 I 上一致收敛的结论依然成立. 其证明与定理 13.1.3 完全类似.

例 13.1.13 证明:函数项级数 $\sum_{n=1}^{\infty} n\mathrm{e}^{-nx}$:

(1) 在 $[\delta, +\infty)(\delta > 0)$ 上一致收敛;

(2) 在 $(0, +\infty)$ 上非一致收敛.

证法 1 (1) 由于 $x \geqslant \delta > 0$,故必 $\exists N \in \mathbb{N}$,当 $n > N$ 时,有

$$0 < n\mathrm{e}^{-nx} \leqslant n\mathrm{e}^{-n\delta} < \frac{1}{n^2}$$

又因 $\sum_{n=1}^{\infty} \frac{1}{n^2}$ 收敛,根据 Weierstrass 判别法知, $\sum_{n=1}^{\infty} n\mathrm{e}^{-nx}$ 在 $[\delta, +\infty)$ 上一致收敛.

(2) 该函数项级数的通项为 $u_n(x) = ne^{-nx}$. 由于 $\lim\limits_{n\to+\infty} u_n(x) = 0$, $\forall x \in (0, +\infty)$,故

$$\sup_{x\in(0,+\infty)} |u_n(x) - 0| = \sup_{x\in(0,+\infty)} |u_n(x)| \geqslant u_n\left(\frac{1}{n}\right) = ne^{-1} \to +\infty \neq 0 \quad (n \to +\infty)$$

即 $u_n(x) \not\rightrightarrows 0, x \in (0, +\infty)(n \to +\infty)$. 根据推论 13.1.1, $\sum\limits_{n=1}^{\infty} ne^{-nx}$ 在 $(0, +\infty)$ 上非一致收敛.

证法 2　(1) 因为 $0 \leqslant ne^{-nx} \leqslant ne^{-n\delta} = \dfrac{n}{(e^{\delta})^n}$, $\forall x \in [\delta, +\infty)$,而由

$$\sqrt[n]{\frac{n}{(e^{\delta})^n}} = \frac{\sqrt[n]{n}}{e^{\delta}} \to \frac{1}{e^{\delta}} < 1$$

及数项级数的 Cauchy 判别法知, $\sum\limits_{n=1}^{\infty} ne^{-n\delta}$ 收敛. 再由 Weierstrass 判别法, $\sum\limits_{n=1}^{\infty} ne^{-nx}$ 在 $[\delta, +\infty)(\delta > 0)$ 内一致收敛.

(2)(反证) 假设 $\sum\limits_{n=1}^{\infty} ne^{-nx}$ 在 $(0, +\infty)$ 中一致收敛,根据定理 13.2.1 知

$$\lim_{x\to0^+} \sum_{n=1}^{\infty} ne^{-nx} \xlongequal{\text{逐项取极限}} \sum_{n=1}^{\infty} \lim_{x\to0^+} ne^{-nx} = \sum_{n=1}^{\infty} n$$

收敛,这与 $\sum\limits_{n=1}^{\infty} n = +\infty$ 发散相矛盾.

例 13.1.14　证明:

(1) 函数项级数 $\sum\limits_{n=1}^{\infty} \dfrac{\cos nx}{n^2}$ 在 $(-\infty, +\infty)$ 上一致收敛;

(2) 函数项级数 $\sum\limits_{n=1}^{\infty} \dfrac{x}{1 + n^4x^2}$ 在 $[0, +\infty)$ 上一致收敛.

证明　(1) 因为

$$|u_n(x)| = \left|\frac{\cos nx}{n^2}\right| \leqslant \frac{1}{n^2}$$

及 $\sum\limits_{n=1}^{\infty} \dfrac{1}{n^2}$ 收敛,所以根据 Weierstrass 判别法, $\sum\limits_{n=1}^{\infty} \dfrac{\cos nx}{n^2}$ 在 $(-\infty, +\infty)$ 上一致收敛.

(2) 因为 $2n^2x \leqslant 1 + n^4x^2$, $\forall x \in [0, +\infty)$,所以

$$\frac{x}{1+n^4x^2} \leqslant \frac{1}{2n^2} \quad (\forall x \in [0,+\infty))$$

又因$\sum\limits_{n=1}^{\infty}\frac{1}{2n^2}$收敛,根据 Weierstrass 判别法,$\sum\limits_{n=1}^{\infty}\frac{x}{1+n^4x^2}$在$[0,+\infty)$上一致收敛.

例 13.1.15 证明:$\sum\limits_{n=1}^{\infty}x^2\mathrm{e}^{-nx}$在$[0,+\infty)$中一致收敛.

证明 设$u_n(x)=x^2\mathrm{e}^{-nx}$,则

$$u_n'(x)=2x\mathrm{e}^{-nx}-nx^2\mathrm{e}^{-nx}=x(2-nx)\mathrm{e}^{-nx}\begin{cases}>0, x<\dfrac{2}{n}, u_n(x)\nearrow \\ =0, x=\dfrac{2}{n}, u_n(x)\text{ 达最大值} \\ <0, x>\dfrac{2}{n}, u_n(x)\searrow\end{cases}$$

当$x=\frac{2}{n}$时,$u_n(x)$在$[0,+\infty)$中达到最大值. 于是

$$|u_n(x)| \leqslant \left|u_n\left(\frac{2}{n}\right)\right| = \left|\left(\frac{2}{n}\right)^2\mathrm{e}^{-n\cdot\frac{2}{n}}\right| = \frac{4}{\mathrm{e}^2}\frac{1}{n^2}$$

又因为$\sum\limits_{n=1}^{\infty}\frac{4}{\mathrm{e}^2}\frac{1}{n^2}$收敛,根据 Weierstrass 判别法知,$\sum\limits_{n=1}^{\infty}u_n(x)=\sum\limits_{n=1}^{\infty}x^2\mathrm{e}^{-nx}$在$[0,+\infty)$上一致收敛.

Weierstrass 判别法用起来很方便,但条件太强,它要求函数项级数$\sum\limits_{n=1}^{\infty}u_n(x)$绝对收敛,而且$\sum\limits_{n=1}^{\infty}u_n(x)$与$\sum\limits_{n=1}^{\infty}|u_n(x)|$在$I$上都一致收敛. 实际上存在这样的函数项级数,它一致收敛(见例 13.1.16);还有可能$\sum\limits_{n=1}^{\infty}u_n(x)$绝对且一致收敛,但$\sum\limits_{n=1}^{\infty}|u_n(x)|$却不一致收敛(见例 13.1.17),对于这种级数 Weierstrass 判别法就无效了. 因此,还需研究更精细的判别法.

类似于数项级数的 Dirichlet 与 Abel 判别法,我们有函数项级数的 Dirichlet 与 Abel 判别法.

定理 13.1.4(Dirichlet 判别法) 如果函数项级数$\sum\limits_{n=1}^{\infty}a_n(x)b_n(x)$满足:

(1) $\{b_n(x)\}$对于每个固定的$x\in I\subset\mathbb{R}$都是单调的,且在I上一致收敛于

0；

(2) $\sum_{n=1}^{\infty} a_n(x)$ 的部分和在 I 上一致有界，即

$$\left|\sum_{k=1}^{n} a_k(x)\right| \leqslant M \quad (\forall x \in I, n = 1,2,\cdots)$$

则 $\sum_{n=1}^{\infty} a_n(x) b_n(x)$ 在 I 上一致收敛.

证法 1　类似定理 12.3.2 证法 1，有

$$\left|\sum_{k=n+1}^{n+p} a_k(x) b_k(x)\right| \leqslant 2M | b_{n+1}(x) |$$

因为 $\{b_n(x)\}$ 对于每个固定的 $x \in I \subset \mathbb{R}$ 都单调，且一致收敛于 0，所以 $\forall \varepsilon > 0, \exists N \in \mathbb{N}$，当 $n > N$ 时，$| b_{n+1}(x) | < \frac{\varepsilon}{2M+1}$，从而

$$\left|\sum_{k=n+1}^{n+p} a_k(x) b_k(x)\right| < 2M \cdot \frac{\varepsilon}{2M+1} < \varepsilon \quad (\forall p \in \mathbb{N})$$

根据函数项级数一致收敛准则(定理 13.1.1′)，$\sum_{n=1}^{\infty} a_n(x) b_n(x)$ 在 I 上一致收敛.

证法 2　由(2)，$\{b_n(x)\}$ 单调及 Abel 引理 12.3.2(2) 知

$$\left|\sum_{k=n+1}^{n+p} a_k(x)\right| = | S_{n+p}(x) - S_n(x) | \leqslant | S_{n+p}(x) | + | S_n(x) | \leqslant 2M$$

$$\left|\sum_{k=n+1}^{n+p} a_k(x) b_k(x)\right| \leqslant 2M(| b_{n+1}(x) | + 2 | b_{m+p}(x) |)$$

因为 $\{b_n(x)\}$ 在 I 上一致收敛于 0，所以 $\forall \varepsilon > 0, \exists N = N(\varepsilon) \in \mathbb{N}$，当 $n > N$ 时，$| b_n(x) | < \frac{\varepsilon}{6M+1}, \forall x \in I$. 于是

$$\left|\sum_{k=n+1}^{n+p} a_k(x) b_k(x)\right| \leqslant 2M(| b_{n+1}(x) | + 2 | b_{n+p}(x) |) < 2M \cdot \frac{3\varepsilon}{6M+1} < \varepsilon$$

$$(\forall x \in I, \forall p \in \mathbb{N})$$

根据函数项级数的一致收敛 Cauchy 收敛准则(定理 13.1.1′)，$\sum_{n=1}^{\infty} a_n(x) b_n(x)$ 在 I 上一致收敛.

定理 13.1.5(Abel 判别法)　如果函数项级数 $\sum_{n=1}^{\infty} a_n(x) b_n(x)$ 满足：

(1) $\{b_n(x)\}$ 对于每个固定的 $x\in I\subset\mathbb{R}$ 都是单调的,并且在 I 上一致有界,即

$$|b_n(x)|\leqslant B\quad(\forall x\in I,\forall n\in\mathbb{N})$$

(2) 函数项级数 $\sum_{n=1}^{\infty}a_n(x)$ 在 I 上一致收敛.

则 $\sum_{n=1}^{\infty}a_n(x)b_n(x)$ 在 I 上一致收敛.

证法1 由条件 $|b_n(x)|\leqslant B,\forall n\in\mathbb{N}$. 又因为 $\sum_{n=1}^{\infty}a_n$ 在 I 上一致收敛,故 $\forall\varepsilon>0$,根据函数项级数的一致收敛 Cauchy 收敛准则(定理 13. 1. 1′),$\exists N=N(\varepsilon)\in\mathbb{N}$,当 $n>N$ 时,有

$$\left|\sum_{k=n+1}^{n+p}a_k(x)\right|<\frac{\varepsilon}{2B+1}\quad(\forall x\in I,\forall p\in\mathbb{N})$$

于是,$\sum_{k=n+1}^{n+p}a_k(x)$ 在 I 上一致有界. 类似定理 12. 3. 3 证法 2,有

$$\left|\sum_{k=n+1}^{n+p}a_k(x)b_k(x)\right|\leqslant\frac{\varepsilon}{2B+1}|b_{n+1}(x)|<\frac{\varepsilon}{2B+1}\cdot B<\varepsilon\quad(\forall x\in I,\forall p\in\mathbb{N})$$

再从函数项级数的一致收敛 Cauchy 收敛准则(定理 13. 1. 1′),$\sum_{n=1}^{\infty}a_n(x)b_n(x)$ 在 I 上一致收敛.

证法2 由条件 $|b_n(x)|\leqslant B,\forall x\in I,\forall n\in\mathbb{N}$. 又因 $\sum_{n=1}^{\infty}a_n(x)$ 在 I 上一致收敛, 故 $\forall\varepsilon>0$, 根据函数项级数的一致收敛 Cauchy 收敛准则(定理 13. 1. 1′),$\exists N=N(\varepsilon)\in\mathbb{N}$,当 $n>N$ 时,有

$$\left|\sum_{k=n+1}^{n+p}a_k(x)\right|<\frac{\varepsilon}{3B+1}\quad(\forall x\in I,\forall p\in\mathbb{N})$$

于是,根据 Abel 引理 12. 3. 2(2) 得到

$$\begin{aligned}\left|\sum_{k=n+1}^{n+p}a_k(x)b_k(x)\right|&\leqslant\frac{\varepsilon}{3B+1}(|b_{n+1}(x)|+2|b_{n+p}(x)|)\\&\leqslant\frac{\varepsilon}{3B+1}\cdot 3B<\varepsilon\quad(\forall x\in I,\forall p\in\mathbb{N})\end{aligned}$$

再从函数项级数一致收敛的 Cauchy 收敛准则(定理 13.1.1′)得 $\sum_{n=1}^{\infty}a_n(x)b_n(x)$ 在 I 上一致收敛.

注13.1.2　(1) 定理12.3.3证法1不能类推出定理13.1.5. 这是因为不能证明$b_n'(x) = b_n(x) - b(x)$一致收敛于0.

(2) 显然,Dirichlet 判别法的条件(1) 强于 Abel 判别法的条件(1),而 Dirichlet判别法的条件(2) 弱于Abel判别法的条件(2),它们各有千秋. 但其结论是完全相同的.

例13.1.16　证明:

(1) 函数项级数$\sum\limits_{n=1}^{\infty}\dfrac{\cos nx}{n}$在$[\delta,2\pi-\delta](0<\delta<\pi)$上一致收敛;

(2) 函数项级数$\sum\limits_{n=1}^{\infty}\dfrac{\cos nx}{n}$在$(0,2\pi)$中不一致收敛.

证明　(1)$b_n(x) = \dfrac{1}{n}$上单调减一致收敛于0. 设$a_n(x) = \cos nx$,当$x\in[\delta,2\pi-\delta](0<\delta<\pi)$时,$\left|\sin\dfrac{x}{2}\right|\geqslant\sin\dfrac{\delta}{2}$,所以

$$\left|\sum_{k=1}^{n}\cos kx\right| = \left|\frac{\sin\left(n+\frac{1}{2}\right)x-\sin\frac{x}{2}}{2\sin\frac{x}{2}}\right|\leqslant\frac{1}{\left|\sin\frac{x}{2}\right|}\leqslant\frac{1}{\sin\frac{\delta}{2}}$$

即$\left|\sum\limits_{k=1}^{\infty}\cos kx\right|$在$[\delta,2\pi-\delta]$中一致有界. 根据 Dirichlet 判别法知,原级数在$[\delta,2\pi-\delta]$中一致收敛.

(2) 方法1.(反证) 假设$\sum\limits_{n=1}^{\infty}\dfrac{\cos nx}{n}$在$(0,2\pi)$中一致收敛,则$\forall\varepsilon>0$,$\exists N=N(\varepsilon)\in\mathbb{N}$,当$n>N$时,有

$$\left|\frac{\cos(n+1)x}{n+1}+\cdots+\frac{\cos(n+p)x}{n+p}\right|<\varepsilon\quad(\forall x\in(0,2\pi),\forall p\in\mathbb{N})$$

今取$p=n,x=\dfrac{\pi}{8n},\varepsilon=\dfrac{\sqrt{2}}{4}$,则有

$$\frac{\sqrt{2}}{4}=\varepsilon>\left|\frac{\cos(n+1)\frac{\pi}{8n}}{n+1}+\cdots+\frac{\cos 2n\cdot\frac{\pi}{8n}}{2n}\right|>\frac{\cos\frac{\pi}{4}}{2n}\cdot n=\frac{\sqrt{2}}{4}$$

矛盾,因此,$\sum\limits_{n=1}^{\infty}\dfrac{\cos nx}{n}$在$(0,2\pi)$中不一致收敛.

方法2.(反证)假设$\sum_{n=1}^{\infty}\frac{\cos nx}{n}$在$(0,2\pi)$中一致收敛,根据下面逐项求极限的定理13.2.1知

$$\lim_{x\to 0}\sum_{n=1}^{\infty}\frac{\cos nx}{n}=\sum_{n=1}^{\infty}\lim_{x\to 0}\frac{\cos nx}{n}=\sum_{n=1}^{\infty}\frac{1}{n}$$

收敛,这与已证的$\sum_{n=1}^{\infty}\frac{1}{n}$发散相矛盾.

例13.1.17 证明:

(1) 函数项级数$\sum_{n=1}^{\infty}\frac{\sin nx}{n}$在$[\delta,2\pi-\delta]\,(0<\delta<\pi)$上一致收敛;

(2) 函数项级数$\sum_{n=1}^{\infty}\frac{\sin nx}{n}$在$(0,2\pi)$中不一致收敛.

证明 (1)$b_n(x)=\frac{1}{n}$单调减一致收敛于0. 设$a_n=\sin nx$,当$x\in[\delta,2\pi-\delta]\,(0<\delta<\pi)$时,$\left|\sin\frac{x}{2}\right|\geqslant\sin\frac{\delta}{2}$,所以

$$\left|\sum_{k=1}^{n}\sin kx\right|=\frac{\left|\cos\left(n+\frac{1}{2}\right)x-\cos\frac{x}{2}\right|}{2\sin\frac{x}{2}}\leqslant\frac{1}{\sin\frac{x}{2}}\leqslant\frac{1}{\sin\frac{\delta}{2}}$$

即$\left|\sum_{k=1}^{n}\cos kx\right|$在$[\delta,2\pi-\delta]$中一致有界. 根据Dirichlet判别法知,原级数在$[\delta,2\pi-\delta]$中一致收敛.

(2)(反证)假设$\sum_{n=1}^{\infty}\frac{\sin nx}{n}$在$(0,2\pi)$中一致收敛,则$\forall\varepsilon>0$,$\exists N=N(\varepsilon)\in\mathbb{N}$,当$n>N$时,有

$$\left|\frac{\sin(n+1)x}{n+1}+\cdots+\frac{\sin(n+p)x}{n+p}\right|<\varepsilon\quad(\forall x\in(0,2\pi),\forall p\in\mathbb{N})$$

令取$p=n,x=\frac{\pi}{4(n+1)},\varepsilon=\frac{\sqrt{2}}{4}$,则有

$$\frac{\sqrt{2}}{4}=\varepsilon>\left|\frac{\sin(n+1)\cdot\frac{\pi}{4(n+1)}}{n+1}+\cdots+\frac{\sin 2n\cdot\frac{\pi}{4(n+1)}}{2n}\right|\geqslant\frac{\sin\frac{\pi}{4}}{2n}\cdot n=\frac{\sqrt{2}}{4}$$

矛盾. 因此, $\sum_{n=1}^{\infty}\frac{\sin nx}{n}$ 在 $(0,2\pi)$ 中不一致收敛.

关于一致收敛,下面例子的证明方法很值得回味.

例 13.1.18　设 $\{a_n\}$ 为单调减的非负数列. 证明:函数项级数 $\sum_{n=1}^{\infty}a_n\sin nx$ 在 $(-\infty,+\infty)$ 上一致收敛 $\Leftrightarrow \lim\limits_{n\to+\infty}na_n=0$,即 $a_n=o\left(\frac{1}{n}\right),n\to+\infty$.

证明　$(\Rightarrow)$ 设 $\sum_{n=1}^{\infty}a_n\sin nx$ 在 $(-\infty,+\infty)$ 上一致收敛,则 $\forall\varepsilon>0,\exists N=N(\varepsilon)\in\mathbb{N}$,当 $m>n>N$ 时,有

$$\left|\sum_{k=n}^{m}a_k\sin kx\right|<\varepsilon\quad(\forall x\in(-\infty,+\infty))$$

令取 $m>2N,n=\left[\frac{m}{2}+1\right]$,则 $n\leqslant\frac{m}{2}+1<n+1$,即 $n>\frac{m}{2}>N$. 再取 $x=\frac{\pi}{2m}$,有

$$\left|\sum_{k=n}^{m}a_k\sin k\frac{\pi}{2m}\right|<\varepsilon$$

当 $n\leqslant k\leqslant m$ 时,$\frac{\pi}{4}<\frac{n}{m}\frac{\pi}{2}\leqslant k\frac{\pi}{2m}\leqslant\frac{\pi}{2}$,所以

$$\sin k\frac{\pi}{2m}\geqslant\sin\frac{\pi}{4}=\frac{\sqrt{2}}{2}$$

于是

$$\varepsilon>\sum_{k=n}^{m}a_k\sin k\frac{\pi}{2m}\geqslant\frac{\sqrt{2}}{2}\sum_{k=n}^{m}a_k\geqslant(m-n+1)a_m\frac{\sqrt{2}}{2}\geqslant\frac{\sqrt{2}}{4}ma_m\geqslant0$$

即

$$\lim_{n\to+\infty}na_n=\lim_{m\to+\infty}ma_m=0$$

$(\Leftarrow)$ 设 $\lim\limits_{n\to+\infty}na_n=0$. 令

$$\mu_n=\sup_{m\geqslant n}\{ma_m\}$$

则 $\{\mu_n\}$ 单调减少趋于0. 对于 $m\geqslant n$,记

$$S_{n,m}(x)=\sum_{k=n}^{m}a_k\sin kx$$

下面证明

$$|S_{n,m}(x)|\leqslant(\pi+3)\mu_n\quad(\forall x\in(-\infty,+\infty))$$

再由 $\lim\limits_{n\to+\infty}\mu_n=0$ 及函数项级数一致收敛的 Cauchy 准则知，$\sum\limits_{n=1}^{\infty}a_n\sin nx$ 在 $(-\infty,+\infty)$ 上一致收敛.

事实上,因为 $S_{n,m}(x)$ 是周期为 2π 的奇函数,所以只须证明上述不等式在 $[0,\pi]$ 上成立就行了.

(1) $x\in\left[0,\dfrac{\pi}{m}\right]$. 从 $\sin\theta\leqslant\theta$ 及 $\{\mu_n\}$ 单调减少可得

$$|S_{n,m}(x)|=\sum_{k=n}^{m}a_k\sin kx\leqslant x\sum_{k=n}^{m}ka_k\leqslant x\sum_{k=n}^{m}\mu_k$$
$$\leqslant\frac{\pi}{m}(m-n+1)\mu_n\leqslant\pi\mu_n\leqslant(\pi+3)\mu_n$$

(2) $x\in\left[\dfrac{\pi}{n},\pi\right]$. 从 $\sin\theta\geqslant\dfrac{2}{\pi}\theta\left(0\leqslant\theta\leqslant\dfrac{\pi}{2}\right)$,有

$$\left|\sum_{k=n}^{\infty}\sin kx\right|=\frac{\left|\cos\left(n-\frac{1}{2}\right)x-\cos\left(n+\frac{1}{2}\right)x\right|}{2\sin\frac{x}{2}}\leqslant\frac{1}{\sin\frac{x}{2}}\leqslant\frac{1}{\frac{2}{\pi}\cdot\frac{x}{2}}=\frac{\pi}{x}\leqslant n$$

根据 Abel 引理 12.3.2(2),有

$$|S_{n,m}(x)|=\left|\sum_{k=n}^{m}a_k\sin kx\right|\leqslant n(a_n+2a_m)\leqslant 3na_n\leqslant 3\mu_n\leqslant(\pi+3)\mu_n$$

(3) $x\in\left[\dfrac{\pi}{m},\dfrac{\pi}{n}\right]$. 此时,$n\leqslant\dfrac{\pi}{x}\leqslant m$,记 $l=\left[\dfrac{\pi}{x}\right]$. 于是,由 $l\leqslant\dfrac{\pi}{x}<l+1$ 得出 $x\leqslant\dfrac{\pi}{l}$,故由(1)得

$$|S_{n,l}(x)|\leqslant\pi\mu_n$$

因为 $\dfrac{\pi}{l+1}<x\leqslant\dfrac{\pi}{n}$,且 $l+1>\dfrac{\pi}{x}\geqslant n$,由(2)与 $\{\mu_n\}$ 单调减少即得

$$|S_{l+1,m}(x)|\leqslant 3\mu_{n+1}\leqslant 3\mu_n$$

于是

$$|S_{n,m}(x)|=\left|\sum_{k=n}^{m}a_k\sin kx\right|=\left|\sum_{k=n}^{l}a_k\sin kx+\sum_{k=l+1}^{m}a_k\sin kx\right|$$
$$=|S_{n,l}(x)+S_{l+1,m}(x)|\leqslant|S_{n,l}(x)|+|S_{l+1,m}(x)|$$
$$\leqslant\pi\mu_n+3\mu_n=(\pi+3)\mu_n$$

例 13.1.19　证明;函数项级数 $\sum_{n=1}^{\infty}\frac{\sin nx}{n}$ 在 $(-\infty,+\infty)$ 上不一致收敛.

证法 1　$\lim_{n\to+\infty} na_n = \lim_{n\to+\infty} n\cdot\frac{1}{n} = \lim_{n\to+\infty} 1 = 1 \neq 0$,故从例 13.1.18 可知 $\sum_{n=1}^{\infty}\frac{\sin nx}{n}$ 在 $(-\infty,+\infty)$ 上不一致收敛.

证法 2(反证)　假设 $\sum_{n=1}^{\infty}\frac{\sin nx}{n}$ 在 $(-\infty,+\infty)$ 上一致收敛,则它在更小的区间 $(0,2\pi)$ 上也一致收敛. 这与例 13.1.17(2) 中结论相矛盾.

注 13.1.3　例 13.1.17(2) 的证法 2:(反证) 假设 $\sum_{n=1}^{\infty}\frac{\sin nx}{n}$ 在 $(0,2\pi)$ 上一致收敛,则它在 $[0,2\pi] = \{0\} \cup (0,2\pi) \cup \{2\pi\}$ 上必一致收敛,从而由周期性在 $(-\infty,+\infty)$ 上也一致收敛. 这与例 13.1.19 证法 1 推得的结论相矛盾.

值得注意的是上面的结论对函数项级数 $\sum_{n=1}^{\infty} a_n\cos nx$ 并不成立.

例 13.1.20　设 $a_n = \frac{1}{(n+1)\ln(n+1)}$,则 $\{a_n\}$ 为单调减少的正数列,且 $na_n = \frac{n}{n+1}\cdot\frac{1}{\ln(n+1)}\to 0$,但级数

$$\sum_{n=1}^{\infty}\frac{\cos(n+1)x}{(n+1)\ln(n+1)}$$

在 $(0,\pi]$ 中不是一致收敛的. 当然在更大的 $(-\infty,+\infty)$ 上也不是一致收敛的.

证法 1(反证)　如果上述级数在 $(0,\pi]$ 中一致收敛,则 $\forall\varepsilon > 0,\exists N = N(\varepsilon) \in \mathbb{N}$,当 $m,n > N$ 时,有

$$\left|\sum_{k=n}^{m}\frac{\cos(k+1)x}{(k+1)\ln(k+1)}\right| < \varepsilon \quad (\forall x \in (0,\pi])$$

今取定 $m > n > N$,再取 $x = \frac{\pi}{3m}$,则当 $n \leqslant k+1 \leqslant m$ 时

$$0 < (k+1)x \leqslant mx = \frac{\pi}{3}$$

于是

$$\cos(k+1)x \geqslant \cos\frac{\pi}{3} = \frac{1}{2}$$

$$\frac{1}{2}\sum_{k=n}^{m}\frac{1}{(k+1)\ln(k+1)}\leqslant\sum_{k=n}^{m}\frac{\cos(k+1)x}{(k+1)\ln(k+1)}<\varepsilon$$

根据级数收敛的 Cauchy 准则知道，$\sum\limits_{n=1}^{\infty}\frac{1}{(n+1)\ln(n+1)}$ 收敛,这与应用积分判别法推得 $\sum\limits_{n=1}^{\infty}\frac{1}{(n+1)\ln(n+1)}$ 发散相矛盾.

证法 2(反证)　假设 $\sum\limits_{n=1}^{\infty}\frac{\cos(n+1)x}{(n+1)\ln(n+1)}$ 在$(0,\pi]$上一致收敛,则根据定理 13.2.1′知

$$\lim_{x\to0^+}\sum_{n=1}^{\infty}\frac{\cos(n+1)x}{(n+1)\ln(n+1)}\xlongequal{\text{逐项求极限}}\sum_{n=1}^{\infty}\lim_{x\to0^+}\frac{\cos(n+1)x}{(n+1)\ln(n+1)}$$

$$=\sum_{n=1}^{\infty}\frac{1}{(n+1)\ln(n+1)}$$

收敛,这与应用积分判别法断定 $\sum\limits_{n=1}^{\infty}\frac{1}{(n+1)\ln(n+1)}$ 发散相矛盾.

练习题 13.1

1. 求下列函数项级数的收敛点集:

(1) $\sum\limits_{n=1}^{\infty}\frac{n-1}{n+1}\left(\frac{x}{3x+1}\right)^n$;　　(2) $\sum\limits_{n=1}^{\infty}ne^{-nx}$;

(3) $\sum\limits_{n=1}^{\infty}\left(\frac{x(x+n)}{n}\right)^n$;　　(4) $\sum\limits_{n=1}^{\infty}\frac{x^n}{1+x^{2n}}$;

(5) $\sum\limits_{n=1}^{\infty}\frac{(n+x)^n}{n^{n+x}}$;　　(6) $\sum\limits_{n=1}^{\infty}\frac{x^ny^n}{x^n+y^n}$;

(7) $\sum\limits_{n=1}^{\infty}\frac{\ln(1+x^n)}{n^x},x>0$;　　(8) $\sum\limits_{n=1}^{\infty}(\sqrt[n]{n}-1)^x,x>0$.

2. 研究下列函数列在指定区间上的一致收敛性:

(1) $f_n(x)=\frac{1}{1+nx}$.

① $0<x<+\infty$;② $0<\lambda<x<+\infty$.

(2) $f_n(x)=\dfrac{x^n}{1+x^n}$.

① $0\leqslant x\leqslant 1-\lambda$;② $1-\lambda\leqslant x\leqslant 1+\lambda$;③ $1+\lambda\leqslant x<+\infty$,其中 $\lambda>0$.

(3) $f_n(x)=\mathrm{e}^{-(x-n)^2}$.

① $-l<x<l,l>0$;② $-\infty<x<+\infty$.

3. 研究下列级数在指定区间上的一致收敛性:

(1) $\sum\limits_{n=1}^{\infty}\dfrac{1}{(x+n)(x+n-1)},0<x<+\infty$;

(2) $\sum\limits_{n=1}^{\infty}\dfrac{nx}{1+n^5x^2},-\infty<x<+\infty$;

(3) $\sum\limits_{n=1}^{\infty}\dfrac{n^2}{\sqrt{n!}}(x^n+x^{-n}),\dfrac{1}{3}\leqslant|x|\leqslant 3$;

(4) $\sum\limits_{n=1}^{\infty}\dfrac{\sin\left[\left(n+\dfrac{1}{2}\right)x\right]}{\sqrt[3]{n^4+x^4}},-\infty<x<+\infty$;

(5) $\sum\limits_{n=1}^{\infty}\ln\left(1+\dfrac{x}{n\ln^2 n}\right),-l<x<l,l>0$;

(6) $\sum\limits_{n=1}^{\infty}\dfrac{(-1)^{[\sqrt{n}]}}{\sqrt{n(n+x)}},0\leqslant x<+\infty$;

(7) $\sum\limits_{n=1}^{\infty}\dfrac{(-1)^n}{n+\sin x},0\leqslant x\leqslant 2\pi$;

(8) $\sum\limits_{n=1}^{\infty}2^n\sin\dfrac{1}{3^n x},0<x<+\infty$;

(9) $\sum\limits_{n=1}^{\infty}x^2\mathrm{e}^{-nx},x\in(0,+\infty)$.

4. 设级数 $\sum\limits_{n=1}^{\infty}a_n$ 收敛,证明:级数 $\sum\limits_{n=1}^{\infty}a_n\mathrm{e}^{-nx}$ 在 $0\leqslant x<+\infty$ 上一致收敛.

5. 设 $\{u_n(x)\}$ 为 $[a,b]$ 上的单调函数列,如果级数 $\sum\limits_{n=1}^{\infty}u_n(a)$ 与 $\sum\limits_{n=1}^{\infty}u_n(b)$ 都绝对收敛,证明:级数 $\sum\limits_{n=1}^{\infty}u_n(x)$ 在 $[a,b]$ 上绝对并一致收敛.

6. 证明:$\sum\limits_{n=1}^{\infty}x^n(1-x)^2$ 在 $[0,1]$ 上一致收敛.

7. 证明:$\sum\limits_{n=1}^{\infty}\arctan\dfrac{2x}{x^2+n^3}$ 在 $(-\infty,+\infty)$ 上一致收敛.

思考题 13.1

1. 设函数项级数 $\sum\limits_{n=1}^{\infty}u_n(x)$ 在有界闭区间 $[a,b]$ 上收敛于 $S(x)$, 且 $u_n(x)(n=1,2,\cdots)$ 都是 $[a,b]$ 上的非负连续函数.

(1) 证明:$S(x)$ 必在 $[a,b]$ 上达到最小值.

(2) $S(x)$ 是否一定能在 $[a,b]$ 上达到最大值?

(3) 有界闭区间 $[a,b]$ 换成开区间 (a,b) 或无穷区间,(1) 中结论是否成立?

2. 讨论函数项级数

$$\sum_{n=1}^{\infty}\frac{nx}{(1+x)(1+2x)\cdots(1+nx)}$$

在区间 $[0,\lambda]$ 与 $[\lambda,+\infty)$ 上的一致收敛性,其中 $\lambda>0$.

3. 证明:函数列 $f_n(x)=xn^{-x}(\ln n)^{\alpha}$ 在 $[0,+\infty)$ 上一致收敛 $\Leftrightarrow\alpha<1$.

4. 设 $f_1(x)$ 在 $[a,b]$ 上 Riemann 可积,定义

$$f_{n+1}(x)=\int_a^x f_n(t)\,\mathrm{d}t\quad(n=1,2,\cdots)$$

证明:函数列 $\{f_n(x)\}$ 在 $[a,b]$ 上一致收敛于 0.

5. 设函数列 $\{f_n(x)\}$ 与 $\{g_n(x)\}$ 在区间 I 上一致收敛,如果对每个 $n=1,2,\cdots,f_n(x)$ 与 $g_n(x)$ 都是 I 上的有界函数(不要求一致有界). 证明:$\{f_n(x)g_n(x)\}$ 在 I 上必一致收敛.

如果删去"$f_n(x)$ 与 $g_n(x)$ 有界"的条件,结论是否还成立,试举例说明之.

6. 证明:函数项级数

$$\sum_{n=0}^{\infty}(-1)^n x^n(1-x)$$

在 $[0,1]$ 上绝对并一致收敛,但 $\sum\limits_{n=0}^{\infty}x^n(1-x)$ 在 $[0,1]$ 上并不一致收敛.

7. 在区间 $[0,1]$ 上定义

$$u_n(x)=\begin{cases}\dfrac{1}{n}, x=\dfrac{1}{n}\\[2ex] 0, x\neq\dfrac{1}{n}\end{cases}$$

证明：$\sum\limits_{n=1}^{\infty}u_n(x)$ 在$[0,1]$上一致收敛，但它不存在优级数.

8. 设$\sum\limits_{n=1}^{\infty}u_n(x)$ 在$[a,b]$上收敛，如果存在常数M，使得对任何$x\in[a,b]$及一切自然数n都有$\left|\sum\limits_{k=1}^{n}u_k'(x)\right|\leqslant M$. 证明：$\sum\limits_{n=1}^{\infty}u_n(x)$ 在$[a,b]$上一致收敛. 由此结论，讨论函数项级数

$$\sum_{n=1}^{\infty}\frac{\cos nx}{n},\sum_{n=1}^{\infty}\frac{\sin nx}{n}$$

的一致收敛性.

9. 设$f(x)$为$(-\infty,+\infty)$上的连续函数，证明：函数列

$$f_n(x)=\sum_{k=0}^{n-1}\frac{1}{n}f\left(x+\frac{k}{n}\right)\quad(n=1,2,\cdots)$$

在任何有限区间上一致收敛.

10. 设函数$f(x)$在$(-\infty,+\infty)$上有连续的导函数$f'(x)$，$f_n(x)=\mathrm{e}^n[f(x+\mathrm{e}^{-n})-f(x)]$$(n=1,2,\cdots)$. 证明：函数列$\{f_n(x)\}$在任一有限开区间$(a,b)$内一致收敛于$f'(x)$.

11. 设$f(x)$在$[0,1]$上连续，$g_n(x)$为由$f(x)$在$[0,1]$ n等分下产生的阶梯函数

$$g_n(x)=\sum_{n=1}^{\infty}f\left(\frac{k}{n}\right)\left(x_{\frac{k}{n}}(x)-x_{\frac{k-1}{n}}(x)\right)$$

其中

$$x_{\frac{i}{n}}(x)=\begin{cases}1, 0\leqslant x<\dfrac{i}{n}\\[2ex] 0, \dfrac{i}{n}\leqslant x\leqslant 1\end{cases}\quad(i=1,2,\cdots,n)$$

证明：$g_n(x)\rightrightarrows f(x)$，$x\in[0,1)$，$n\to+\infty$.

12. 设$\sum\limits_{n=1}^{\infty}u_n(x)$ 在区间I上收敛. 证明：$\sum\limits_{n=1}^{\infty}u_n(x)$ 在I上一致收敛$\Leftrightarrow$

$\forall \{x_n\} \subset I$,有 $\lim\limits_{n\to+\infty} r_n(x_n) = 0$(其中 $r_n(x) = \sum\limits_{k=n+1}^{\infty} u_k(x)$ 为级数余和).

13. 证明:函数列

$$f_n(x) = \frac{x(\ln n)^{\alpha}}{n^x} \quad (n = 2,3,4,\cdots)$$

当且仅当 $\alpha < 1$ 时,在$[0, +\infty)$上一致收敛于0.

14. 证明:$\sum\limits_{n=1}^{\infty} \dfrac{n(-1)^n}{n^2 + x^2}$ 在$(-\infty, +\infty)$内一致收敛.

15. 设 $b > 0, a_1, \cdots, a_n, \cdots$ 均为常数,级数 $\sum\limits_{n=1}^{\infty} a_n$ 收敛. 证明:函数项级数 $\sum\limits_{n=1}^{\infty} a_n \dfrac{1}{n!}\int_0^x t^n \mathrm{e}^{-t}\mathrm{d}t$ 在$[0,b]$上一致收敛.

16. 证明:函数项级数 $\sum\limits_{n=1}^{\infty} (-1)^n \dfrac{\mathrm{e}^{x^2} + \sqrt{n}}{n^{\frac{3}{2}}}$ 在任何有限区间$[a,b]$上一致收敛,但在任何一点 x_0 处不绝对收敛.

17. 研究函数项级数

$$\sum_{n=1}^{\infty} \frac{(-1)^{n-1}x^2}{(1+x^2)^n}$$

在$(-\infty, +\infty)$上的一致收敛性.

13.2 极限函数与和函数的重要性质

回顾13.1节中提出的3个问题,我们将看到,只要加上一致收敛的条件,所提问题的答案都是肯定的.

定理13.2.1 设$\{f_n(x)\}$在$I \subset \mathbb{R}$上为连续函数列,且$\{f_n(x)\}$在I上一致收敛于函数$f(x)$,则$f(x)$在I上为连续函数.

证明 $\forall x_0 \in I$,由于$\{f_n(x)\}$在I上一致收敛于$f(x)$,故$\forall \varepsilon > 0, \exists N \in \mathbb{N}$,使得

$$|f_N(x) - f(x)| < \frac{\varepsilon}{3} \quad (\forall x \in I)$$

因为$f_N(x)$为I上的连续函数,所以它在 x_0 处连续,故 $\exists \delta > 0$,当 $x \in I$ 且

$|x-x_0|<\delta$时,有

$$|f_N(x)-f_N(x_0)|<\frac{\varepsilon}{3}$$

于是,当$x\in I$且$|x-x_0|<\delta$,有

$$\begin{aligned}|f(x)-f(x_0)| &\leqslant |f(x)-f_N(x)|+|f_N(x)-f_N(x_0)|+|f_N(x_0)-f(x_0)| \\ &< \frac{\varepsilon}{3}+\frac{\varepsilon}{3}+\frac{\varepsilon}{3}=\varepsilon\end{aligned}$$

这就证明了$f(x)$在x_0处连续.由于x_0是I的任意点,所以$f(x)$在I上连续.

推论 13.2.1　设$\{f_n(x)\}$在$I\subset\mathbb{R}$上为连续函数列,且$\{f_n(x)\}$在I上收敛于函数$f(x)$,如果$f(x)$在I上不为连续函数,则$\{f_n(x)\}$在I上不一致收敛.

证明(反证)　假设$\{f_n(x)\}$在I上一致收敛,根据定理13.2.1立知$f(x)$为I上的连续函数,这与题设$f(x)$在I上不为连续函数相矛盾.

推论13.2.1是证明函数列$\{f_n(x)\}$在I上不一致收敛的最简单且应首选的方法.例如:$f_n(x)=x^n,x\in(0,1]$都连续,但

$$f(x)=\lim_{n\to+\infty}f_n(x)=\begin{cases}0,x\in(0,1)\\1,x=1\end{cases}$$

不连续,根据推论13.2.1知,$\{f_n(x)\}$在$I=(0,1]$上不一致收敛.

但是,如果$f(x)$在I上连续,推论13.2.1就无能为力了.

更一般的,有下面的结论.

定理 13.2.2　设$I\subset\mathbb{R}$,$\{f_n(x)\}$在I上一致收敛,$x_0\in I'\backslash I$,$\lim\limits_{n\to x_0}f_n(x)=c_n$,$\forall n\in\mathbb{N}$,则$\{c_n\}$收敛于$c\in\mathbb{R}$,且

$$\lim_{x\to x_0}f(x)=\lim_{x\to x_0}\lim_{n\to+\infty}f_n(x)=\lim_{n\to+\infty}\lim_{x\to x_0}f_n(x)=\lim_{n\to+\infty}c_n=c$$

证明　因为$\{f_n(x)\}$在I上一致收敛,所以$\forall\varepsilon>0,\exists N=N(\varepsilon)\in\mathbb{N}$,当$m,n>N$,有

$$|f_n(x)-f_m(x)|<\frac{\varepsilon}{2}$$

令$x\to x_0$,得到

$$|c_n-c_m|=\lim_{x\to x_0}|f_n(x)-f_m(x)|\leqslant\frac{\varepsilon}{2}<\varepsilon$$

这就表明$\{c_n\}$为 Cauchy 数列,它收敛于c,即$\lim\limits_{n\to+\infty}c_n=c\in\mathbb{R}$.

进一步,$\forall \varepsilon>0$,因为$\lim\limits_{n\to+\infty} c_n=c$,所以$\exists N_1\in\mathbb{N}$,当$n>N_1$时,$|c_n-c|<\frac{\varepsilon}{3}$. 另一方面,由$\{f_n(x)\}$在$I$上一致收敛,故$\exists N_2\in\mathbb{N}$,使得当$n>N_2$时,有

$$|f_n(x)-f(x)|<\frac{\varepsilon}{3}\quad(\forall x\in I)$$

于是,令$N=\max\{N_1,N_2\}+1$,因$\lim\limits_{x\to x_0} f_N(x)=c_N$,故$\exists\delta>0$,当$0<|x-x_0|<\delta$,$x\in I$,有$|f_N(x)-c_N|<\frac{\varepsilon}{3}$,且

$$\begin{aligned}|f(x)-c| &\leqslant |f(x)-f_N(x)|+|f_N(x)-c_N|+|c_N-c|\\ &<\frac{\varepsilon}{3}+\frac{\varepsilon}{3}+\frac{\varepsilon}{3}=\varepsilon\end{aligned}$$

这就证明了$\lim\limits_{x\to x_0} f(x)=c$.

用反证法及定理13.2.2立即有下面的推论.

推论13.2.2 设$I\subset\mathbb{R}$,$x_0\in I'\backslash I$,如果

$$\lim_{x\to x_0}\lim_{n\to+\infty} f_n(x)\neq\lim_{n\to+\infty}\lim_{x\to x_0} f_n(x)$$

则$\{f_n(x)\}$在I上不一致收敛.

注13.2.1 定理13.2.2中"x_0"改为"x_0^+或x_0^-或$+\infty$或$-\infty$或∞"结论仍成立.

例13.2.1 证明:函数列

$$f_n(x)=\begin{cases}1-nx, 0\leqslant x\leqslant\frac{1}{n}\\ 0, \frac{1}{n}<x\leqslant 1\end{cases}$$

在[0,1]上不一致收敛(图13.2.1).

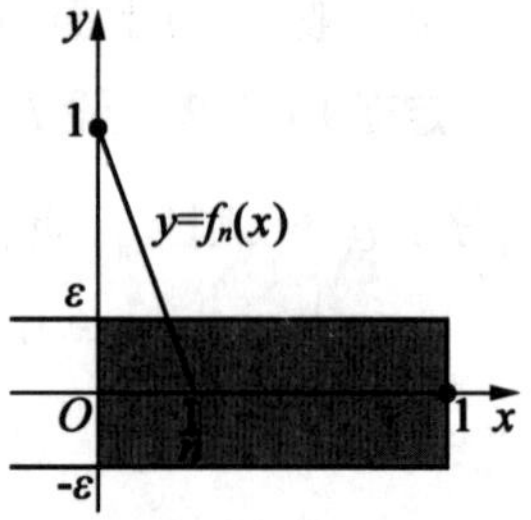

图 13.2.1

证法1 显然

$$f(x)=\begin{cases}1, x=0\\ 0, 0<x\leqslant 1\end{cases}$$

$$\begin{aligned}\lim_{x\to0^+} f(x) &= \lim_{x\to0^+}\lim_{n\to+\infty} f_n(x)=0\neq1=\lim_{n\to+\infty}1\\ &=\lim_{n\to+\infty}\lim_{x\to0^+}(1-nx)=\lim_{n\to+\infty}\lim_{x\to0^+} f_n(x)\\ &=\lim_{n\to+\infty} f_n(0)=f(0)\end{aligned}$$

根据定理13.2.2或推论13.2.1知,$\{f_n(x)\}$在[0,1]上不一致收敛.

证法 2(反证)　假设 $\{f_n(x)\}$ 在 $[0,1]$ 上一致收敛于 $f(x)$，则对 $\varepsilon=\frac{1}{2}$，$\exists N\in\mathbb{N}$，当 $n>N$ 时，有

$$|f_n(x)-f(x)|<\varepsilon=\frac{1}{2}\quad(\forall x\in[0,1])$$

显然

$$\frac{1}{2}=\left|\left(1-n\cdot\frac{1}{2n}\right)-0\right|<\varepsilon=\frac{1}{2}$$

矛盾.

定理 13.2.3　如果 $[a,b]$ 上的 Riemann 可积函数列(特别是连续函数列) $\{f_n(x)\}$ 在 $[a,b]$ 上一致收敛于 $f(x)$，则 $f(x)$ 在 $[a,b]$ 上也 Riemann 可积(连续)，且

$$\lim_{n\to+\infty}\int_a^b f_n(x)\,\mathrm{d}x=\int_a^b f(x)\,\mathrm{d}x$$

证明(参阅定理 6.3,6)　先证 $f(x)$ 在 $[a,b]$ 上 Riemann 可积. 由于 $f_n(x)$ 在 $[a,b]$ 上 Riemann 可积，根据 Lebesgue 定理 6.1.4(8)，$D_{\text{不}}(f_n(x))$ 为零测度集. 从定理 13.2.1 的证明或定理 13.2.2，有

$$D_{\text{不}}(f(x))\subset\bigcup_{n=1}^{\infty}D_{\text{不}}(f_n(x))$$

再由引理 6.1.6(4) 及(2) 立即推得 $D_{\text{不}}(f(x))$ 为零测度集. 因为 $\{f_n(x)\}$ 在 $[a,b]$ 上一致收敛于 $f(x)$，故 $\exists N_0\in\mathbb{N}$，使得

$$|f(x)-f_{N_0}(x)|<1\quad(\forall x\in[a,b])$$

又因 $f_{N_0}(x)$ 为有界函数，不妨设 $|f_{N_0}(x)|\leqslant M,\forall x\in[a,b]$. 于是

$$|f(x)|\leqslant|f_{N_0}(x)|+1\leqslant M+1\quad(\forall x\in[a,b])$$

即 $f(x)$ 在 $[a,b]$ 上为有界函数.

综合上述及由 Lebesgue 定理 6.1.4(8) 知 $f(x)$ 在 $[a,b]$ 上也 Riemann 可积.

另一方面，由于 $\{f_n(x)\}$ 在 $[a,b]$ 上一致收敛于 $f(x)$，故 $\forall\varepsilon>0,\exists N=N(\varepsilon)\in\mathbb{N}$，当 $n>N$ 时，有

$$|f_n(x)-f(x)|<\varepsilon\quad(\forall x\in[a,b])$$

$$\left|\int_a^b f_n(x)\,\mathrm{d}x-\int_a^b f(x)\,\mathrm{d}x\right|=\left|\int_a^b[f_n(x)-f(x)]\,\mathrm{d}x\right|$$

$$\leqslant \int_a^b |f_n(x) - f(x)| \,\mathrm{d}x < \varepsilon(b-a)$$

$$\lim_{n\to+\infty}\int_a^b f_n(x)\,\mathrm{d}x = \int_a^b f(x)\,\mathrm{d}x = \int_a^b \lim_{n\to+\infty} f_n(x)\,\mathrm{d}x$$

用反证法及定理 13.2.3 立即有下面的推论.

推论 13.2.3 设$\{f_n(x)\}$为$[a,b]$上的 Riemann 可积函数,如果

$$\lim_{n\to+\infty}\int_a^b f_n(x)\,\mathrm{d}x \neq \int_a^b f(x)\,\mathrm{d}x$$

则$\{f_n(x)\}$在$[a,b]$上不一致收敛.

例 13.2.2(参阅例 13.1.7) 设$\mathbb{Q}\cap[0,1]=\{r_1,r_2,\cdots,r_n,\cdots\}$是$[0,1]$上的全体有理数,而

$$S_n(x)=\begin{cases}1, x = r_1,\cdots,r_n\\ 0, x \text{ 为其他值}\end{cases}$$

$$S(x)=\begin{cases}1, x \text{ 为有理数}\\ 0, x \text{ 为无理数}\end{cases}$$

显然,$\lim\limits_{n\to+\infty} S_n(x)=S(x)$,且每个$S_n(x)$在$[0,1]$上是只有有限个不连续点的有界函数,它是 Riemann 可积的. 因为$S(x)$在$[0,1]$上处处不连续,所以它在$[0,1]$上非 Riemann 可积.

现证$\{S_n(x)\}$在$[0,1]$上不一致收敛于$S(x)$. (反证) 假设$\{S_n(x)\}$在$[0,1]$上一致收敛于$S(x)$. 根据定理 13.2.3,$S(x)$在$[0,1]$上必 Riemann 可积,这与上述非 Riemann 可积相矛盾.

例 13.2.3(参阅例 6.3.12) 设(图 13.2.2)

$$f_n(x)=\begin{cases}4n^2x, 0\leqslant x\leqslant \dfrac{1}{2n}\\ -4n^2x+4n, \dfrac{1}{2n}< x\leqslant \dfrac{1}{n}\\ 0, \dfrac{1}{n}< x\leqslant 1\end{cases}$$

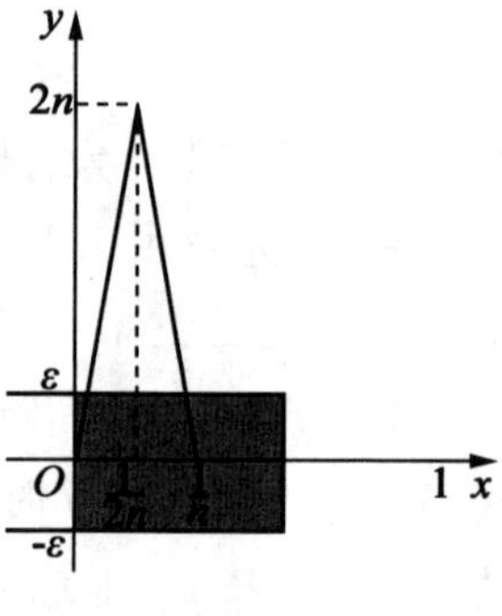

图 13.2.2

则$f(x)=\lim\limits_{n\to+\infty} f_n(x)=0$. 下面证明$\{f_n(x)\}$在$[0,1]$上不一致收敛于$f(x)=0$.

因为$f(x)=0$连续、Riemann 可积,故不能应用定理 13.2.1 或定理 13.2.2 或定理 13.2.3 及反证法证明$\{f_n(x)\}$在$[0,1]$上

不一致收敛. 也就是不能对$\{f_n(x)\}$在$[0,1]$上是否一致收敛于$f(x)=0$给出任何信息.

证法 1(反证)　假设$\{f_n(x)\}$在$[0,1]$上一致收敛于$f(x)=0$,则由定理 13.2.3,有

$$1=\lim_{n\to+\infty}\frac{1}{2}\cdot 2n\cdot\frac{1}{n}=\lim_{n\to+\infty}\int_0^1 f_n(x)\,\mathrm{d}x$$
$$=\int_0^1\lim_{n\to+\infty}f_n(x)\,\mathrm{d}x=\int_0^1 f(x)\,\mathrm{d}x=\int_0^1 0\,\mathrm{d}x=0$$

矛盾.

证法 2(反证)　假设$\{f_n(x)\}$在$[0,1]$上一致收敛于$f(x)=0$,则对$\varepsilon=\dfrac{1}{2}$,$\exists N\in\mathbb{N}$,当$n>N$时,有

$$|f_n(x)-f(x)|<\varepsilon=\frac{1}{2}\quad(\forall x\in[0,1])$$

显然

$$2\leqslant 2n=\left|4n^2\cdot\frac{1}{2n}-0\right|<\varepsilon=\frac{1}{2}$$

矛盾.

例 13.2.4　设(图 13.2.3)

$$f_n(x)=\begin{cases}2nx, 0\leqslant x\leqslant\dfrac{1}{2n}\\ 2(1-nx), \dfrac{1}{2n}<x\leqslant\dfrac{1}{n}\\ 0, \dfrac{1}{n}<x\leqslant 1\end{cases}$$

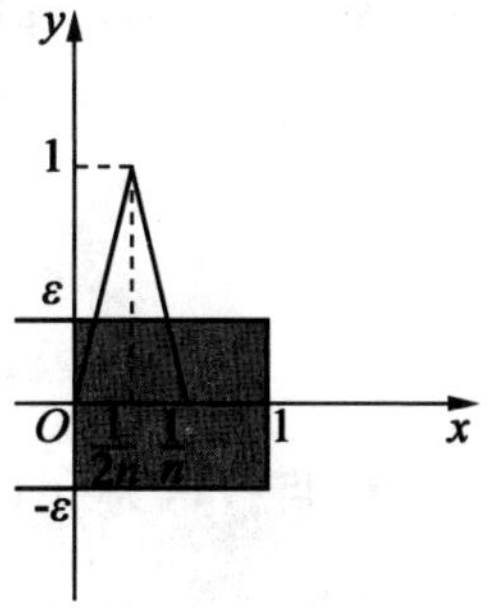

图　13.2.3

则$f(x)=\lim\limits_{n\to+\infty}f_n(x)=0$. 显然$\{f_n(x)\}$在$[0,1]$上一致有界(以 1 为界),且

$$\lim_{n\to+\infty}\int_0^1 f_n(x)\,\mathrm{d}x=\lim_{n\to+\infty}\frac{1}{2}\cdot 1\cdot\frac{1}{n}=0$$
$$=\int_0^1 0\,\mathrm{d}x=\int_0^1 f(x)\,\mathrm{d}x$$
$$=\int_0^1\lim_{n\to+\infty}f_n(x)\,\mathrm{d}x$$

类似例 13.3.3 的理由,因为$f(x)=0$连续、Riemann 可积及

$$\lim_{n\to+\infty}\int_0^1 f_n(x)\,\mathrm{d}x = \int_0^1 \lim_{n\to-\infty} f_n(x)\,\mathrm{d}x$$

都说明不能应用定理 13.2.1 或定理 13.2.2 或定理 13.2.3 及反证法证明 $\{f_n(x)\}$ 在 $[0,1]$ 上不一致收敛. 也就是不能对 $\{f_n(x)\}$ 在 $[0,1]$ 上是否一致收敛于 $f(x)=0$ 给出任何信息.

证明(反证)　假设 $\{f_n(x)\}$ 在 $[0,1]$ 上一致收敛于 $f(x)=0$,则 $\varepsilon=\frac{1}{2}$, $\exists N\in\mathbb{N}$,当 $n>N$ 时,有

$$|f_n(x)-f(x)|<\varepsilon=\frac{1}{2}\quad(\forall x\in[0,1])$$

显然

$$1=|1-0|=\left|f_n\left(\frac{1}{2n}\right)-f\left(\frac{1}{2n}\right)\right|<\varepsilon=\frac{1}{2}$$

矛盾.

定理 13.2.4　如果函数列 $\{f_n(x)\}$ 满足:

(1) 每一个 $f_n(x)$ 在 $[a,b]$ 上有连续的导函数;

(2) 由导函数构成的函数列 $\{f'_n(x)\}$ 在 $[a,b]$ 上一致收敛于函数 $g(x)$;

(3) 至少在某一点 $x_0\in[a,b]$ 收敛,即 $\{f_n(x_0)\}$ 收敛.

则函数列 $\{f_n(x)\}$ 在闭区间 $[a,b]$ 上一致收敛于某个连续可导的函数 $f(x)$,且有

$$f'(x)=g(x)\quad(\forall x\in[a,b])$$

即

$$(\lim_{n\to+\infty} f_n(x))'=\lim_{n\to+\infty} f'_n(x)$$

证明　因为 $\{f_n(x)\}$ 在 $x_0\in[a,b]$ 处收敛,根据数列的Cauchy收敛准则, $\forall\varepsilon>0,\exists N_1\in\mathbb{N}$,当 $n,m>N_1$ 时,有

$$|f_n(x_0)-f_m(x_0)|<\frac{\varepsilon}{2}\tag{1}$$

又因为 $\{f'_n(x)\}$ 在 $[a,b]$ 上一致收敛,根据函数一致收敛的 Cauchy 收敛准则, $\exists N_2\in\mathbb{N}$,当 $n,m>N_2$ 时,有

$$|f'_n(x)-f'_m(x)|<\frac{\varepsilon}{2(b-a)}\quad(\forall x\in[a,b])\tag{2}$$

令 $N = \max\{N_1, N_2\}$，则当 $n, m > N$ 时，不等式(1)与(2)成立.

由 Newton-Leibniz 公式，有

$$f_n(x) = f_n(x_0) + \int_{x_0}^{x} f'_n(t)\,dt \tag{3}$$

$$f_m(x) = f_m(x_0) + \int_{x_0}^{x} f'_m(t)\,dt \quad (\forall x \in [a,b]) \tag{4}$$

于是，当 $n, m > N$ 时，有

$$\begin{aligned}
|f_n(x) - f_m(x)| &= \left|\left(f_n(x_0) + \int_{x_0}^{x} f'_n(t)\,dt\right) - \left(f_m(x_0) + \int_{x_0}^{x} f'_m(t)\,dt\right)\right| \\
&= \left|f_n(x_0) - f_m(x_0) + \int_{x_0}^{x} [f'_n(t) - f'_m(t)]\,dt\right| \\
&\leqslant |f_n(x_0) - f_m(x_0)| + \left|\int_{x_0}^{x} |f'_n(t) - f'_m(t)|\,dt\right| \\
&< \frac{\varepsilon}{2} + \frac{\varepsilon}{2(b-a)}|x - x_0| \leqslant \varepsilon \quad (\forall x \in [a,b])
\end{aligned}$$

根据函数列一致收敛的 Cauchy 收敛准则，$\{f_n(x)\}$ 在 $[a,b]$ 上一致收敛. 设其极限函数为 $f(x)$.

由于 $\{f'_n(x)\}$ 在 $[a,b]$ 上一致收敛于 $g(x)$，$f'_n(x)$ 连续 $(\forall n \in \mathbb{N})$，从定理 13.2.1 推得 $g(x)$ 在 $[a,b]$ 连续

$$\lim_{n\to+\infty}\int_{x_0}^{x} f'_n(t)\,dt \xlongequal{\text{定理 13.2.3}} \int_{x_0}^{x} \lim_{n\to+\infty} f'_n(t)\,dt = \int_{x_0}^{x} g(t)\,dt$$

在式(3)两边取 $n \to +\infty$ 得到

$$\lim_{n\to+\infty} f_n(x) = \lim_{n\to+\infty}\left[f_n(x_0) + \int_{x_0}^{x} f'_n(t)\,dt\right]$$

即

$$f(x) = f(x_0) + \int_{x_0}^{x} g(t)\,dt$$

应用微积分的基本定理 6.3.2 即得

$$(\lim_{n\to+\infty} f_n(x))' = f'(x) = g(x) = \lim_{n\to+\infty} f'_n(x)$$

用反证法及定理 13.2.4 立即有下面的推论.

推论 13.2.4　如果函数列 $\{f_n(x)\}$ 满足定理 13.2.4 中的(1)与(3)，且

$$(\lim_{n\to+\infty} f_n(x))' \neq \lim_{n\to+\infty} f'_n(x)$$

则 $\{f'_n(x)\}$ 在 $[a,b]$ 上不一致收敛.

现在我们来考查定理 13.2.1 的逆定理是否成立，即如果连续函数列 $\{f_n(x)\}$ 在 $[a,b]$ 上收敛于连续函数 $f(x)$，问：$\{f_n(x)\}$ 在 $[a,b]$ 上是否一致收敛于 $f(x)$？一般说来，答案是否定的. 例13.2.3与例13.2.4都是反例. 如果附加条件：$\forall x \in [a,b]$，数列 $\{f_n(x)\}$ 单调减收敛于0，则 $\{f_n(x)\}$ 在 $[a,b]$ 上一致收敛于 $f(x)$.

定理 13.2.5(Dini)　设函数列 $\{f_n(x)\}$ 在有界闭区间 $[a,b]$ 上连续，如果 $\forall x \in [a,b]$，数列 $\{f_n(x)\}$ 单调减收敛于0，则 $\{f_n(x)\}$ 在 $[a,b]$ 上一致收敛于 $f(x) = 0$.

证法1　$\forall \varepsilon > 0, \exists N_x = N(x,\varepsilon) \in \mathbb{N}$，使得

$$0 \leqslant f_{N_x}(x) < \varepsilon$$

由于 $f_{N_x}(x)$ 在点 x 连续，必 $\exists \delta_x > 0$，使得当 $t \in [a,b]$ 且 $t \in (x-\delta_x, x+\delta_x)$ 时仍有

$$0 \leqslant f_{N_x}(t) < \varepsilon$$

于是，这些开区间 $\{(x-\delta_x, x+\delta_x) \mid x \in [a,b]\}$ 构成了 $[a,b]$ 的一个开覆盖. 根据 Heine-Borel 有限覆盖定理，存在有限子覆盖 $\{(x_i-\delta_{x_i}, x_i+\delta_{x_i}) \mid i = 1, 2, \cdots, m\}$. 令 $N = \max\{N_{x_1}, N_{x_2}, \cdots, N_{x_m}\}$，则当 $n > N$ 时，$\forall x \in [a,b]$，必有 $x \in (x_i-\delta_{x_i}, x_i+\delta_{x_i})$，从而

$$0 \leqslant f_n(x) \leqslant f_N(x) \leqslant f_{N_{x_i}}(x) < \varepsilon$$

这就证明了 $f_n(x) \rightrightarrows 0 = f(x), x \in [a,b], n \to +\infty$.

证法2(反证)　假设 $\{f_n(x)\}$ 在 $[a,b]$ 上不一致收敛于0，则 $\exists \varepsilon_0 > 0$，使得 $\forall n \in \mathbb{N}$，必有 $k_n > n$ 及 x_n 满足 $f_{k_n}(x_n) \geqslant \varepsilon_0$. 因为 $x_n \in [a,b]$，根据 Bolzano-Weierstrass 的序列紧性定理，$\{x_n\}$ 有子列收敛于 $x_0 \in [a,b]$，这个子列仍记为 $\{x_n\}$. 此外，可选

$$k_1 < k_2 < \cdots < k_n < k_{n+1} < \cdots$$

由于 $\forall x \in [a,b]$，$\{f_n(x)\}$ 单调减少，故当 $m > n$ 时，有

$$f_{k_n}(x_m) \geqslant f_{k_m}(x_m) \geqslant \varepsilon_0$$

再从 $f_n(x)$ 连续推得

$$f_{k_n}(x_0) = \lim_{n\to+\infty} f_{k_n}(x_m) \geqslant \varepsilon_0$$

$$0 = \lim_{n\to+\infty} f_{k_n}(x_0) \geqslant \varepsilon_0 > 0$$

矛盾.

设 $S_n(x)=\sum_{k=1}^{n}u_k(x)$，$S(x)=\sum_{n=1}^{\infty}u_n(x)$，考虑到函数项级数 $\sum_{n=1}^{\infty}u_n(x)$ 与 $\{S_n(x)\}$ 之间的关系. 对于函数项级数有相应的结果. 自然可以不必重新证明，对偶地叙述即可. 但是，为了让读者都用函数项级数论述得到锻炼，我们还是阐述一遍.

定理 13.2.1′　如果函数项级数 $\sum_{n=1}^{\infty}u_n(x)$ 在 $I\subset\mathbb{R}$ 上一致收敛于 $S(x)$，且每个 $u_n(x)$ 都在 I 上连续，则和函数 $S(x)=\sum_{n=1}^{\infty}u_n(x)$ 在 I 上也连续.

证法 1　应用定理 13.2.1.

证法 2　$\forall x_0\in I$，由于 $\sum_{n=1}^{\infty}u_n(x)$ 在 I 上一致收敛于 $S(x)$，故 $\forall\varepsilon>0$，$\exists N=N(\varepsilon)\in\mathbb{N}$，当 $n>N$ 时，有

$$\left|\sum_{k=n+1}^{\infty}u_k(x)\right|=\left|\sum_{k=1}^{n}u_k(x)-\sum_{k=1}^{\infty}u_k(x)\right|<\varepsilon\quad(\forall x\in I)$$

由于 $S_{N+1}(x)=\sum_{k=1}^{N+1}u_k(x)$ 在 x_0 连续，故 $\exists\delta>0$，当 $|x-x_0|<\delta$ 时，有

$$\left|\sum_{k=1}^{N+1}u_k(x)-\sum_{k=1}^{N+1}u_k(x_0)\right|<\frac{\varepsilon}{3}$$

于是

$$\begin{aligned}\left|\sum_{n=1}^{\infty}u_k(x)-\sum_{n=1}^{\infty}u_k(x_0)\right|&\leqslant\left|\sum_{k=N+2}^{\infty}u_k(x)\right|+\left|\sum_{k=1}^{N+1}u_k(x)-\sum_{k=1}^{N+1}u_k(x_0)\right|+\left|\sum_{k=N+2}^{\infty}u_k(x_0)\right|\\&<\frac{\varepsilon}{3}+\frac{\varepsilon}{3}+\frac{\varepsilon}{3}=\varepsilon\end{aligned}$$

即 $S(x)=\sum_{n=1}^{\infty}u_n(x)$ 在 x_0 处连续. 由 $x_0\in I$ 的任取性，$S(x)=\sum_{n=1}^{\infty}u_n(x)$ 在 I 上连续.

推论 13.2.1′　如果函数项级数 $\sum_{n=1}^{\infty}u_n(x)$ 在 $I\subset\mathbb{R}$ 上收敛于和函数 $S(n)$. 又 $u_n(x)$ 在 I 上连续（$n\in\mathbb{N}$），且 $S(x)$ 在 I 上不连续，则 $\sum_{n=1}^{\infty}u_n(x)$ 在 I 上不一致收敛.

证法1 应用推论13.2.1.

证法2(反证) 假设$\sum_{n=1}^{\infty}u_n(x)$在$I$上一致收敛,根据定理13.2.1′,和函数$S(x)=\sum_{n=1}^{\infty}u_n(x)$在$I$上为连续函数,这与已知$S(x)$在$I$上不连续相矛盾.

应用推论13.2.1′得到例13.1.1中的$x^1+\sum_{n=2}^{\infty}(x^n-x^{n-1})$在$(-1,1]$上不一致收敛;例13.1.6中的$\sum_{n=1}^{\infty}[e^{-n^2x^2}-e^{-(n-1)^2x^2}]$在$[0,1]$上不一致收敛.

更一般的,有下面的定理.

定理13.2.2′(逐项求极限——和号与极限号可交换) 设$u_n(x)$在集合$I\subset\mathbb{R}$有定义,如果$\lim\limits_{x\to a}u_n(x)=c_n$, $\forall n\in\mathbb{N}$. 又函数项级数$\sum_{n=1}^{\infty}u_n(x)$在$I$上一致收敛,则$\sum_{n=1}^{\infty}c_n$收敛,且

$$\lim_{x\to a}\sum_{n=1}^{\infty}u_n(x)=\sum_{n=1}^{\infty}c_n=\sum_{n=1}^{\infty}\lim_{n\to+\infty}u_n(x)$$

其中a可为$a^+,a^-,+\infty,-\infty,\infty$.

证法1 应用定理13.2.2.

证法2 先证$\sum_{n=1}^{\infty}c_n$收敛.

由于$\sum_{n=1}^{\infty}u_n(x)$在$I$上一致收敛,故$\forall\varepsilon>0$,根据函数项级数一致收敛的Cauchy收敛准则,$\exists N\in\mathbb{N}$,当$n>N$时,有

$$\left|\sum_{k=n+1}^{n+p}u_k(x)\right|<\frac{\varepsilon}{6}\quad(\forall p\in\mathbb{N})$$

令$p\to+\infty$,得到$\left|\sum_{k=n+1}^{\infty}u_k(x)\right|\leqslant\frac{\varepsilon}{6}$. 由$x\to a$得到

$$\left|\sum_{k=n+1}^{n+p}c_k\right|\leqslant\frac{\varepsilon}{6}$$

再由数项级数的柯西收敛原理,级数$\sum_{n=1}^{\infty}c_n$收敛.

对上述的$\varepsilon>0$及$N\in\mathbb{N}$, $n>N$,有

$$\left|\sum_{k=1}^{n} c_k - \sum_{k=1}^{\infty} c_k\right| = \left|\sum_{k=n+1}^{\infty} c_k\right| = \lim_{p\to+\infty}\left|\sum_{k=n+1}^{n+p} c_k\right| \leqslant \frac{\varepsilon}{6}$$

设 $a \in \mathbb{R}$，因为 $\lim\limits_{x\to a} u_k(x) = c_n$，故 $\exists \delta > 0$，当 $0 < |x-a| < \delta$ 时，有

$$\left|\sum_{k=1}^{N+1} u_k(x) - \sum_{k=1}^{N+1} c_k\right| < \frac{\varepsilon}{3}$$

于是，当 $0 < |x-a| < \delta$ 时，有

$$\begin{aligned}\left|\sum_{n=1}^{\infty} u_n(x) - \sum_{n=1}^{\infty} c_n\right| &\leqslant \left|\sum_{n=1}^{\infty} u_n(x) - \sum_{n=1}^{N+1} u_n(x)\right| + \\ &\quad \left|\sum_{n=1}^{N+1} u_n(x) - \sum_{n=1}^{N+1} c_n\right| + \left|\sum_{n=1}^{N+1} c_n - \sum_{n=1}^{\infty} c_n\right| \\ &= \left|\sum_{n=N+2}^{\infty} u_n(x)\right| + \left|\sum_{k=1}^{N+1} u_n(x) - \sum_{n=1}^{N+1} c_n\right| + \left|\sum_{n=N+2}^{\infty} c_n\right| \\ &< \frac{\varepsilon}{6} + \frac{\varepsilon}{6} + \frac{\varepsilon}{6} < \varepsilon\end{aligned}$$

这就证明了 $\lim\limits_{x\to a}\sum\limits_{n=1}^{\infty} u_n(x) = \sum\limits_{n=1}^{\infty} c_n = \sum\limits_{n=1}^{\infty} \lim\limits_{n=1}\lim\limits_{x\to a} u_n(x)$.

用反证法及定理 13.2.2′ 立即有下面的推论.

推论 13.2.2′　设 $u_n(x)$ 在集合 $I \subset \mathbb{R}$ 上有定义，且 $\lim\limits_{n\to+\infty} u_n(x) = c_n$，$\forall n \in \mathbb{N}$. 如果 $\sum\limits_{n=1}^{\infty} c_n$ 不收敛，或即使 $\sum\limits_{n=1}^{\infty} c_n$ 收敛但

$$\lim_{n\to+\infty}\sum_{n=1}^{\infty} u_n(x) \neq \sum_{n=1}^{\infty} c_n = \sum_{n=1}^{\infty} \lim_{n\to+\infty} u_n(x)$$

则 $\sum\limits_{n=1}^{\infty} u_n(x)$ 在 I 上不一致收敛.

定理 13.2.3′（逐项积分 —— 积分号与和号可交换）　如果函数项级数 $\sum\limits_{n=1}^{\infty} u_n(x)$ 在闭区间 $I = [a,b]$ 上一致收敛于 $S(x)$，$\forall n \in \mathbb{N}$，$u_n(x)$ 在 $[a,b]$ 上黎曼可积（连续），则 $S(x) = \sum\limits_{n=1}^{\infty} u_n(x)$ 在 $[a,b]$ 上也 Riemann 可积（连续），且

$$\begin{aligned}\int_a^b S(x)\,\mathrm{d}x &= \int_a^b \lim_{n\to+\infty} S_n(x)\,\mathrm{d}x = \int_a^b \sum_{n=1}^{\infty} u_n(x)\,\mathrm{d}x \\ &= \sum_{n=1}^{\infty}\int_a^b u_n(x)\,\mathrm{d}x = \lim_{n\to+\infty}\int_a^b S_n(x)\,\mathrm{d}x\end{aligned}$$

证法 1 应用定理 13.2.3.

证法 2 先证 $S(x)=\sum_{n=1}^{\infty}u_n(x)$ 在 $[a,b]$ 上 Riemann 可积. 由于 $u_n(x)$ 在 $[a,b]$ 上 Riemann 可积,根据 Lebesgue 定理 6.1.4(8),$D_{不}(u_n)$ 为零测集. 从定理 13.2.1′或定理 13.2.2′,$D_{不}(S)\subset\bigcup_{n=1}^{\infty}D_{不}(u_n)$. 再由引理 6.1.6(4) 及(2) 立即推得 $D_{不}(S)$ 为零测集. 因为 $\sum_{n=1}^{\infty}u_n(x)$ 在 $[a,b]$ 上一致收敛于 $S(x)$,故 $\exists N_0\in\mathbb{N}$,使得

$$\left|S(x)-\sum_{k=1}^{N_0}u_k(x)\right|<1\quad(\forall x\in[a,b])$$

因为 $\sum_{k=1}^{N_0}u_k(x)$ 在 $[a,b]$ 上 Riemann 可积,故有界. 设 $\left|\sum_{k=1}^{N_0}u_k(x)\right|\leqslant M,\forall x\in[a,b]$. 于是

$$\left|\sum_{n=1}^{\infty}u_n(x)\right|=|S(x)|\leqslant\left|\sum_{k=1}^{N_0}u_k(x)\right|+1\leqslant M+1$$

这就证明了 $S(x)=\sum_{n=1}^{\infty}u_n(x)$ 在 $[a,b]$ 为有界函数. 综合上述及由 Lebesgue 定理 6.1.4(8) 知,$S(x)=\sum_{n=1}^{\infty}u_n(x)$ 在 $[a,b]$ 上 Riemann 可积.

从 $\sum_{n=1}^{\infty}u_n(x)$ 在 $[a,b]$ 上一致收敛知,$\forall\varepsilon>0,\exists N=N(\varepsilon)\in\mathbb{N}$,当 $n>N$,有

$$\left|\sum_{k=1}^{n}u_k(x)-\sum_{k=1}^{\infty}u_k(x)\right|=\left|\sum_{k=n+1}^{\infty}u_k(x)\right|<\frac{\varepsilon}{b-a}\quad(\forall x\in[a,b])$$

于是,当 $n>N$ 时,有

$$\begin{aligned}&\left|\sum_{k=1}^{n}\int_a^b u_k(x)\mathrm{d}x-\int_a^b\sum_{k=1}^{\infty}u_k(x)\mathrm{d}x\right|=\left|\int_a^b\sum_{k=n+1}^{\infty}u_k(x)\mathrm{d}x\right|\\ \leqslant&\int_a^b\left|\sum_{k=n+1}^{\infty}u_k(x)\right|\mathrm{d}x<\frac{\varepsilon}{b-a}\cdot(b-a)=\varepsilon\end{aligned}$$

所以

$$\sum_{k=1}^{\infty}\int_a^b u_k(x)\mathrm{d}x=\lim_{n\to+\infty}\sum_{k=1}^{n}\int_a^b u_k(x)\mathrm{d}x=\int_a^b\sum_{k=1}^{\infty}u_k(x)\mathrm{d}x$$

用反证法及定理 13.2.3′立即有下面的推论.

推论 13.2.3′　设 $u_n(x)$ 在 $[a,b]$ 上 Riemann 可积，如果 $S(x) = \sum_{n=1}^{\infty} u_n(x)$ 在 $[a,b]$ 上非 Riemann 可积，或即使 Riemann 可积，但

$$\int_a^b \sum_{n=1}^{\infty} u_n(x)\,\mathrm{d}x \neq \sum_{n=1}^{\infty} \int_a^b u_n(x)\,\mathrm{d}x$$

则 $\sum_{n=1}^{\infty} u_n(x)$ 在 $[a,b]$ 上不一致收敛.

例 13.2.5（参阅例 13.1.5）　设 $u_n(x) = nx(1-x^2)^n - (n-1)x(1-x^2)^{n-1}$，$n = 1,2,\cdots$. 证明：$\sum_{n=1}^{\infty} u_n(x)$ 在 $[0,1]$ 不一致收敛.

证法 1　从例 13.1.5 得到

$$\int_0^1 \sum_{n=1}^{\infty} u_n(x)\,\mathrm{d}x \neq \sum_{n=1}^{\infty} \int_0^1 u_n(x)\,\mathrm{d}x$$

根据推论 13.2.3′ 知，$\sum_{n=1}^{\infty} u_n(x)$ 在 $[0,1]$ 上不一致收敛.

证法 2　因为

$$\begin{aligned}\beta_n &= \sup_{x\in[0,1]} |S_n(x) - S(x)| = \sup_{x\in[0,1]} nx(1-x^2)^n \\ &\geqslant n \cdot \frac{1}{n}\left(1 - \frac{1}{n^2}\right)^n = \left(1-\frac{1}{n}\right)^n\left(1+\frac{1}{n}\right)^n \to \mathrm{e}^{-1}\cdot \mathrm{e} \\ &= 1 \quad (n \to +\infty)\end{aligned}$$

所以 $\lim\limits_{n\to+\infty}\beta_n \neq 0$，从而 $\sum_{n=1}^{\infty} u_n(x)$ 在 $[0,1]$ 上不一致收敛.

定理 13.2.4′（逐项求导——求导与和号可交换）　如果 $\sum_{n=1}^{\infty} u_n(x)$ 满足：

(1) $u_n(x)$ 在 $[a,b]$ 上连续可导，$n \in \mathbb{N}$；

(2) $\sum_{n=1}^{\infty} u_n'(x)$ 在 $[a,b]$ 上一致收敛（于 $g(x)$）；

(3) 至少在某一点 $x_0 \in [a,b]$，$\sum_{n=1}^{\infty} u_n(x_0)$ 收敛.

则 $S(x) = \sum_{n=1}^{\infty} u_n(x)$ 在 $[a,b]$ 上连续可导，且

$$S'(x) = \left(\sum_{n=1}^{\infty} u_n(x)\right)' = \sum_{n=1}^{\infty} u_n'(x)$$

证法 1　应用定理 13.2.4.

证法2 由条件(2)(3)及定理13.2.1知，$\sum_{n=1}^{\infty} u_n'(x)$ 在$[a,b]$上连续，从而在$[a,b]$上 Riemann 可积. 令 $\sigma(x) = \sum_{n=1}^{\infty} u'_n(x), \forall x \in [a,b]$. 根据条件(2)及定理13.3.3′得到

$$\int_{x_0}^{x} \sigma(t)\,\mathrm{d}t = \int_{x_0}^{x} \Big(\sum_{n=1}^{\infty} u_n'(t)\Big)\mathrm{d}t \xlongequal{\text{条件(2)}} \sum_{n=1}^{\infty} \int_{x_0}^{x} u_n'(t)\,\mathrm{d}t$$
$$\xlongequal{\text{Newton-Leibniz}} \sum_{n=1}^{\infty} [u_n(x) - u_n(x_0)] \xlongequal{\text{条件(3)}} S(x) - S(x_0)$$

再由 $\sigma(x)$ 连续，有

$$\begin{aligned}\sum_{n=1}^{\infty} u_n'(x) &= \sigma(x) \xlongequal{\text{微积分基本定理}} \Big(\int_{x_0}^{x} \delta(t)\,\mathrm{d}t\Big)' \\ &= [S(x) - S(x_0)]' = S'(x) \\ &= \Big(\sum_{n=1}^{\infty} u_n(x)\Big)'\end{aligned}$$

用反证法及定理13.2.4′立即有下面的推论.

推论13.2.4′ 如果 $\sum_{n=1}^{\infty} u_n(x)$ 满足定理13.2.4′中的条件(1)与(3)，且

$$\Big(\sum_{n=1}^{\infty} u_n(x)\Big)' \neq \sum_{n=1}^{\infty} u_n'(x)$$

则 $\sum_{n=1}^{\infty} u_n'(x)$ 在$[a,b]$上不一致收敛.

定理13.2.5′(Dini) 设函数项级数 $\sum_{n=1}^{\infty} u_n(x)$ 的每一项 $u_n(x)$ 在有界闭区间$[a,b]$上连续且非负，且和函数 $\sum_{n=1}^{\infty} u_n(x)$ 也在$[a,b]$上连续，则 $\sum_{n=1}^{\infty} u_n(x)$ 在$[a,b]$上一致收敛.

证明 因为 $u_n(x)$ 在$[a,b]$上连续非负，则 $S_n(x) = \sum_{k=1}^{n} u_k(x)$ 也在$[a,b]$上连续. 令 $f_n(x) = S(x) - S_n(x) = \sum_{k=1}^{\infty} u_k(x) - \sum_{k=1}^{n} u_k(x) = \sum_{k=n+1}^{\infty} u_k(x)$，于是 $\{f_n(x)\}$ 在$[a,b]$上连续且单调减收敛于0. 根据 Dini 定理13.2.5推得，$\{f_n(x)\}$ 在$[a,b]$上一致收敛于0，从而 $\{S_n(x)\} = \{S(x) - f_n(x)\}$ 在$[a,b]$上一致收敛于 $S(x) - 0 = S(x)$.

注意,如果将 Dini 定理 13.2.5′ 中的有界闭区间$[a,b]$换成开区间或无穷区间,结论就可能不成立.

例 13.2.6　函数项级数$\sum_{n=0}^{\infty} x^n$的每一项x^n在$[0,1)$上非负连续,它的和函数$S(x)=\frac{1}{1-x}$也在$[0,1)$上连续,但该函数项级数$\sum_{n=1}^{\infty} x^n$在$[0,1)$上不一致收敛.

证法 1　因为$\beta_n=\sup_{x\in[0,1)}|x^n-0|=1\not\to 0(n\to+\infty)$,所以$x^n \not\rightrightarrows 0, x\in[0,1), n\to+\infty$. 根据推论 13.1.1 立知$\sum_{n=0}^{\infty} x^n$在$[0,1)$上不一致收敛.

证法 2(反证)　假设$\sum_{n=1}^{\infty} x^n$在$[0,1)$上一致收敛,则由定理 13.2.2′ 知

$$\lim_{x\to 1^-}\sum_{n=0}^{\infty} x^n=\sum_{n=0}^{\infty}\lim_{x\to 1^-} x^n=\sum_{n=0}^{\infty}1$$

收敛,这与$\sum_{n=0}^{\infty}1=+\infty$显然发散相矛盾.

例 13.2.7　证明:

(1) 函数项级数$\sum_{n=1}^{\infty}\frac{n+x}{n^3}$为$[0,+\infty)$上的连续函数;

(2) 函数项级数$\sum_{n=1}^{\infty}\frac{n+x}{n^3}$在$[0,+\infty)$上不一致收敛.

证明　(1) $\forall x_0\in[0,+\infty)$, $\exists M>0$,使得$x\in[0,M)$,则

$$\left|\frac{n+x}{n^3}\right|\leqslant\frac{n+M}{n^3}$$

由于$\sum_{n=1}^{\infty}\frac{n+M}{n^3}=\sum_{n=1}^{\infty}\left(\frac{1}{n^2}+\frac{M}{n^3}\right)$收敛,根据 Weierstrass 判别法推得函数项级数$\sum_{n=1}^{\infty}\frac{n+x}{n^3}$在$[0,M)$上一致收敛,根据定理 13.2.1, $\sum_{n=1}^{\infty}\frac{n+x}{n^3}$在$[0,M)$上连续,当然在$x_0\in[0,M)$连续. 因为$x_0$是任取的,所以$\sum_{n=1}^{\infty}\frac{n+x}{n^3}$为$[0,+\infty)$上的连续函数.

(2) 因为

$$\beta_n = \sup_{x\in[0,+\infty)}\left|\frac{n+x}{n^3}-0\right| \geqslant \frac{n+n^3}{n^3} = 1+\frac{1}{n^2} \geqslant 1$$

或

$$\beta_n = \sup_{x\in[0,+\infty)}\left|\frac{n+x}{n^3}-0\right| = \sup_{x\in[0,+\infty)}\frac{n+x}{n^3} = +\infty$$

所以，$\lim\limits_{n\to+\infty}\beta_n \neq 0$. 根据定理 13. 1. 2，$\frac{n+x}{n^3} \not\rightrightarrows 0, x\in[0,+\infty), n\to+\infty$. 再由推论 13. 1. 1，$\sum\limits_{n=1}^{\infty}\frac{n+x}{n^3}$ 在 $[0,+\infty)$ 上不一致收敛.

例 13. 2. 8　设 $S(x)=\sum\limits_{n=0}^{\infty}\frac{x^n}{3^n}\cos n\pi x^2$，计算 $\lim\limits_{x\to1}S(x)$.

解　在含 1 的区间 $[-2,2]$ 上考查这个函数项级数. 由于

$$\left|\frac{x^n}{3^n}\cos n\pi x^2\right| \leqslant \left(\frac{2}{3}\right)^n$$

及 $\sum\limits_{n=1}^{\infty}\left(\frac{2}{3}\right)^n$ 收敛，根据 Weierstrass 判别法知原级数在 $[-2,2]$ 上一致收敛，$S(x)$ 是 $[-2,2]$ 上的连续函数. 于是

$$\lim_{x\to1}S(x) = S(1) = \sum_{n=0}^{\infty}\frac{\cos n\pi}{3^n} = \sum_{n=0}^{\infty}\frac{(-1)^n}{3^n} = \sum_{n=0}^{\infty}\left(-\frac{1}{3}\right) = \frac{1}{1-\left(\frac{-1}{3}\right)} = \frac{3}{4}$$

例 13. 2. 9　证明：$S(x)=\sum\limits_{n=1}^{\infty}n\mathrm{e}^{-nx}$ 在 $(0,+\infty)$ 上连续. 进而，$S(x)$ 为 C^∞ 函数.

证明　例 13. 1. 13(2) 已经证明了这函数项级数在 $(0,+\infty)$ 上不一致收敛，因而不能直接用定理 13. 2. 1′ 来证明 $S(x)$ 为 $(0,+\infty)$ 上的连续函数.

仿例 13. 2. 7(1) 的证明，考虑 $\forall x_0\in(0,+\infty)$，取 δ，使得 $0<\delta<x_0$，由例 13. 1. 13(1) 知 $\sum\limits_{n=1}^{\infty}n\mathrm{e}^{-nx}$ 在 $[\delta,+\infty)$ 上一致收敛. 根据定理 13. 2. 1′，$S(x)$ 在 $[\delta,+\infty)$ 中为连续函数，因而 $S(x)$ 在 x_0 点处连续. 由于 x_0 是 $(0,+\infty)$ 中的任一点，所以 $S(x)$ 为 $(0,+\infty)$ 上的连续函数.

进而，从 $|(-1)^k n^{k+1}\mathrm{e}^{-nx}| = \frac{n^{k+1}}{\mathrm{e}^{nx}} \leqslant \frac{n^{k+1}}{\mathrm{e}^{n\delta}}$，$\forall x\in[\delta,+\infty)$，$\delta>0$ 及

$$\sqrt[n]{\frac{n^{k+1}}{\mathrm{e}^{n\delta}}} = \frac{(\sqrt[n]{n})^{k+1}}{\mathrm{e}^{\delta}} \to \frac{1}{\mathrm{e}^{\delta}} < 1 \quad (n\to+\infty)$$

并根据 Cauchy 判别法的极限形式, $\sum_{n=1}^{\infty}\frac{n^{k+1}}{e^{n\delta}}$ 收敛.

或者由

$$\frac{(n+1)^{k+1}}{e^{(n+1)\delta}}\Big/\frac{n^{k+1}}{e^{n\delta}}=\left(1+\frac{1}{n}\right)^{k+1}\Big/e^{\delta}\to\frac{1}{e^{\delta}}<1\quad(n\to+\infty)$$

根据 d' Alembert 判别法的极限形式, $\sum_{n=1}^{\infty}\frac{n^{k+1}}{e^{n\delta}}$ 收敛.

再由 Weierstrass 判别法知

$$\sum_{n=1}^{\infty}(-1)^{k}n^{k+1}e^{-nx}$$

在$[\delta,+\infty)$上一致收敛.

类似连续性的证明, $\forall x_0\in(0,+\infty)$取$\delta$,使得$0<\delta<x_0$,则函数项级数 $\sum_{n=1}^{\infty}(-1)^{k}n^{k+1}e^{-nx}$ 在$[\delta,+\infty)$中一致收敛. 应用定理 13. 2. 4′,得

$$\begin{aligned}S^{(k)}(x)&=(S^{(k-1)}(x))'=\left(\sum_{n=1}^{\infty}(-1)^{k-1}n^{k}e^{-nx}\right)'\\&=\sum_{n=1}^{\infty}[(-1)^{k-1}n^{k}e^{-nx}]'\\&=\sum_{n=1}^{\infty}(-1)^{k}n^{k+1}e^{-nx}\quad(k=1,2,\cdots)\end{aligned}$$

所以, $S(x)=\sum_{n=1}^{\infty}ne^{-nx}$ 为 C^{∞} 函数.

例 13. 2. 10　设 $S(x)=\sum_{n=1}^{\infty}\frac{\cos nx}{n^2}$,计算$\int_0^{\pi}S(x)\mathrm{d}x$.

解　由例 13. 1. 14(1) 知, $\sum_{n=1}^{\infty}\frac{\cos nx}{n^2}$在$(-\infty,+\infty)$上是一致收敛的,根据定理 13. 2. 3′,有

$$\int_0^{\pi}S(x)\mathrm{d}x=\int_0^{\pi}\sum_{n=1}^{\infty}\frac{\cos nx}{n^2}\mathrm{d}x=\sum_{n=1}^{\infty}\int_0^{\pi}\frac{\cos nx}{n^2}\mathrm{d}x=\sum_{n=1}^{\infty}\frac{\sin nx}{n^3}\bigg|_0^{\pi}=0$$

例 13. 2. 11　证明: $S(x)=\sum_{n=1}^{\infty}\frac{\sin nx}{n^4}$在$(-\infty,+\infty)$上二阶连续可导,并计算 $S''(x)$.

证明　易见,原级数$\sum_{n=1}^{\infty}\frac{\sin nx}{n^4}$以及每项求导后所得的级数$\sum_{n=1}^{\infty}\frac{\cos nx}{n^3}$都在

$(-\infty,+\infty)$ 上一致收敛,因而根据定理 13.2.4′,有

$$S'(x)=\left(\sum_{n=1}^{\infty}\frac{\sin nx}{n^4}\right)'=\sum_{n=1}^{\infty}\left(\frac{\sin nx}{n^4}\right)'=\sum_{n=1}^{\infty}\frac{\cos nx}{n^3}$$

对这个级数再逐项求导所得的级数 $\sum\limits_{n=1}^{\infty}\frac{-\sin nx}{n^2}$ 仍在 $(-\infty,+\infty)$ 上一致收敛,再根据定理 13.2.4′,有

$$S''(x)=\left(\sum_{n=1}^{\infty}\frac{\cos nx}{n^3}\right)'=\sum_{n=1}^{\infty}\frac{-\sin nx}{n^2}=-\sum_{n=1}^{\infty}\frac{\sin nx}{n^2}$$

由于积分运算和导数运算都是某种极限计算,所以上面这些定理实质上都是断言:在一定条件下,两种极限运算的交换是合理的.

定理 13.2.2 可记作

$$\lim_{x\to x_0}\lim_{n\to+\infty}f_n(x)=\lim_{n\to+\infty}\lim_{x\to x_0}f_n(x)$$

定理 13.2.3 可记作

$$\lim_{n\to+\infty}\int_a^b f_n(x)\,\mathrm{d}x=\int_a^b\lim_{n\to+\infty}f_n(x)\,\mathrm{d}x$$

定理 13.2.4 可记作

$$\lim_{n\to+\infty}\frac{\mathrm{d}}{\mathrm{d}x}(f_n(x))=\frac{\mathrm{d}}{\mathrm{d}x}\left(\lim_{n\to+\infty}f_n(x)\right)$$

或

$$\lim_{n\to+\infty}(f_n'(x))=\left(\lim_{n\to+\infty}f_n(x)\right)'$$

这里等号成立起关键作用的是函数列的一致收敛性.

最后,我们来举几个重要例子.

例 13.2.12 从历史上来看,当时的数学家对本节介绍的一些结果也不是一下子都明白的. 19 世纪的大数学家 Cauchy 在他的《分析教程》中曾断言:收敛的连续函数项级数的和函数也是连续的. 后来,另一个大数学家 Abel 在他的一篇关于二项式级数的长篇文章中指出了 Cauchy 的错误. Abel 举出了下面的例子

$$\sum_{n=1}^{\infty}\frac{\sin nx}{n}=\frac{\pi-x}{2}\quad(0<x<2\pi)$$

由于正弦函数 $\sin x$ 以 2π 为周期,所以上面级数的和函数如图 13.2.4 所示. 它在 $2k\pi(k\in\mathbb{Z})$ 上都不连续,但该函数项级数在整个数轴上都收敛,它的每一

项$\frac{\sin nx}{n}$也都在整个数轴上连续. 发生这一现象的根本原因是上面的级数在 $2k\pi(k\in\mathbb{Z})$ 的点的附近是不一致收敛的. 可见一致收敛的概念在级数理论中是何等重要!而等式

$$\sum_{n=1}^{\infty}\frac{\sin nx}{n}=\frac{n-x}{2}\quad(0<x<2\pi)$$

的证明参阅例 16.1.2.

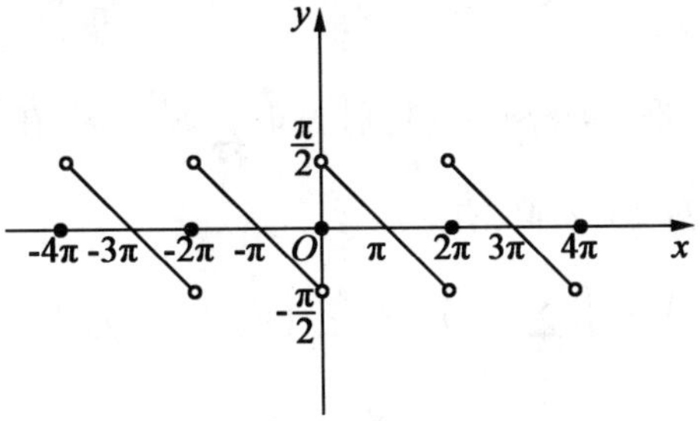

图　13.2.4

另一个简单的例子是(参阅例 13.2.1)

$$S_n(x)=f_n(x)=\begin{cases}1-nx, 0\leqslant x\leqslant\dfrac{1}{n}\\[2mm] 0, \dfrac{1}{n}<x\leqslant 1\end{cases}$$

$$u_1(x)=S_1(x)=f_1(x)$$

$$u_n(x)=S_n(x)-S_{n-1}(x)=f_n(x)-f_{n-1}(x)$$

显然,每个 $u_n(x)(n=1,2,\cdots)$ 连续. 但是,和函数

$$S(x)=\sum_{n=1}^{\infty}u_n(x)=\lim_{n\to+\infty}\sum_{k=1}^{n}u_k(x)=\lim_{n\to+\infty}S_n(x)=\lim_{n\to+\infty}f_n(x)=\begin{cases}1, x=0\\0, 0<x\leqslant 1\end{cases}$$

在点 $x=0$ 处不连续.

例 13.2.13　证明:Riemann ζ 函数 $\zeta(x)=\sum_{n=1}^{\infty}\frac{1}{n^x}$ 为$(1,+\infty)$上的 C^{∞} 函数.

证明　令 $u_n(x)=\frac{1}{n^x}$,则

$$u_n'(x)=-\frac{\ln n}{n^x}, u_n^{(k)}(x)=(-1)^k\frac{\ln^k n}{n^x}\quad(k=1,2,\cdots)$$

$\forall x_0 \in (1, +\infty)$,$\exists \delta > 0$,使得$0 < 1 + 2\delta < x_0$,当$x \in [1 + 2\delta, +\infty)$时,有

$$|u_n^{(k)}(x)| = \left|(-1)^k \frac{\ln^k n}{n^x}\right| \leqslant \frac{|\ln^k n|}{n^x} \leqslant \frac{|\ln^k n|}{n^{1+2\delta}} = \frac{1}{n^{1+\delta}} \cdot \frac{\ln^k n}{n^\delta}$$

因为$\lim\limits_{n\to+\infty} \dfrac{\ln^k n}{n^\delta} = 0$,所以,$\exists N \in \mathbb{N}$,当$n > N$时,$\left|\dfrac{\ln^k n}{n^\delta}\right| \leqslant M$,且

$$|u_n^{(k)}(x)| \leqslant \frac{M}{n^{1+\delta}} \quad (\forall x \in [1 + 2\delta, +\infty))$$

由于$\sum\limits_{n=1}^{\infty} \dfrac{M}{n^{1+\delta}}$收敛,根据Weierstrass判别法知$\sum\limits_{n=1}^{\infty} u_n^{(k)}(x)$在$[1 + 2\delta, +\infty)$上一致收敛. 反复应用定理13.2.4′,有

$$\zeta'(x) = \left(\sum_{n=1}^{\infty} \frac{1}{n^x}\right)' = \sum_{n=1}^{\infty} \left(\frac{1}{n^x}\right)' = \sum_{n=1}^{\infty} \frac{-\ln n}{n^x}$$

$$\zeta''(x) = (\zeta'(x))' = \left(\sum_{n=1}^{\infty} \frac{-\ln n}{n^x}\right)' = \sum_{n=1}^{\infty} \left(\frac{-\ln n}{n^x}\right)' = \sum_{n=1}^{\infty} \frac{(-1)^2 \ln^2 n}{n^x}$$

$$\vdots$$

$$\zeta^{(k)}(x) = (\zeta^{(k-1)}(x))' = \left(\sum_{n=1}^{\infty} \frac{(-1)^{k-1} \ln^{(k-1)} n}{n^x}\right)' = \sum_{n=1}^{\infty} \frac{(-1)^k \ln^k n}{n^x}$$

$$\vdots$$

这就证明了$\zeta(x)$为$[1 + 2\delta, +\infty)$上的C^∞函数,由于$x_0 \in (1, +\infty)$任取,因此$\zeta(x)$为$(1, +\infty)$上的C^∞函数.

例 13.2.14 处处连续处处不可导的函数.

作为级数理论的应用,给出一个处处连续处处不可导的例子. 这是由Weierstrass于1987年首先给出的. 我们介绍的是1930年由van der Waerden所构造的,在想法上更为直观.

先定义$u_0(x)$,它是以1为周期的函数. $u_0(x) = |x|$,$x \in \left[-\dfrac{1}{2}, \dfrac{1}{2}\right]$,则$0 \leqslant u_0(x) \leqslant \dfrac{1}{2}$.

再定义$u_k(x) = \dfrac{1}{4^k} u_0(4^k x)$,$k = 1,2,\cdots$. 因为

$$u_k\left(x + \frac{1}{4^k}\right) = \frac{1}{4^k} u_0\left(4^k\left(x + \frac{1}{4^k}\right)\right) = \frac{1}{4^k} u_0(4^k x + 1) = \frac{1}{4^k} u_0(4^k x) = u_k(x)$$

所以，$u_k(x)$ 以$\frac{1}{4^k}$为周期(图 13.2.5)，且

$$|u_k(x)| = \left|\frac{1}{4^k}u_0(4^k x)\right| \leqslant \frac{1}{2}\cdot\frac{1}{4^k}$$

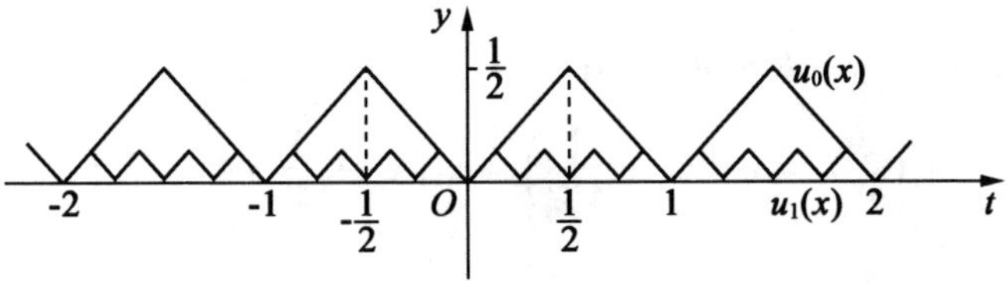

图　13.2.5

显然，$\forall s \in \mathbb{Z}$，$u_0(x)$ 在 $\left[\frac{s}{2},\frac{s+1}{2}\right]$上是线性的，因此，$u_k(x)$ 在 $\left[\frac{s}{2\cdot 4^k},\frac{s+1}{2\cdot 4^k}\right]$上是线性的. 从而每个 $u_k(x)$ 都是锯齿形函数，其齿随 k 增大而变细. 令

$$f(x) = \sum_{k=0}^{\infty} u_k(x) \quad (x \in (-\infty, +\infty))$$

因为$|u_k(x)| \leqslant \frac{1}{2}\cdot\frac{1}{4^k}$，故由 Weierstrass 判别法，$\sum_{k=1}^{\infty} u_k(x)$ 在$(-\infty, +\infty)$上一致收敛. 再由 $u_k(x)$ 连续($k \in \mathbb{N}$)，根据定理13.2.1′知，$f(x) = \sum_{k=0}^{\infty} u_k(x)$ 在$(-\infty, +\infty)$上处处连续.

下面证明 $f(x)$ 在$(-\infty, +\infty)$上处处不可导.

任取 $x_0 \in \mathbb{R}$，记$[2\cdot 4^n x_0] = s_n$，则

$$s_n \leqslant 2\cdot 4^n x_0 < s_n + 1 \Leftrightarrow \frac{s_n}{2\cdot 4^n} \leqslant x_0 < \frac{s_n+1}{2\cdot 4^n}$$

取 $x_n \in \left[\frac{s_n}{2\cdot 4^n},\frac{s_n+1}{2\cdot 4^n}\right]$，使得

$$|x_n - x_0| = \frac{1}{2}\cdot\frac{1}{2\cdot 4^n} = \frac{1}{4^{n+1}} \quad (\text{图 } 13.2.6)$$

于是

$$\lim_{n\to+\infty} x_n = x_0$$

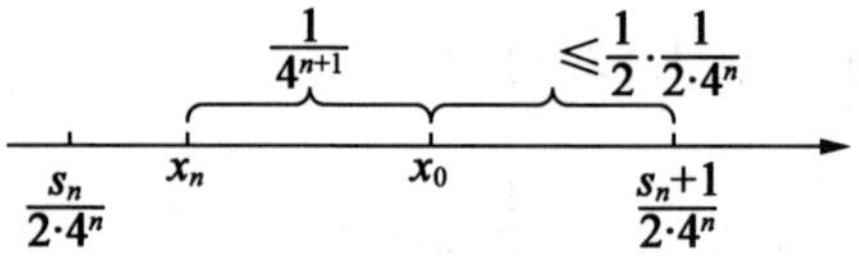

图 13.2.6

对某个 $n\in\mathbb{N}$,当 $k>n$ 时,有

$$u_k(x_n)=u_k\left(x_0\pm\frac{1}{4^{n+1}}\right)=u_k\left(x_0+\frac{1}{4^k}\cdot4^{k-(n+1)}\right)\xlongequal{\frac{1}{4^k}\text{为 }u_k\text{ 的周期}}u_k(x_0)$$

由此得到

$$\frac{f(x_n)-f(x_0)}{x_n-x_0}=\sum_{n=0}^{\infty}\frac{u_k(x_0)-u_k(x_0)}{x_n-x_0}=\sum_{k=0}^{n}\frac{u_k(x_n)-u_k(x_0)}{x_n-x_0}$$
$$=\sum_{k=0}^{n}(\pm1)=\begin{cases}\text{偶数},n\text{ 为奇数}\\\text{奇数},n\text{ 为偶数}\end{cases}$$

(当$k\leqslant n$时,$\left[\frac{s_n}{2\cdot4^n},\frac{s_n+1}{2\cdot4^n}\right]\subset\left[\frac{s_k}{2\cdot4^k},\frac{s_k+1}{2\cdot4^k}\right]$,而$u_k(x)$在$\left[\frac{s_k}{2\cdot4^k},\frac{s_k+1}{2\cdot4^k}\right]$中是线性的. 因此,在$\left[\frac{s_n}{2\cdot4^n},\frac{s_n+1}{2\cdot4^n}\right]$上也是线性的。现 $x_0,x_n\in\left[\frac{s_n}{2\cdot4^n},\frac{s_n+1}{2\cdot4^n}\right]$,所以$\frac{u_k(x_n)-u_k(x_0)}{x_n-x_0}=\pm1$).

令 $n\to+\infty$,显然有

$$\lim_{n\to+\infty}\frac{f(x_n)-f(x_0)}{x_n-x_0}$$

不存在,从而$f(x)$在x_0不可导. 由x_0的任取性知,$f(x)$在$(-\infty,+\infty)$上处处不可导.

例 13.2.15 填满正方形的连续曲线.

1890 年,Peano 构造出一条连续曲线,它将整个正方形填满了. 这一事实就像处处连续处处不可导的函数那样令人不可思议. 下面介绍的例子是 Schoenberg 于 1938 年提出的,它也需依靠无穷级数来完成.

我们要构造一条连续曲线$(x,y)=(x(t),y(t))$,$t\in[0,1]$. 当t走遍了$[0,1]$时,$(x(t),y(t))$连续地走遍正方形$[0,1]\times[0,1]$中每一点,为此,在$[0,1]$上定义函数φ如下

$$\varphi(t)=\begin{cases}0,t\in\left[0,\dfrac{1}{3}\right]\\3t-1,t\in\left(\dfrac{1}{3},\dfrac{2}{3}\right)\\1,t\in\left[\dfrac{2}{3},1\right]\end{cases}$$

然后再将 $\varphi(t)$ 延拓为整个数轴上周期为2的偶函数(图13.2.7),即让 $\varphi(t)$ 满足

$$\varphi(t)=\varphi(-t),\varphi(t+2)=\varphi(t)\quad(t\in(-\infty,+\infty))$$

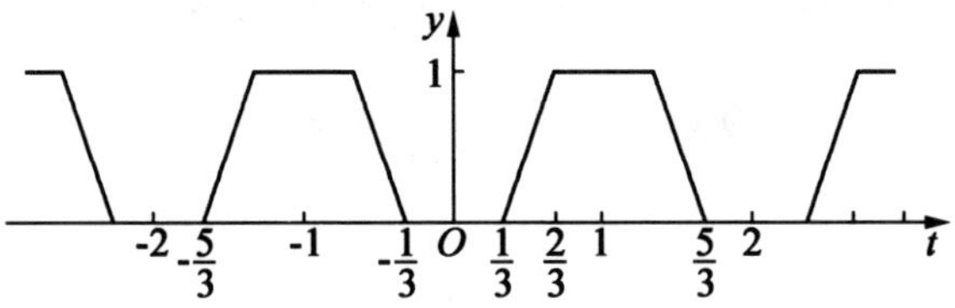

图　13.2.7

现在令

$$(x(t),y(t))=\left(\sum_{n=1}^{\infty}\frac{\varphi(3^{2n-2}t)}{2^n},\sum_{n=1}^{\infty}\frac{\varphi(3^{2n-1}t)}{2^n}\right)\quad(t\in[0,1])$$

这是一条能填满正方形[0,1] × [0,1] 的连续曲线.

由于 $0\leqslant\varphi(t)\leqslant 1$,所以 $\sum\limits_{n=1}^{\infty}\dfrac{1}{2^n}$ 是上面两个函数级数的优级数,根据维尔斯特拉斯判别法,得

$$x(t)=\sum_{n=1}^{\infty}\frac{\varphi(3^{2n-2}t)}{2^n}\text{ 与 }y(t)=\sum_{n=1}^{\infty}\frac{\varphi(3^{2n-1}t)}{2^n}$$

在[0,1]上都一致收敛,根据定理13.2.1′,$x(t)$ 与 $y(t)$ 都为[0,1]上的连续函数,所以,$(x(t),y(t))$ 是一条连续曲线. 余下的需证它填满了整个正方形[0,1] × [0,1]. 为此,任取 $(a,b)\in[0,1]\times[0,1]$,并且用二进位小数表示 a,b 为

$$a=\sum_{n=1}^{\infty}\frac{a_n}{2^n},b=\sum_{n=1}^{\infty}\frac{b_n}{2^n}$$

这里 a_n,b_n 都只取0,1中某一个值,将 $\{a_n\},\{b_n\}$ 交错排列为

$$a_1,b_1,a_2,b_2,\cdots,a_n,b_n,\cdots$$

并重新记为

$$\eta_1,\eta_2,\cdots,\eta_{2n-1},\eta_{2n},\cdots$$

其中 $\eta_{2n-1}=a_n,\eta_{2n}=b_n,n=1,2,\cdots$,于是

$$0\leqslant\eta=\sum_{n=1}^{\infty}\frac{2\eta_n}{3^n}\leqslant 2\sum_{n=1}^{\infty}\frac{1}{3^n}=1$$

即 $\eta\in[0,1]$. 我们证 $(x(\eta),y(\eta))=(a,b)$. 事实上,对于固定的 $k=0,1,2,\cdots$, 有

$$3^k\eta=3^k\sum_{n=1}^{\infty}\frac{2\eta_n}{3^n}=2\sum_{n=1}^{k}3^{k-n}\eta_n+\frac{2}{3}\eta_{k+1}+2\sum_{n=k+2}^{\infty}\frac{\eta_n}{3^{n-k}}$$

容易看出,右边第1个和式是2的整倍数,记为 $2m$. 若将第3个和式记 α_k,则

$$0\leqslant\alpha_k\leqslant 2\sum_{n=k+2}^{\infty}\frac{1}{3^{n-k}}=\frac{1}{3}$$

这样便有

$$3^k\eta=2m+\frac{2}{3}\eta_{k+1}+\alpha_k$$

由于 $\varphi(t)$ 是以2为周期的周期函数,所以

$$\begin{aligned}\varphi(3^k\eta)&=\varphi\left(2m+\frac{2}{3}\eta_{k+1}+\alpha_k\right)\\&=\varphi\left(\frac{2}{3}\eta_{k+1}+\alpha_k\right)=\begin{cases}\varphi(\alpha_k)=0=\eta_{k+1},\eta_{k+1}=0\\ \varphi\left(\dfrac{2}{3}+\alpha_k\right)=1=\eta_{k+1},\eta_{k+1}=1\end{cases}\\&=\eta_{k-1}\end{aligned}$$

其中 $\eta_{k+1}=1$ 时,$\frac{2}{3}\leqslant\frac{2}{3}\eta_{k+1}+\alpha_k\leqslant\frac{2}{3}\cdot 1+\frac{1}{3}=1$. 于是

$$x(\eta)=\sum_{n=1}^{\infty}\frac{\varphi(3^{2n-2}\eta)}{2^n}=\sum_{n=1}^{\infty}\frac{\eta_{2n-1}}{2^n}=\sum_{n=1}^{\infty}\frac{a_n}{2^n}=a$$

$$y(\eta)=\sum_{n=1}^{\infty}\frac{\varphi(3^{2n-2}\eta)}{2^n}=\sum_{n=1}^{\infty}\frac{\eta_{2n}}{2^n}=\sum_{n=1}^{\infty}\frac{b_n}{2^n}=b$$

这就证明了连续曲线 $(x(t),y(t))$ 的确填满了整个正方形 $[0,1]\times[0,1]$.

注 13.2.2 注意映射 $F:[0,1]\to[0,1]\times[0,1],t\to F(t)=(x(t),y(t))$ 肯定不是一一映射,当然更不是同胚映射. 这表明:必有 $t_1,t_2\in[0,1]$, $t_1\neq t_2$, 但 $F(t_1)=(x(t_1),y(t_1))=(x(t_2),y(t_2))=F(t_2)$,称它为**重点**.

事实上,若映射 F 为一一映射,根据定理7.3.10知,该映射必为同胚映射.

从而也为同胚. 由于 $[0,1]\backslash\left\{\frac{1}{2}\right\}=\left[0,\frac{1}{2}\right)\cup\left(\frac{1}{2},1\right]$ 不连通，而 $[0,1]\times[0,1]\backslash F\left(\frac{1}{2}\right)$ 连通,这与连通为同胚不变性相矛盾.

不难看出,利用上面的方法,我们还能构造出填满整个立方体 $[0,1]\times[0,1]\times[0,1]$ 的空间连续曲线. 请读者证明,空间连续曲线

$$F(t)=(x(t),y(t),z(t))=\left(\sum_{n=1}^{\infty}\frac{\varphi(3^{3n-3}t)}{2^n},\sum_{n=1}^{\infty}\frac{\varphi(3^{3n-2}t)}{2^n},\sum_{n=1}^{\infty}\frac{\varphi(3^{2n-1}t)}{2^n}\right)$$

便能填满整个立方体 $[0,1]\times[0,1]\times[0,1]$. 同样 $F:[0,1]\to[0,1]\times[0,1]\times[0,1]$ 也不是一一映射,即上述空间连续曲线必有重点.

上述例 13. 2. 14 与例 13. 2. 15 两个例子的魅力不仅在于它们提示了两件令人感到惊异的事实. 还在于它们是近 20 年来正蓬勃兴起并且很有应用前景的一门新兴学科“分形几何” 中所谓“分形集” 的典型例子.

练习题 13.2

1. 确定下列函数的存在域,并研究它们的连续性:

(1) $f(x)=\sum\limits_{n=1}^{\infty}\left(x+\frac{1}{n}\right)^n$;　　(2) $f(x)=\sum\limits_{n=1}^{\infty}\frac{x+(-1)^n n}{x^2+n^2}$.

2. 证明:函数

$$f(x)=\sum_{n=1}^{\infty}\frac{\cos nx}{n^4}$$

在 $(-\infty,+\infty)$ 中有二阶连续导函数,并计算 $f''(x)$.

3. 设 $f(x)=\sum\limits_{n=1}^{\infty}n\mathrm{e}^{-nx}\ (x>0)$,计算 $\int_{\ln 2}^{\ln 3}f(x)\,\mathrm{d}x$.

4. 设 $f(x)=\sum\limits_{n=1}^{\infty}\left(\frac{x}{1+2x}\right)^n\cos\frac{n\pi}{x}$,计算:$\lim\limits_{x\to1}f(x)$, $\lim\limits_{n\to+\infty}f(x)$.

5. 已知 $\sum\limits_{n=1}^{\infty}\frac{(-1)^{n-1}}{n}=\ln 2$,证明:$\lim\limits_{x\to1}\sum\limits_{n=1}^{\infty}\frac{(-1)^{n-1}}{n^x}=\ln2$.

6. 证明:$f(x)=\sum\limits_{n=1}^{\infty}\left(x+\frac{1}{n}\right)^n$ 在 $(-1,1)$ 内连续.

7. 证明：$\sum_{n=1}^{\infty}\frac{x}{(1+x^2)^n}$ 在$(0,+\infty)$内非一致收敛.

思考题 13.2

1. 设E为$(-\infty,+\infty)$中的一点集,x_0为E的广义聚点(即x_0可为实数或$\pm\infty$,x_0的任何开邻域中必含E中异于x_0的点). 如果函数项级数$\sum_{n=1}^{\infty}u_n(x)$在$E$上一致收敛,且$\lim\limits_{\substack{x\to x_0\\ x\in E}}u_n(x)=a_n$,$n=1,2,\cdots$. 证明：

(1) $\sum_{n=1}^{\infty}a_n$ 收敛；

(2) $\lim\limits_{\substack{x\to x_0\\ x\in E}}\sum_{n=1}^{\infty}u_n(x)=\sum_{n=1}^{\infty}a_n=\sum_{n=1}^{\infty}\lim\limits_{\substack{x\to x_0\\ x\in E}}u_n(x)$.

2. 利用$\sum_{n=1}^{\infty}\frac{1}{n^2}=\frac{\pi^2}{6}$,证明

$$\lim_{x\to 1}\sum_{n=1}^{\infty}\frac{x^n(1-x)}{n(1-x^{2n})}=\frac{\pi^2}{12}$$

3. 设函数项级数$\sum_{n=1}^{\infty}u_n(x)$满足下列条件：

(1) $\sum_{n=1}^{\infty}u_n(x)$在$(x_0-\delta,x_0+\delta)$中收敛于$f(x)$；

(2) 函数项级数的每一项$u_n(x)$在$x=x_0$处可导；

(3) 函数项级数$\sum_{n=1}^{\infty}\frac{u_n(x)-u_n(x_0)}{x-x_0}$在$0<|x-x_0|<\delta$中一致收敛.

则$f(x)$在x_0处可导,且$f'(x_0)=\sum_{n=1}^{\infty}u_n'(x_0)$.

4. 在$(0,1)$中任取一数列$\{a_n\}$,其中两两不相同. 证明：函数

$$f(x)=\sum_{n=1}^{\infty}\frac{|x-a_n|}{2^n}$$

在$(0,1)$中连续,且在$x=a_n(n=1,2,\cdots)$处都不可导,而在$(0,1)$中其他点处

都可导.

5. 设 $\{x_n\}$ 为区间 $[0,1)$ 中的全体有理数,对任意 $x \in (0,1)$,定义

$$f(x) = \sum_{x_n < x} \frac{1}{2^n}$$

令

$$g_n(x) = \begin{cases} 0, x \leqslant x_n \\ \dfrac{1}{2^n}, x > x_n \end{cases}$$

证明:

(1) 级数 $\sum\limits_{n=1}^{\infty} g_n(x)$ 在 $(0,1)$ 上一致收敛于 $f(x)$;

(2) $\int_0^1 f(x)\,\mathrm{d}x = \sum\limits_{n=1}^{\infty} \dfrac{1 - x_n}{2^n}$.

6. 设 $\{x_n\}$ 为 $(0,1)$ 内的一个数列,且 $x_i \neq x_j (i \neq j)$,证明

$$f(x) = \sum_{n=1}^{\infty} \frac{\operatorname{sgn}(x - x_n)}{2^n}$$

在 $(0,1)$ 内一致收敛;$f(x)$ 在 $(0,1) \setminus \{x_n \mid n = 1,2,\cdots\}$ 中每一点处连续,而在每个 $x_n (n = 1,2,\cdots)$ 处不连续.

7. 证明:$f(x) = \sum\limits_{n=1}^{\infty} n\mathrm{e}^{-nx}$ 在 $(0, +\infty)$ 内收敛,但不一致收敛,而和函数在 $(0, +\infty)$ 内无穷次可导.

8. 设 $h(x)$,$f'_n(x)$ 在 $[a,b]$ 上连续,$n = 1,2,\cdots$,又对 $[a,b]$ 中任意的 x_1,x_2 与正整数 n 有

$$| f_n(x_1) - f_n(x_2) | \leqslant \frac{M}{n} | x_1 - x_2 |$$

其中 $M > 0$ 为常数. 证明:

(1) $f'_n(x) \rightrightarrows 0, x \in [a,b], n \to +\infty$;

(2) $\lim\limits_{n \to +\infty} \int_a^b h(x) f'_n(x)\,\mathrm{d}x = 0$.

复 习 题 13

1. 设函数 $f(x)$ 在 $x=0$ 的邻域里有二阶连续导函数，且 $f(0)=0$，$0<f'(0)<1$. 如果 $f_n(x)$ 为 $f(x)$ 的 n 次复合，即 $f_n=\underbrace{f\circ f\circ\cdots\circ f}_{n次}$. 证明：函数项级数 $\sum\limits_{n=1}^{\infty}f_n(x)$ 在 $x=0$ 的邻域里一致收敛.

2. 证明：函数项级数

$$\sum_{n=1}^{\infty}\frac{x^n}{1+x+x^2+\cdots+x^{2n-1}}\cos nx$$

在 $(0,1]$ 中一致收敛.

3. 设 $\sum\limits_{n=1}^{\infty}u_n(x)$ 在 $[a,b]$ 上收敛，如果

$$|S_n(x)|=\left|\sum_{k=1}^{n}u_k(x)\right|\leqslant M\quad(a\leqslant x\leqslant b,n=1,2,\cdots)$$

就称 $\sum\limits_{n=1}^{\infty}u_n(x)$ 在 $[a,b]$ 上**有界收敛**.

设 $\sum\limits_{n=1}^{\infty}u_n(x)$ 在 $[a,b]$ 上有界收敛，且对任意 $\delta>0$ 及 $c\in(a,b)$，$\sum\limits_{n=1}^{\infty}u_n(x)$ 在 $[a,c-\delta]$ 与 $[c+\delta,b]$ 上一致收敛. 如果 $u_n(x)(n=1,2,\cdots)$ 在 $[a,b]$ 上 Riemann 可积，则 $\sum\limits_{n=1}^{\infty}u_n(x)$ 也在 $[a,b]$ 上 Riemann 可积，且

$$\int_a^b\left(\sum_{n=1}^{\infty}u_n(x)\right)\mathrm{d}x=\sum_{n=1}^{\infty}\int_a^b u_n(x)\,\mathrm{d}x$$

4. 设函数项级数 $\sum\limits_{n=1}^{\infty}u_n(x)$ 满足下列条件：

(1) 广义积分 $\int_a^{+\infty}u_n(x)\,\mathrm{d}x$ 收敛，$n=1,2,\cdots$;

(2) 函数项级数 $\sum\limits_{n=1}^{\infty}u_n(x)$ 在区间 $[a,b]$ 上一致收敛，这里 b 是大于 a 的任

何实数；

(3) 函数项级数 $\sum_{n=1}^{\infty}\int_a^x u_n(t)\mathrm{d}t$ 在 $[a,+\infty)$ 上一致收敛.

则 $\int_a^{+\infty}\left(\sum_{n=1}^{\infty}u_n(x)\right)\mathrm{d}x$ 与 $\sum_{n=1}^{\infty}\int_a^{+\infty}u_n(x)\mathrm{d}x$ 都收敛，且

$$\int_a^{+\infty}\left(\sum_{n=1}^{\infty}u_n(x)\right)\mathrm{d}x = \sum_{n=1}^{\infty}\int_a^{+\infty}u_n(x)\mathrm{d}x$$

5. 设 $r_1,r_2,\cdots$ 为 $[0,1]$ 中的有理数. 证明：函数

$$f(x) = \sum_{n=1}^{\infty}\frac{|x-r_n|}{3^n}\quad(0\leqslant x\leqslant 1)$$

连续，且在无理点可导，但在有理点不可导.

6. 设 $K(x,t)$ 在 $[a,b]\times[a,b]$ 上连续，$u_0(x)$ 在 $[a,b]$ 上连续，且对任意 $x\in[a,b]$，令

$$u_n(x) = \int_a^x K(x,t)u_{n-1}(t)\mathrm{d}t\quad(n=1,2,\cdots)$$

证明：函数列 $\{u_n(x)\}$ 在 $[a,b]$ 上一致收敛.

7. 设 $f(x)$ 在 $(-\infty,+\infty)$ 内连续；当 $x\neq 0$ 时，有 $|f(x)|<|x|$. 令

$$f_1(x) = f(x)$$

$$f_2(x) = f(f_1(x)) = f\circ f(x)$$

$$f_n(x) = f(f_{n-1}(x)) = \underbrace{f\circ f\circ\cdots\circ f}_{n个}(x)$$

$$\vdots$$

证明：$\{f_n(x)\}$ 在 $[-A,A]$ 上一致收敛 $\forall A\in\mathbb{R}^+$.

8. 设 $\alpha_n>0$，$\lim\limits_{n\to+\infty}\alpha_n=0$，$|u_n(x)|\leqslant\alpha_n$，$\forall x\in I$，且 $u_i(x)u_j(x)=0\,(i\neq j)$. $\forall x\in I\subset\mathbb{R}$. 证明：$\sum_{n=1}^{\infty}u_n(x)$ 在 I 上一致收敛.

9. 设 $\{u_n(x)\}$ 为 $[a,b]$ 上的可导函数列，且在 $[a,b]$ 上有

$$\left|\sum_{k=1}^{\infty}u_k'(x)\right|\leqslant C$$

其中 C 是不依赖 x 与 n 的正数. 证明：若 $\sum_{n=1}^{\infty}u_n(x)$ 在 $[a,b]$ 上收敛，则必为一致

收敛.

10. 设函数列$f_0(x),f_1(x),\cdots,f_n(x),\cdots$在$I\subset\mathbb{R}$上有定义,且满足

$$|f_0(x)|\leqslant M\quad(x\in I)$$

$$\sum_{n=0}^{m}|f_n(x)-f_{n+1}(x)|\leqslant M\quad(m=0,1,2,\cdots,x\in I)$$

其中M为常数. 证明:如果级数$\sum\limits_{n=0}^{\infty}b_n$收敛,则函数项级数$\sum\limits_{n=0}^{\infty}b_nf_n(x)$必在$I$上一致收敛.

11. 证明:函数项级数$\sum\limits_{n=1}^{\infty}\dfrac{1}{n}\left[\mathrm{e}^x-\left(1+\dfrac{x}{n}\right)^n\right]$在任意有限区间$[a,b]$上一致收敛,但在$(0,+\infty)$上非一致收敛.

12. 证明:$\sum\limits_{n=1}^{\infty}(1-x)\dfrac{x^n}{1-x^{2n}}\sin nx$在$\left(\dfrac{1}{2},1\right)$内一致收敛.

13. 证明:(1) 函数列$\left(1+\dfrac{x}{n}\right)^n(n=1,2,\cdots)$在$[0,1]$上一致收敛于$\mathrm{e}^x$;

(2) 函数列$f_n(x)=\dfrac{1}{\mathrm{e}^{\frac{x}{n}}+\left(1+\dfrac{x}{n}\right)^n}(n=1,2,\cdots)$在$[0,1]$上一致收敛于$\dfrac{1}{1+\mathrm{e}^x}$;

(3) $\lim\limits_{n\to+\infty}\displaystyle\int_0^1\frac{\mathrm{d}x}{\mathrm{e}^{\frac{x}{n}}+\left(1+\frac{x}{n}\right)^n}=1+\ln\frac{2}{1+\mathrm{e}}$.

14. 设$\{r_n\}$为区间$[0,1]$上全体有理数组成的数列,$u_n(x)$在$[0,1]$上一致地满足 Lipschitz 条件,即$\exists L>0$,使得$\forall x_1,x_2\in[0,1]$有

$$|u_n(x_1)-u_n(x_2)|\leqslant L|x_1-x_2|\quad(\forall n\in\mathbb{N})$$

又设$u_n(0)=0$,$u_n(x)$只在r_n处不可导,而在$[0,1]$的其他点处可导$(n=1,2,\cdots)$,证明:

(1)$f(x)=\sum\limits_{n=1}^{\infty}\dfrac{u_n(x)}{2^n}$在$[0,1]$上连续;

(2)$f(x)$在$[0,1]$的有理点处不可导,而在无理点处可导,且导数

$$f'(x) = \sum_{n=1}^{\infty} \frac{u_n'(x)}{2^n}$$

15. 设$g(x)$与$f_n(x) \geqslant 0 (n = 1,2,\cdots)$在$[a,b]$上有界可积，且$\forall c \in (a, b)$，有

$$f_n(x) \rightrightarrows 0 \quad (x \in [c,b], n \to +\infty)$$

$$\lim_{n\to+\infty}\int_a^b f_n(x)\mathrm{d}x = 1$$

$$\lim_{x\to a^+} g(x) = A$$

证明：$\lim\limits_{n\to+\infty}\int_a^b g(x)f_n(x)\mathrm{d}x = A$.

16. 证明：函数项级数$\sum\limits_{n=1}^{\infty} x^{2n}\ln x$在$(0,1)$内不一致收敛，但在$[0,1]$上可逐项积分.

17. 设$\{f_n(x)\}$为$(-\infty, +\infty)$上定义并且连续的函数列. 试构造一个在$(-\infty, +\infty)$上有界、连续的函数$f(x)$，使得$f(x) = 0 \Leftrightarrow f_n(x) = 0, n = 1,2,\cdots$.

18. 设$f_n(x)(n = 1,2,\cdots)$在$[0,1]$上连续，并且$f_n(x) \geqslant f_{n+1}(x)$，$\forall x \in [0,1], n = 1,2,\cdots$. 如果$f_n(x)$在$[0,1]$上收敛于$f(x)$. 证明：$f(x)$在$[0,1]$上达到最大值. 举例说明，上述$f(x)$在$[0,1]$上未必达到最小值.

19. 设$f_n(x)(n = 1,2,\cdots)$在$[a,b]$上连续可导，且$\max\limits_{a\leqslant x\leqslant b}|f_n'(x)| \leqslant M (n = 1,2,\cdots)$. 又$\{f_n(x)\}$在$[a,b]$上每一点处收敛. 证明：$\{f_n(x)\}$在$[a,b]$上一致收敛. 如果“连续可导”改为“可导”，上述结论是否仍正确？

20. 设$\{f_n(x)\}$是定义在$[a,b]$上的连续函数列，且$\{f_n(x)\}$在$[a,b]$上一致收敛于$f(x)$. 又$\{x_n\} \subset [a,b]$，且$x_n \to x_0 (n \to +\infty)$，证明

$$\lim_{n\to+\infty} f_n(x_n) = f(x_0)$$

21. (Dini 定理) 设$\{f_n(x)\}$为$[a,b]$上的连续函数列，且对任意$x \in [a,b]$，有$f_n(x) \leqslant f_{n+1}(x)$. 证明：如果$\{f_n(x)\}$收敛于连续函数$f(x)$，则$\{f_n(x)\}$在$[a,b]$上必一致收敛于$f(x)$.

22. 设对每一个n，$f_n(x)$为$[a,b]$上的单调函数. 证明：如果函数列$\{f_n(x)\}$在$[a,b]$上收敛于连续函数$f(x)$，则$\{f_n(x)\}$在$[a,b]$上必一致收敛于$f(x)$.

23. 设每个函数 $u_n(x)(n=1,2,\cdots)$ 都在点 $x=c$ 处连续,但 $\sum\limits_{n=1}^{\infty}u_n(c)$ 发散. 证明:$\forall\delta>0$,级数 $\sum\limits_{n=1}^{\infty}u_n(x)$ 在 $(c,c+\delta)$ 内不一致收敛.

24. 设 $\{u_n(x)\}$ 是 $[a,b]$ 上正的单调减 $(u_{n+1}(x)\leqslant u_n(x))$ 且收敛于0的函数列,每个 $u_n(x)$ 都是 $[a,b]$ 上的单调增函数. 证明:函数项级数 $\sum\limits_{n=1}^{\infty}(-1)^{n-1}u_n(x)$ 在 $[a,b]$ 上一致收敛.

25. 证明:函数项级数 $\sum\limits_{n=1}^{\infty}\dfrac{n^2}{\sqrt{n!}}(x^n+x^{-n})$ 在 $\dfrac{1}{2}\leqslant|x|\leqslant 2$ 上一致收敛.

26. 证明:Riemann ζ 函数 $\zeta(x)=\sum\limits_{n=1}^{\infty}\dfrac{1}{n^x}$ 在 $(1,+\infty)$ 上为 C^{∞} 函数,但它在 $(1,+\infty)$ 上不一致连续,且 $\sum\limits_{n=1}^{\infty}\dfrac{1}{n^x}$ 在 $(1,+\infty)$ 上非一致收敛.

27. 设级数 $\sum\limits_{n=1}^{\infty}a_n$ 收敛,证明:Dirichlet 级数 $\sum\limits_{n=1}^{\infty}\dfrac{a_n}{n^x}$ 当 $x\geqslant 0$ 时一致收敛.

第14章　幂级数、用多项式一致逼近连续函数

幂级数$\sum_{n=0}^{\infty} a_n(x-x_0)^n$是一类简单而重要的函数项级数. 本章将给出幂级数的重要性质. 建立幂级数展开的唯一性定理与 Taylor 展开的充分条件与必要条件. 并通过例题展示了 Taylor 展开的各种方法. 最后,证明了闭区间$[a,b]$上的任何连续函数f能用多项式函数一致逼近的 Weierstrass 定理.

14.1　幂级数的重要性质

函数项级数中,有一种简单且使用起来又方便的特殊函数项级数 —— 幂级数. 幂级数的一般形状如下

$$\sum_{n=0}^{\infty} a_n(x-x_0)^n = a_0 + a_1(x-x_0) + \cdots + a_n(x-x_0)^n + \cdots$$

其中$a_n \in \mathbb{R}$,$n=1,2,\cdots$,如果上式中$a_{n+1}=a_{n+2}=\cdots=0$,它就退化为一个n次多项式. 因此,多项式可以视作一种特殊的幂级数.

为讨论简单起见,我们往往令$x_0=0$,只讨论形如

$$\sum_{n=1}^{\infty} a_n x^n = a_0 + a_1 x + \cdots + a_n x^n + \cdots$$

的幂级数. 一般的情形只须作变换$y=x-x_0$就行了.

首先关心的是$\sum_{n=1}^{\infty} a_n x^n$的收敛点集. 与一般的函数项级数不同,幂级数的收敛点集一定是一个区间(可退化为一个点).

定理 14.1.1　设$\sum_{n=0}^{\infty} a_n(x-x_0)^n$为幂级数,$\alpha = \overline{\lim_{n\to+\infty}} \sqrt[n]{|a_n|}$,$R=\dfrac{1}{\alpha}=\dfrac{1}{\overline{\lim_{n\to+\infty}} \sqrt[n]{|a_n|}}$,则:

(1) 当$R=0(\alpha=+\infty)$时,幂级数仅在$x=x_0$这一点绝对收敛;

(2) 当$R=+\infty(\alpha=0)$时,幂级数在$(-\infty,+\infty)$上绝对收敛;

(3) 当$0<R<+\infty$时,幂级数在(x_0-R,x_0+R)中绝对收敛.而在$[x_0-R,x_0+R]$外(即$(-\infty,x_0-R)\cup(x_0+R,+\infty)$内)发散.

证明 因为

$$\overline{\lim_{n\to+\infty}}\sqrt[n]{|a_n(x-x_0)^n|}=\overline{\lim_{n\to+\infty}}\sqrt[n]{|a_n|}\,|x-x_0|=\alpha|x-x_0|=\frac{|x-x_0|}{R}$$

根据数项级数的Cauchy判别法的极限形式得到:

(1) 当$R=0(\alpha=+\infty)$时,则$\overline{\lim\limits_{n\to+\infty}}\sqrt[n]{|a_n(x-x_0)^n|}=+\infty>1$,$\sum\limits_{n=0}^{\infty}a_n(x-x_0)^n$发散,因此幂级数仅当$x=x_0$时收敛(也是绝对收敛).

(2) 当$R=+\infty(\alpha=0)$时,则$\overline{\lim\limits_{n\to+\infty}}\sqrt[n]{|a_n(x-x_0)^n|}=0<1$,幂级数在$(-\infty,+\infty)$上绝对收敛.

(3) 当$0<R=\dfrac{1}{\alpha}<+\infty$时,则$\overline{\lim\limits_{n\to+\infty}}\sqrt[n]{|a_n(x-x_0)^n|}=\dfrac{|x-x_0|}{R}<1$,即$|x-x_0|<R$或$x\in(x_0-R,x_0+R)$时,幂级数绝对收敛.而当

$$\overline{\lim_{n\to+\infty}}\sqrt[n]{|a_n(x-x_0)^n|}=\frac{|x-x_0|}{R}>1$$

即$|x-x_0|>R$或$x\in(-\infty,x_0-R)\cup(x_0+R,+\infty)$时,幂级数发散.

定义14.1.1 称定理14.1.1中的R为幂级数的**收敛半径**,(x_0-R,x_0+R)为幂级数的**收敛区间**.

定理14.1.1实际上给出了计算收敛半径R的公式.为叙述简单起见,下面只讨论$x_0=0$的情形,一般情形是完全类似的.

例14.1.1 计算下列幂级数的收敛半径、收敛区间、收敛点集:

(1) $\sum\limits_{n=1}^{\infty}x^n$;　　(2) $\sum\limits_{n=1}^{\infty}nx^n$;

(3) $\sum\limits_{n=1}^{\infty}\dfrac{x^n}{n!}$;　　(4) $\sum\limits_{n=1}^{\infty}n^nx^n$.

解 (1)$\alpha=\overline{\lim\limits_{n\to+\infty}}\sqrt[n]{|a_n|}=\overline{\lim\limits_{n\to+\infty}}\sqrt[n]{1}=\overline{\lim\limits_{n\to+\infty}}1=1$,收敛半径$R=\dfrac{1}{\alpha}=1$,收敛区间为$(-R,R)=(-1,1)$.由于$\sum\limits_{n=1}^{\infty}(-1)^n$与$\sum\limits_{n=1}^{\infty}1^n=\sum\limits_{n=1}^{\infty}1$都发散,故收

敛点集也为$(-R,R)=(-1,1)$.

(2)$\alpha=\overline{\lim_{n\to+\infty}}\sqrt[n]{|a_n|}=\overline{\lim_{n\to+\infty}}\sqrt[n]{|n|}=\lim_{n\to+\infty}\sqrt[n]{n}=1$,而

$$\sum_{n=1}^{\infty}n(-1)^n \text{ 与 } \sum_{n=1}^{\infty}n\cdot 1^n=\sum_{n=1}^{\infty}n$$

都发散,故收敛半径$R=\dfrac{1}{\alpha}=1$,收敛区间与收敛点集都为$(-1,1)$.

(3)$\alpha=\overline{\lim_{n\to+\infty}}\sqrt[n]{|a_n|}=\overline{\lim_{n\to+\infty}}\sqrt[n]{\dfrac{1}{n!}}\xlongequal{\text{例 1.1.9}}0$,收敛半径为$+\infty$,收敛区间与收敛点集都为$(-\infty,+\infty)$.

(4)$\alpha=\overline{\lim_{n\to+\infty}}\sqrt[n]{|a_n|}=\overline{\lim_{n\to+\infty}}\sqrt[n]{|n^n|}=\overline{\lim_{n\to+\infty}}n=+\infty$,$R=0$,收敛半径为0,收敛区间为$(-0,0)=\varnothing$,收敛点集为$\{0\}$.

例 14.1.2　计算幂级数$\sum\limits_{k=0}^{\infty}2^kx^{2k}$的收敛半径、收敛区间、收敛点集.

解　显然

$$a_n=\begin{cases}2^k,n=2k\\0,n=2k+1\end{cases}$$

则

$$\alpha=\overline{\lim_{n\to+\infty}}\sqrt[n]{|a_n|}=\lim_{n\to+\infty}\sqrt[2k]{2^k}=\lim_{n\to+\infty}\sqrt{2}=\sqrt{2}$$

幂级数的收敛半径为$R=\dfrac{1}{\alpha}=\dfrac{1}{\sqrt{2}}$,收敛区间为$(-R,R)=\left(-\dfrac{1}{\sqrt{2}},\dfrac{1}{\sqrt{2}}\right)$.

又因为

$$\sum_{k=0}^{\infty}2^k\left(\frac{1}{\sqrt{2}}\right)^{2k}=\sum_{k=0}^{\infty}1=+\infty$$

$$\sum_{k=0}^{\infty}2^k\left(-\frac{1}{\sqrt{2}}\right)^{2k}=\sum_{k=0}^{\infty}1=+\infty$$

所以,幂级数的收敛点集为$\left(-\dfrac{1}{\sqrt{2}},\dfrac{1}{\sqrt{2}}\right)$.

例 14.1.3　计算下列幂级数的收敛半径、收敛区间、收敛点集:

(1)$\sum\limits_{n=1}^{\infty}\dfrac{x^n}{n}$;　　(2)$\sum\limits_{n=1}^{\infty}\dfrac{x^n}{n^2}$.

解　(1)$\alpha=\overline{\lim_{n\to+\infty}}\sqrt[n]{|a_n|}=\overline{\lim_{n\to+\infty}}\dfrac{1}{\sqrt[n]{n}}=1$,而

$$\sum_{n=1}^{\infty}\frac{(-1)^n}{n}\text{收敛}$$

$$\sum_{n=1}^{\infty}\frac{1^n}{n}=\sum_{n=1}^{\infty}\frac{1}{n}=+\infty$$

因此,幂级数的收敛半径为1,收敛区间为$(-1,1)$,收敛点集为$[-1,1)$.

(2)$\alpha=\overline{\lim\limits_{n\to+\infty}}\sqrt[n]{|a_n|}=\overline{\lim\limits_{n\to+\infty}}\sqrt[n]{\frac{1}{n^2}}=\overline{\lim\limits_{n\to+\infty}}\frac{1}{(\sqrt[n]{n})^2}=1$,而

$$\sum_{n=1}^{\infty}\frac{(-1)^n}{n^2}\text{与}\sum_{n=1}^{\infty}\frac{1^n}{n^2}=\sum_{n=1}^{\infty}\frac{1}{n^2}$$

都绝对收敛,因此,幂级数的收敛半径为1,收敛区间为$(-1,1)$,收敛点集为$[-1,1]$.

注意,例14.1.3表明,收敛区间与收敛点集不一定相同,但是,收敛区间一定是收敛点集的子集.

例 14.1.4 求广义幂级数$\sum\limits_{n=0}^{\infty}\frac{1}{2n+1}\left(\frac{1-x}{1+x}\right)^n$的收敛点集.

解 设$t=\frac{1-x}{1+x}$,显然幂级数

$$\sum_{n=0}^{\infty}\frac{t^n}{2n+1}$$

的收敛半径

$$R=\frac{1}{\alpha}=\frac{1}{\overline{\lim\limits_{n\to+\infty}}\sqrt[n]{\frac{1}{2n+1}}}=\frac{1}{\overline{\lim\limits_{n\to+\infty}}\left(\sqrt[2n+1]{\frac{1}{2n+1}}\right)^{\frac{2n+1}{n}}}=1$$

当$t=-1$时,由Leibniz判别法知,$\sum\limits_{n=0}^{\infty}\frac{(-1)^n}{2n+1}$收敛;

当$t=1$时,$\sum\limits_{n=1}^{\infty}\frac{1^n}{2n+1}=\sum\limits_{n=0}^{\infty}\frac{1}{2n+1}$发散.

因此,幂级数$\sum\limits_{n=0}^{\infty}\frac{t^n}{2n+1}$的收敛点集为$[-1,1)$. 解不等式$-1\leqslant t<1$,即

$$-1\leqslant\frac{1-x}{1+x}<1$$

得$x>0$. 于是,广义幂级数$\sum\limits_{n=0}^{\infty}\frac{1}{2n+1}\left(\frac{1-x}{1+x}\right)^n$的收敛点集为$(0,+\infty)$.

从定理 14. 1. 1 立即得如下面的定理.

定理 14. 1. 2(Abel)　如果幂级数 $\sum\limits_{n=0}^{\infty} a_n x^n$ 在点 $x = x_0 (x_0 \neq 0)$ 处收敛,则它必在区间 $|x| < |x_0|$ 中绝对收敛,如果 $\sum\limits_{n=0}^{\infty} a_n x^n$ 在点 $x = x_1$ 处发散,则它必在 $|x| > |x_1|$ 发散.

证法 1　设幂级数 $\sum\limits_{n=1}^{\infty} a_n x^n$ 的收敛半径为 R, 由题设 $|x_0| \leqslant R$, 因而 $(-|x_0|, |x_0|) \subset (-R, R)$,故 $\sum\limits_{n=0}^{\infty} a_n x^n$ 在 $(-|x_0|, |x_0|)$ 中绝对收敛.

因为 $\sum\limits_{n=0}^{\infty} a_n x^n$ 在 $x = x_1$ 处发散,故 $x_1 \notin (-R, R)$ 且 $\sum\limits_{n=0}^{\infty} a_n x^n$ 在 $|x| > |x_1|$ 处发散(图 14. 1. 1).

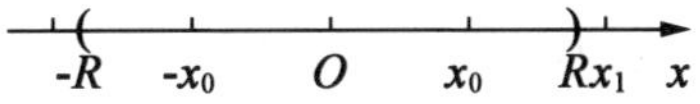

图　14. 1. 1

证法 2　因为 $\sum\limits_{n=0}^{\infty} a_n x^n$ 在 x_0 处收敛,故 $a_n x_0^n \to 0 (n \to +\infty)$,从而 $\{a_n x_0^n\}$ 有界,记 $|a_n x_0^n| \leqslant M, \forall n \in \mathbb{N}$. 对 $|x| < |x_0|$,有

$$|a_n x^n| = |a_n x_0^n| \cdot \left|\frac{x}{x_0}\right|^n \leqslant M \cdot \left|\frac{x}{x_0}\right|^n$$

再从 $\sum\limits_{n=0}^{\infty} \left|\frac{x}{x_0}\right|^n$ 收敛与级数的比较判别法 12. 2. 3(1)得到 $\sum\limits_{n=0}^{\infty} |a_n x^n|$ 收敛.

如果 $\sum\limits_{n=0}^{\infty} a_n x^n$ 在 x_1 处发散,则它必在 $|x| > |x_1|$ 发散. (反证) 假设 $\sum\limits_{n=1}^{\infty} a_n x^n$ 收敛,由上知 $\sum\limits_{n=0}^{\infty} a_n x_1^n$ 收敛,这与已知 $\sum\limits_{n=0}^{\infty} a_n x_1^n$ 发散相矛盾.

注 14. 1. 1　设 $\lim\limits_{n \to +\infty} \left|\frac{a_{n+1}}{a_n}\right| = \alpha$,根据 d' Alembert 判别法的极限形式

$$\lim_{n \to +\infty} \left|\frac{a_{n+1} x^{n+1}}{a_n x^n}\right| = \lim_{n \to +\infty} \left|\frac{a_{n+1}}{a_n}\right| \cdot |x| = \alpha |x| \begin{cases} < 1 \Leftrightarrow |x| < \dfrac{1}{\alpha}, \text{幂级数绝对收敛} \\ > 1 \Leftrightarrow |x| > \dfrac{1}{\alpha}, \text{幂级数发散} \end{cases}$$

根据定理 14. 1. 1,该幂级数的收敛半径

$$R = \frac{1}{\alpha} = \frac{1}{\lim\limits_{n\to+\infty}\left|\frac{a_{n+1}}{a_n}\right|}$$

设幂级数 $\sum\limits_{n=0}^{\infty} a_n x^n$ 的收敛半径为 R,它在区间 $(-R,R)$ 内确定了一个和函数 $S(x)$. 为了研究 $S(x)$ 在 $(-R,R)$ 内的性质,首先要知道 $\sum\limits_{n=0}^{\infty} a_n x^n$ 在它的收敛区间内是否一致收敛. 一般来说答案是否定的. 例 13.2.6 表明幂级数 $\sum\limits_{n=0}^{\infty} x^n$ 在收敛区间 $(-1,1)$ 中就不一致收敛. 但是,我们有下面的结论.

定理 14.1.3 设幂级数 $\sum\limits_{n=0}^{\infty} a_n x^n$ 的收敛半径为 $R>0$,则 $\forall r \in (0,R)$,该幂级数在 $[-r,r]$ 中绝对且一致收敛.

证明 因 $r \in (0,R)$,故由定理 14.1.1 知 $\sum\limits_{n=0}^{\infty} a_n r^n$ 绝对收敛,即 $\sum\limits_{n=0}^{\infty} |a_n| r^n$ 收敛. 又当 $x \in [-r,r]$ 时

$$|a_n x^n| \leqslant |a_n| r^n$$

根据 Weierstrass 判别法,$\sum\limits_{n=0}^{\infty} a_n x^n$ 在 $[-r,r]$ 中绝对且一致收敛.

下面的定理保证了幂级数在收敛区间内连续,且对幂级数可逐项求导,因而它具有任意阶导数,即它是 C^{∞} 函数. 还可对幂级数逐项积分.

定理 14.1.4(幂级数的重要性质) 设幂级数 $\sum\limits_{n=0}^{\infty} a_n x^n$ 的收敛半径为 R,其和函数为 $S(x)$,则:

(1) $S(x)$ 在 $(-R,R)$ 中连续.

(2) $S(x)$ 在 $(-R,R)$ 中可导,且可逐项求导,即

$$S'(x) = \left(\sum_{n=0}^{\infty} a_n x^n\right)' = \sum_{n=0}^{\infty} (a_n x^n)' = \sum_{n=1}^{\infty} n a_n x^{n-1}$$

逐项求导后的幂级数收敛半径仍为 R.

(3) $S(x)$ 在 $(-R,R)$ 中有任意阶导数,且

$$S^{(k)}(x) = \left(\sum_{n=0}^{\infty} a_n x^n\right)^{(k)} = \sum_{n=0}^{\infty} (a_n x^n)^{(k)} = \sum_{n=k}^{\infty} n(n-1)\cdots(n-k+1) a_n x^{n-k}$$

其收敛半径仍为 R.

(4) $\forall x \in (-R,R)$，可逐项积分，即

$$\int_0^x S(t)\,\mathrm{d}t = \int_0^x \left(\sum_{n=0}^{\infty} a_n t^n\right)\mathrm{d}t = \sum_{n=0}^{\infty} \frac{a_n}{n+1}x^{n+1}$$

且其收敛半径仍为 R.

证明　(1) $\forall x_0 \in (-R,R)$，即 $|x_0| < R$. 取 r 使 $|x_0| < r < R$，由定理 14.1.3，$\sum_{n=0}^{\infty} a_n x^n$ 在 $[-r,r]$ 中一致收敛. 因而，由定理 13.2.1′，$S(x) = \sum_{n=0}^{\infty} a_n x^n$ 在 $[-r,r]$ 中连续，$S(x)$ 在 x_0 处连续. 再由 x_0 在 $(-R,R)$ 中任取推得 $S(x)$ 在 $(-R,R)$ 中连续.

(2) 因

$$\overline{\lim_{n\to+\infty}} \sqrt[n]{|na_n|} = \overline{\lim_{n\to+\infty}} \sqrt[n]{n} \cdot \sqrt[n]{|a_n|} = \overline{\lim_{n\to+\infty}} \sqrt[n]{|a_n|}$$

故幂级数 $\sum_{n=1}^{\infty} na_n x^{n-1}$ 的收敛半径仍为 R. 而 $\forall x_0 \in (-R,R)$，取 $r \in (0,R)$，使 $|x_0| < r$. 根据定理 14.1.3，$\sum_{n=1}^{\infty} na_n x^{n-1}$ 在 $[-r,r]$ 中一致收敛，于是，由定理 13.2.4′，幂级数 $\sum_{n=0}^{\infty} a_n x^n$ 在 $[-r,r]$ 中可逐项求导，即在 $[-r,r]$ 上有

$$S'(x) = \left(\sum_{n=0}^{\infty} a_n x^n\right)' = \sum_{n=0}^{\infty} (a_n x^n)' = \sum_{n=0}^{\infty} na_n x^{n-1}$$

所以 $S(x)$ 在 x_0 处可导. 由于 $x_0 \in (-R,R)$ 任取，故 $S(x)$ 在 $(-R,R)$ 中可导.

(3) 反复应用(2) 知，$S(x)$ 在 $(-R,R)$ 中有任意阶导数，且

$$\begin{aligned} S^{(k)}(x) &= \left(\sum_{n=0}^{\infty} a_n x^n\right)^{(k)} = \sum_{n=0}^{\infty} (a_n x^n)^{(k)} \\ &= \sum_{n=k}^{\infty} a_n n(n-1)\cdots(n-k+1)x^{n-k} \end{aligned}$$

(4) 因为

$$\overline{\lim_{n\to+\infty}} \sqrt[n]{\left|\frac{a_n}{n+1}\right|} = \overline{\lim_{n\to+\infty}} \frac{\sqrt[n]{|a_n|}}{\left(\sqrt[n+1]{n+1}\right)^{\frac{n+1}{n}}} = \overline{\lim_{n\to+\infty}} \sqrt[n]{|a_n|} = \frac{1}{R}$$

故 $\sum_{n=0}^{\infty} \frac{a_n}{n+1}x^{n+1}$ 的收敛半径仍为 R.

$\forall x \in (-R,R)$，由定理 14.1.3，$\sum_{n=1}^{\infty} a_n t^n$ 在 $[-|x|,|x|]$ 中一致收敛，故根据定理 13.2.3′，可逐项积分，即

$$\int_0^x S(t)\,\mathrm{d}t = \int_0^x \left(\sum_{n=0}^{\infty} a_n t^n\right)\mathrm{d}t = \sum_{n=0}^{\infty}\int_0^x a_n t^n \mathrm{d}t = \sum_{n=0}^{\infty} a_n \left.\frac{t^{n+1}}{n+1}\right|_0^x$$

$$= \sum_{n=0}^{\infty}\frac{a_n}{n+1}x^{n+1}$$

例 14.1.5 求幂级数 $\sum_{n=1}^{\infty} nx^n$ 的和函数. 由此证明

$$\sum_{n=1}^{\infty}\frac{n}{2^n} = 2,\ \sum_{n=1}^{\infty}\frac{n}{3^n} = \frac{3}{4}$$

解 由例 14.1.1(2) 知,幂级数 $\sum_{n=1}^{\infty} nx^n$ 的收敛半径为 $R = 1$. 为了求出它的和,对幂级数

$$\sum_{n=0}^{\infty} x^n = \frac{1}{1-x}\quad (|x| < 1)$$

逐项求导就有

$$\sum_{n=1}^{\infty} nx^{n-1} = \sum_{n=1}^{\infty}(x^n)' = \left(\sum_{n=1}^{\infty} x^n\right)' = \left(\frac{1}{1-x}\right)' = \frac{1}{(1-x)^2}$$

因而

$$\sum_{n=1}^{\infty} nx^n = \frac{x}{(1-x)^2}\quad (|x| < 1)$$

上式中分别取 $x = \frac{1}{2},\frac{1}{3}$,可得

$$\sum_{n=1}^{\infty}\frac{n}{2^n} = \sum_{n=1}^{\infty} n\left(\frac{1}{2}\right)^n = \frac{\frac{1}{2}}{\left(1-\frac{1}{2}\right)^2} = 2$$

$$\sum_{n=1}^{\infty}\frac{n}{3^n} = \sum_{n=1}^{\infty} n\left(\frac{1}{3}\right)^n = \frac{\frac{1}{3}}{\left(1-\frac{1}{3}\right)^2} = \frac{3}{4}$$

我们也可用初等方法求此和(参阅例 12.1.4):令

$$\begin{aligned}
S &= \sum_{n=1}^{\infty} nx^n &&= x + 2x^2 + 3x^3 + \cdots + nx^n + \cdots \\
-\quad xS &= \sum_{n=1}^{\infty} nx^{n+1} &&= \quad x^2 + 2x^3 + \cdots + (n-1)x^n + nx^{n+1} + \cdots \\
\hline
(1-x)S &= \sum_{n=1}^{\infty} x^n &&= x + x^2 + x^3 + \cdots + x^n + \cdots \\
& &&= \frac{x}{1-x}
\end{aligned}$$

所以

$$S=\frac{x}{(1-x)^2}\quad (|x|<1)$$

例 14.1.6　求 $\sum\limits_{n=1}^{\infty}\frac{x^n}{n(n+1)},\sum\limits_{n=1}^{\infty}\frac{1}{n(n+1)},\sum\limits_{n=1}^{\infty}\frac{(-1)^n}{n(n+1)}$.

解　令 $f(x)=\sum\limits_{n=1}^{\infty}\frac{x^{n+1}}{n(n+1)}$, 易见 $R=\frac{1}{\overline{\lim\limits_{n\to+\infty}}\sqrt[n]{n(n+1)}}=1$, 且由 $|x|\leqslant 1$ 时

$$\left|\frac{x^{n+1}}{n(n+1)}\right|\leqslant\frac{1}{n(n+1)}$$

及 $\sum\limits_{n=1}^{\infty}\frac{1}{n(n+1)}=\sum\limits_{n=1}^{\infty}\left(\frac{1}{n}-\frac{1}{n+1}\right)$ 收敛, 根据 Weierstrass 判别法知, $\sum\limits_{n=1}^{\infty}\frac{x^{n+1}}{n(n+1)}$ 在 $[-1,1]$ 上一致收敛. 于是,由定理 14.1.4(3),有

$$f'(x)=\left(\sum_{n=1}^{\infty}\frac{x^{n+1}}{n(n+1)}\right)'=\sum_{n=1}^{\infty}\left(\frac{x^{n+1}}{n(n+1)}\right)'=\sum_{n=1}^{\infty}\frac{x^n}{n}$$

$$f''(x)=(f'(x))'=\left(\sum_{n=1}^{\infty}\frac{x^n}{n}\right)'=\sum_{n=1}^{\infty}\left(\frac{x^n}{n}\right)'=\sum_{n=1}^{\infty}x^{n-1}=\frac{1}{1-x}\quad (x\in(-1,1))$$

因此,当 $x\in(-1,1)$ 时,有

$$\begin{aligned}f'(x)&=\int_0^x f''(t)\,\mathrm{d}t+f'(0)=\int_0^x\frac{\mathrm{d}t}{1-t}+0\\&=-\ln(1-t)\big|_0^x=-\ln(1-x)\end{aligned}$$

$$\begin{aligned}f(x)&=\int_0^x f'(t)\,\mathrm{d}t+f(0)=-\int_0^x\ln(1-t)\,\mathrm{d}t+0\\&=\int_0^x\ln(1-t)\,\mathrm{d}(1-t)=(1-t)\ln(1-t)\Big|_0^x-\int_0^x(1-t)\cdot\frac{-1}{1-t}\mathrm{d}t\\&=(1-x)\ln(1-x)+\int_0^x\mathrm{d}t=(1-x)\ln(1-x)+x\end{aligned}$$

注意,当 $x\neq 0$ 时

$$\frac{f(x)}{x}=\frac{(1-x)\ln(1-x)+x}{x}=\frac{(1-x)\ln(1-x)}{x}+1$$

由此得到

$$\sum_{n=1}^{\infty}\frac{x^n}{n(n+1)}=\begin{cases}\dfrac{(1-x)\ln(1-x)}{x}+1, x\in(-1,0)\cup(0,1)\\ \displaystyle\sum_{n=1}^{\infty}\frac{0^n}{n(n+1)}=0, x=0\end{cases}$$

当 $x=1$ 时

$$\sum_{n=1}^{\infty}\frac{1}{n(n+1)}=\lim_{n\to+\infty}\sum_{k=1}^{n}\left(\frac{1}{k}-\frac{1}{k+1}\right)=\lim_{n\to+\infty}\left(1-\frac{1}{n+1}\right)=1-0=1$$

$$\xlongequal{\text{Abel 第二定理 14.1.5}}\lim_{x\to1}\left[\frac{(1-x)\ln(1-x)}{x}+1\right]$$

当 $x=-1$ 时

$$\sum_{n=1}^{\infty}\frac{(-1)^n}{n(n+1)}\xlongequal{\text{Abel 第二定理}}\lim_{x\to(-1)^+}\left[\frac{(1-x)\ln(1-x)}{x}+1\right]$$

$$=\frac{2\ln 2}{-1}+1=1-2\ln 2$$

例 14.1.7 将 $\ln(1+x)$ 与 $\arctan x$ 展开成幂级数.

解 显然

$$\frac{1}{1+x}=\frac{1}{1-(-x)}=\sum_{n=0}^{\infty}(-x)^n=\sum_{n=0}^{\infty}(-1)^n x^n\quad(x\in(-1,1))$$

该幂级数的收敛半径为

$$R=\frac{1}{\overline{\lim\limits_{n\to+\infty}}\sqrt[n]{|(-1)^n|}}=1$$

收敛区间为$(-1,1)$.

由 0 至 x 逐项积分得

$$\begin{aligned}\ln(1+x)&=\int_0^x\frac{\mathrm{d}t}{1+t}=\int_0^x\sum_{n=0}^{\infty}(-1)^n t^n\mathrm{d}t\\&=\sum_{n=0}^{\infty}(-1)^n\int_0^x t^n\mathrm{d}t=\sum_{n=0}^{\infty}\frac{(-1)^n}{n+1}x^{n+1}\\&=\sum_{n=1}^{\infty}\frac{(-1)^{n-1}}{n}x^n\quad(x\in(-1,1))\end{aligned}$$

当 $x=1$ 时,由 Leibniz 判别法知 $\sum\limits_{n=1}^{\infty}\dfrac{(-1)^{n-1}}{n}\cdot 1^n$ 收敛,再由 Abel 第二定理知

$$\sum_{n=1}^{\infty}\frac{(-1)^{n-1}}{2}=\ln 2$$

当 $x=-1$ 时

$$\sum_{n=1}^{\infty}\frac{(-1)^{n-1}}{n}(-1)^{n}=\sum_{n=1}^{\infty}\frac{-1}{n}$$

发散. 因此

$$\ln(1+x)=\sum_{n=1}^{\infty}\frac{(-1)^{n-1}}{n}x^{n}\quad(x\in(-1,1])$$

再逐项积分等式

$$\frac{1}{1+x^{2}}=\frac{1}{1-(-x^{2})}=\sum_{n=0}^{\infty}(-x^{2})^{n}=\sum_{n=0}^{\infty}(-1)^{n}x^{2n}\quad(x\in(-1,1))$$

即得 arctan x 的展开式

$$\begin{aligned}\arctan x&=\int_{0}^{x}\frac{\mathrm{d}t}{1+t^{2}}=\int_{0}^{x}\sum_{n=0}^{\infty}(-1)^{n}t^{2n}\mathrm{d}t\\&=\sum_{n=0}^{\infty}(-1)^{n}\int_{0}^{x}t^{2n}\mathrm{d}t\\&=\sum_{n=0}^{\infty}\frac{(-1)^{n}}{2n+1}x^{2n+1}\quad(x\in(-1,1))\end{aligned}$$

其中 $\sum\limits_{n=0}^{\infty}(-1)^{n}x^{2n}\left(\text{也是}\sum\limits_{n=0}^{\infty}\frac{(-1)^{n}}{2n+1}x^{2n+1}\right)$ 的收敛半径为

$$R=\frac{1}{\overline{\lim\limits_{n\to+\infty}}\sqrt[n]{|a_{n}|}}=\frac{1}{\lim\limits_{n\to+\infty}\sqrt[2n]{|(-1)^{n}|}}=1$$

收敛区间为 $(-1,1)$.

类似上述应用 Leibniz 判别法与 Abel 第二定理知

$$\arctan x=\sum_{n=1}^{\infty}\frac{(-1)^{n}}{2n+1}x^{2n+1}\quad(x\in[-1,1])$$

收敛点集为 $[-1,1]$,并且

$$\sum_{n=1}^{\infty}\frac{(-1)^{n}}{2n+1}=\arctan 1=\frac{\pi}{4}$$

$\sum\limits_{n=0}^{\infty}(-1)^{n}x^{n}$ 在 $x=-1,1$ 处发散,收敛点集为 $(-1,1)$;

$\sum\limits_{n=0}^{\infty}\frac{(-1)^{x-1}}{n}x^{n}$ 在 $x=-1$ 处发散,而在 $x=1$ 处收敛,收敛点集为 $(-1,1]$;

$\sum_{n=0}^{\infty}(-1)^n x^{2n}$ 在 $x=-1,1$ 处发散,收敛点集为$(-1,1)$;

$\sum_{n=0}^{\infty}\frac{(-1)^n}{2n+1}x^{2n+1}$ 在 $x=-1,1$ 处都收敛,收敛点集为$[-1,1]$.

这几个例子表明,幂级数通过逐项求导或逐项积分,端点处的敛散性可能会改变.

在收敛区间的两端点处,和函数有如下性质.

定理 14.1.5(Abel 第二定理)　设幂级数 $\sum_{n=0}^{\infty}a_n x^n$ 的收敛半径为 R,如果在 $x=R$ 处,该级数收敛,则其和函数 $S(x)$ 在 $x=R$ 处左连续;如果该级数在 $x=-R$ 处收敛,则 $S(x)$ 在 $x=-R$ 处右连续.

证明　设 $\sum_{n=0}^{\infty}a_n x^n$ 在 $x=R$ 处收敛,即 $\sum_{n=0}^{\infty}a_n R^n$ 收敛. 由于$\left(\frac{x}{R}\right)^n$ 对$[0,R]$中的每个 x 关于 n 单调,且在$[0,R]$中一致有界:$\left|\left(\frac{x}{R}\right)^n\right|\leqslant 1$. 根据函数项级数的 Abel 判别法,得

$$\sum_{n=0}^{\infty}a_n x^n=\sum_{n=0}^{\infty}a_n R^n\cdot\left(\frac{x}{R}\right)^n$$

在$[0,R]$上一致收敛,故 $\sum_{n=0}^{\infty}a_n x^n$ 在$[0,R]$上连续. 特别在 $x=R$ 处左连续.

定理的另一半可类似证明.

例 14.1.8　应用 Abel 第二定理证明:

(1) $\sum_{n=1}^{\infty}\frac{(-1)^{n-1}}{n}=\ln 2$;　　(2) $\sum_{n=0}^{\infty}\frac{(-1)^n}{2n+1}=\frac{\pi}{4}$.

证明　(1) 由例 14.1.7,有

$$\ln(1+x)=\sum_{n=1}^{\infty}\frac{(-1)^{n-1}}{n}x^n\quad(x\in(-1,1))$$

根据数项级数的 Leibniz 判别法,右边的幂级数在 $x=1$ 处的数项级数收敛,故由 Abel 第二定理得

$$\sum_{n=1}^{\infty}\frac{(-1)^{n-1}}{n}=\lim_{x\to1^-}\sum_{n=1}^{\infty}\frac{(-1)^{n-1}}{n}x^n=\lim_{x\to1^-}\ln(1+x)=\ln(1+1)=\ln 2$$

(2) 由例 14.1.7,有

$$\arctan x=\sum_{n=0}^{\infty}\frac{(-1)^n}{2n+1}x^{2n+1}\quad(x\in(-1,1))$$

根据数项级数的 Leibniz 判别法,右边的幂级数在 $x = -1, x = 1$ 处的数项级数收敛,故由 Abel 第二定理得

$$\sum_{n=0}^{\infty} \frac{(-1)^n}{2n+1} = \lim_{x\to 1^-} \sum_{n=0}^{\infty} \frac{(-1)^n}{2n+1} x^{2n+1} = \lim_{x\to 1^-} \arctan x = \arctan 1 = \frac{\pi}{4}$$

或

$$\sum_{n=0}^{\infty} \frac{(-1)^n}{2n+1}(-1)^{2n+1} = \lim_{x\to(-1)^+} \sum_{n=0}^{\infty} \frac{(-1)^n}{2n+1} x^{2n+1} = \lim_{x\to(-1)^+} \arctan x$$

$$= \arctan(-1) = -\frac{\pi}{4}$$

$$\sum_{n=0}^{\infty} \frac{(-1)^n}{2n+1} = \frac{\pi}{4}$$

例 14.1.9　应用 Abel 第二定理证明

$$\sum_{n=0}^{\infty} \frac{(-1)^n}{3n+1} = \frac{1}{3}\left(\ln 2 + \frac{\pi}{\sqrt{3}}\right)$$

证明　考虑幂级数

$$S(x) = \sum_{n=0}^{\infty} \frac{(-1)^n}{3n+1} x^{3n+1}$$

显然,该幂级数的收敛半径为

$$R = \frac{1}{\overline{\lim\limits_{n\to+\infty}} \sqrt[n]{|a_n|}} = \frac{1}{\lim\limits_{n\to+\infty} \sqrt[3n+1]{\left|\frac{(-1)^n}{3n+1}\right|}} = 1$$

收敛区间为 $(-1,1)$.

根据数项级数的 Leibniz 判别法,右边的幂级数在 $x = 1$ 处的数项级数收敛,故由 Abel 第二定理得

$$\sum_{n=0}^{\infty} \frac{(-1)^n}{3n+1} = \lim_{x\to 1^-} \sum_{n=0}^{\infty} \frac{(-1)^n}{3n+1} x^{3n+1} = \lim_{x\to 1^-} S(x) = \lim_{x\to 1^-} [S(x) - S(0)]$$

$$\xlongequal{\text{Newton-Leibniz}} \lim_{x\to 1^-} \int_0^x S'(t)\,\mathrm{d}t = \lim_{x\to 1^-} \int_0^x \left[\sum_{n=0}^{\infty} \frac{(-1)^n}{3n+1} t^{3n+1}\right]' \mathrm{d}t$$

$$= \lim_{x\to 1^-} \int_0^x \sum_{n=0}^{\infty} (-t^3)^n \mathrm{d}t = \int_0^1 \frac{\mathrm{d}t}{1+t^3} = \int_0^1 \frac{1}{3}\left(\frac{1}{1+t} + \frac{2-t}{t^2-t+1}\right)\mathrm{d}t$$

$$= \int_0^1 \frac{1}{3}\left[\frac{1}{1+t} - \frac{1}{2}\frac{2t-1}{t^2-t+1} + \frac{2}{1+\frac{4}{3}\left(t-\frac{1}{2}\right)^2}\right]\mathrm{d}t$$

$$= \frac{1}{3}\left[\ln(1+t) - \frac{1}{2}\ln(t^2-t+1) + \sqrt{3}\arctan\frac{2}{\sqrt{3}}\left(t-\frac{1}{2}\right)\right]\Bigg|_0^1$$

$$= \frac{1}{3}\left(\ln 2 + 2\sqrt{3}\arctan\frac{1}{\sqrt{3}}\right) = \frac{1}{3}\left(\ln 2 + 2\sqrt{3}\,\frac{\pi}{6}\right) = \frac{1}{3}\left(\ln 2 + \frac{\pi}{\sqrt{3}}\right)$$

Abel 第二定理的逆定理是否成立?即若 $\sum\limits_{n=0}^{\infty} a_n x^n$ 的收敛半径为 R(不失一般性,设 $R = 1$),且 $\lim\limits_{x\to 1^-}\sum\limits_{n=0}^{\infty} a_n x^n = A \in \mathbb{R}$,是否能断言 $\sum\limits_{n=0}^{\infty} a_n = \sum\limits_{n=0}^{\infty} a_n \cdot 1^n = A$?

反例:幂级数 $\sum\limits_{n=0}^{\infty}(-1)^n x^n$ 的收敛半径为 1,且

$$\sum_{n=0}^{\infty}(-1)^n x^n = \sum_{n=0}^{\infty}(-x)^n = \frac{1}{1-(-x)} = \frac{1}{1+x} \quad (x \in (-1,1))$$

$$\lim_{x\to 1^-}\sum_{n=0}^{\infty}(-1)^n x^n = \lim_{x\to x^-}\frac{1}{1+x} = \frac{1}{2}$$

但 $\sum\limits_{n=0}^{\infty}(-1)^n = \sum\limits_{n=0}^{\infty}(-1)^n \cdot 1^n$ 显然是发散的.

如果给幂级数 $\sum\limits_{n=0}^{\infty} a_n x^n$ 的系数 a_n 加上适当条件,则 Abel 第二定理的逆定理可成立.

定理 14.1.6(Tauber) 设幂级数 $\sum\limits_{n=0}^{\infty} a_n x^n$ 的收敛半径为 1,且

$$\lim_{x\to 1^-}\sum_{n=0}^{\infty} a_n x^n = A \in \mathbb{R}$$

如果

$$a_n = o\left(\frac{1}{n}\right) \quad (n \to +\infty)$$

则 $\sum\limits_{n=0}^{\infty} a_n = \sum\limits_{n=0}^{\infty} a_n \cdot 1^n = A$.

证明 由题设,$a_n = o\left(\frac{1}{n}\right)(n\to+\infty)$,即 $\lim\limits_{n\to+\infty} na_n = \lim\limits_{n\to+\infty}\dfrac{a_n}{\frac{1}{n}} = 0$. 令

$$\delta_n = \sup_{k\geqslant n}\{|ka_k|\} \quad (n = 0,1,2,\cdots)$$

则当 $n\to+\infty$ 时,$\{\delta_n\}$ 单调减趋于 0. 再由 $\lim\limits_{x\to 1^-}\sum\limits_{n=0}^{\infty} a_n x^n = A \in \mathbb{R}$,故 $\forall \varepsilon > 0$,

$\exists \eta > 0$,当 $0 < 1 - x < \eta$ 时,有

$$\left|\sum_{n=0}^{\infty} a_n x^n - A\right| < \varepsilon$$

今取 $N_0 \in \mathbb{N}$,使得 $\frac{\varepsilon}{N_0} < \eta$ 且 $\delta_{N_0+1} < \varepsilon^2$. 由此,$\forall N > N_0$,必有

$$\frac{\varepsilon}{N} < \frac{\varepsilon}{N_0} < \eta$$

$$\delta_{N+1} \leqslant \delta_{N_0+1} < \varepsilon^2$$

再取 $x = 1 - \frac{\varepsilon}{N}$(即 $\varepsilon = N(1 - x)$),则 $0 < 1 - x = \frac{\varepsilon}{N} < \eta$,因而

$$\left|\sum_{n=0}^{\infty} a_n x^n - A\right| < \varepsilon$$

此时,还有

$$\begin{aligned}\left|\sum_{n=0}^{N} a_n(1 - x^n)\right| &\leqslant \sum_{n=0}^{N} |a_n||1 - x^n| \leqslant \sum_{n=0}^{N} n|a_n|(1 - x)\\ &\leqslant \delta_0 N(1 - x) = \delta_0 \varepsilon\end{aligned}$$

且

$$\left|\sum_{n=N+1}^{\infty} a_n x^n\right| \leqslant \sum_{n=N+1}^{\infty} \frac{|na_n|}{n} x^n \leqslant \frac{\delta_{N+1}}{N+1} \frac{x^{N+1}}{1-x} \leqslant \frac{\delta_{N+1}}{N(1-x)} < \frac{\varepsilon^2}{\varepsilon} = \varepsilon$$

于是

$$\begin{aligned}\left|\sum_{n=0}^{N} a_n - A\right| &= \left|\sum_{n=0}^{N} a_n(1 - x^n) - \sum_{n=N+1}^{\infty} a_n x^n + \left(\sum_{n=0}^{\infty} a_n x^n - A\right)\right|\\ &\leqslant \left|\sum_{n=0}^{N} a_n(1 - x^n)\right| + \left|\sum_{n=N+1}^{\infty} a_n x^n\right| + \left|\sum_{n=0}^{\infty} a_n x^n - A\right|\\ &< \delta_0 \varepsilon + \varepsilon + \varepsilon = (2 + \delta_0)\varepsilon\end{aligned}$$

这就证明了 $\sum_{n=0}^{\infty} a_n = \lim_{N \to +\infty} \sum_{n=0}^{N} a_n = A$.

另一个简单的充分条件是只要 $a_n \geqslant 0$ 就能保证 Abel 第二定理的逆定理成立.

定理 14.1.7　设幂级数 $\sum_{n=0}^{\infty} a_n x^n$ 的收敛半径为 1,且 $\lim_{x \to 1^-} \sum_{n=0}^{\infty} a_n x^n = A \in \mathbb{R}$. 如果 $a_n \geqslant 0, n = 0,1,2,\cdots$,则 $\sum_{n=0}^{\infty} a_n = \sum_{n=0}^{\infty} a_n \cdot 1^n = A$.

证明 设$0 < x < 1$,因为

$$\sum_{n=0}^{\infty} a_n x^n \leqslant \sum_{n=0}^{\infty} a_n 1^n = \sum_{n=0}^{\infty} a_n$$

所以

$$A = \lim_{x \to 1^-} \sum_{n=0}^{\infty} a_n x^n \leqslant \sum_{n=0}^{\infty} a_n$$

另一方面,对 $\forall N \in \mathbb{N}$

$$\sum_{n=0}^{N} a_n = \lim_{x \to 1^-} \sum_{n=0}^{N} a_n x^n \leqslant \lim_{x \to 1^-} \sum_{n=0}^{\infty} a_n x^n = A$$

于是

$$\sum_{n=0}^{\infty} a_n = \lim_{N \to +\infty} \sum_{n=0}^{N} a_n \leqslant A$$

综合上述,有

$$\sum_{n=0}^{\infty} a_n = A$$

最后,我们来讨论两个幂级数的相加、相减以及相乘.

定理 14.1.8 设幂级数$\sum_{n=0}^{\infty} a_n x^n$, $\sum_{n=0}^{\infty} b_n x^n$ 的收敛半径分别为 R_1 与 R_2,令 $R = \min\{R_1, R_2\}$,则在$(-R, R)$ 中有:

(1) $\sum_{n=0}^{\infty} a_n x^n \pm \sum_{n=0}^{\infty} b_n x^n = \sum_{n=0}^{\infty} (a_n \pm b_n) x^n$;

(2) $\left(\sum_{n=0}^{\infty} a_n x^n\right)\left(\sum_{n=0}^{\infty} b_n x^n\right) = \sum_{n=0}^{\infty} c_n x^n$,其中 $c_n = \sum_{k=0}^{n} a_k b_{n-k}, n = 0,1,2,\cdots$.

证明 (1) 由题设,$\forall x \in (-R, R)$,有

$$\sum_{n=0}^{\infty} (a_n \pm b_n) x^n = \lim_{n \to +\infty} \sum_{k=0}^{n} (a_k \pm b_k) x^k = \lim_{n \to +\infty} \left(\sum_{k=0}^{n} a_k x^k + \sum_{k=0}^{n} b_k x^k\right)$$

$$= \sum_{k=0}^{\infty} a_k x^k \pm \sum_{k=0}^{\infty} b_k x^k = \sum_{n=0}^{\infty} a_n x^n \pm \sum_{n=0}^{\infty} b_n x^n$$

(2) 因为 $\forall x \in (-R, R)$, $\sum_{n=0}^{\infty} a_n x^n$ 与$\sum_{n=0}^{\infty} b_n x^n$ 都绝对收敛,故根据两级数乘法的 Cauchy 定理 12.4.1,立即有

$$\left(\sum_{n=0}^{\infty} a_n x^n\right)\left(\sum_{n=0}^{\infty} b_n x^n\right) = \sum_{n=0}^{\infty} \sum_{k=0}^{n} (a_k x^k)(b_{n-k} x^{n-k})$$

$$= \sum_{n=0}^{\infty}\left(\sum_{k=0}^{n} a_k b_{n-k}\right)x^n$$

作为定理 14.1.8(2) 与 Abel 第二定理的应用,我们有下面的结果.

定理 14.1.9　设 $\sum_{n=0}^{\infty} a_n$ 与 $\sum_{n=0}^{\infty} b_n$ 为两个收敛级数,如果它们的 Cauchy 乘积 $\sum_{n=0}^{\infty} c_n\left(c_n = \sum_{k=0}^{\infty} a_k b_{n-k}\right)$ 也收敛,则

$$\sum_{n=0}^{\infty} c_n = \left(\sum_{n=0}^{\infty} a_n\right)\left(\sum_{n=0}^{\infty} b_n\right)$$

证明　因为 $\sum_{n=0}^{\infty} a_n$, $\sum_{n=0}^{\infty} b_n$ 与 $\sum_{n=0}^{\infty} c_n$ 是三个收敛级数,所以根据 Abel 定理 14.1.2 知,由它们所产生的三个幂级数

$$\sum_{n=0}^{\infty} a_n x^n,\ \sum_{n=0}^{\infty} b_n x^n,\ \sum_{n=0}^{\infty} c_n x^n$$

的收敛半径 R 都不小于 1. 再由定理 14.1.8(2),有

$$\left(\sum_{n=0}^{\infty} a_n x^n\right)\left(\sum_{n=0}^{\infty} b_n x^n\right) = \sum_{n=0}^{\infty} c_n x^n$$

在上式两端令 $x \to 1^-$,并根据 Abel 第二定理即得

$$\left(\sum_{n=0}^{\infty} a_n\right)\left(\sum_{n=0}^{\infty} b_n\right) = \lim_{x\to 1^-}\left(\sum_{n=0}^{\infty} a_n x^n\right)\left(\sum_{n=0}^{\infty} b_n x^n\right)$$

$$= \lim_{x\to 1^-}\sum_{n=0}^{\infty} c_n x^n = \sum_{n=0}^{\infty} c_n$$

练习题 14.1

1. 求下列幂级数的收敛半径,并研究它们在收敛区间端点的性质:

(1) $\sum_{n=1}^{\infty} \frac{(-x)^n}{3^{n-1}\sqrt{n}}$;　　(2) $\sum_{n=1}^{\infty} \frac{\sin n}{n} x^n$;

(3) $\sum_{n=1}^{\infty} \left(1 + \frac{1}{n}\right)^{n^2} x^n$;　　(4) $\sum_{n=1}^{\infty} \left(1 + \frac{1}{2} + \cdots + \frac{1}{n}\right) x^n$;

(5) $\sum_{n=1}^{\infty} \left(\frac{a^n}{n} + \frac{b^n}{n^2}\right) x^n, a > 0, b > 0$;　　(6) $\sum_{n=1}^{\infty} \left(\frac{n}{\mathrm{e}}\right)^n x^n$.

2. 求下列广义幂级数的收敛点集:

(1) $\sum_{n=0}^{\infty} \frac{1}{2n+1}\left(\frac{1-x}{1+x}\right)^n$;　　(2) $\sum_{n=1}^{\infty} \left(1+\frac{1}{n}\right)^{-n^2} e^{-nx}$;

(3) $\sum_{n=1}^{\infty} \left(\frac{1}{x}\right)^n \sin\frac{\pi}{2^n}$;　　(4) $\sum_{n=1}^{\infty} \left(\sin\frac{1}{3n}\right)(x^2+x+1)^n$;

(5) $\sum_{n=0}^{\infty} \frac{1}{\sqrt{n+1}}\left(\frac{1}{2x}\right)^n$.

3. 设 $\sum_{n=0}^{\infty} a_n x^n$ 与 $\sum_{n=0}^{\infty} b_n x^n$ 的收敛半径分别为 R_1 与 R_2. 证明:

(1) $\sum_{n=0}^{\infty} (a_n+b_n)x^n$ 的收敛半径 $R \geqslant \min\{R_1, R_2\}$;

(2) $\sum_{n=0}^{\infty} (a_n b_n)x^n$ 的收敛半径 $R \geqslant R_1 R_2$;

(3) 举例说明在(1)中 $R > \min\{R_1, R_2\}$ 与在(2)中 $R > R_1 R_2$ 的情形都是可能发生的.

4. 求下列幂级数在区间$(-1,1)$上的和:

(1) $\sum_{n=0}^{\infty} \frac{1}{2n+1} x^{2n+1}$;

(2) $\sum_{n=1}^{\infty} (-1)^{n-1} \frac{x^{2n+1}}{2n+1}$;

(3) $\sum_{n=1}^{\infty} \frac{x^n}{n(n+1)}$.

5. 证明下列等式在区间$(-1,1)$中成立:

(1) $\sum_{n=0}^{\infty} (n+1)(n+2)x^n = \frac{2}{(1-x)^3}$;

(2) $\sum_{n=0}^{\infty} n^3 x^n = \frac{x+4x^2+x^3}{(1-x)^4}$;

(3) $\sum_{n=0}^{\infty} \frac{1}{3!}(n+1(n+2)(n+3)x^n = \frac{1}{(1-x)^4}$.

6. 证明: 广义幂级数 $\sum_{n=1}^{\infty} \frac{1^n+2^n+\cdots+50^n}{n^2}\left(\frac{1-x}{1+x}\right)^n$ 的收敛点集为$\left[\frac{49}{51}, \frac{51}{49}\right]$.

7. 设 $a_n \geqslant 0$, $\sum_{n=1}^{\infty} a_n$ 收敛, $b_m = \sum_{n=1}^{\infty}\left(1+\frac{1}{n^m}\right)^n a_n$. 证明:幂级数 $\sum_{m=1}^{\infty} b_m x^m$ 的收敛半径 R 满足不等式: $\frac{1}{\mathrm{e}} \leqslant R \leqslant 1$.

8. 幂级数 $\sum_{n=2}^{\infty} \frac{\left(1+2\cos\frac{n\pi}{4}\right)^n}{n\ln n} x^n$ 的收敛点集为 $\left[-\frac{1}{3},\frac{1}{3}\right]$.

9. 证明: $\sum_{n=1}^{\infty} n^{n^2} x^{n^3}$ 的收敛点集为 $(-1,1)$.

10. 证明: $\sum_{n=1}^{\infty} \frac{x^{n^2}}{2^n}$ 的收敛点集为 $[-1,1]$.

思考题 14.1

1. 求级数 $\frac{1}{2}-\frac{1}{5}+\frac{1}{8}-\frac{1}{11}+\cdots$ 的和.

2. 证明:

(1) $1-\frac{1}{5}+\frac{1}{9}-\frac{1}{13}+\cdots = \frac{1}{4\sqrt{2}}(\pi+2\ln(\sqrt{2}+1))$;

(2) $1+\frac{1}{2}-\frac{1}{3}-\frac{1}{4}+\frac{1}{5}+\frac{1}{6}-\frac{1}{7}-\frac{1}{8}+\cdots = \frac{\pi}{4}+\frac{1}{2}\ln 2$;

(3) $1+\sum_{n=1}^{\infty}\frac{(2n-1)!!}{(2n)!!}\frac{1}{(2n+1)^2} = \frac{\pi}{2}\ln 2$.

3. 设

$$l = \varliminf_{n\to+\infty}\left|\frac{a_n}{a_{n+1}}\right|, L = \varlimsup_{n\to+\infty}\left|\frac{a_n}{a_{n+1}}\right|$$

如果幂级数 $\sum_{n=0}^{\infty} a_n x^n$ 的收敛半径为 R,证明: $l \leqslant R \leqslant L$.

4. 设幂级数 $\sum_{n=0}^{\infty} a_n x^n$ 的收敛半径为 R,且 $a_n \geqslant 0$.

(1) 证明: $\lim_{x\to R^-}\sum_{n=0}^{\infty} a_n x^n = \sum_{n=0}^{\infty} a_n R^n$;

(2) 由(1)证明:$\sum\limits_{n=1}^{\infty}\frac{1}{n}=+\infty$.

5. 设幂级数 $\sum\limits_{n=0}^{\infty}a_nx^n$ 的收敛半径为 1,且 $\lim\limits_{x\to1^-}\sum\limits_{n=0}^{\infty}a_nx^n=A$. 如果 $a_n\geqslant0(n=0,1,2,\cdots)$. 证明:$\sum\limits_{n=0}^{\infty}a_n=A$. 问:条件"$a_n\geqslant0$"删去,结论是否仍正确?

6. 设幂级数 $\sum\limits_{n=0}^{\infty}a_nx^n$ 的收敛半径为 1

$$a_n=o\left(\frac{1}{n^{1+\alpha}}\right)\quad(n\to+\infty)$$

其中 $\alpha>0$,且 $\lim\limits_{x\to1^-}\sum\limits_{n=0}^{\infty}a_nx^n=A$,证明:$\sum\limits_{n=0}^{\infty}a_n=A$.

7. 设幂级数 $\sum\limits_{n=0}^{\infty}a_nx^n$ 的收敛半径为 1

$$a_n=o\left(\frac{1}{n}\right)\quad(n\to+\infty)$$

且 $\lim\limits_{x\to1^-}\sum\limits_{n=0}^{\infty}a_nx=A$,证明:$\sum\limits_{n=0}^{\infty}a_n=A$.

8. 设数列 $\{a_n\}$ 满足:$\overline{\lim\limits_{n\to+\infty}}\sqrt[n]{|a_n|}=1$,证明:$\overline{\lim\limits_{n\to+\infty}}\sqrt[n]{|S_n|}=1$,其中 $S_n=\sum\limits_{k=0}^{n}a_k$ 为 $\sum\limits_{n=0}^{\infty}a_n$ 的部分和.

(提示:设幂级数 $\sum\limits_{n=0}^{\infty}a_nx^n$ 与 $\sum\limits_{n=0}^{\infty}S_nx^n$ 的收敛半径分别为 R 与 R_1,应用 $\sum\limits_{n=0}^{\infty}x^n\cdot\sum\limits_{n=0}^{\infty}a_nx^n=\sum\limits_{n=0}^{\infty}S_nx^n$. 先证 $R_1\geqslant1=R$;再应用 $(1-x)\cdot\sum\limits_{n=0}^{\infty}S_nx^n=\sum\limits_{n=0}^{\infty}a_nx^n$ 证明 $R\geqslant R_1$,从而 $R_1=R=1$.)

14.2 函数的幂级数展开式

14.1 节讨论了由幂级数所确定的和函数的性质. 这一节主要讨论一个函数在什么条件下能展开成收敛的幂级数以及如何展开.

定理 14.2.1(幂级数展开的唯一性) 设 $f(x)$ 在 (x_0-R,x_0+R) 中能展开

为收敛的幂级数

$$f(x) = \sum_{n=0}^{\infty} a_n (x - x_0)^n$$

则 $f(x)$ 在 $(x_0 - R, x_0 + R)$ 中为 C^{∞} 函数,且

$$a_n = \frac{f^{(n)}(x_0)}{n!} \quad (n = 0,1,2,\cdots)$$

即

$$f(x) = \sum_{n=0}^{\infty} \frac{f^{(n)}(x_0)}{n!}(x - x_0)^n$$

其中 $f^{(0)}(x) = f(x)$.

证明　由定理 14.1.4(3) 知,$f(x)$ 在 $(x_0 - R, x_0 + R)$ 中为 C^{∞} 函数. 又因为

$$f^{(k)}(x) = \sum_{n=k}^{\infty} n(n-1)\cdots(n-k+1)a_n(x - x_0)^{n-k}$$

令 $x = x_0$,得

$$f^{(k)}(x_0) = k \cdot (k-1) \cdot \cdots \cdot 2 \cdot 1 \cdot a_k = k! a_k$$

所以

$$a_k = \frac{f^{(k)}(x_0)}{k!} \quad (k = 0,1,2,\cdots)$$

$$f(x) = \sum_{n=0}^{\infty} \frac{f^{(n)}(x_0)}{n!}(x - x_0)^n \quad (x \in (x_0 - R, x_0 + R))$$

定义 14.2.1　设 $f(x)$ 在 $x = x_0$ 处有各阶导数,于是从 $f(x)$ 可做出一个形式幂级数

$$\sum_{n=0}^{\infty} \frac{f^{(n)}(x_0)}{n!}(x - x_0)^n$$

称它为 $f(x)$ 在 $x = x_0$ 处的 Taylor 级数,记为

$$f(x) \sim \sum_{n=0}^{\infty} \frac{f^{(n)}(x_0)}{n!}(x - x_0)^n$$

特别当 $x_0 = 0$ 时,幂级数

$$\sum_{n=0}^{\infty} \frac{f^{(n)}(0)}{n!}x^n$$

也称为 $f(x)$ 的 Maclaurin 级数.

如果$f(x)=\sum_{n=0}^{\infty}\frac{f^{(n)}(x_0)}{n!}(x-x_0)^n, x\in(x_0-R,x_0+R)$,则称$f(x)$在$(x_0-R,x_0+R)$ **可 Taylor 展开**.

定义 14.2.2 设$x_0\in(a,b)$,如果$\exists\delta>0$,使得幂级数

$$\sum_{n=0}^{\infty}a_n(x-x_0)^n$$

在$(x_0-\delta,x_0+\delta)$中收敛于函数$f(x)$,则称$f(x)$在**点 x_0 处是实解析的**;如果$\forall x_0\in(a,b)$,$f(x)$在x_0处都实解析,则称$f(x)$在(a,b)上为**实解析函数**或$f(x)$在(a,b)上是C^ω的函数,记从(a,b)到$\mathbb{R}$的实解析(C^ω)函数全体为$C^\omega((a,b),\mathbb{R})$,简记为$C^\omega((a,b))$.$f(x)\in C^\omega((a,b),\mathbb{R})$或$f(x)\in C^\omega((a,b))$,或更简单$f(x)\in C^\omega$都表示$f(x)$为实解析($C^\omega$)函数.

注 14.2.1 只要$f(x)$在$x=x_0$处有任意阶导数,就能做出它的 Taylor 级数

$$\sum_{n=0}^{\infty}\frac{f^{(n)}(x_0)}{n!}(x-x_0)^n$$

但这个级数不一定是收敛的(例 14.2.1),它只是一个形式的幂级数,不必在意它!即使收敛,也未必收敛到$f(x)$自己(例 14.2.2),对这种泰勒级数也不必太在意它!

例 14.2.1 设

$$f(x)=\sum_{n=0}^{\infty}\frac{\sin 2^n x}{n!}$$

为由函数项级数确定的函数,因为

$$u_n^{(k)}(x)=\left(\frac{\sin 2^n x}{n!}\right)^{(k)}\xlongequal{\text{归纳}}\frac{(2^n)^k\sin\left(2^n x+\frac{k\pi}{2}\right)}{n!}$$

$$|u_n^{(k)}(x)|\leqslant\frac{(2^n)^k}{n!}=\frac{(2^k)^n}{n!}$$

$\frac{(2^k)^{n+1}}{(n+1)!}\Big/\frac{(2^k)^n}{n!}=\frac{2^k}{n+1}\to 0(n\to+\infty)$,所以根据正项级数的 d'Alembert 判别法的极限形式知,$\sum_{n=0}^{\infty}\frac{(2^k)^n}{n!}$收敛(于$e^{2^k}$).再根据函数项级数的 Weierstrass 判别法得到

$$\sum_{n=0}^{\infty} u_n^{(k)}(x)$$

在$(-\infty,+\infty)$上一致收敛,从而推得

$$f^{(k)}(x)=\left(\sum_{n=0}^{\infty} u_n(x)\right)^{(k)}=\sum_{n=0}^{\infty} u_n^{(k)}(x)=\sum_{n=0}^{\infty} \frac{(2^n)^k \sin\left(2^n x+\frac{k\pi}{2}\right)}{n!}$$

也就是说,$f(x)$ 在$(-\infty,+\infty)$上有任意阶导数,即$f(x)$ 为 C^{∞} 函数. 将 $x=0$ 代入上式得到

$$f^{(k)}(0)=\sum_{n=0}^{\infty} \frac{(2^n)^k \sin\frac{k\pi}{2}}{n!}=\begin{cases}\sum\limits_{n=0}^{\infty} \dfrac{2^{n(2l+1)}\sin\left(l\pi+\frac{\pi}{2}\right)}{n!}, k=2l+1\\ 0, k=2l\end{cases}$$

$$=\begin{cases}\sum\limits_{n=0}^{\infty} \dfrac{(-1)^l(2^{2l+1})^n}{n!}, k=2l+1\\ 0, k=2l\end{cases}$$

$$=\begin{cases}(-1)^l e^{2^{2l+1}}, k=2l+1\\ 0, k=2l\end{cases}$$

$$f(x)\sim\sum_{n=0}^{\infty}\frac{f^{(k)}(0)}{k!}x^k=\sum_{l=0}^{\infty}\frac{(-1)^l e^{2^{2l+1}}}{(2l+1)!}x^{2l+1}$$ ($f(x)$ 在 $x_0=0$ 处的 Taylor 级数). 由于

$$\frac{e^{2^{2l+3}}|x|^{2l+3}}{(2l+3)!}\Big/\frac{e^{2^{2l+1}}|x|^{2l+1}}{(2l+1)!}=\frac{e^{3\cdot 2^{2l+1}}x^2}{(2l+2)(2l+3)}$$

$$\to\begin{cases}+\infty\\ 0\end{cases}\quad(l\to+\infty)$$

这个函数项级数除 $x=0$ 外处处发散.

例 14.2.2　在例 3.2.7 中已证

$$f(x)=\begin{cases}e^{-\frac{1}{x}}, x>0\\ 0, x\leqslant 0\end{cases}$$

为 C^{∞} 函数,且$f^{(n)}(0)=0, n=0,1,2,\cdots$. 显然,$f(x)$ 的 Taylor 级数

$$\sum_{n=0}^{\infty}\frac{f^{(n)}(0)}{n!}x^n=\sum_{n=0}^{\infty}\frac{0}{n!}x^n$$

收敛于 0,而不收敛于$f(x)$ 自己.

定理 14.2.2 (a,b) 上的 C^ω(实解析)函数必为 C^∞ 函数,但反之不真.

证明 设 $f(x)$ 为 (a,b) 上的 C^ω(函数),则 $\forall x_0\in(a,b)$, $\exists\delta>0$,使得

$$f(x)=\sum_{n=0}^{\infty}a_n(x-x_0)^n$$

$$\xlongequal{\text{定理 14.2.1}}\sum_{n=0}^{\infty}\frac{f^{(n)}(x_0)}{n!}(x-x_0)^n\quad(x\in(x_0-\delta,x_0+\delta)\subset(a,b))$$

根据定理 13.2.4′,$f(x)$ 在 $(x_0-\delta,x_0+\delta)$ 中是 C^∞ 的. 由于 $x_0\in(a,b)$ 是任取的,故 $f(x)$ 为 (a,b) 上的 C^∞ 函数.

但反之不真,例如:例 3.2.7 中的

$$f(x)=\begin{cases}e^{-\frac{1}{x}}, x>0\\0, x<0\end{cases}$$

是 C^∞ 函数但非 C^ω 函数.

由定理 14.2.2 的证明可得出下面的结论.

推论 14.2.1 可 Taylor 展开的函数或收敛的幂级数函数是 C^∞ 的.

定理 14.2.3 设 $f(x)$ 在 $(a-R,a+R)$ 中可展开为收敛的幂级数,即

$$f(x)=\sum_{n=0}^{\infty}a_n(x-a)^n\quad(x\in(a-R,a+R))$$

则 $\forall x_0\in(a-R,a+R)$,$f(x)$ 在 (x_0-r,x_0+r) 中可展开为收敛的幂级数

$$f(x)=\sum_{n=0}^{\infty}\frac{f^{(n)}(x_0)}{n!}(x-x_0)^n$$

其中 $r=R-|x_0-a|$. 于是,$f\in C^\omega((a-R,a+R),\mathbb{R})$.

证明 $\forall x\in(x_0-r,x_0+r)$,则

$$|x-a|\leqslant|x-x_0|+|x_0-a|<r+|x_0-a|=(R-|x_0-a|)+|x_0-a|=R$$

所以,根据定理 14.1.3,有

$$\sum_{n=0}^{\infty}\frac{f^{(n)}(a)}{n!}[|x-x_0|+|x_0-a|]^n$$

绝对收敛,即

$$\sum_{n=0}^{\infty}\left|\frac{f^{(n)}(a)}{n!}\right|[|x-x_0|+|x_0-a|]^n$$

$$=\sum_{n=0}^{\infty}\left|\frac{f^{(n)}(a)}{n!}\right|\sum_{k=0}^{n}C_n^k|x-x_0|^k|x_0-a|^{n-k}$$

$$= \sum_{k=0}^{\infty} \left[\sum_{n \geqslant k} \left| \frac{f^{(n)}(a)}{n!} \right| C_n^k \mid x_0 - a \mid^{n-k} \right] \mid x - x_0 \mid^k$$

收敛. 根据 Cauchy 收敛原理,有

$$f(x) = \sum_{n=0}^{\infty} \frac{f^{(n)}(a)}{n!}(x-a)^n = \sum_{n=0}^{\infty} \frac{f^{(n)}(a)}{n!}[(x-x_0)+(x_0-a)]^n$$

$$= \sum_{n=0}^{\infty} \frac{f^{(n)}(a)}{n!} \sum_{k=0}^{n} C_n^k (x-x_0)^k (x_0-a)^{n-k}$$

$$= \sum_{k=0}^{\infty} \left[\sum_{n \geqslant k} \frac{f^{(n)}(a)}{n!} C_n^k \mid x_0 - a \mid^{n-k} \right] (x-x_0)^k \quad (\text{绝对收敛})$$

$$= \sum_{k=0}^{\infty} \frac{1}{k!} \left[\sum_{n \geqslant k} \frac{(f^{(k)})^{n-k}(a)}{(n-k)!} (x_0-a)^{n-k} \right] (x-x_0)^k$$

$$= \sum_{k=0}^{\infty} \frac{f^{(k)}(x_0)}{k!}(x-x_0)^k$$

即 $f(x)$ 在 $(x_0 - r, x_0 + r)$ 中可展开为收敛的幂级数. 这就证明了

$$f(x) \in C^{\omega}((a-R, a+R), \mathbb{R})$$

例14.2.1与例14.2.2使我们自然产生这样的问题:$f(x)$ 要满足什么条件,才能保证它的泰勒级数收敛于 $f(x)$ 自己?即在什么条件下,等式

$$f(x) = \sum_{n=0}^{\infty} \frac{f^{(n)}(x_0)}{n!}(x-x_0)^n \quad (x \in (x_0 - R, x_0 + R))$$

成立.

定理14.2.4(可 Taylor 展开的充分必要条件)　设 $f(x)$ 在 $(x_0 - R, x_0 + R)$ 上为 C^{∞} 函数,则 $f(x)$ 在 $(x_0 - R, x_0 + R)$ 上可泰勒展开等价于

$$f(x) = \sum_{k=0}^{n} \frac{f^{(k)}(x_0)}{k!}(x-x_0)^k + R_n(x) \quad (x \in (x_0 - R, x_0 + R))$$

有

$$\lim_{n \to +\infty} R_n(x) = 0 \quad (x \in (x_0 - R, x_0 + R))$$

证明　$f(x)$ 在 $(x_0 - R, x_0 + R)$ 上可 Taylor 展开

$$\Leftrightarrow f(x) = \sum_{k=0}^{\infty} \frac{f^{(k)}(x_0)}{k!}(x-x_0)^k = \lim_{n \to +\infty} \sum_{k=0}^{n} \frac{f^{(k)}(x_0)}{k!}(x-x_0)^k$$

$$\Leftrightarrow 0 = \lim_{n \to +\infty} R_n(x) = \lim_{n \to +\infty} \left[f(x) - \sum_{k=0}^{n} \frac{f^{(k)}(x_0)}{k!}(x-x_0)^k \right]$$

$$(x \in (x_0 - R, x_0 + R))$$

这个定理初看起来很简单,但是它只是理论上的,对一般的函数,要判断 $\lim\limits_{n\to+\infty} R_n(x)=0$ 不是一件容易的事. 下面定理给出了一个能容易判断 $\lim\limits_{n\to+\infty} R_n(x)=0$ 的条件,也就是给出了 $f(x)$ 能在 (x_0-R,x_0+R) 上展开为 Taylor 级数的十分便于应用的充分条件.

定理 14.2.5(可 Taylor 展开的充分条件) 设 $f(x)$ 在 (x_0-R,x_0+R) 上有各阶导数,且对充分大的 $n\in\mathbb{N}$(即 $\exists N_0\in\mathbb{N}$,当 $n>N_0$),均有

$$|f^{(n)}(x)|\leqslant M(\text{常数})\quad(\forall x\in(x_0-R,x_0+R))$$

则 $f(x)$ 在 (x_0-R,x_0+R) 中可泰勒展开.

证明 因为 $f(x)$ 在 (x_0-R,x_0+R) 上有各阶导数,由 Taylor 公式的 Lagrange 余项可得

$$\begin{aligned}|R_n(x)| &= \left|\frac{f^{(n+1)}(\xi)}{(n+1)!}(x-x_0)^{n+1}\right|\leqslant M\frac{|x-x_0|^{n+1}}{(n+1)!}\\ &\leqslant M\frac{R^{n+1}}{(n+1)!}\to 0\quad(n\to+\infty,\forall x\in(x_0-R,x_0+R))\end{aligned}$$

(由例 1.1.5,或用 d' Alembert 判别法的极限形式推得 $\sum\limits_{n=0}^{\infty}\frac{R^n}{n!}$ 收敛,从而应用定理 12.1.2 得到 $\lim\limits_{n\to+\infty}\frac{R^{n+1}}{(n+1)!}=0$). 根据夹逼定理,$\lim\limits_{n\to+\infty}R_n(x)=0$. 从定理 14.2.4 立知,$f(x)$ 在 (x_0-R,x_0+R) 中可 Taylor 展开.

例 14.2.3 求下列重要初等函数的 Maclaurin 展开式,并说明收敛区间与收敛点集:

(1) e^x; (2) $\sin x$; (3) $\cos x$; (4) $(1+x)^\alpha$,其中 α 为任意实数.

解 (1) 设 $f(x)=e^x$,因为 $f^{(n)}(x)=(e^x)^{(n)}=e^x$,$f^{(n)}(0)=1$,$n=0,1,2,\cdots$,故其 Maclaurin 级数为

$$e^x\sim\sum_{n=0}^{\infty}\frac{x^n}{n!}$$

又 $\forall R>0$,$|f^{(n)}(x)|=|e^x|\leqslant e^R$,$x\in(-R,R)$,$n=0,1,2,\cdots$. 根据定理 14.2.5,等式

$$e^x=\sum_{n=0}^{\infty}\frac{x^n}{n!}$$

在 $(-R,R)$ 中成立. 由于 R 是任意的,故有

$$e^x = \sum_{n=0}^{\infty} \frac{x^n}{n!} \quad (x \in (-\infty, +\infty))$$

（2）设$f(x) = \sin x$，则

$$f^{(n)}(x) = (\sin x)^{(n)} = \sin\left(x + \frac{n\pi}{2}\right)$$

于是

$$f^{(n)}(0) = \sin \frac{n\pi}{2}\begin{cases}0, n = 2k \\ (-1)^k, n = 2k+1\end{cases}$$

又因为

$$|f^{(n)}(0)| = |(\sin x)^{(n)}| = \left|\sin\left(x + \frac{n\pi}{2}\right)\right| \leqslant 1 \quad (x \in (-\infty, +\infty))$$

根据定理 14.2.5，有

$$\sin x = \sum_{k=0}^{\infty} \frac{(-1)^k}{(2k+1)!} x^{2k+1} \quad (x \in (-\infty, +\infty))$$

（3）设$f(x) = \cos x$，则

$$f^{(n)}(x) = (\cos x)^{(n)} = \cos\left(x + \frac{n\pi}{2}\right)$$

于是

$$f^{(n)}(0) = \cos \frac{n\pi}{2} = \begin{cases}(-1)^k, n = 2k \\ 0, n = 2k+1\end{cases}$$

又因为

$$|f^{(n)}(x)| = |(\cos x)^{(n)}| = \left|\cos\left(x + \frac{nx}{2}\right)\right| \leqslant 1 \quad (x \in (-\infty, +\infty))$$

根据定理 14.2.5，有

$$\cos x = \sum_{k=0}^{\infty} \frac{(-1)^k}{(2k)!} x^{2k} \quad (x \in (-\infty, +\infty))$$

或者由定理 14.1.4，有

$$\cos x = (\sin x)' = \left(\sum_{k=0}^{\infty} \frac{(-1)^k}{(2k+1)!} x^{2k+1}\right)' = \sum_{n=0}^{\infty} \frac{(-1)^k}{(2k)!} x^{2k} \quad (x \in (-\infty, +\infty))$$

（4）由例 4.1.6 已经证明，$\forall x > -1$，有

$$(1+x)^\alpha = \sum_{k=0}^{n} C_\alpha^k x^k + R_n(x)$$

其中

$$\mathrm{C}_\alpha^k = \frac{\alpha(\alpha-1)\cdots(\alpha-k+1)}{k!}, \mathrm{C}_\alpha^0 = 1$$

$$R_n(x) = \frac{\alpha(\alpha-1)\cdots(\alpha-n)}{n!}\left(\frac{1-\theta}{1+\theta x}\right)^n (1+\theta x)^{\alpha-1} x^{n+1} \quad (0<\theta<1)$$

对 $R_n(x)$ 作如下的估计

$$|R_n(x)| \leqslant \begin{cases} \dfrac{|\alpha(\alpha-1)\cdots(\alpha-n)|}{n!}(1+|x|)^{\alpha-1}|x|^{n+1}, \alpha>1 \\ \dfrac{|\alpha(\alpha-1)\cdots(\alpha-n)|}{n!}(1-|x|)^{\alpha-1}|x|^{n+1}, \alpha<1 \end{cases}$$

根据 d' Alembert 判别法的极限形式知,当 $|x|<1$ 时,级数

$$\sum_{n=0}^{\infty} \frac{|\alpha(\alpha-1)\cdots(\alpha-n)|}{n!}|x|^{n+1} < +\infty$$

由定理 12.1.2,有

$$\lim_{n\to+\infty} \frac{|\alpha(\alpha-1)\cdots(\alpha-n)|}{n!}|x|^{n+1} = 0$$

由此及上述关于 $|R_n(x)|$ 的不等式推得 $\lim\limits_{n\to+\infty} R_n(x) = 0, |x|<1$. 再应用定理 14.2.4,$(1+x)^\alpha$ 有 Taylor 展开

$$(1+x)^\alpha = \sum_{n=0}^{\infty} \mathrm{C}_\alpha^n x^n \quad (|x|<1)$$

右边幂级数的收敛半径

$$R = \frac{1}{\lim\limits_{n\to+\infty}\left|\dfrac{a_{n+1}}{a_n}\right|} = \frac{1}{\lim\limits_{n\to+\infty}\left|\dfrac{\mathrm{C}_n^{n+1}}{\mathrm{C}_\alpha^n}\right|} = \frac{1}{\lim\limits_{n\to+\infty}\left|\dfrac{\alpha-n+1}{n}\right|} = 1$$

因此,该幂级数的收敛区间为$(-1,1)$.

上面的 Taylor 公式在 $x=\pm1$ 处是否成立?分下面几种情形来讨论:

① 如果 $\alpha \leqslant -1$,此时,有

$$|\mathrm{C}_\alpha^n \cdot (\pm1)^n| = \frac{|\alpha(\alpha-1)\cdots(\alpha-n+1)|}{n!} \geqslant \frac{n!}{n!} = 1 \not\to 0 \quad (n\to+\infty)$$

所以,当 $x=\pm1$ 时,幂级数

$$\sum_{n=0}^{\infty} \mathrm{C}_\alpha^n (\pm1)^n$$

都是发散的. 因此,该幂级数的收敛点集为$(-1,1)$.

② 如果 $\alpha>0$. 因为

$$\left|\frac{C_\alpha^{n+1}(\pm 1)^{n+1}}{C_\alpha^n(\pm 1)^n}\right| = \left|\frac{\alpha(\alpha-1)\cdots(\alpha-n)}{(n+1)!}\right| \Big/ \left|\frac{\alpha(\alpha-1)\cdots(\alpha-n+1)}{n!}\right|$$

$$= \frac{|\alpha-n|}{n+1} \to 1 \quad (k \to +\infty)$$

故用d'Alembert判别法不能断定它的敛散性. 现用Raabe判别法,因为当$n > \alpha$时,有

$$n\left(\frac{|C_\alpha^n|}{|C_\alpha^{n+1}|} - 1\right) = n\left(\frac{n+1}{n-\alpha} - 1\right) = \frac{n(1+\alpha)}{n-\alpha} \to 1 + \alpha > 1 \quad (n \to +\infty)$$

所以,$\sum\limits_{n=0}^{\infty} |C_\alpha^n(\pm 1)^n| = \sum\limits_{n=0}^{\infty} |C_\alpha^n| < +\infty$,收敛. 于是,该幂级数的收敛点集为$[-1,1]$.

③ 如果 $-1 < \alpha < 0$.

当 $x = -1$ 时

$$(-1)^n C_\alpha^n = \frac{(-\alpha)(-\alpha+1)\cdots(-\alpha+n-1)}{n!}$$

$$= \frac{|\alpha|(|\alpha|+1)\cdots(|\alpha|+n-1)}{n!}$$

$$= \frac{|\alpha|}{n} \cdot \frac{|\alpha|+1}{1} \cdot \cdots \cdot \frac{|\alpha|+n-1}{n-1}$$

$$\geqslant \frac{|\alpha|}{n} \quad (n = 1, 2, \cdots)$$

由 $\sum\limits_{n=1}^{\infty} \frac{|\alpha|}{n}$ 发散及比较判别法知,$\sum\limits_{n=0}^{\infty} C_\alpha^n(-1)^n$ 发散.

当 $x = 1$ 时,级数

$$\sum_{n=0}^{\infty} C_\alpha^n \cdot 1^n = \sum_{n=0}^{\infty} C_\alpha^n = 1 + \frac{\alpha(\alpha-1)}{2!} + \frac{\alpha(\alpha-1)(\alpha-2)}{3!} + \cdots$$

为一个交错级数. 而且由于$0 < |\alpha| < 1$,故

$$\frac{|\alpha-n|}{n+1} \leqslant \frac{|\alpha|+n}{n+1} < 1$$

$$|C_\alpha^n| = \left|\frac{\alpha(\alpha-1)\cdots(\alpha-n+1)}{n!}\right| \geqslant \left|\frac{\alpha(\alpha-1)\cdots(\alpha-n+1)}{n!}\right| \cdot \left|\frac{\alpha-n}{n+1}\right| = |C_\alpha^{n+1}|$$

即$\{|C_\alpha^n|\}$为一个单调减数列. 再根据例12.5.9知,$\lim\limits_{n\to+\infty} |C_\alpha^n| = 0$. 故由Leibniz判别法可断言 $\sum\limits_{n=0}^{\infty} C_\alpha^n \cdot 1^n = \sum\limits_{n=0}^{\infty} C_\alpha^n$ 收敛. 于是,该幂级数的收敛点集为$(-1,1]$.

综合上述,根据 Abel 第二定理,展开式

$$(1+\alpha)^{\alpha}=\sum_{n=0}^{\infty}C_{\alpha}^{n}x^{n}$$

当 $\alpha\leqslant -1$ 时,只在 $(-1,1)$ 中成立;当 $\alpha>0$ 时,只在 $[-1,1]$ 中成立;当 $-1<\alpha<0$ 时,只在 $(-1,1]$ 中成立.

例如:当 $\alpha=-1$ 时,有

$$\begin{aligned}\sum_{n=0}^{\infty}(-1)^{n}x^{n}&=\sum_{n=0}^{\infty}(-x)^{n}=\frac{1}{1-(-x)}=\frac{1}{1+x}\\&=(1+x)^{-1}=1+\sum_{n=1}^{\infty}\frac{(-1)(-1-1)\cdots(-1-n+1)}{n!}x^{n}\\&=\sum_{n=0}^{\infty}(-1)^{n}x^{n}\quad(x\in(-1,1))\end{aligned}$$

当 $\alpha=\frac{1}{2}$ 时,有

$$\begin{aligned}\sqrt{1+x}&=(1+x)^{\frac{1}{2}}=1+\frac{1}{2}x+\frac{\frac{1}{2}\left(-\frac{1}{2}\right)}{2!}x^{2}+\frac{\frac{1}{2}\left(-\frac{1}{2}\right)\left(-\frac{3}{2}\right)}{3!}x^{3}+\cdots\\&\quad+\frac{\frac{1}{2}\left(-\frac{1}{2}\right)\left(-\frac{3}{2}\right)\cdots\frac{3-2n}{2}}{n!}x^{n}+\cdots\\&=1+\frac{x}{2}+\sum_{n=2}^{\infty}(-1)^{n-1}\frac{(2n-3)!!}{2^{n}\cdot n!}x^{n}\\&=1+\frac{x}{2}+\sum_{n=2}^{\infty}(-1)^{n-1}\frac{(2n-3)!!}{(2n)!!}x^{n}\quad(x\in[-1,1])\end{aligned}$$

当 $\alpha=-\frac{1}{2}$ 时,有

$$\begin{aligned}\frac{1}{\sqrt{1+x}}&=(1+x)^{-\frac{1}{2}}=1+\left(-\frac{1}{2}\right)x+\frac{\left(-\frac{1}{2}\right)\left(-\frac{3}{2}\right)}{2!}x^{2}+\cdots\\&\quad+\frac{\left(-\frac{1}{2}\right)\left(-\frac{3}{2}\right)\cdots\left(-\frac{1}{2}-n+1\right)}{n!}x^{n}+\cdots\\&=1+\sum_{n=1}^{\infty}(-1)^{n}\frac{(2n-1)!!}{2^{n}\cdot n!}x^{n}\end{aligned}$$

$$= 1 + \sum_{n=1}^{\infty} (-1)^n \frac{(2n-1)!!}{(2n)!!} x^n \quad (x \in [-1,1])$$

或者

$$\frac{1}{\sqrt{1+x}} = 2((1+x)^{\frac{1}{2}})' = 2\left[1 + \frac{x}{2} + \sum_{n=2}^{\infty} (-1)^{n-1} \frac{(2n-3)!!}{(2n)!!} x^n\right]'$$

$$= 2\left[\frac{1}{2} + \sum_{n=2}^{\infty} (-1)^{n-1} \frac{(2n-3)!!}{(2n)!!} n x^{n-1}\right]$$

$$= 1 + \sum_{n=2}^{\infty} (-1)^{n-1} \frac{(2n-3)!!}{(2n-2)!!} x^{n-1}$$

$$= 1 + \sum_{n=1}^{\infty} (-1)^n \frac{(2n-1)!!}{(2n)!!} x^n \quad (x \in [-1,1])$$

提醒读者，例14.1.7及例14.2.3中6个初等函数的Maclaurin展开式必须牢牢地熟记！

定理14.1.9与定理14.2.5给出了将函数展开为幂级数的方法. 除此之外，利用某些函数的已知展开式，通过幂级数的求导，积分以及代数运算也能做出其他一些函数的幂级数展开式.

例14.1.7通过幂级数的逐项积分求得了函数$\ln(1+x)$与$\arctan x$的幂级数展开式.

读者回顾有限幂级数展开

$$f(x) = \sum_{k=0}^{n} a_k (x-x_0)^k + o((x-x_0)^n)$$

根据唯一性定理4.1.1以及定理4.1.2，它们表明无论用什么方法，所得到的有限幂级数展开一定是有限Taylor展开

$$f(x) = \sum_{k=0}^{n} \frac{f^{(k)}(x_0)}{k!} (x-x_0)^k + o((x-x_0)^n)$$

因此，只要有什么展开的妙法，尽管放心使用！例4.1.7 ~ 例4.1.13就体现了这一思想.

进而，定理14.2.1说明收敛幂级数展开也是唯一的，它就是收敛的（无穷）Taylor展开

$$f(x) = \sum_{n=0}^{\infty} \frac{f^{(n)}(x_0)}{n!} (x-x_0)^n$$

因此，无论用什么方法，其最后的展开是一样的，都是（无穷）Taylor展开.

例 14.2.4 将$\dfrac{1}{(1-x)(2-x)}$展开为 Maclaurin 级数.

解
$$\frac{1}{(1-x)(2-x)}=\frac{1}{1-x}-\frac{1}{2-x}=\frac{1}{1-x}-\frac{1}{2}\frac{1}{1-\frac{x}{2}}$$
$$=\sum_{n=0}^{\infty}x^n-\frac{1}{2}\sum_{n=0}^{\infty}\left(\frac{x}{2}\right)^n=\sum_{n=0}^{\infty}\left(1-\frac{1}{2^{n+1}}\right)x^n$$
$$(x\in(-1,1))$$
其中第 1 个幂级数的收敛区间为$(-1,1)$,第 2 个幂级数的收敛区间为$(-2,2)$.

因为
$$\left|\left(1-\frac{1}{2^{n-1}}\right)(\pm 1)^n\right|=1-\frac{1}{2^{n+1}}\to 1-0=1\quad(n\to+\infty)$$
所以
$$\sum_{n=0}^{\infty}\left(1-\frac{1}{2^{n+1}}\right)(\pm 1)^n$$
都发散.由此推得上述幂级数的收敛点集为$(-1,1)$.

例 14.2.5 求(1)e^{-x^2};(2)$\sin x^3$ 的 Maclaurin 展开.

解 (1)$e^{-x^2}=\sum\limits_{n=0}^{\infty}\dfrac{(-x^2)^n}{n!}=\sum\limits_{n=0}^{\infty}\dfrac{(-1)^n x^{2n}}{n!}$,$x\in(-\infty,+\infty)$.

(2)$\sin x^3=\sum\limits_{k=0}^{\infty}\dfrac{(-1)^k}{(2k+1)!}(x^3)^{2k+1}=\sum\limits_{n=0}^{\infty}\dfrac{(-1)^k}{(2k+1)!}x^{6k+3}$,$x\in(-\infty,+\infty)$.

例 14.2.6 设幂级数$\sum\limits_{n=0}^{\infty}a_nx^n$ 的收敛半径为 1,则:

(1) $\dfrac{1}{1-x}\sum\limits_{n=0}^{\infty}a_nx^n=\sum\limits_{n=0}^{\infty}S_nx^n$,$x\in(-1,1)$,其中 $S_n=\sum\limits_{k=0}^{n}a_k$;

(2) $\dfrac{1}{(1-x)^2}\sum\limits_{n=0}^{\infty}a_nx^n=\sum\limits_{n=0}^{\infty}(S_0+S_1+\cdots+S_n)x^n$,$x\in(-1,1)$.

证明 (1)
$$\frac{1}{1-x}\sum_{n=0}^{\infty}a_nx^n=(1+x+x^2+\cdots)(a_0+a_1x+a_2x^2+\cdots)$$
$$=a_0+(a_0+a_1)x+(a_0+a_1+a_2)x^2+\cdots$$
$$+(a_0+a_1+\cdots+a_n)x^n+\cdots$$

$$= \sum_{n=0}^{\infty} S_n x^n$$

或者令 $b_m = 1, m = 0,1,2,\cdots$,则

$$\begin{aligned}\frac{1}{1-x}\sum_{n=0}^{\infty} a_n x^n &= \left(\sum_{n=0}^{\infty} b_m x^m\right)\left(\sum_{n=0}^{\infty} a_k x^k\right)\\ &= \sum_{m,k=0}^{\infty} b_m a_k x^{m+k} = \sum_{n=0}^{\infty}\left(\sum_{m+k=n} b_m a_k\right)x^n\\ &= \sum_{n=0}^{\infty}\left(\sum_{k=0}^{n} b_{n-k}a_k\right)x^n = \sum_{n=0}^{\infty}\left(\sum_{k=0}^{n} a_k\right)x^n\\ &= \sum_{n=0}^{\infty} S_n x^n\end{aligned}$$

(2) $$\frac{1}{(1-x)^2}\sum_{n=0}^{\infty} a_n x^n = \frac{1}{1-x}\left(\frac{1}{1-x}\sum_{n=0}^{\infty} a_n x^n\right) \xlongequal{\text{由(1)}} \frac{1}{1-x}\sum_{n=0}^{\infty} S_n x^n$$

$$\xlongequal{\text{由(1)}} \sum_{n=0}^{\infty}(S_0 + \cdots + S_n)x^n$$

例 14.2.7　将函数 $\dfrac{\ln(1-x)}{1-x}$ 展开为 Maclaurin 级数.

解　由例 14.1.7,有

$$\ln(1-x) = \sum_{n=0}^{\infty}\frac{(-1)^{n-1}}{n}(-x)^n = -\sum_{n=1}^{\infty}\frac{x^n}{n}\quad(-1 \leqslant x < 1)$$

根据例 14.2.6 立即可得

$$\frac{\ln(1-x)}{1-x} = \frac{1}{1-x}\left(-\sum_{n=1}^{\infty}\frac{x^n}{n}\right) = -\sum_{n=1}^{\infty}\left(1+\frac{1}{2}+\cdots+\frac{1}{n}\right)x^n\quad(-1 < x < 1)$$

例 14.2.8　设 $f(x)$ 及其所有导数在 $[0,r]$ 非负,则 $f(x)$ 的 Taylor 级数在 $[0,r]$ 上收敛于 $f(x)$,即

$$\sum_{n=0}^{\infty}\frac{f^{(n)}(0)}{n!}x^n = f(x)\quad(0 \leqslant x < r)$$

证明　令

$$R_n(x) = f(x) - \sum_{k=0}^{n}\frac{f^{(k)}(0)}{k!}x^k, g(x) = \frac{R_n(x)}{x^{n+1}}$$

则

$$g'(x) = \frac{xR_n'(x) - (n+1)R_n(x)}{x^{n+2}}$$

再令 $h(x) = xR_n'(x) - (n+1)R_n(x)$,逐次求导得到

$$h'(x) = xR_n''(x) - nR_n'(x)$$

$$\vdots$$

$$h^{(n)}(x) = xR_n^{(n+1)}(x) - R_n^{(n)}(x)$$

$$h^{(n+1)}(x) = xR_n^{(n+2)}(x) = xf^{(n+2)}(x) \geqslant 0$$

于是,$h^{(n)}(x) \geqslant h^{(n)}(0) = 0$,又得 $h^{(n-1)}(x) \geqslant h^{(n-1)}(0) = 0,\cdots$,继续推出 $h(x) \geqslant 0$,进而有 $g'(x) \geqslant 0$,所以 $g(x) \leqslant g(r)$,且

$$0 \leqslant \frac{f^{(n+1)}(\xi)}{(n+1)!}x^{n+1} = R_n(x) \leqslant \left(\frac{x}{r}\right)^{n-1} f(r) \to 0 \quad (n \to +\infty)$$

因此,$\lim\limits_{n\to+\infty} R_n(x) = 0$,于是

$$f(x) = \sum_{n=0}^{\infty} \frac{f^{(n)}(0)}{n!}x^n \quad (0 \leqslant x < r)$$

练习题 14.2

1. 利用已知的初等函数展开式,给出下列函数的幂级数展开式:

(1) e^{x^2};　　(2) $\cos^2 x$;

(3) $\dfrac{x^{12}}{1-x}$;　　(4) $\ln\sqrt{\dfrac{1+x}{1-x}}$;

(5) $\dfrac{x}{1+x-2x^2}$;　　(6) $(1+x)e^{-x}$.

2. 求下列函数的幂级数展开式:

(1) $(1+x)\ln(1+x)$;　(2) $\arctan x - \ln\sqrt{1+x^2}$;

(3) $\dfrac{x}{(1-x)(1-x^2)}$;　(4) $(1+x^2)\arctan x$.

3. 将下列函数展开成幂级数:

(1) $\arcsin x$;　　(2) $\ln(x+\sqrt{1+x^2})$;

(3) $\displaystyle\int_0^x \frac{\sin t}{t}\mathrm{d}t$.

4. 将函数 $f(x) = \dfrac{x}{\sqrt{1+x}}$ 按 $\dfrac{x}{1+x}$ 的正整数幂展开成幂级数.

5. 将下列函数展开为 x 的幂级数:

(1)
$$f(x) = \frac{1}{(1+x)(1+x^2)(1+x^4)}$$
$$\left(\text{提示}: f(x) = \frac{1-x}{(1-x)(1+x)(1+x^2)(1+x^4)}\right)$$

(2)
$$f(x) = \sin^3 x$$
$$\left(\text{提示}: f(x) = \frac{3}{4}\sin x - \frac{1}{4}\sin 3x\right)$$

6. 设 $x > 0$,证明
$$\ln x = 2\left[\frac{x-1}{x+1} + \frac{1}{3}\left(\frac{x-1}{x+1}\right)^3 + \frac{1}{5}\left(\frac{x-1}{x+1}\right)^5 + \cdots\right]$$
$$\left(\text{提示}: 令\ t = \frac{x-1}{x+1}, 即\ x = \frac{1+t}{1-t}\right)$$

7. 应用逐项积分证明:

(1) 函数 $f(x) = \arctan\dfrac{2x}{2-x^2}$ 的幂级数展开式为
$$f(x) = \int_0^x f'(t)\,dt = \sum_{n=0}^{\infty}(-1)^{\left[\frac{n}{2}\right]}\frac{x^{2n+1}}{2^n(2n+1)} \quad (|x| < \sqrt{2})$$

(2) 上面展开式的收敛点集为 $[-\sqrt{2}, \sqrt{2}]$.

8. 将 $f(x) = \dfrac{1}{e}(1+x)^{\frac{1}{x}}$ 按 x 的幂展开至三次项(提示:$f(x) = e^{\frac{1}{x}\ln(1+x)-1}$,并应用 $\ln(1+x)$ 与 e^x 的展开式).

思考题 14.2

1. 证明:$f(x) = \ln^2(1-x)$ 的幂级数展开式为
$$f(x) = 2\sum_{n=1}^{\infty}\left(1 + \frac{1}{2} + \frac{1}{3} + \cdots + \frac{1}{n}\right)\frac{x^{n+1}}{n+1} \quad (x \in [-1, 1))$$

(提示:(1) 应用 $f(x) = \ln(1-x)\cdot\ln(1-x)$ 的幂级数乘法;(2) 先求

$f'(x) = -\frac{2\ln(1-x)}{1-x}$ 的展开式$\Big)$.

2. 按下面两种方法将

$$y = y(x) = \frac{\ln(x+\sqrt{1+x^2})}{\sqrt{1+x^2}}$$

展开为幂级数

$$y = \frac{\ln(x+\sqrt{1+x^2})}{\sqrt{1+x^2}} = \sum_{n=0}^{\infty}(-1)^n \frac{(2n)!!}{(2n+1)!!}x^{2n+1} \quad (x \in [-1,1])$$

(1) 先证

$$(1+x^2)y^{(n+1)} + (2n+1)xy^{(n)} + n^2 y^{(n-1)} = 0$$
$$y^{(2n)}(0) = 0, n = 1,2,\cdots$$
$$y^{(2n+1)}(0) = (-1)^n[(2n)!!]^2$$

(2) 由 $(1+x^2)y' = 1 - xy, y = \sum_{n=0}^{\infty} a_n x^n$ 以及待定系数法证明

$$a_{2n} = 0, a_{2n+1} = (-1)^n \frac{(2n)!!}{(2n+1)!!}$$

3. (1) 对 $\sum_{n=0}^{\infty}(-1)^n x^n = \frac{1}{1+x}(|x|<1)$ 两边从 0 到 x 两次积分,证明

$$\sum_{n=0}^{\infty}(-1)^n \frac{x^{n+2}}{(n+1)(n+2)} = x\ln(1+x) - x + \ln(1+x) \quad (|x|<1)$$

(2) 证明:$\sum_{n=0}^{\infty}\frac{(-1)^n}{(n+1)(n+2)} = 2\ln 2 - 1$.

4. 设 k 为任一正整数,证明:

(1)$f(x) = \sum_{n=0}^{\infty}\frac{n^k}{n!}x^n$ 的收敛半径 $R = +\infty$;

(2)$\int_0^x \frac{1}{t}f(t)\,\mathrm{d}t = \sum_{n=1}^{\infty}\frac{n^{k-1}}{n!}x^n$;

(3)$\int_0^x \frac{1}{t_{k-1}}\mathrm{d}t_{k-1}\int_0^{t_{k-1}}\frac{1}{t_{k-2}}\mathrm{d}t_{k-2}\cdots\int_0^{t_1}\frac{1}{t}f(t)\,\mathrm{d}t = \mathrm{e}^x - 1$;

(4)$f(x) = p_k(x)\mathrm{e}^x$,其中 $p_k(x)$ 为 x 的整系数 k 次多项式;

(5)$\sum_{n=1}^{\infty}\frac{n^k}{n!}$ 为 e 的整数倍.

5. 设幂级数为

$$S(x) = 1 + x + \frac{x^2}{2} + \frac{x^3}{1\times 3} + \frac{x^4}{2\times 4} + \frac{x^5}{1\times 3\times 5} + \frac{x^6}{2\times 4\times 6} + \cdots$$

证明：

(1) 收敛半径 $R = +\infty$；

(2) $S'(x) = 1 + xS(x)$；

(3) $S(x) = \mathrm{e}^{\frac{x^2}{2}}\left(\int_0^x \mathrm{e}^{-\frac{t^2}{2}}\mathrm{d}t + 1\right)$.

6. 应用幂级数展开证明：不等式

$$\mathrm{e}^x + \mathrm{e}^{-x} \leqslant 2\mathrm{e}^{\frac{x^2}{2}} \quad (x \in (-\infty, +\infty))$$

14.3　用多项式一致逼近连续函数

这一节主要研究用多项式一致逼近连续函数的问题.

定义 14.3.1　设 $f:[a,b] \to \mathbb{R}$ 为实函数，如果 $\forall \varepsilon > 0$，总 $\exists P(x)$，使得

$$|f(x) - P(x)| < \varepsilon \quad (\forall x \in [a,b])$$

其中 $P(x)$ 为多项式函数，则称 $f(x)$ 在**[a,b] 上能用多项式一致逼近**.

由于多项式函数 $P(x)$ 为 $[a,b]$ 上的连续函数，故 $P(x)$ 在 $[a,b]$ 上有界. 再从

$$P(x) - \varepsilon < f(x) < P(x) + \varepsilon$$

知

$$|f(x)| \leqslant |P(x)| + \varepsilon < \max_{x\in[a,b]} |P(x)| + \varepsilon \quad (x \in [a,b])$$

即 $f(x)$ 在 $[a,b]$ 上也有界.

定理 14.3.1(用多项式函数一致逼近的必要条件)　设 $f(x)$ 在 $[a,b]$ 上能用多项式函数一致逼近，则 $f(x)$ 必为连续函数.

证明　设在 $[a,b]$ 上能用多项式函数一致逼近，$\forall \varepsilon > 0$，存在多项式函数 $P(x)$，使得 $|P(x) - f(x)| < \varepsilon$，$\forall x \in [a,b]$. 特别的，又 $\varepsilon = \frac{1}{n}$，有多项式函数 $P_n(x)$，使

$$|P_n(x) - f(x)| < \frac{1}{n} \quad (\forall x \in [a,b])$$

这表明多项式函数序列$\{P_n(x)\}$在$[a,b]$上一致收敛于$f(x)$，根据定理13.2.1，$f(x)$为$[a,b]$上的连续函数.

定理 14.3.2(用多项式函数一致逼近的充要条件) $f(x)$在$[a,b]$上能用多项式函数一致逼近$\Leftrightarrow$存在多项式函数序列$\{P_n(x)\}$在$[a,b]$上一致收敛于$f(x)$.

证明 ($\Rightarrow$) 由定理14.3.1证明，存在多项式函数序列$\{P_n(x)\}$，使

$$|P_n(x)-f(x)|<\frac{1}{n}\quad(\forall x\in[a,b])$$

这表明多项式函数序列$\{P_n(x)\}$在$[a,b]$上一致收敛于$f(x)$.

($\Leftarrow$) 设有多项式函数序列$\{P_n(x)\}$在$[a,b]$上一致收敛于$f(x)$，则$\forall\varepsilon>0$，$\exists N\in\mathbb{N}$，当$n>N$时，有

$$|P_n(x)-f(x)|<\varepsilon\quad(\forall x\in[a,b])$$

取$P(x)=P_{N+1}(x)$，即知$f(x)$在$[a,b]$上能用多项式函数一致逼近.

自然会问:什么样的函数能在$[a,b]$上用多项式函数一致逼近?

定理 14.3.3(用多项式函数一致逼近的充分条件) 设$f(x)$在$(-R,R)$中能展开成收敛的幂级数，则对任意$[a,b]\subset(-R,R)$，$f(x)$在$[a,b]$上能用多项式函数一致逼近.

证明 因为$f(x)$在$(-R,R)$中能展开成收敛的幂级数$\sum\limits_{n=0}^{\infty}a_nx^n$，故由定理14.1.3，该幂级数在$[a,b]\subset(-R,R)$上一致收敛于$f(x)$. 即$\forall\varepsilon>0$，$\exists N=N(\varepsilon)\in\mathbb{N}$，当$n>N$时，有

$$|P(x)-f(x)|=\left|\sum_{k=0}^{\infty}a_kx^k-f(x)\right|<\varepsilon\quad(\forall x\in[a,b])$$

其中$P(x)=\sum\limits_{k=0}^{n}a_kx^k$. 这就证明了$f(x)$在$[a,b]$上能用多项式函数一致逼近.

虽然定理14.3.3给出了$f(x)$在$[a,b]$上能用多项式函数一致逼近的充分条件，但是由定理14.1.4(3)知，$f(x)$必须是C^∞的，它毕竟是一类很窄的函数. 另外，定理14.2.2中的反例表明，即使是C^∞函数也不必为C^ω函数，也就是不一定能展开成收敛的幂级数. 因此，上述充分条件的检验不是一件容易的事.

定理14.3.1使人们大胆地猜测，$f(x)$连续不仅是$f(x)$能用多项式函数一致逼近的必要条件，而且也是充分条件. Weierstrass在1885年证明了这一重要

事实.

引理 14.3.1　设 $f(x)$ 的 Bernstein 多项式为

$$B_n(f;x) = \sum_{i=0}^{n} f\left(\frac{i}{n}\right) C_n^i x^i (1-x)^{n-i} \quad (n = 1,2,\cdots)$$

则

$$B_n(1;x) = 1, B_n(x;x) = x, B_n(x^2;x) = \left(1 - \frac{1}{n}\right)x^2 + \frac{1}{n}x$$

$$\sum_{i=1}^{n} C_n^i (i - nx)^2 x^i (1-x)^{n-i} \leqslant \frac{n}{4} \quad (0 \leqslant x \leqslant 1)$$

证明　容易看到

$$B_n(1;x) = \sum_{i=0}^{n} f\left(\frac{i}{n}\right) C_n^i x^i (1-x)^{n-i} = \sum_{i=0}^{n} C_n^i x^i (1-x)^{n-i}$$

$$= [x + (1-x)]^n = 1^n = 1$$

为求 $B_n(x;x)$ 与 $B_n(x^2;x)$,我们在等式

$$(x+y)^n = \sum_{i=1}^{n} C_n^i x^i y^{n-i}$$

两边对 x 求偏导得

$$n(x+y)^{n-1} = \sum_{i=1}^{n} i C_n^i x^{i-1} y^{n-i}$$

令 $y = 1 - x$ 代入上式并整理得到

$$n = \sum_{i=1}^{n} i C_n^i x^{i-1} (1-x)^{n-i}$$

$$x = \sum_{i=0}^{n} \frac{i}{n} C_n^i x^i (1-x)^{n-i} = B_n(x;x)$$

在 $nx(x+y)^{n-1} = \sum\limits_{i=1}^{n} i C_n^i x^i y^{n-i}$ 两边对 x 求偏导得

$$n[(x+y)^{n-1} + (n-1)x(x+y)^{n-2}] = \sum_{i=1}^{n} i^2 C_n^i x^{i-1} y^{n-i}$$

令 $y = 1 - x$ 代入上式,并整理得到

$$n[1 + (n-1)x] = \sum_{i=0}^{n} i^2 C_n^i x^{i-1} (1-x)^{n-i}$$

$$\left(1 - \frac{1}{n}\right)x^2 + \frac{1}{n}x = \sum_{i=0}^{n} \left(\frac{i}{n}\right)^2 C_n^i x^i (1-x)^{n-i} = B_n(x^2;x)$$

于是

$$\sum_{i=0}^{n} C_n^i (i-nx)^2 x^i (1-x)^{n-i}$$

$$= n^2 \sum_{i=0}^{n} \left(\frac{i}{n}\right)^2 C_n^i x^i (1-x)^{n-i} - 2n^2 x \sum_{i=0}^{n} \frac{i}{n} C_n^i x^i (1-x)^{n-i} + n^2 x^2 \sum_{i=0}^{n} C_n^i x^i (1-x)^{n-i}$$

$$= n^2 B(x^2;x) - 2n^2 x B_n(x;x) + n^2 x^2 B_n(1;x)$$

$$= n^2 \left[\left(1-\frac{1}{n}\right)x^2 + \frac{1}{n}x\right] - 2n^2 x \cdot x + n^2 x^2 \cdot 1$$

$$= nx(1-x) \leqslant n\left(\frac{x+1-x}{2}\right)^2 = \frac{n}{4}$$

定理 14.3.4(Bernstein)　设$f(x)$为闭区间$[0,1]$上的连续函数,则$f(x)$的 Bernstein 多项式序列$\{B_n(f;x)\}$在$[0,1]$上一致收敛于$f(x)$.

证明　因为$f(x)$在$[0,1]$上连续,故$f(x)$在$[0,1]$上必一致连续且有界,记$|f(x)| \leqslant M, \forall x \in [0,1]$. 于是,$\forall \varepsilon > 0, \exists \delta > 0$,当$x', x'' \in [0,1]$且满足$|x'-x''| < \delta$时,就有

$$|f(x') - f(x'')| < \frac{\varepsilon}{2}$$

由此

$$|B_n(f;x) - f(x)| = \left| \sum_{i=0}^{n} f\left(\frac{i}{n}\right) C_n^i x^i (1-x)^{n-i} - \sum_{i=0}^{n} f(x) C_n^i x^i (1-x)^{n-i} \right|$$

$$= \left| \sum_{i=0}^{n} \left[f\left(\frac{i}{n}\right) - f(x)\right] C_n^i x^i (1-x)^{n-i} \right| \leqslant \sum_{i=0}^{n} \left| f\left(\frac{i}{n}\right) - f(x) \right| C_n^i x^i (1-x)^{n-i}$$

$$= \sum_{\left|\frac{i}{n}-x\right| \geqslant \delta} \left| f\left(\frac{i}{n}\right) - f(x) \right| C_n^i x^i (1-x)^{n-i} + \sum_{\left|\frac{i}{n}-x\right| < \delta} \left| f\left(\frac{i}{n}\right) - f(x) \right| C_n^i x^i (1-x)^{n-i}$$

$$< \frac{M}{2n\delta^2} + \frac{\varepsilon}{2} \cdot \sum_{i=0}^{n} C_n^i x^i (1-x)^{n-i} < \frac{\varepsilon}{2} + \frac{\varepsilon}{2} = \varepsilon \quad (\forall x \in [0,1])$$

(其中

$$\sum_{\left|\frac{i}{n}-x\right| \geqslant \delta} \left| f\left(\frac{i}{n}\right) - f(x) \right| C_n^i x^i (1-x)^{n-i}$$

$$\leqslant \frac{2M}{\delta^2} \delta^2 \sum_{\left|\frac{i}{n}-x\right| \geqslant \delta} C_n^i x^i (1-x)^{n-i}$$

$$\leqslant \frac{2M}{\delta^2} \sum_{\left|\frac{i}{n}-x\right| \geqslant \delta} \left(\frac{i}{n} - x\right)^2 \mathrm{C}_n^i x^i (1-x)^{n-i}$$

$$\leqslant \frac{2M}{\delta^2} \sum_{i=0}^{n} \left(\frac{i}{n} - x\right)^2 \mathrm{C}_n^i x^i (1-x)^{n-i}$$

$$\overset{\text{引理14.3.1}}{\leqslant} \frac{2M}{\delta^2} \cdot \frac{1}{n^2} \cdot \frac{n}{4} = \frac{M}{2n\delta^2})$$

这就证明了$\{B_n(f;x)\}$在$[0,1]$上一致收敛于$f(x)$.

定理 14.3.5(Weierstrass)　闭区间$[a,b]$上的任何连续函数$f(x)$能在这个区间上用多项式函数一致逼近.

证法 1(Bernstein 证法)　设$f(x)$是$[a,b]$上的连续函数,作变换

$$x = a + (b-a)t$$

并记$g(t) = f(a + (b-a)t)$,则g是$[0,1]$上的连续函数. 由定理 14.3.4,$\forall \varepsilon > 0$,存在多项式函数$P(t)$(g的某个 Bernstein 多项式),使得

$$|g(t) - P(t)| < \varepsilon \quad (\forall t \in [0,1])$$

用$t = \dfrac{x-a}{b-a}$代入上式即得

$$\left|f(x) - P\left(\frac{x-a}{b-a}\right)\right| < \varepsilon \quad (\forall x \in [a,b])$$

这就证明了定理的结果.

在数学上,上述证明方法称为**构造性证明**,它不仅证明逼近$f(x)$的多项式$P\left(\dfrac{x-a}{b-a}\right)$是存在的,而且给出了它的具体构造.

证法 2　分 3 步证明:

第 1 步,设$[a,b] = [0,1]$,且$f(0) = f(1) = 0$,$f(x)$在$[0,1]$上连续,所以$|f(x)| \leqslant M, x \in [0,1]$. 延拓$f(x)$至$(-\infty, +\infty)$,使得$f(x) = 0$,$x \in \mathbb{R} \setminus [0,1]$,则$f(x)$在$(-\infty, +\infty)$上一致连续. 于是,$\forall \varepsilon > 0$,$\exists \delta > 0$,当$|x' - x''| < \delta$时,有

$$|f(x') - f(x'')| < \frac{\varepsilon}{2}$$

考虑多项式序列$Q_n(x) = C_n(1-x^2)^n, n = 1,2,\cdots$,其中

$$C_n = \frac{1}{\int_{-1}^{1} (1-x^2)^n \mathrm{d}x}$$

由此知

$$\int_{-1}^{1} Q_n(x)\,\mathrm{d}x = C_n\int_{-1}^{1}(1-x^2)^n\mathrm{d}x = \frac{1}{\int_{-1}^{1}(1-x^2)^n\mathrm{d}x}\int_{-1}^{1}(1-x^2)^n\mathrm{d}x = 1 \quad (n=1,2,\cdots)$$

令 $\varphi(x) = (1-x^2)^n - (1-nx^2)$,则

$$\varphi'(x) = n(1-x^2)^{n-1}(-2x) + 2nx$$

$$= 2nx[1-(1-x^2)^{n-1}]\begin{cases} <0, -1\leqslant x<0, \varphi \text{ 严格单调减} \\ =0, x=0, \text{达最小值} \\ >0, 0<x\leqslant 1, \varphi \text{ 严格单调增} \end{cases}$$

从而

$$(1-x^2)^n - (1-nx^2) = \varphi(x) \geqslant \varphi(0) = 0$$

$$(1-x^2)^n \geqslant 1-nx^2 \quad (|x|\leqslant 1)$$

由此推得

$$\int_{-1}^{1}(1-x^2)\,\mathrm{d}x = 2\int_{0}^{1}(1-x^2)\,\mathrm{d}x \geqslant 2\int_{0}^{\frac{1}{\sqrt{n}}}(1-x^2)^n\mathrm{d}x \geqslant 2\int_{0}^{\frac{1}{\sqrt{n}}}(1-nx^2)\,\mathrm{d}x$$

$$= 2\left(x-\frac{n}{3}x^3\right)\Bigg|_0^{\frac{1}{\sqrt{n}}} = \frac{4}{3\sqrt{n}} > \frac{1}{\sqrt{n}}$$

$$C_n = \frac{1}{\int_{-1}^{1}(1-x^2)^n\mathrm{d}x} < \sqrt{n}$$

于是,当 $0<\delta\leqslant|x|\leqslant 1$ 时,有

$$Q_n(x) = C_n(1-x^2)^n \leqslant \sqrt{n}(1-\delta^2)^n$$

且当 $x\in[0,1]$ 时, $-1\leqslant -1+x\leqslant 0, 1\leqslant 1+x\leqslant 2$,于是

$$P_n(x) = \int_{-1}^{1} f(x+t)Q_n(t)\,\mathrm{d}t \xlongequal{u=x+t} \int_{-1+x}^{1+x} f(u)Q_n(u-x)\,\mathrm{d}u$$

$$\xlongequal{f|_{\mathbb{R}\setminus[0,1]}=0} \int_0^1 f(u)Q_n(u-x)\,\mathrm{d}u$$

其中 $Q_n(u-x) = C_n(1-(u-x)^2)^n$ 为 x 的多项式,故 $P_n(x)$ 也是 x 的多项式.
并且, $\forall\varepsilon>0$,先取定上述的 $\delta\in(0,1)$. 因为 $\lim\limits_{n\to+\infty}4M\sqrt{n}(1-\delta^2)^n = 0$,所以
$\exists N\in\mathbb{N}$,当 $n>N$ 时,有

$$4M\sqrt{n}(1-\delta^2)^n < \frac{\varepsilon}{2}$$

$$|P_n(x)-f(x)| = \left|\int_{-1}^{1} f(x+t)Q_n(t)\,\mathrm{d}t - \int_{-1}^{1} f(x)Q_n(t)\,\mathrm{d}t\right|$$

$$= \left|\int_{-1}^{1}[f(x+t)-f(x)]Q_n(t)\mathrm{d}t\right|$$

$$\leqslant \int_{-1}^{1}|f(x+t)-f(x)|Q_n(t)\mathrm{d}t$$

$$\leqslant 2M\int_{-1}^{\delta}Q_n(t)\mathrm{d}t+\frac{\varepsilon}{2}\int_{-\delta}^{\delta}Q_n(t)\mathrm{d}t+2M\int_{\delta}^{1}Q_n(t)\mathrm{d}t$$

$$\leqslant 4M\cdot\sqrt{n}(1-\delta^2)^n+\frac{\varepsilon}{2}\cdot 1$$

$$<\frac{\varepsilon}{2}+\frac{\varepsilon}{2}=\varepsilon \quad (x\in[0,1])$$

这就证明了 $f(x)$ 在 $[0,1]$ 上可用多项式函数一致逼近（注意：这里不是 $P_n(x) \rightrightarrows f(x), x\in[0,1], n\to+\infty$！为什么？）.

第 2 步，设 $f(x)$ 在 $[0,1]$ 上连续. 令

$$g(x)=f(x)-\{f(0)+x[f(1)-f(0)]\} \quad (0\leqslant x\leqslant 1)$$

则 $g(x)$ 在 $[0,1]$ 上也连续，且 $g(0)=g(1)=0$. 由第 1 步知，$g(x)$ 在 $[0,1]$ 上可用多项式函数一致逼近，即 $\forall\varepsilon>0$，必有多项式函数 $P(x)$ 使

$$|P(x)-g(x)|<\varepsilon \quad (x\in[0,1])$$

等价于

$$|\{P(x)+f(0)+x[f(1)-f(0)]\}-f(x)|$$
$$=|P(x)-\{f(x)-[f(0)+x(f(1)-f(0))]\}|<\varepsilon \quad (x\in[0,1])$$

这就证明了 $f(x)$ 在 $[0,1]$ 上可用多项式函数一致逼近.

第 3 步，设 f 在有界闭区间 $[a,b]$ 上连续. 令 $x=a+t(b-a)$，则 $t=\dfrac{x-a}{b-a}$，$t\in[0,1]$，取

$$\varphi(t)=f(a+t(b-a))=f(x)$$

则 $\varphi(0)=f(a)$，$\varphi(1)=f(b)$，$\varphi(t)$ 在 $[0,1]$ 上连续. 根据第 2 步，$\varphi(t)$ 在 $[0,1]$ 上可用多项式函数一致逼近，即 $\forall\varepsilon>0$，有多项式函数 $P(t)$，使得

$$|P(t)-\varphi(t)|<\varepsilon, t\in[0,1] \Leftrightarrow \left|P\left(\frac{x-a}{b-a}\right)-f(x)\right|<\varepsilon, x\in[a,b]$$

而 $P\left(\dfrac{x-a}{b-a}\right)$ 是 x 的多项式，这就证明了连续函数 $f(x)$ 在 $[a,b]$ 上可用多项式函数一致逼近.

定理 14.3.6（用多项式函数一致逼近的充要条件）　$f(x)$ 在 $[a,b]$ 上能用

多项式函数一致逼近的充分条件是 $f(x)$ 为 $[a,b]$ 上的连续函数.

证明 (⇒) 即是定理 14.3.1.

(⇐) 即是定理 14.3.5.

这个定理揭示了这样一个事实:在 $[a,b]$ 上能用多项式函数一致逼近的函数就是连续函数.

此外,必须指出,如果将有界闭区间 $[a,b]$ 改为有界开区间 (a,b),有界半开半闭区间 $(a,b]$,$[a,b)$ 或无界区间,Weierstrass 定理 14.3.5 就不一定成立.

例 14.3.1 $f(x)=\dfrac{1}{x}$ 在 $(0,1)$ 或 $(0,1]$ 上连续,但不能用多项式函数一致逼近.

证明(反证) 假设 $f(x)=\dfrac{1}{x}$ 在 $(0,1)$(或 $(0,1]$)能用多项式函数一致逼近,如本节开始时所述,$f(x)$ 在 $(0,1)$(或 $(0,1]$)上必为有界函数,这与 $f(x)=\dfrac{1}{x}$ 在 $(0,1)$(或 $(0,1]$)上显然无界相矛盾.

例 14.3.2 $f(x)=\dfrac{1}{x}$ 在 $[1,+\infty)$ 上不能用多项式函数一致逼近.

证明(反证) 假设 $f(x)=\dfrac{1}{x}$ 在 $[1,+\infty)$ 上能用多项式函数一致逼近,则对 $\varepsilon_0=\dfrac{1}{4}$,必有多项式函数 $P(x)$,使

$$|P(x)-f(x)|=\left|P(x)-\frac{1}{x}\right|<\frac{1}{4}\quad(x\in[1,+\infty))$$

因此

$$|P(x)|=\left|P(x)-\frac{1}{x}+\frac{1}{x}\right|\leqslant\left|P(x)-\frac{1}{x}\right|+\left|\frac{1}{x}\right|<\frac{1}{4}+1<2\quad(x\in[1,+\infty))$$

设 $P(x)=a_nx^n+a_{n-1}x^{n-1}+\cdots+a_1x+a_0$.

(1) 当 $a_n\neq 0,n\geqslant 1$ 时,由

$$\lim_{n\to+\infty}P(x)=\lim_{n\to+\infty}x^n\left(a_n+\frac{a_{n-1}}{x}+\cdots+\frac{a_n}{x^{n-1}}+\frac{a_0}{x^n}\right)=+\infty$$

知,$P(x)$ 在 $[1,+\infty)$ 上无界,这与上述 $P(x)$ 在 $[1,+\infty)$ 上有界相矛盾.

(2) 当 $a_n=\cdots=a_1=0$,则 $P(x)=a_0$. 取 $x_1=1,x_2=2$,有

$$\begin{aligned}\frac{1}{2} &= \left|1-\frac{1}{2}\right| = \left|\frac{1}{x_1}-\frac{1}{x_2}\right| = \left|\left(\frac{1}{x_1}-a_0\right)-\left(\frac{1}{x_0}-a_0\right)\right| \\ &\leqslant \left|\frac{1}{x_1}-a_0\right|+\left|\frac{1}{x_2}-a_0\right| < \frac{1}{4}+\frac{1}{4}=\frac{1}{2}\end{aligned}$$

矛盾. 由此推得 $f(x)=\frac{1}{x}$ 在 $[1,+\infty)$ 上不能用多项式函数一致逼近.

作为 Weierstrass 定理的应用,有下面的结论.

定理 14.3.7　设 $f(x)$ 为有界闭区间 $[a,b]$ 上的 Riemann 可积函数,则 $\forall \varepsilon>0$,存在多项式函数 $P(x)$,使得

$$\int_a^b |P(x)-f(x)|\,\mathrm{d}x < \varepsilon$$

证明　因为 $f(x)$ 在 $[a,b]$ 上 Riemann 可积,根据定理 6.1.4(3),存在 $[a,b]$ 的某个分割 $T: a=x_0<x_1<\cdots<x_n=b$,使得

$$\sum_{i=1}^{n}\sup_{x',x''\in[x_{i-1},x_i]}|f(x')-f(x'')|\,\Delta x_i = \sum_{i=1}^{n}\omega_i\Delta x_i < \frac{\varepsilon}{2}$$

连接 $(x_{i-1},f(x_{i-1}))$ 与 $(x_i,f(x_i))$ $(i=1,2,\cdots,n)$ 得一条折线,它对应的函数记为 $\varphi(x)$. 设

$$x = tx_{i-1}+(1-t)x_i$$

则

$$t=\frac{x-x_i}{x_{i-1}-x_i}$$

于是

$$\begin{aligned}\int_a^b|\varphi(x)-f(x)|\,\mathrm{d}x &= \sum_{i=1}^{n}\int_{x_{i-1}}^{x_i}|[tf(x_{i-1})+(1-t)f(x_i)]-f(x)|\,\mathrm{d}x \\ &= \sum_{i=1}^{n}\int_{x_{i-1}}^{x_i}|t[f(x_{i-1})-f(x)]+(1-t)[f(x_i)-f(x)]|\,\mathrm{d}x \\ &\leqslant \sum_{i=1}^{n}\int_{x_{i-1}}^{x_i}[t|f(x_{i-1})-f(x)|+(1-t)|f(x_i)-f(x)|]\mathrm{d}x \\ &\leqslant \sum_{i=1}^{n}\int_{x_{i-1}}^{x_i}[t\omega_i+(1-t)\omega_i]\mathrm{d}x = \sum_{i=1}^{n}\omega_i\Delta x_i < \frac{\varepsilon}{2}\end{aligned}$$

对 $[a,b]$ 上的连续函数 $\varphi(x)$,根据 Weierstrass 定理 14.3.5,有多项式函数 $P(x)$,使得

$$|P(x)-\varphi(x)| < \frac{\varepsilon}{2(b-a)}\quad(\forall x\in[a,b])$$

从而,有

$$\int_a^b |P(x)-f(x)|\,dx \leqslant \int_a^b |P(x)-\varphi(x)|\,dx + \int_a^b |\varphi(x)-f(x)|\,dx$$

$$< \frac{\varepsilon}{2(b-a)}(b-a)+\frac{\varepsilon}{2}=\varepsilon$$

例 **14.3.3** 设$f(x)$在$(-\infty,+\infty)$中能用多项式函数一致逼近,则$f(x)$必为一个多项式函数.

证明 因为$f(x)$在$(-\infty,+\infty)$中能用多项式函数一致逼近,根据定理14.3.2,存在多项式函数序列$P_n(x)$,使得$\{P_n(x)\}$在$(-\infty,+\infty)$上一致收敛于$f(x)$,即

$$P_n(x)\rightrightarrows f(x)\quad (x\in(-\infty,+\infty),n\to+\infty)$$

于是,对$\varepsilon_0=1$,$\exists N\in\mathbb{N}$,当$n\geqslant N$时,有

$$|P_n(x)-P_N(x)|<\varepsilon_0=1\quad (\forall x\in(-\infty,+\infty))$$

即$P_n(x)-P_N(x)$为$(-\infty,+\infty)$中的有界多项式函数. 它必为常值函数.(反证)假设它不为常值函数,则

$$P_n(x)-P_N(x)=a_0x^m+a_1x^{m-1}+\cdots+a_{m-1}x+a_m$$

$$=x^m\left(a_0+\frac{a_1}{x}+\cdots+\frac{a_{m-1}}{x^{m-1}}+\frac{a_m}{x^m}\right)\to\infty\quad (x\to+\infty)$$

其中$a_0\neq 0$. 这与$P_n(x)-P_N(x)$为$(-\infty,+\infty)$中的有界函数相矛盾. 由此设

$$P_n(x)-P_N(x)=C_n\quad (n=N,N+1,\cdots)$$

因而

$$\lim_{n\to+\infty}C_n=\lim_{n\to+\infty}[P_n(0)-P_N(0)]=f(0)-P_N(0)$$

由此即得

$$f(x)=\lim_{n\to+\infty}P_n(x)=\lim_{n\to+\infty}(P_N(x)+C_n)=P_N(x)+f(0)-P_N(0)$$

这就证明了$f(x)$为一个多项式函数.

作为 Weierstrass 定理的另一个应用,可以证明周期为2π的连续函数可以用三角多项式来逼近.

定义 14.3.2 称函数

$$T(x)=A+\sum_{k=1}^{n}(a_k\cos kx+b_k\sin kx)$$

为 ***n* 次三角多项式**.

当 $b_1 = \cdots = b_n = 0$ 时,$T(x)$ 为一个偶函数,称它为**余弦多项式**;当 $a_1 = \cdots = a_n = 0$ 时,称它为**正弦多项式**;又若 $A = 0$,则 $T(x)$ 为一个奇函数.

引理 14.3.2　(1) 函数 $\cos^k x$ 为余弦多项式($k \in \mathbb{N}$);

(2) 如果 $T(x)$ 为三角多项式,则 $T(x)\sin x$ 也为三角多项式;

(3) 如果 $T(x)$ 为三角多项式,则 $T(x+\alpha)$ 也为三角多项式.

证明　(1)(归纳) 当 $k = 1$ 时,$\cos^1 x = \cos x$ 为一次三角多项式.

假设当 $k = l$ 时,$\cos^l x$ 为 l 次余弦多项式,则当 $k = l + 1$ 时,有

$$\begin{aligned}\cos^{l+1}x &= \cos^l x\cos x \xlongequal{\text{归纳}} \left(A + \sum_{j=1}^{l} a_j\cos jx\right)\cos x\\&= A\cos x + \sum_{j=1}^{l} a_j\cos jx\cos x\\&= A\cos x + \sum_{j=1}^{l} a_j\cdot\frac{1}{2}[\cos(j+1)x + \cos(j-1)x]\end{aligned}$$

为 $l + 1$ 次余弦多项式.

(2) 易见,如果 $T(x)$ 为三角多项式,则

$$\begin{aligned}T(x)\sin x &= \left[A + \sum_{k=1}^{n}(a_k\cos kx + b_k\sin kx)\right]\sin x\\&= A\sin x + \sum_{k=1}^{n}(a_k\cos kx\sin x + b_k\sin kx\sin x)\\&= A\sin x + \sum_{k=1}^{n}\left\{a_k\cdot\frac{1}{2}[\sin(k+1)x - \sin(k-1)x]\right.\\&\quad\left. + b_k\cdot\frac{1}{2}[\cos(k-1)x - \cos(k+1)x]\right\}\end{aligned}$$

也为三角多项式.

(3) 如果 $T(x)$ 为三角多项式,则

$$\begin{aligned}T(x+\alpha) &= A + \sum_{k=1}^{n}[a_k\cos k(x+\alpha) + b_k\sin k(x+\alpha)]\\&= A + \sum_{k=1}^{n}[a_k(\cos kx\cos k\alpha - \sin kx\sin k\alpha)\\&\quad + b_k(\sin kx\cos k\alpha + \cos kx\sin k\alpha)]\end{aligned}$$

也为三角多项式.

引理 14.3.3　设 $f(x)$ 为 $[0,\pi]$ 上定义的连续函数,则对任何 $\varepsilon > 0$,存在余弦多项式 $T(x)$,使

$$|f(x)-T(x)|<\varepsilon \quad (\forall x\in[0,\pi])$$

证明 将$f(\arccos t)$视作t的函数,它在$[-1,1]$上是连续的.因此,根据Weierstrass多项式一致逼近定理14.3.5知,有多项式$\sum_{k=0}^{n}a_k t^k$使得

$$\left|f(\arccos t)-\sum_{k=0}^{n}a_k t^k\right|<\varepsilon \quad (\forall t\in[-1,1])$$

如果$\arccos t=x\in[0,\pi]$,则$t=\cos x\in[-1,1]$.因此

$$\left|f(x)-\sum_{k=0}^{n}a_k\cos^k x\right|<\varepsilon$$

由引理14.3.2(1),$\cos^k x$是一余弦多项式,所以$\sum_{k=0}^{n}a_k\cos^k x$为所求的余弦多项式.

引理14.3.4 设$f(x)$为$(-\infty,+\infty)$上周期为2π的偶函数,且处处连续,则对任何$\varepsilon>0$,有三角多项式$T(x)$,使得

$$|f(x)-T(x)|<\varepsilon \quad (\forall x\in(-\infty,+\infty))$$

证明 根据引理14.3.3,在$[0,\pi]$中,有余弦多项式$T(x)$,使得

$$|f(x)-T(x)|<\varepsilon$$

现在,$f(x)$与$T(x)$均为偶函数,因此上式在$[-\pi,0]$上也成立.最后,由于$f(x)-T(x)$为周期2π的周期函数,故上述不等式处处成立.

定理14.3.8(Weierstrass) 设$f(x)$为$(-\infty,+\infty)$上的周期为2π的连续周期函数,则对任何$\varepsilon>0$,必有三角多项式$T(x)$,使得

$$|f(x)-T(x)|<\varepsilon \quad (\forall x\in(-\infty,+\infty))$$

证明 由引理14.3.4知,偶函数

$$f(x)+f(-x)\text{ 与 }[f(x)-f(-x)]\sin x$$

有如下的三角多项式$T_1(x)$与$T_2(x)$,且满足

$$f(x)+f(-x)=T_1(x)+\alpha_1(x)$$

$$[f(x)-f(-x)]\sin x=T_2(x)+\alpha_2(x)$$

其中$|\alpha_1(x)|<\frac{\varepsilon}{2}$,$|\alpha_2(x)|<\frac{\varepsilon}{2}$,$\forall x\in(-\infty,+\infty)$.于是

$$f(x)\sin^2 x=[f(x)+f(-x)]\cdot\frac{1}{2}\sin^2 x+[f(x)-f(-x)]\sin x\cdot\frac{1}{2}\sin x$$

$$= [T_1(x) + \alpha_1(x)] \cdot \frac{1}{2}\sin^2 x + [T_2(x) + \alpha_2(x)] \cdot \frac{1}{2}\sin x$$

$$= \frac{1}{2}[T_1(x)\sin^2 x + T_2(x)\sin x] + \frac{1}{2}[\sin^2 x \cdot \alpha_1(x) + \sin x \cdot \alpha_2(x)]$$

$$= T_3(x) + \beta(x)$$

根据引理 14.3.2(2)，有

$$T_3(x) = \frac{1}{2}[T_1(x)\sin^2 x + T_2(x)\sin x]$$

仍为三角多项式. 而

$$|\beta(x)| = \frac{1}{2}|\sin^2 x \cdot \alpha_1(x) + \sin x \cdot \alpha_2(x)|$$

$$\leqslant \frac{1}{2}[|\alpha_1(x)| + |\alpha_2(x)|]$$

$$< \frac{1}{2}\left(\frac{\varepsilon}{2} + \frac{\varepsilon}{2}\right) = \frac{\varepsilon}{2}$$

上述结果对于$(-\infty, +\infty)$上任何以 2π 为周期的连续周期函数是正确的. 因此，对于函数$f\left(x - \frac{\pi}{2}\right)$也是正确的，即

$$f\left(x - \frac{\pi}{2}\right)\sin^2 x = T_4(x) + r(x), \ |r(x)| < \frac{\varepsilon}{2} \quad (\forall x \in (-\infty, +\infty))$$

其中 $T_4(x)$ 为三角多项式. 于此，将 x 换成 $x + \frac{\pi}{2}$，仍得

$$f(x)\cos^2 x = f\left(x + \frac{\pi}{2} - \frac{\pi}{2}\right)\sin^2\left(x + \frac{\pi}{2}\right) = T_4\left(x + \frac{\pi}{2}\right) + r\left(x + \frac{\pi}{2}\right)$$

$$= T_5(x) + \delta(x)$$

$$|\delta(x)| = \left|r\left(x + \frac{\pi}{2}\right)\right| < \frac{\varepsilon}{2} \quad (\forall x \in (-\infty, +\infty))$$

根据引理 14.3.2(3)，$T_5(x) = T_4\left(x + \frac{\pi}{2}\right)$为三角多项式. 因此

$$f(x) = f(x)(\cos^2 x + \sin^2 x) = T_5(x) + \delta(x) + T_3(x) + \beta(x)$$

$$= (T_3(x) + T_5(x)) + (\beta(x) + \delta(x))$$

$$|f(x) - (T_3(x) + T_5(x))| = |\beta(x) + \delta(x)| \leqslant |\beta(x)| + |\delta(x)|$$

$$< \frac{\varepsilon}{2} + \frac{\varepsilon}{2} = \varepsilon \quad (\forall x \in (-\infty, +\infty))$$

这就证明了 $T(x) = T_3(x) + T_5(x)$ 为所求的三角多项式.

练习题 14.3

1. 按照下列步骤给出 Weierstrass 逼近定理的另一个证明:

(1) 设 $C_n = \left[\int_{-1}^{1}(1-x^2)^n \mathrm{d}x\right]^{-1}$,证明:$C_n < \sqrt{n}$.

(2) 设 $f(x)$ 为 $[0,1]$ 上的连续函数,且 $f(0) = f(1) = 0$. 当 $x \notin [0,1]$ 时,定义 $f(x) = 0$. 记 $Q_n(x) = C_n(1-x^2)^n$. 证明

$$P_n(x) = \int_{-1}^{1} f(x+t)Q_n(t)\mathrm{d}t \quad (0 \leqslant x \leqslant 1)$$

为一个多项式,且

$$\lim_{n\to+\infty} P_n(x) = f(x)$$

在 $[0,1]$ 上一致成立.

(3) 当 $f(0) = f(1) = 0$ 的条件不成立时,证明 Weierstrass 逼近定理.

2. 设 $f(x)$ 为 $[a,b]$ 上的连续函数,如果

$$\int_a^b f(x)x^n \mathrm{d}x = 0 \quad (n = 0,1,2,\cdots)$$

证明:$f(x)$ 在 $[a,b]$ 上恒等于 0.

3. 设 $f(x)$ 在 $[a,b]$ 上 Riemann 可积,如果

$$\int_a^b f(x)x^n \mathrm{d}x = 0 \quad (n = 0,1,2,\cdots)$$

证明:$f(x)$ 在 $[a,b]$ 上几乎处处等于 0.

思考题 14.3

1. 设 $f(x)$ 在 $[0,1]$ 上连续,证明

$$\lim_{n\to+\infty} \frac{1}{2^n}\sum_{k=0}^{n}(-1)^k \mathrm{C}_n^k f\left(\frac{k}{n}\right) = 0$$

2. 设 $B_n(f;x)$ 为函数 $f(x)$ 的 Bernstein 多项式. 如果 $f(x)$ 在 $[0,1]$ 上连续

可导,试应用

$$B'_{n-1}(f;x)=(n+1)\sum_{k=0}^{n}\left\{f\left(\frac{k+1}{n+1}\right)-f\left(\frac{f}{n+1}\right)\right\}C_n^k x^k(1-x)^{n-k}$$

证明:$\lim\limits_{n\to+\infty}B'_n(f;x)=f'(x)$ 在$[0,1]$上一致成立.

3. 设$f(x)$为有界闭区间$[a,b]$上的连续函数. 证明:$f(x)$允许有理系数多项式一致逼近.

4. 设$f(x)$为有界闭区间$[a,b]$上的连续函数. 证明:存在单调减的多项式序列$\{P_n\}$,它在$[a,b]$上一致收敛于$f(x)$.

复习题 14

1. 设$\sum\limits_{n=0}^{\infty}a_n$为一个发散的正项级数,如果$\lim\limits_{n\to+\infty}\dfrac{a_n}{a_1+a_2+\cdots+a_n}=0$,证明:幂级数$\sum\limits_{n=0}^{\infty}a_nx^n$的收敛半径$R=1$.

2. 设$f(x)$及其所有导数在区间$[0,r]$上都是非负的.

(1) 应用$f(x)$的 Taylor 展开式的积分余项

$$R_n(x)=\frac{1}{n!}\int_0^x(x-t)^n f^{(n+1)}(t)\,\mathrm{d}t$$

证明

$$0\leqslant R_n(x)\leqslant\left(\frac{x}{r}\right)^{n+1}f(r)\quad(x\in[0,r])$$

(2) 应用(1)证明:$f(x)$能在$[0,r)$上展开为 Taylor 级数

$$f(x)=\sum_{n=0}^{\infty}\frac{f^{(n)}(0)}{n!}x^n$$

(3) 应用(2)及例 14.2.8 以外的方法证明:$f(x)$能在$[0,r)$上展开为 Taylor 级数.

3. 设

$$a_n=\begin{cases}C_{3^m}^k, n=3^m+k(m=1,2,\cdots;k=0,1,2,\cdots,3^m)\\0,\text{其他}\end{cases}$$

证明:

(1) $\sum\limits_{m=1}^{\infty}(C_{3m}^{0}x^{3m}+C_{3m}^{1}x^{3m+1}+\cdots+C_{3m}^{3m}x^{3m+3m})=\sum\limits_{m=1}^{\infty}[x(1+x)]^{3m}$;

(2) $\sum\limits_{n=1}^{\infty}a_nx^n$ 的收敛半径为$\dfrac{\sqrt{5}-1}{2}$;

(3) $\overline{\lim\limits_{n\to+\infty}}\sqrt[n]{a_n}=\dfrac{\sqrt{5}-1}{2}$.

4. 设 $S_n=\sum\limits_{k=0}^{n}a_k,\sigma_n=\dfrac{S_0+S_1+\cdots+S_{n-1}}{n}$. 证明:

(1) 如果$\{\sigma_n\}$收敛,则 $a_n=o(n),n\to+\infty$;

(2) 如果$\{\sigma_n\}$收敛,则$f(x)=\sum\limits_{n=0}^{\infty}a_nx^n$ 在$(-1,1)$内绝对收敛,且

$$f(x)=(1-x)^2\sum_{n=0}^{\infty}(n+1)\sigma_{n+1}x^n$$

(3) 如果$\lim\limits_{n\to+\infty}\sigma_n=S$,则$\lim\limits_{x\to1^-}f(x)=S$.

5. 设$f(x)$在$[0,1]$上连续,令

$$f_0(x)=f(x),f_{n+1}(x)=\int_x^1 f_n(y)\mathrm{d}y\quad(x\in[0,1],n=0,1,2,\cdots)$$

证明:

(1) $\sum\limits_{n=1}^{\infty}f_n(x)$ 在$[0,1]$上绝对一致收敛.

(2) 记 $\varphi(x)=\sum\limits_{n=1}^{\infty}f_n(x)$,则

$$\varphi'(x)+\varphi(x)+f(x)=0$$

从而,$\sum\limits_{n=1}^{\infty}f_n(x)$ 在$[0,1]$上一致收敛于 $\varphi(x)=\int_x^1\mathrm{e}^{y-x}f(y)\mathrm{d}y$.

(3) 将 $\varphi(x)=u(x)\mathrm{e}^{-x}$ 代入 $\varphi'(x)+\varphi(x)+f(x)=0$,则得

$$u(x)=\int_x^1 f(y)\mathrm{e}^{y}\mathrm{d}y,\varphi(x)=\int_x^1 f(y)\mathrm{e}^{y-x}\mathrm{d}y$$

6. 证明:

(1) 幂级数 $S(x)=\sum\limits_{k=1}^{\infty}\dfrac{(-1)^{k-1}}{3k-1}x^{3k-1}$ 的收敛点集为$(-1,1]$;

(2) $S(x)=\int_0^x S'(t)\mathrm{d}t=\int_0^x\dfrac{t}{1+t^3}\mathrm{d}t=-\dfrac{1}{3}\ln(1+x)+\dfrac{1}{6}\ln(1-x+x^2)+$

$\frac{1}{\sqrt{3}}\arctan\left[\frac{2}{\sqrt{3}}\left(x-\frac{1}{2}\right)\right]+\frac{1}{\sqrt{3}}\arctan\frac{1}{\sqrt{3}}$;

(3) $\frac{1}{2}-\frac{1}{5}+\frac{1}{8}-\frac{1}{11}+\cdots=\sum_{k=1}^{\infty}\frac{(-1)^{k-1}}{3k-1}=\frac{\sqrt{3}}{9}\pi-\frac{1}{3}\ln 2$.

7. 证明：$1-\frac{1}{4}+\frac{1}{7}-\frac{1}{10}+\cdots=\sum_{k=0}^{\infty}\frac{(-1)^{k}}{3k+1}=\frac{\sqrt{3}}{9}\pi+\frac{1}{3}\ln 2$.

8. 证明：

(1) 幂级数

$$S(x)=1+\sum_{n=1}^{\infty}\frac{(2n-1)!!}{(2n)!!}x^n$$

的收敛半径 $R=1$，收敛点集 $[-1,1)$.

(2) $2S'(x)-2xS'(x)=S(x)$，$S(x)=\frac{1}{\sqrt{1-x}}$，$x\in[-1,1)$.

(3) $1+\sum_{n=1}^{\infty}(-1)^n\frac{(2n-1)!!}{(2n)!!}=\frac{\sqrt{2}}{2}$.

9. (1) 用逐项积分求幂级数 $\sum_{n=1}^{\infty}(-1)^n\frac{n(n+1)}{2^n}x^{n-1}$ 的和；

(2) 求极限 $\lim_{x\to 0}\sum_{n=1}^{\infty}\frac{(-1)^n}{x^2+\frac{2^n}{n(n+1)}}$.

10. 利用 $\sum_{n=1}^{\infty}\frac{1}{n^2}=\frac{\pi^2}{6}$，证明

$$\int_0^1\frac{\ln x}{1-x^2}dx=-\frac{\pi^2}{8}$$

11. 设 $f(x)=\sum_{n=0}^{\infty}a_nx^n\ (a_n>0, n=0,1,2,\cdots)$ 的收敛半径为 $+\infty$，且 $\sum_{n=0}^{\infty}a_nn!$ 收敛，则 $\int_0^{+\infty}e^{-x}f(x)dx$ 也收敛，且 $\int_0^{+\infty}e^{-x}f(x)dx=\sum_{n=0}^{\infty}a_nn!$

12. 利用已知公式

$$\int_{-1}^{1}\frac{dx}{(\alpha-x)\sqrt{1-x^2}}=\frac{\pi}{\sqrt{\alpha^2-1}}\quad(\alpha>1)$$

证明：$\int_{-1}^{1}\frac{x^{2n}}{\sqrt{1-x^2}}dx=\frac{(2n-1)!!}{(2n)!!}\pi$.

13. 设幂级数 $f(x)=a_0+a_1x+\cdots+a_nx^n+\cdots$ 在 $x=1$ 处收敛,证明:极限

$$\lim_{v\to+\infty}\frac{v^v}{2^v v!}\left[f^{(n)}(0)-f^{(n)}\left(\frac{2^v v!}{v^v}\right)\right]=-a_{n+1}(n+1)!$$

14. 设 $f(x)$ 在 $(-\infty,+\infty)$ 上无穷次可导且满足:

(1) $\exists M$,使得 $|f^{(k)}(x)|\leqslant M$, $\forall x\in(-\infty,+\infty)$, $k=0,1,2,\cdots$;

(2) $f\left(\frac{1}{2^n}\right)=0$, $n=1,2,\cdots$.

证明:在 $(-\infty,+\infty)$ 上,$f(x)\equiv 0$.

15. 设 $f(x)=\sum\limits_{n=1}^{\infty}\frac{x^n}{n^2}$, $x\in[0,1]$,应用逐项求导与 $\sum\limits_{n=1}^{\infty}\frac{1}{n^2}=\frac{\pi^2}{6}$,证明

$$f(x)+f(1-x)+\ln x\cdot\ln(1-x)=\frac{\pi^2}{6}\quad(x\in(0,1))$$

16. 证明:(Tauber 定理) 设在 $-1<x<1$ 上有

$$f(x)=\sum_{n=0}^{\infty}a_nx^n,\ \lim_{n\to+\infty}na_n=0$$

如果 $\lim\limits_{x\to1^-}f(x)=S$,则 $\sum\limits_{n=0}^{\infty}a_n$ 收敛且其和为 S.

17. 设 $P_n(x)=1+x+\frac{x^2}{2!}+\cdots+\frac{x^n}{n!}$, x_m 为 $P_{2m+1}(x)=0$ 的实根. 证明:$x_m<0$,且 $\lim\limits_{m\to+\infty}x_m=-\infty$.

18. 设 $\{f_n(x)\}$ 在任何有界区间上一致收敛于 $f(x)$,且 $f_n(x)$ 在任何有界区间上可积,又存在函数 $F(x)$,使 $|f_n(x)|\leqslant F(x)$, $n=1,2,\cdots$,且 $\int_{-\infty}^{+\infty}F(x)\mathrm{d}x$ 收敛. 证明

$$\lim_{n\to+\infty}\int_{-\infty}^{+\infty}f_n(x)\mathrm{d}x=\int_{-\infty}^{+\infty}f(x)\mathrm{d}x$$

19. 设 $f_n(x)$ 在 $(-\infty,+\infty)$ 上一致连续,且 $\{f_n(x)\}$ 在 $(-\infty,+\infty)$ 上一致收敛于 $f(x)$.

证明:$f(x)$ 在 $(-\infty,+\infty)$ 上也一致连续.

20. 证明:每个幂级数 $\sum\limits_{n=0}^{\infty}a_nx^n$ 必是某个函数 $f(x)$ 的 Taylor 级数,即

$$\sum_{n=0}^{\infty}\frac{f^{(n)}(0)}{n!}x^n=\sum_{n=0}^{\infty}a_nx^n$$

进而证明:有无穷多个函数,使其 Taylor 级数为任一给定的幂级数.

21. 设函数$f(x) = \sum_{n=0}^{\infty} a_n (x - x_0)^n$,且

$$|n!a_n| < M \quad (n = 1,2,\cdots)$$

其中 M 为常数. 证明:

(1) $f(x)$ 在任一点 a 处无限次可导;

(2) 下述展开式成立

$$f(x) = \sum_{n=0}^{\infty} \frac{f^{(n)}(a)}{n!}(x - a)^n \quad (|x| < +\infty)$$

第 15 章　含参变量积分

在第 13 章与第 14 章已经看到,无穷级数是构造新函数的一种重要工具,用它构造了处处连续处处不可导的函数,还用它构造了能填满正方形的连续曲线. 和无穷级数具有同样重要意义的另一种构造新函数的工具是含参变量的积分.

考虑闭区间 $[a,b] \times [\alpha,\beta]$ 上的二元连续函数 $f(x,u)$, 则对固定的 $u \in [\alpha,\beta]$,函数 $f(x,u)$ 对变量 x 在 $[a,b]$ 上 Riemann 可积,称积分

$$\int_a^b f(x,u)\,\mathrm{d}x$$

是**含参变量 u 的正常(常义)积分**. 如果对于固定的 u, $f(x,u)$ 是变量 x 在 $[a,b]$ 中的无界函数,或者 $[a,b]$ 是无穷区间,则称相应的积分是**含参变量 u 的反常(广义)积分**.

本章就是要讨论由含参变量的常义积分与广义积分所确定的函数的分析性质,即它们的连续性、可导性,以及如何计算它们的导数与积分. 其起关键作用的是要引进参变量广义积分的一致收敛性. 最后,我们还研究了两个重要的特殊函数——Γ 函数与 B 函数,附带还给出了余元公式与 Stirling 公式.

15.1　含参变量的正常积分

应用函数项级数 $\sum\limits_{n=1}^{\infty} u_n(x)$ 可以构造新函数,它就是这个函数项级数的和函数. 收敛的幂级数是构造新函数的最简单而且又是非常重要的一种方法. 第 16 章将用三角级数,或者更确切地用 Fourier 级数 $\dfrac{a_0}{2} + \sum\limits_{n=1}^{\infty} [a_n \cos nx + b_n \sin nx]$ 来构造新函数.

现在我们用含参变量(的正常或反常(广义))积分来构造新函数.

定义 15.1.1　设二元函数 $f(x,u)$ 在闭区间 $[a,b]\times[\alpha,\beta]$ 上连续，我们要研究由含参变量 u 的正常积分所确定的关于 u 的函数

$$\varphi(u)=\int_a^b f(x,u)\,\mathrm{d}x$$

的分析性质，并称它为**含参变量 u 的正常积分**.

定理 15.1.1（含参变量正常积分保持连续性）　如果 $f(x,u)$ 在闭区间 $[a,b]\times[\alpha,\beta]$ 上连续，则

$$\varphi(u)=\int_a^b f(x,u)\,\mathrm{d}x$$

为区间 $[\alpha,\beta]$ 上的连续函数，即 $\forall u_0\in[\alpha,\beta]$，有

$$\lim_{u\to u_0}\int_a^b f(x,u)\,\mathrm{d}x=\lim_{u\to u_0}\varphi(u)=\varphi(u_0)=\int_a^b f(x,u_0)\,\mathrm{d}x=\int_a^b \lim_{u\to u_0}f(x,u_0)\,\mathrm{d}x$$

（极限号与积分号可交换或可积分号下求极限）.

证明　设 $u_0\in[\alpha,\beta]$. 因为 $f(x,u)$ 在 $[a,b]\times[c,d]$ 上连续，所以它一致连续，故 $\forall\varepsilon>0,\exists\delta>0$，当 $(x_1,u_1),(x_2,u_2)\in[a,b]\times[\alpha,\beta]$ 时，只要

$$\rho_0((x_1,u_1),(x_2,u_2))=\sqrt{(x_1-x_2)^2+(u_1-u_2)^2}<\delta$$

就有

$$|f(x_1,u_1)-f(x_2,u_2)|<\frac{\varepsilon}{b-a}$$

因此，当 $|u-u_0|<\delta$ 时，$|f(x,u)-f(x,u_0)|<\dfrac{\varepsilon}{b-a}$. 于是

$$\begin{aligned}|\varphi(u)-\varphi(u_0)|&=\left|\int_a^b f(x,u)\,\mathrm{d}x-\int_a^b f(x,u_0)\,\mathrm{d}x\right|\\&\leqslant\int_a^b|f(x,u)-f(x,u_0)|\,\mathrm{d}x\\&<\frac{\varepsilon}{b-a}\int_a^b\mathrm{d}x=\varepsilon\end{aligned}$$

即 $\varphi(u)$ 在 u_0 处连续. 由 $u_0\in[\alpha,\beta]$ 是任取的，故 $\varphi(u)$ 在 $[\alpha,\beta]$ 上连续.

定理 15.1.2（积分号可交换）　如果 $f(x,u)$ 在闭区间 $[a,b]\times[\alpha,\beta]$ 上连续，则

$$\varphi(u)=\int_a^b f(x,u)\,\mathrm{d}x$$

在 $[\alpha,\beta]$ 上连续（当然 Riemann 可积），且

$$\int_{\alpha}^{\beta}\varphi(u)\,\mathrm{d}u=\int_{\alpha}^{\beta}\left[\int_{a}^{b}f(x,u)\,\mathrm{d}x\right]\mathrm{d}u$$
$$=\int_{a}^{b}\left[\int_{\alpha}^{\beta}f(x,u)\,\mathrm{d}u\right]\mathrm{d}x$$

即积分号可交换.

证明 因为$f(x,u)$在$[a,b]\times[\alpha,\beta]$上连续,故定理 10. 3. 3 表明二重积分与累次积分都存在,且

$$\int_{\alpha}^{\beta}\left[\int_{a}^{b}f(x,u)\,\mathrm{d}x\right]\mathrm{d}u=\iint\limits_{[a,b]\times[\alpha,\beta]}f(x,u)\,\mathrm{d}x\mathrm{d}u=\int_{a}^{b}\left[\int_{\alpha}^{\beta}f(x,u)\,\mathrm{d}u\right]\mathrm{d}x$$

定理 15. 1. 3(可在积分号下求导) 如果$f(x,u)$与偏导函数$\dfrac{\partial f}{\partial u}(x,u)$都在闭区间$[a,b]\times[\alpha,\beta]$上连续,则

$$\varphi(u)=\int_{a}^{b}f(x,u)\,\mathrm{d}x$$

在$[\alpha,\beta]$上可导,且

$$\varphi'(u)=\frac{\mathrm{d}\varphi(u)}{\mathrm{d}u}=\int_{a}^{b}\frac{\partial f(x,u)}{\partial u}\mathrm{d}x=\int_{a}^{b}f'_u(x,u)\,\mathrm{d}x$$

(求导与积分号可交换,或可积分号下求导).

证明 令$g(u)=\displaystyle\int_{a}^{b}\frac{\partial f(x,u)}{\partial u}\mathrm{d}x,u\in[\alpha,\beta]$,则$\forall v\in[\alpha,\beta]$,有

$$\int_{\alpha}^{v}g(u)\,\mathrm{d}u=\int_{\alpha}^{v}\left[\int_{a}^{b}\frac{\partial f(x,u)}{\partial u}\mathrm{d}x\right]\mathrm{d}u\xlongequal{\text{定理 15. 1. 2}}\int_{a}^{b}\left[\int_{\alpha}^{v}\frac{\partial f(x,u)}{\partial u}\mathrm{d}u\right]\mathrm{d}x$$
$$\xlongequal{\text{Newton-Leibniz 公式}}\int_{a}^{b}[f(x,v)-f(x,\alpha)]\,\mathrm{d}x=\varphi(v)-\varphi(\alpha)$$

由定理 15. 1. 1 知,$g(u)$在$[\alpha,\beta]$上连续,根据微积分基本定理 6. 3. 2 得到

$$\int_{a}^{b}f'_v(x,v)\,\mathrm{d}x=g(v)=\left(\int_{\alpha}^{v}g(u)\,\mathrm{d}u\right)'=(\varphi(v)-\varphi(\alpha))'$$
$$=\varphi'(v)=\left(\int_{a}^{b}f(x,v)\,\mathrm{d}x\right)'$$

定理 15. 1. 4 如果$f(x,u)$在闭区间$[a,b]\times[\alpha,\beta]$上连续,$a(u),b(u)$都在闭区间$[\alpha,\beta]$上连续,且$a\leqslant a(u),b(u)\leqslant b,u\in[\alpha,\beta]$,则

$$\psi(u)=\int_{a(u)}^{b(u)}f(x,u)\,\mathrm{d}x$$

在$[\alpha,\beta]$上也连续.

证法 1　设 $M = \sup\limits_{(x,u)\in[a,b]\times[\alpha,\beta]} |f(x,u)|$，$u_0, u \in [\alpha,\beta]$，由 $a(u)$ 与 $b(u)$ 在 $[\alpha,\beta]$ 都连续知

$$\left|\int_{a(u)}^{a(u_0)} f(x,u)\,\mathrm{d}x\right| \leqslant \left|\int_{a(u)}^{a(u_0)} |f(x,u)|\,\mathrm{d}x\right| \leqslant M|a(u)-a(u_0)| \to 0 \quad (u\to u_0)$$

$$\left|\int_{b(u_0)}^{b(u)} f(x,u)\,\mathrm{d}x\right| \leqslant \left|\int_{b(u_0)}^{b(u)} |f(x,u)|\,\mathrm{d}x\right| \leqslant M|b(u)-b(u_0)| \to 0 \quad (u\to u_0)$$

因此

$$\lim_{u\to u_0}\int_{a(u)}^{a(u_0)} f(x,u)\,\mathrm{d}x = 0 = \lim_{u\to u_0}\int_{b(u_0)}^{b(u)} f(x,u)\,\mathrm{d}x$$

于是

$$\begin{aligned}
\lim_{u\to u_0}\psi(u) &= \lim_{u\to u_0}\int_{a(u)}^{b(u)} f(x,u)\,\mathrm{d}x \\
&= \lim_{u\to u_0}\left[\int_{a(u)}^{a(u_0)} f(x,u)\,\mathrm{d}x + \int_{a(u_0)}^{b(u_0)} f(x,u)\,\mathrm{d}x + \int_{b(u_0)}^{b(u)} f(x,u)\,\mathrm{d}x\right] \\
&\xlongequal{\text{定理 15.1.1}} 0 + \int_{a(u_0)}^{b(u_0)} \lim_{u\to u_0} f(x,u)\,\mathrm{d}x + 0 \\
&= \int_{a(u_0)}^{b(u_0)} f(x,u_0)\,\mathrm{d}x = \psi(u_0)
\end{aligned}$$

所以，$\psi(u)$ 在 u_0 处连续，由 $u_0 \in [\alpha,\beta]$ 的任取性，$\psi(u)$ 在 $[\alpha,\beta]$ 上连续.

证法 2　设 $M = \sup\limits_{(x,u)\in[a,b]\times[\alpha,\beta]} |f(x,u)|$，$u_0 \in [\alpha,\beta]$. $\forall \varepsilon > 0$，由于 $a(u)$，$b(u)$ 都在闭区间 $[\alpha,\beta]$ 上连续，故 $\exists \delta_1 > 0$，使得当 $u \in [\alpha,\beta]$，$|u-u_0| < \delta_1$ 时，有 $|a(u)-a(u_0)| < \dfrac{\varepsilon}{3(M+1)}$，$|b(u)-b(u_0)| < \dfrac{\varepsilon}{3(M+1)}$. 再由 $f(x,u)$ 在 $[a,b]\times[\alpha,\beta]$ 上一致连续，故 $\exists \delta_2 > 0$，当 $\rho_0^2((x',u'),(x'',u'')) < \delta_2$ 时，$|f(x',u')-f(x'',u'')| < \dfrac{\varepsilon}{3(|b(u_0)-a(u_0)|)+1}$.

于是，令 $\delta = \min\{\delta_1,\delta_2\}$，当 $|u-u_0| < \delta$ 时，有

$$\begin{aligned}
&|\psi(u)-\psi(u_0)| \\
=& \left|\int_{a(u)}^{b(u)} f(x,u)\,\mathrm{d}x - \int_{a(u_0)}^{b(u_0)} f(x,u_0)\,\mathrm{d}x\right| \\
\leqslant& \left|\int_{a(u)}^{a(u_0)} f(x,u)\,\mathrm{d}x\right| + \left|\int_{a(u_0)}^{b(u_0)} f(x,u)\,\mathrm{d}x - \int_{a(u_0)}^{b(u_0)} f(x,u_0)\,\mathrm{d}x\right| + \left|\int_{b(u_0)}^{b(u)} f(x,u)\,\mathrm{d}x\right|
\end{aligned}$$

$$\leqslant \left|\int_{a(u)}^{a(u_0)} |f(x,u)|\,\mathrm{d}x\right| + \left|\int_{a(u_0)}^{b(u_0)} |f(x,u)-f(x,u_0)|\,\mathrm{d}x\right| + \left|\int_{b(u_0)}^{b(u)} |f(x,u)|\,\mathrm{d}x\right|$$

$$\leqslant M|a(u)-a(u_0)| + \frac{\varepsilon}{3(|b(u_0)-a(u_0)|+1)}|b(u_0)-a(u_0)| + M|b(u)-b(u_0)|$$

$$\leqslant \frac{\varepsilon}{3}+\frac{\varepsilon}{3}+\frac{\varepsilon}{3}=\varepsilon$$

这就证明了$\lim\limits_{u\to u_0}\psi(u)=\psi(u_0)$,即$\psi(u)$在$u_0$连续.再由$u_0\in[\alpha,\beta]$任取知,$\psi(u)$在$[\alpha,\beta]$上连续.

定理 15.1.5(一般的参变量积分的求导公式) 设$f(x,u)$在闭区间$[a,b]\times[\alpha,\beta]$上连续,$\dfrac{\partial f}{\partial u}(x,u)$在$[a,b]\times[\alpha,\beta]$也连续,$a(u)$,$b(u)$在$[\alpha,\beta]$上可导,且

$$a\leqslant a(u),b(u)\leqslant b \quad (u\in[\alpha,\beta])$$

则$\psi(u)=\int_{a(u)}^{b(u)}f(x,u)\mathrm{d}x$在$[\alpha,\beta]$上可导,并且

$$\psi'(u)=\int_{a(u)}^{b(u)}f'_u(x,u)\mathrm{d}x+f(b(u),u)b'(u)-f(a(u),u)a'(u)$$

证法 1 设$\psi(u)=\int_{a(u)}^{b(u)}f(x,u)\mathrm{d}x$是由函数

$$F(u,a,b)=\int_a^b f(x,u)\mathrm{d}x$$

与$a=a(u)$,$b=b(u)$复合而成的.根据复合函数求导的链规则得到

$$\begin{aligned}\psi'(u)&=F'_u+F'_b b'(u)+F'_a a'(u)\\&=\int_{a(u)}^{b(u)}f'_u(x,u)\mathrm{d}x+f(b(u),u)b'(u)-f(a(u),u)a'(u)\end{aligned}$$

证法 2 $\forall u_0\in[\alpha,\beta]$,有

$$\psi'(u_0)=\lim_{u\to u_0}\frac{\psi(u)-\psi(u_0)}{u-u_0}=\lim_{u\to u_0}\frac{1}{u-u_0}\left[\int_{a(u)}^{b(u)}f(x,u)\mathrm{d}x-\int_{a(u_0)}^{b(u_0)}f(x,u_0)\mathrm{d}x\right]$$

$$=\lim_{u\to u_0}\frac{1}{u-u_0}\left[\int_{a(u)}^{a(u_0)}f(x,u)\mathrm{d}x+\int_{a(u_0)}^{b(u_0)}[f(x,u)-f(x,u_0)]\mathrm{d}x+\int_{b(u_0)}^{b(u)}f(x,u)\mathrm{d}x\right]$$

$$\xlongequal[\text{微分中值定理}]{\text{积分中值定理}}\lim_{u\to u_0}\left[-\frac{a(u)-a(u_0)}{u-u_0}f(\bar{x},u)+\right.$$

$$\left.\frac{1}{u-u_0}\int_{a(u_0)}^{b(u_0)}f'_u(x,u_0+\theta(u-u_0))(u-u_0)\mathrm{d}x+\frac{b(u)-b(u_0)}{u-u_0}f(\bar{\bar{x}},u)\right]$$

$$= -a'(u_0)f(a(u_0),u_0) + \int_{a(u_0)}^{b(u_0)} f'_u(x,u_0)\,\mathrm{d}x + b'(u_0)f(b(u_0),u_0)$$

由此,$\forall u \in [\alpha,\beta]$ 有

$$\psi'(u) = \int_{a(u)}^{b(u)} f'_u(x,u)\,\mathrm{d}x + f(b(u),u)b'(u) - f(a(u),u)a'(u)$$

例 15.1.1 计算积分

$$\int_0^1 \frac{x^b - x^a}{\ln x}\mathrm{d}x \quad (0 < a < b)$$

解法 1 由于 x^u 在$[0,1]\times[a,b]$上连续,故

$$\int_0^1 \frac{x^b - x^a}{\ln x}\mathrm{d}x = \int_0^1 \left[\int_a^b x^u \mathrm{d}u\right]\mathrm{d}x \xlongequal{\text{定理 15.1.2}} \int_a^b \left[\int_0^1 x^u \mathrm{d}x\right]\mathrm{d}u$$

$$= \int_a^b \frac{x^{u+1}}{u+1}\bigg|_0^1 \mathrm{d}u = \int_a^b \frac{\mathrm{d}u}{u+1} = \ln(u+1)\bigg|_a^b = \ln\frac{b+1}{a+1}$$

解法 2 视 $I(b) = \int_0^1 \frac{x^b - x^a}{\ln x}\mathrm{d}x$ 中的 a 为固定的常数,而 b 视为参变量,则

$$\frac{\mathrm{d}I}{\mathrm{d}b} \xlongequal{\text{定理 15.1.3}} \int_0^1 \frac{\mathrm{d}}{\mathrm{d}b}\left(\frac{x^b - x^a}{\ln x}\right)\mathrm{d}x = \int_0^1 x^b \mathrm{d}x = \frac{x^{b+1}}{b+1}\bigg|_0^1 = \frac{1}{b+1}$$

所以,重新得到

$$I(b) = \int_a^b \frac{\mathrm{d}I}{\mathrm{d}u}\mathrm{d}u + I(a) = \int_a^b \frac{\mathrm{d}u}{u+1} + 0 = \ln(u+1)\bigg|_a^b = \ln\frac{b+1}{a+1}$$

注 15.1.1 例 15.1.1 的解法中,$\frac{x^b - x^a}{\ln x}$ 当 $x = 0,1$ 时无定义,正确理解应为

$$\int_a^b x^u \mathrm{d}u = \begin{cases} 0, x = 0 \\ \frac{x^u}{\ln x}\bigg|_a^b = \frac{x^b - x^a}{\ln x}, 0 < x < 1 \\ b - a, x = 1 \end{cases}$$

而

$$\lim_{x\to 0^+} \frac{x^b - x^a}{\ln x} \xlongequal{\text{L' Hospital 法则}} \lim_{x\to 0^+} \frac{bx^{b-1} - ax^{a-1}}{\frac{1}{x}} = \lim_{x\to 0^+}(bx^b - ax^a)$$

$$= 0 - 0 = 0 = \int_a^b 0^u \mathrm{d}u$$

$$\lim_{x\to 1^-}\frac{x^b-x^a}{\ln x}\xlongequal{\text{L' Hospital 法则}}\lim_{x\to 1^-}\frac{bx^{b-1}-ax^{a-1}}{\frac{1}{x}}=\lim_{x\to 1^-}(bx^b-ax^a)$$

$$=b-a=\int_a^b 1^u\mathrm{d}u$$

例 15.1.1 的解法 2 中,如果令

$$f(x,b)=\begin{cases}0,x=0\\ \dfrac{x^b-x^a}{\ln x},0<x<1\\ b-a,x=1\end{cases}$$

则

$$\frac{\mathrm{d}}{\mathrm{d}b}f(x,b)=\begin{cases}0,x=0\\ x^b,0<x<1\\ 1,x=1\end{cases}$$

$$=x^b$$

在$[0,1]\times[a,+\infty)$上连续.因此,上面应用定理 15.1.3 是合理的.

我们给出这样的注解是完全必要的,大部分读者都会忽略这些!但是,千万不能因为这样枝节的问题束缚自己的手脚,这也不敢做,那也不敢做.您只管大胆地用定理15.1.1,定理15.1.2与定理15.1.3,计算出结果后仔细验证是否满足定理的条件.

例 15.1.2 计算积分

$$I(r)=\int_0^\pi \ln(1-2r\cos x+r^2)\mathrm{d}x\quad(|r|<1)$$

解 将 r 视作参变量,应用定理 15.1.3,对 r 求导得

$$I'(r)=\int_0^\pi\frac{\partial}{\partial r}\ln(1-2r\cos x+r^2)\mathrm{d}x$$

$$=\int_0^\pi\frac{-2\cos x+2r}{1-2r\cos x+r^2}\mathrm{d}x$$

$$I'(0)=-\int_0^\pi 2\cos x\mathrm{d}x=-2\sin x\Big|_0^\pi=0$$

当 $r\neq 0$ 时,有

$$I'(r)=\frac{1}{r}\int_0^\pi\left(1-\frac{1-r^2}{1-2r\cos x+r^2}\right)\mathrm{d}x$$

$$\xlongequal{t=\tan\frac{x}{2}} \frac{1}{r}\left[\pi-(1-r)^2\int_0^{+\infty}\frac{1}{1-2r\frac{1-t^2}{1+t^2}+r^2}\frac{2\mathrm{d}t}{1+t^2}\right]$$

$$=\frac{1}{r}\left[\pi-2(1-r^2)\int_0^{+\infty}\frac{\mathrm{d}t}{(1-r)^2+(1+r)^2t^2}\right]$$

$$=\frac{1}{r}\left[\pi-\frac{1+r}{1-r}\int_0^{+\infty}\frac{2\mathrm{d}t}{1+\left(\frac{1+r}{1-r}t\right)^2}\right]$$

$$=\frac{1}{r}\left[\pi-2\arctan\frac{1+r}{1-r}t\Big|_0^{+\infty}\right]$$

$$=\frac{1}{r}\left[\pi-2\left(\frac{\pi}{2}-0\right)\right]=0$$

由上得到$I'(r)=0,|r|<1$. 所以$I(r)=c$(常值). 从而

$$I(r)=\int_0^{\pi}\ln(1-2r\cos x+r^2)\mathrm{d}x=I(0)=\int_0^{\pi}0\mathrm{d}x=0\quad(|r|<1)$$

练习题 15.1

1. 求极限：

(1) $\lim\limits_{a\to0}\int_{-1}^{1}\sqrt{x^2+a^2}\mathrm{d}x$;

(2) $\lim\limits_{t\to0}\int_0^2 x^2\cos tx\mathrm{d}x$.

2. 设$f(x)$为可导函数,令$F(x)=\int_0^u(x+u)f(x)\mathrm{d}x$,计算$F''(u)$.

3. 计算下列函数的导数：

(1)$f(x)=\int_{\sin x}^{\cos x}\mathrm{e}^{(1-t)^2}\mathrm{d}t$;

(2)$f(x)=\int_x^{x^2}\mathrm{e}^{-x^2u^2}\mathrm{d}u$;

(3)$f(x)=\int_{a+x}^{b+x}\frac{\sin xt}{t}\mathrm{d}t$;

(4)$f(u)=\int_0^u g(x+u,x-u)\mathrm{d}x$,其中$g$为具有连续偏导数的二元函数.

4. 设 φ,ψ 分别可以微分两次与一次. 证明

$$u(x,t) = \frac{1}{2}[\varphi(x-at)+\varphi(x+at)] + \frac{1}{2a}\int_{x-at}^{x+at}\psi(s)\,\mathrm{d}s$$

满足弦振动方程

$$\frac{\partial^2 u}{\partial t^2} = a^2\frac{\partial^2 u}{\partial x^2}$$

5. 设 $f(t)$ 在闭区间 $[0,a]$ 上连续,且当 $t\in[0,a]$ 时,$(x-t)^2+y^2+z^2\neq 0$. 证明:函数

$$u(x,y,z) = \int_0^a \frac{f(t)}{\sqrt{(x-t)^2+y^2+z^2}}\mathrm{d}t$$

满足 Laplace 方程

$$\Delta u = \frac{\partial^2 u}{\partial x^2}+\frac{\partial^2 u}{\partial y^2}+\frac{\partial^2 u}{\partial z^2} = 0$$

6. 设 $f(t)$ 在 $[a,A]$ 上连续,证明

$$\lim_{h\to 0}\frac{1}{h}\int_a^x[f(t+h)-f(t)]\,\mathrm{d}t = f(x)-f(a)\quad (a<x<A)$$

7. 设 $a<b$,$f(x)$ 为可导函数,令

$$\varphi(u) = \int_a^b f(x)\,|x-u|\,\mathrm{d}x$$

计算 $\varphi''(u)$.

8. 在区间 $[1,3]$ 上用线性函数 $a+bx$ 近似代替 $f(x)=x^2$,试选 a,b,使得

$$\int_1^3 (a+bx-x^2)^2\,\mathrm{d}x$$

达到最小值.

思考题 15.1

1. 证明:n 阶 Bessel 函数

$$\mathrm{J}_n(x) = \frac{1}{\pi}\int_0^{\pi}\cos(n\varphi - x\sin\varphi)\,\mathrm{d}\varphi$$

满足 Bessel 方程

$$x^2\mathrm{J}_n''(x) + x\mathrm{J}_n'(x) + (x^2-n^2)\mathrm{J}_n(x) = 0$$

2. 利用对参数的求导法,计算下列积分:

(1) $\int_0^{\frac{\pi}{2}} \ln(a^2\sin^2 x + b^2\cos^2 x)\,dx$;

(2) $\int_0^{\frac{\pi}{2}} \frac{\arctan(a\tan x)}{\tan x}\,dx$.

3. 用下面两种方法证明

$$\int_0^{\frac{\pi}{2}} \ln \frac{1 + a\cos x}{1 - a\cos x}\frac{dx}{\cos x} = \pi\arcsin a \quad (|a| < 1)$$

(1) 对参数 a 求导;

(2) 由 $\frac{1}{\cos x}\ln \frac{1 + a\cos x}{1 - a\cos x} = 2a\int_0^1 \frac{dy}{1 - (a^2\cos^2 x)y^2}$.

4. 用下面两种方法证明

$$\int_0^1 \frac{\ln(1 + x)}{1 + x^2}dx = \frac{\pi}{8}\ln 2$$

(1) $I(\alpha) = \int_0^1 \frac{\ln(1 + \alpha x)}{1 + x^2}dx$ 关于参数 α 求导;

(2) $\int_0^1 \frac{\ln(1 + x)}{1 + x^2}dx = \int_0^{\frac{\pi}{2}} \ln(1 + \tan\theta)\,d\theta$.

15.2　含参变量广义积分的一致收敛

在6.5节研究了广义积分的敛散性,而在15.1节中引进了参变量的正常积分 $\int_a^b f(x,u)\,dx$,并给出了关于 u 的连续、导数及积分的重要定理.

现考虑参变量广义积分,它既是参变量积分,又是广义积分,它是两者的结合.设 $f(x,u)$ 在 $[a, +\infty) \times [\alpha,\beta]$ 上连续,如果对 $[\alpha,\beta]$ 中的任意 u,无穷积分

$$\int_a^{+\infty} f(x,u)\,dx$$

都收敛,则它就确定了 $[\alpha,\beta]$ 上的一个函数

$$\varphi(u) = \int_a^{+\infty} f(x,u)\,dx$$

如何研究 $\varphi(u)$ 的连续、可导、积分等分析性质?在第 13 章中已经看到,研究由

函数项级数所确定的函数的分析性质时,函数项级数 $\sum_{n=1}^{\infty} u_n(x)$ 关于 $x \in I$ 的一致收敛概念起了关键的作用.这里 x 起到参量的作用,它相当于 $\int_a^{+\infty} f(x,u)\,\mathrm{d}x$ 中的参变量 u.

对 $\int_a^{+\infty} f(x,u)\,\mathrm{d}x$,类似的概念也起着同样重要的作用.设积分 $\int_a^{+\infty} f(x,u)\,\mathrm{d}x$ 对任意 $u \in [\alpha,\beta]$ 都收敛,即 $\forall \varepsilon > 0$, $\exists A_0 = A_0(\varepsilon,u) > a$,当 $A > A_0$ 时,有

$$\left|\int_a^A f(x,u)\,\mathrm{d}x - \int_a^{+\infty} f(x,u)\,\mathrm{d}x\right| = \left|\int_A^{+\infty} f(x,u)\,\mathrm{d}x\right| < \varepsilon$$

概括这样的考查,就引出了下面类似于函数项级数的一致收敛概念.

定义 15.2.1 如果 $\forall \varepsilon > 0$,总 $\exists A_0 = A_0(\varepsilon)$(仅与 ε 有关,而与 $u \in I$ 无关!)$> a$,当 $A > A_0$ 时,有

$$\left|\int_A^{+\infty} f(x,u)\,\mathrm{d}x\right| < \varepsilon \quad (\forall u \in [\alpha,\beta])$$

则称参变量无穷积分 $\int_a^{+\infty} f(x,u)\,\mathrm{d}x$ **关于 u 在 $[\alpha,\beta]$ 上一致收敛**.

对于瑕积分也有类似的定义.

定义 15.2.2 设 a 为瑕点,$\forall u \in I$, $\int_a^b f(x,u)\,\mathrm{d}x$ 收敛.如果 $\forall \varepsilon > 0$, $\exists \delta_0 = \delta_0(\varepsilon)$(仅与 ε 有关,而与 $u \in I$ 无关!)> 0,当 $\delta \in (0,\delta_0)$,有

$$\left|\int_a^{a+\delta} f(x,u)\,\mathrm{d}x\right| = \left|\int_{a+\delta}^b f(x,u)\,\mathrm{d}x - \int_a^b f(x,u)\,\mathrm{d}x\right| < \varepsilon \quad (\forall u \in [\alpha,\beta])$$

则称瑕积分 $\int_a^b f(x,u)\,\mathrm{d}x$ **关于 $u \in [\alpha,\beta]$ 一致收敛**.

上面两个定义中的 $[\alpha,\beta]$ 可以是开区间也可以是无穷区间.

与广义积分收敛判别法一样,这里也有一系列和函数项级数类似的一致收敛判别法.

下面只对无穷积分来讨论这些判别法.而对于瑕积分也有类似的结果,就不再一一说明了.

定理 15.2.1 设 $\eta(A) = \sup\limits_{u \in [\alpha,\beta]} \left|\int_A^{+\infty} f(x,u)\,\mathrm{d}x\right|$,则无穷积分

$$\int_a^{+\infty} f(x,u)\,dx \text{ 在}[\alpha,\beta]\text{ 上一致收敛} \Leftrightarrow \lim_{A\to+\infty}\eta(A) = 0$$

证明　（$\Leftarrow$）因为 $\lim\limits_{A\to+\infty}\eta(A) = 0$，所以 $\forall\varepsilon > 0$，$\exists A_0 = A_0(\varepsilon) > a$，当 $A > A_0$ 时，有

$$\eta(A) = |\eta(A) - 0| < \varepsilon$$

于是，当 $A > A_0$ 时，有

$$\left|\int_a^A f(x,u)\,dx - \int_a^{+\infty} f(x,u)\,dx\right| = \left|\int_A^{+\infty} f(x,u)\,dx\right| < \sup_{v\in[\alpha,\beta]}\left|\int_A^{+\infty} f(x,u)\,dx\right|$$
$$= \eta(A) < \varepsilon$$

这就证明无穷积分 $\int_a^{+\infty} f(x,u)\,dx$ 在 $[\alpha,\beta]$ 上一致收敛.

（$\Rightarrow$）设无穷积分 $\int_a^{+\infty} f(x,u)\,dx$ 在 $[\alpha,\beta]$ 上一致收敛，故 $\forall\varepsilon > 0$，$\exists A_0 = A_0(\varepsilon) > a$，当 $A > A_0$ 时，有

$$\left|\int_A^{+\infty} f(x,u)\,dx\right| = \left|\int_a^A f(x,u)\,dx - \int_a^{+\infty} f(x,u)\,dx\right| < \frac{\varepsilon}{2}\quad(\forall u\in[\alpha,\beta])$$

于是，当 $A > A_0$ 时，有

$$\eta(A) = \sup_{u\in[\alpha,\beta]}\left|\int_A^{+\infty} f(x,u)\,dx\right| \leqslant \frac{\varepsilon}{2} < \varepsilon$$

即

$$\lim_{A\to+\infty}\eta(A) = 0$$

例 15.2.1　讨论无穷积分 $\int_0^{-\infty} ue^{-xu}\,dx$ 分别在：(1) $u \in [\delta, +\infty]$，$\delta > 0$，(2) $u \in (0, +\infty)$ 上关于 u 的一致收敛性.

解法 1　(1) 因 $\delta > 0$，故

$$\eta(A) = \sup_{u\in[\delta,+\infty)} = \left|\int_A^{+\infty} ue^{-xu}\,dx\right| = \sup_{u\in[\delta,+\infty)}\left|-e^{-xu}\Big|_A^{+\infty}\right|$$
$$= \sup_{u\in[\delta,+\infty)} e^{-Au} = e^{-A\delta} \to 0\quad(A\to+\infty)$$

根据定理 15.2.1 知，无穷积分 $\int_0^{+\infty} ue^{-xu}\,dx$ 在 $[\delta, +\infty)$ $(\delta > 0)$ 上关于 u 一致收敛.

(2) 因

$$\eta(A) = \sup_{u\in(0,+\infty)}\left|\int_A^{+\infty} ue^{-xu}\,dx\right| = \sup_{u\in(0,+\infty)}\left|(-e^{-xu})\Big|_A^{+\infty}\right|$$

$$= \sup_{u\in(0,+\infty)} e^{-Au} = 1 \not\to 0 \quad (A\to+\infty)$$

根据定理 15.2.1 知,无穷积分$\int_0^{+\infty} ue^{-xu}dx$ 在$(0, +\infty)$上关于 u 不一致收敛.

解法2 显然,$\forall u \geqslant 0$,$\int_0^{+\infty} ue^{-xu}dx$ 收敛.

(1) 当 $u\geqslant\delta>0$ 时,$\forall\varepsilon>0$,取 $A_0 = A_0(\varepsilon) > \frac{-\ln\varepsilon}{\delta}$,当 $A>A_0$ 时,有

$$\left|\int_A^{+\infty} ue^{-xu}dx\right| = -e^{-xu}\Big|_A^{+\infty} = e^{-Au} \leqslant e^{-A_0\delta} < \varepsilon \quad (\forall u\in[\delta,+\infty))$$

所以,$\int_a^{+\infty} ue^{-xu}dx$ 在 $u\in[\delta,+\infty)$ 中一致收敛.

(2)(反证)假设$\int_0^{+\infty} ue^{-xu}dx$ 在$[0,+\infty)$中一致收敛,则对 $\varepsilon_0=\frac{1}{2}>0$,$\exists A_0>0$,当 $A>A_0$ 时,有

$$\left|\int_A^{+\infty} ue^{-xu}dx\right| = \left|-e^{-xu}\Big|_A^{+\infty}\right| = e^{-Au} < \varepsilon_0 = \frac{1}{2} \quad (\forall u\in[0,+\infty))$$

取定 $A>A_0$,令 $u=\frac{1}{A}$,则

$$e^{-A\cdot\frac{1}{A}} = e^{-1} = \frac{1}{e} < \frac{1}{2}$$

或令 $u\to0^+$ 得

$$1 = \lim_{u\to0^+} e^{-Au} \leqslant \frac{1}{2}$$

矛盾.

定理 15.2.2(参变量无穷积分的 Cauchy 收敛准则) 无穷积分$\int_a^{+\infty} f(x,u)dx$ 在$[\alpha,\beta]$上一致收敛$\Leftrightarrow\forall\varepsilon>0$,$\exists A_0=A_0(\varepsilon)$(仅与$\varepsilon$有关,而与 $x\in[\alpha,\beta]$ 无关)$>a$,当 $A',A''>A_0$ 时,有

$$\left|\int_a^{A''} f(x,u)dx - \int_a^{A'} f(x,u)dx\right| = \left|\int_{A'}^{A''} f(x,u)dx\right| < \varepsilon$$

证明 $(\Rightarrow)$ 设$\int_a^{+\infty} f(x,u)dx$ 在$[\alpha,\beta]$上一致收敛,则 $\forall\varepsilon>0$,$\exists A_0 = A(\varepsilon)>a$,当 $A>A_0$ 时,有

$$\left|\int_A^{+\infty} f(x,u)dx\right| = \left|\int_a^{A} f(x,u)dx - \int_a^{+\infty} f(x,u)dx\right| < \frac{\varepsilon}{2} \quad (\forall u\in[\alpha,\beta])$$

所以，当 $A',A''>A_0$ 时，有

$$\begin{aligned}\left|\int_{A'}^{A''}f(x,u)\,\mathrm{d}x\right| &= \left|\int_{A'}^{+\infty}f(x,u)\,\mathrm{d}x-\int_{A''}^{+\infty}f(x,u)\,\mathrm{d}x\right| \\ &\leqslant \left|\int_{A'}^{+\infty}f(x,u)\,\mathrm{d}x\right|+\left|\int_{A''}^{+\infty}f(x,u)\,\mathrm{d}x\right| \\ &< \frac{\varepsilon}{2}+\frac{\varepsilon}{2}=\varepsilon\end{aligned}$$

（$\Leftarrow$）由右边条件，$\forall\varepsilon>0,\exists A_0=A_0(\varepsilon)>a$，当 $A,A'>A_0$ 时，有

$$\left|\int_{A}^{A'}f(x,u)\,\mathrm{d}x\right|<\frac{\varepsilon}{2}\quad(\forall u\in[\alpha,\beta])$$

固定 A，令 $A'\to+\infty$ 得到

$$\left|\int_{A}^{+\infty}f(x,u)\,\mathrm{d}x\right|\leqslant\frac{\varepsilon}{2}<\varepsilon\quad(\forall u\in[\alpha,\beta])$$

这就证明了无穷积分 $\int_a^{+\infty}f(x,u)\,\mathrm{d}x$ 在 $[\alpha,\beta]$ 上一致收敛.

定理 15.2.3（参变量无穷积分的 Weierstrass 判别法 —— 优函数判别法）　设 $f(x,u)$ 对 x 在 $[a,+\infty)$ 上连续. 如果存在 $[a,+\infty)$ 上的连续函数 F，使得 $\int_a^{+\infty}F(x)\,\mathrm{d}x$ 收敛，而且对一切充分大的 x 及 $[\alpha,\beta]$ 上的一切 u，都有

$$|f(x,u)|\leqslant F(x)$$

则无穷积分 $\int_a^{+\infty}f(x,u)\,\mathrm{d}x$ 在 $[\alpha,\beta]$ 上一致收敛.

证明　因为 $\int_a^{+\infty}F(x)\,\mathrm{d}x$ 收敛，故由无穷积分的 Cauchy 收敛准则 $\forall\varepsilon>0$，$\exists A_0=A_0(\varepsilon)>a$，只要 $A',A''>A_0$，便有

$$\left|\int_{A'}^{A''}F(x)\,\mathrm{d}x\right|<\varepsilon$$

由此便知

$$\left|\int_{A'}^{A''}f(x,u)\,\mathrm{d}x\right|\leqslant\left|\int_{A'}^{A''}|f(x,u)|\,\mathrm{d}x\right|\leqslant\left|\int_{A'}^{A''}F(x)\,\mathrm{d}x\right|<\varepsilon\quad(\forall u\in[\alpha,\beta])$$

根据参变量无穷积分一致收敛的 Cauchy 收敛准则知，$\int_a^{+\infty}f(x,u)\,\mathrm{d}x$ 在 $[\alpha,\beta]$ 上一致收敛.

例 15.2.2　证明：(1) $\int_1^{+\infty}\frac{\sin ux}{x^2}\mathrm{d}x$；(2) $\int_0^{+\infty}\frac{\cos ux}{1+x^2}\mathrm{d}x$ 在 $u\in(-\infty,+\infty)$

中一致收敛.

证明 (1) 因为

$$\left|\frac{\sin ux}{x^2}\right| \leqslant \frac{1}{x^2} \quad (\forall u \in (-\infty, +\infty))$$

而$\int_1^{+\infty} \frac{dx}{x^2}$收敛,根据 Weierstrass 判别法定理 15.2.3 知,$\int_1^{+\infty} \frac{\sin ux}{x^2}dx$ 在 $(-\infty, +\infty)$ 上一致收敛.

(2) 因为

$$\left|\frac{\cos ux}{1+x^2}\right| \leqslant \frac{1}{1+x^2} \quad (\forall u \in (-\infty, +\infty))$$

而$\int_0^{+\infty} \frac{dx}{1+x^2}$收敛,根据 Weierstrass 判别法定理 15.2.3 知,$\int_0^{+\infty} \frac{\cos ux}{1+x^2}dx$ 在 $(-\infty, +\infty)$ 上一致收敛.

例 15.2.3 证明:无穷积分

$$\int_0^{+\infty} e^{-(u^2+\alpha)t}\sin t\,dt \quad (\alpha > 0 \text{ 为固定常数})$$

在 $u \in [0, +\infty)$ 中一致收敛.

证明 因为

$$|e^{-(u^2+\alpha)t}\sin t| \leqslant e^{-\alpha t} \quad (t \in [0, +\infty), u \in [0, +\infty))$$

而$\int_0^{+\infty} e^{-\alpha t}dt = -\frac{1}{\alpha}e^{-\alpha t}\Big|_0^{+\infty} = \frac{1}{\alpha}$收敛,故由 Weierstrass 判别法定理 15.2.3 知,$\int_0^{+\infty} e^{-(u^2+\alpha)t}\sin t\,dt$ 在 $u \in [0, +\infty)$ 中一致收敛.

例 15.2.4 证明:无穷积分

$$\int_0^{+\infty} e^{-(u^2+\alpha)t}\sin t\,du \quad (\alpha \geqslant 0 \text{ 为固定常数})$$

在 $t \in [0, +\infty)$ 中一致收敛.

证明 因为

$$\lim_{t\to 0^+} \frac{e^{-\alpha t}\sin t}{\sqrt{t}} = \lim_{t\to 0^+} \frac{\sin t}{t}e^{-\alpha t}\sqrt{t} = 1 \cdot 0 = 0$$

所以,$\forall \varepsilon > 0, \exists \delta > 0$,当 $t \in (0,\delta)$ 时,有

$$\left|\frac{e^{-\alpha t}\sin t}{\sqrt{t}}\right| < \frac{2\varepsilon}{\sqrt{\pi}}$$

于是，$\forall A>0$，有

$$\left|\int_A^{+\infty}\mathrm{e}^{-(u^2+\alpha)t}\sin t\mathrm{d}u\right|=\left|\mathrm{e}^{-\alpha t}\sin t\int_A^{+\infty}\mathrm{e}^{-tu^2}\mathrm{d}u\right|$$

$$\xlongequal{x=\sqrt{t}u}\left|\frac{\mathrm{e}^{-\alpha t}\sin t}{\sqrt{t}}\int_{\sqrt{t}A}^{+\infty}\mathrm{e}^{-x^2}\mathrm{d}x\right|$$

$$<\frac{2\varepsilon}{\sqrt{\pi}}\int_0^{+\infty}\mathrm{e}^{-x^2}\mathrm{d}x=\varepsilon\quad(\forall t\in(0,\delta))$$

由于 $t=0$ 时，上式显然也成立，因此，$\forall t\in[0,\delta)$，$\forall A>0$，有

$$\left|\int_A^{+\infty}\mathrm{e}^{-(u^2+\alpha)t}\sin t\mathrm{d}u\right|<\varepsilon$$

当 $t\in[\delta,+\infty)$ 时，由于

$$|\mathrm{e}^{-(u^2+\alpha)t}\sin t|\leqslant\mathrm{e}^{-\delta(\alpha+u^2)}\leqslant\mathrm{e}^{-\delta u^2}$$

而 $\int_0^{+\infty}\mathrm{e}^{-\delta u^2}\mathrm{d}u$ 收敛，故由 Weierstrass 判别法定理 15.2.3 知，无穷积分 $\int_0^{+\infty}\mathrm{e}^{-(u^2+\alpha)t}\sin t\mathrm{d}u$ 在 $t\in[\delta,+\infty)$ 中一致收敛. 因而，$\exists A_0>0$，当 $A>A_0$ 时，有

$$\left|\int_A^{+\infty}\mathrm{e}^{-(u^2+\alpha)t}\sin t\mathrm{d}u\right|<\varepsilon$$

对任意的 $t\in[\delta,+\infty)$ 成立. 综合上述知，当 $A>A_0$ 时，有

$$\left|\int_A^{+\infty}\mathrm{e}^{-(u^2+\alpha)t}\sin t\mathrm{d}u\right|<\varepsilon$$

对任意 $t\in[0,+\infty)$ 成立. 这就证明了无穷积分

$$\int_0^{+\infty}\mathrm{e}^{-(u^2+\alpha)t}\sin t\mathrm{d}u$$

在 $t\in[0,+\infty)$ 中一致收敛.

更细致的判别法有下面的定理.

定理 15.2.4(参变量无穷积分的 Dirichlet 判别法)　如果函数 $f(x,u)$，$g(x,u)$ 满足：

(1) $g(x,u)$ 为 x 的单调函数，且当 $x\to+\infty$ 时关于 $u\in[\alpha,\beta]$ 一致趋于 0，即 $\forall\varepsilon>0$，$\exists A_0=A_0(\varepsilon)>a$，当 $x>A_0$ 时，$|g(x,u)|<\varepsilon$；

(2) $\forall A\geqslant a$，$\int_a^A f(x,u)\mathrm{d}x$ 对 $u\in[\alpha,\beta]$ 一致有界，即 $\exists M>0$（M 为常数），

使得

$$\left|\int_a^A f(x,u)\,\mathrm{d}x\right| \leqslant M \quad (\forall u \in [\alpha,\beta])$$

则$\int_a^{+\infty} f(x,u)g(x,u)\,\mathrm{d}x$ 在 $u \in [\alpha,\beta]$ 一致收敛.

证明 $\forall \varepsilon > 0$,由条件(1),$\exists A_0 = A_0(\varepsilon) > 0$,当 $x > A_0$ 时,有

$$|g(x,u)| < \frac{\varepsilon}{4M} \quad (\forall u \in [\alpha,\beta])$$

于是,当 $A'' > A' > A_0$ 时,有

$$\begin{aligned}
\left|\int_{A'}^{A''} f(x,u)g(x,u)\,\mathrm{d}x\right| &\xlongequal[\exists \xi \in [A',A'']]{\text{一般的第二积分中值定理}} \left|g(A',u)\int_{A'}^{\xi} f(x,u)\,\mathrm{d}x + g(A'',u)\int_{\xi}^{A''} f(x,u)\,\mathrm{d}x\right| \\
&\leqslant |g(A',u)| \left|\int_{A'}^{\xi} f(x,u)\,\mathrm{d}x\right| + |g(A',u)| \left|\int_{\xi}^{A'} f(x,u)\,\mathrm{d}x\right| \\
&< \frac{\varepsilon}{4M}\left(\left|\int_a^{\xi} f(x,u)\,\mathrm{d}x - \int_a^{A'} f(x,u)\,\mathrm{d}x\right|\right. \\
&\quad \left. + \left|\int_a^{A''} f(x,u)\,\mathrm{d}x - \int_a^{\xi} f(x,u)\,\mathrm{d}x\right|\right) \\
&\leqslant \frac{\varepsilon}{4M}(2M + 2M) = \varepsilon \quad (\forall u \in [\alpha,\beta])
\end{aligned}$$

再由参变量无穷积分的Cauchy收敛准则知,$\int_a^{+\infty} f(x,u)g(x,u)\,\mathrm{d}x$在$u \in [\alpha,\beta]$上一致收敛.

定理 15.2.5(参变量无穷积分的 Abel 判别法) 如果$f(x,u)$,$g(x,u)$满足:

(1)$g(x,u)$ 对x单调,且关于$u \in [\alpha,\beta]$一致有界,即 $\exists M > 0$(常数),使得

$$|g(x,u)| \leqslant M \quad ((x,u) \in [a,+\infty) \times [\alpha,\beta])$$

(2) 无穷积分$\int_a^{+\infty} f(x,u)\,\mathrm{d}x$ 关于 $u \in [\alpha,\beta]$ 一致收敛.

则$\int_a^{+\infty} f(x,u)g(x,u)\,\mathrm{d}x$ 在 $u \in [\alpha,\beta]$ 上一致收敛.

证明 由条件(1),$|g(x,u)| \leqslant M$,$(x,u) \in [a,+\infty) \times [\alpha,\beta]$.

由条件(2),$\forall \varepsilon > 0$,$\exists A_0 = A_0(\varepsilon) > a$,当 $A'' > A' > A_0$ 时,有

$$\left|\int_{A'}^{A''} f(x,u)\,\mathrm{d}x\right| < \frac{\varepsilon}{2M}\quad (u\in[\alpha,\beta])$$

于是

$$\left|\int_{A'}^{A''} f(x,u)g(x,u)\,\mathrm{d}x\right| \xlongequal[\exists\xi\in[A',A'']]{\text{一般的第二积分中值定理}} \left|g(A',u)\int_{A'}^{\xi} f(x,u)\,\mathrm{d}x + g(A'',u)\int_{\xi}^{A''} f(x,u)\,\mathrm{d}x\right|$$

$$\leqslant |g(A',u)|\left|\int_{A'}^{\xi} f(x,u)\,\mathrm{d}x\right| + |g(A'',u)|\left|\int_{\xi}^{A''} f(x,u)\,\mathrm{d}x\right|$$

$$< M\left(\frac{\varepsilon}{2M}+\frac{\varepsilon}{2M}\right) = \varepsilon\quad (\forall u\in[\alpha,\beta])$$

再由参变量无穷积分的Cauchy收敛准则知，$\int_a^{+\infty} f(x,u)g(x,u)\,\mathrm{d}x$ 在 $u\in[\alpha,\beta]$ 上一致收敛.

例 15.2.5　证明：无穷积分 $\int_0^{+\infty} \mathrm{e}^{-xu}\frac{\sin x}{x}\mathrm{d}x$ 在 $u\in[0,+\infty)$ 上一致收敛.

证明　由例6.5.12知，$\int_0^{+\infty}\frac{\sin x}{x}\mathrm{d}x$ 收敛(当然关于 $u\in[0,+\infty)$ 是一致收敛的)，而函数 e^{-xu} 对 x 单调减少，且 $0\leqslant \mathrm{e}^{-xu}\leqslant 1$，$\forall(x,u)\in[0,+\infty)\times[0,+\infty)$. 故根据参变量无穷积分的 Abel 判别法定理 15.2.5 知，$\int_0^{+\infty}\mathrm{e}^{-xu}\frac{\sin x}{x}\mathrm{d}x$ 在 $u\in[0,+\infty)$ 中一致收敛.

例 15.2.6　证明：无穷积分 $\int_0^{+\infty}\frac{x\sin ux}{a^2+x^2}\mathrm{d}x$ 在 $[\delta,+\infty)$ 中一致收敛，其中 $a,\delta>0$ 为常数.

证明　$\forall A>0$，有

$$\left|\int_0^{A}\sin ux\,\mathrm{d}x\right| = \left|-\frac{\cos ux}{u}\Big|_0^A\right| = \frac{1-\cos uA}{u}\leqslant\frac{2}{\delta}\quad (\forall u\in[\delta,+\infty))$$

另一方面，由于

$$\left(\frac{x}{a^2+x^2}\right)' = \frac{a^2-x^2}{(a^2+x^2)^2} = \begin{cases} >0, 0\leqslant x<a, y(x)\ \text{单调增加}\\ =0, x=a, y(a)\ \text{达最大值}\\ <0, x>a, y(x)\ \text{单调减少}\end{cases}$$

故当 $x\geqslant a$ 时，$\frac{x}{a^2+x^2}$ 单调减少，且

$$\lim_{x\to+\infty}\frac{x}{a^2+x^2} = 0$$

根据参变量无穷积分的 Abel 判别法定理 15.2.5 知,$\int_a^{+\infty}\frac{x\sin ux}{a^2+x^2}dx$ 在$[\delta,+\infty)$中一致收敛. 再由

$$\left|\int_0^A f(x,u)dx-\int_0^{+\infty}f(x,u)dx\right|=\left|\int_a^A f(x,u)dx-\int_a^{+\infty}f(x,u)dx\right|$$

知,$\int_0^{+\infty}\frac{x\sin ux}{a^2+x^2}dx$ 在$[\delta,+\infty)$中一致收敛.

注 15.2.1 例 15.2.6 可看到,从

$$\left|\int_a^A f(x,u)dx-\int_a^{+\infty}f(x,u)dx\right|=\left|\int_b^A f(x,u)dx-\int_b^{+\infty}f(x,u)dx\right|$$

可推得

$$\int_a^{+\infty}f(x,u)dx \text{ 在 } u\in[\alpha,\beta] \text{ 上一致收敛} \Leftrightarrow \int_b^{+\infty}f(x,u)dx \text{ 在 } u\in[\alpha,\beta] \text{ 上一致收敛}$$

例 15.2.7 证明:瑕积分

$$\int_0^1\frac{\sin\frac{1}{x}}{x^p}dx$$

(1) 当 $p<1$ 时绝对收敛;当 $1\leqslant p<2$ 时条件收敛;当 $2\leqslant p<+\infty$ 时发散.

(2) 关于 $p\in(0,2-\delta]$ 一致收敛,其中 $\delta>0$.

(3) 关于 $p\in(0,2)$ 非一致收敛.

证明 作变换 $t=\frac{1}{x}$,则 $x=\frac{1}{t}$,且

$$\int_0^1\frac{\sin\frac{1}{x}}{x^p}dx=\int_{+\infty}^1\frac{\sin t}{\left(\frac{1}{t}\right)^p}\cdot\frac{-dt}{t^2}=\int_1^{+\infty}\frac{\sin t}{t^{2-p}}dt$$

显然,它的敛散性、一致收敛性与$\int_0^1\frac{\sin\frac{1}{x}}{x^p}dx$ 完全一致.

(1) 根据例6.5.12 知,上述两广义积分当 $2-p>1$,即 $p<1$ 时绝对收敛;当 $0<2-p\leqslant1$,即 $1\leqslant p<2$ 时条件收敛;$2-p\leqslant0$,即 $2\leqslant p<+\infty$ 时发散.

(2) 因为 $0<p\leqslant2-\delta$,所以 $2-p\geqslant\delta$,且

$$0<\frac{1}{t^{2-p}}\leqslant\frac{1}{t^\delta}$$

由此知,当 $t\to+\infty$ 时,$\frac{1}{t^{2-p}}$ 单调减少一致趋于0. 另外

$$\left|\int_1^A \sin t\mathrm{d}t\right| = |\cos 1-\cos A| \leqslant 2$$

(一致有界). 根据 Dirichlet 判别法,$\int_1^{+\infty}\frac{\sin t}{t^{2-p}}\mathrm{d}t$ 在 $p\in(0,2-\delta)$ 上一致收敛.

(3)(反证) 假设$\int_1^{+\infty}\frac{\sin t}{t^{2-p}}\mathrm{d}t$ 在 $p\in(0,2)$ 上一致收敛,则对 $\varepsilon_0=1$, $\exists A_0=A_0(\varepsilon_0)>a=1$,只要 $A''>A'>A_0$,便有

$$\left|\int_{A'}^{A''}\frac{\sin t}{t^{2-p}}\mathrm{d}t\right| < \varepsilon_0 = 1\quad(\forall p\in(0,2))$$

今取 $A'=2k\pi$, $A''=(2k+1)\pi$,则当 k 充分大时,$A''>A'>A_0$. 于是,由上面不等式得

$$1=\varepsilon_0>\left|\int_{2k\pi}^{(2k+1)\pi}\frac{\sin t}{t^{2-p}}\mathrm{d}t\right|\geqslant\frac{1}{[(2k+1)\pi]^{2-p}}\int_{2k\pi}^{(2k+1)\pi}\sin t\mathrm{d}t=\frac{2}{[(2k+1)\pi]^{2-p}}$$

$\forall p\in(0,2)$. 令 $p\to2^-$,即得 $1\geqslant2>1$,矛盾.

下面给出几个参变量广义积分一致收敛的应用.

定理 15.2.6(无穷区间上极限号与广义积分号可交换的充分条件)　设函数列 $\{f_n(x)\}$ 在 $[a,+\infty)$ 上收敛于 $f(x)$. 如果:

(1) $\forall A>a$, $\{f_n(x)\}$ 在 $[a,A]$ 上一致收敛于 $f(x)$,即 $\forall\varepsilon>0$, $\exists N_0=N_0(\varepsilon)\in\mathbb{N}$,当 $n>N_0$ 时,有

$$|f_n(x)-f(x)|<\varepsilon\quad(\forall x\in[a,A])$$

(2) 无穷积分$\int_a^{+\infty}f_n(x)\mathrm{d}x$ 对 $n\in\mathbb{N}$ 一致收敛.

则无穷积分$\int_a^{+\infty}f(x)\mathrm{d}x$ 收敛,且

$$\int_a^{+\infty}f(x)\mathrm{d}x=\int_a^{+\infty}\lim_{n\to+\infty}f_n(x)\mathrm{d}x=\lim_{n\to+\infty}\int_a^{+\infty}f_n(x)\mathrm{d}x$$

证明　由条件(2),$\forall\varepsilon>0$, $\exists A_0=A_0(\varepsilon)>a$,当 $A''>A'>A_0$ 时,便有

$$\left|\int_{A'}^{A''}f_n(x)\mathrm{d}x\right|<\frac{\varepsilon}{2}\quad(\forall n\in\mathbb{N}\,(n\text{ 视为参数}))$$

因为 $\{f_n(x)\}$ 在 $[A',A'']$ 上 Riemann 可积,且由条件(1) 推得 $\{f_n(x)\}$ 在 $[A',A'']$ 上一致收敛于 $f(x)$,故由定理 13.2.3,有

$$\left|\int_{A'}^{A''} f(x)\,\mathrm{d}x\right| = \left|\int_{A'}^{A''} \lim_{n\to+\infty} f_n(x)\,\mathrm{d}x\right| = \left|\lim_{n\to+\infty}\int_{A'}^{A''} f_n(x)\,\mathrm{d}x\right|$$

$$= \lim_{n\to+\infty}\left|\int_{A'}^{A''} f_n(x)\,\mathrm{d}x\right| \leqslant \frac{\varepsilon}{2} < \varepsilon$$

根据无穷积分收敛的 Cauchy 收敛准则,$\int_a^{+\infty} f(x)\,\mathrm{d}x$ 收敛.

由条件(2) 无穷积分$\int_a^{+\infty} f_n(x)\,\mathrm{d}x$ 对 $n \in \mathbb{N}$ 一致收敛及上面已证得 $\int_a^{+\infty} f(x)\,\mathrm{d}x$ 收敛,故 $\forall \varepsilon > 0, \exists A_1 = A_1(\varepsilon) > a$,使得

$$\left|\int_{A_1}^{+\infty} f_n(x)\,\mathrm{d}x\right| < \frac{\varepsilon}{3} \quad (n \in \mathbb{N})$$

$$\left|\int_{A_1}^{+\infty} f(x)\,\mathrm{d}x\right| < \frac{\varepsilon}{3}$$

对固定的 $A_1 = A_1(\varepsilon)$,由条件(1) $\exists N \in \mathbb{N}$,当 $n > N$ 时,有

$$| f_n(x) - f(x) | < \frac{\varepsilon}{3(A_1 - a)} \quad (\forall x \in [a, A_1])$$

因而,当 $n > N$ 时,有

$$\left|\int_a^{+\infty} f_n(x)\,\mathrm{d}x - \int_a^{+\infty} f(x)\,\mathrm{d}x\right|$$

$$\leqslant \int_a^{A_1} | f_n(x) - f(x) |\,\mathrm{d}x + \left|\int_{A_1}^{+\infty} f_n(x)\,\mathrm{d}x\right| + \left|\int_{A_1}^{+\infty} f(x)\,\mathrm{d}x\right|$$

$$< \frac{\varepsilon}{3(A_1 - a)} \cdot (A_1 - a) + \frac{\varepsilon}{3} + \frac{\varepsilon}{3} = \varepsilon$$

这就证明了

$$\lim_{n\to+\infty}\int_a^{+\infty} f_n(x)\,\mathrm{d}x = \int_a^{+\infty} f(x)\,\mathrm{d}x$$

与定理 15.2.6 对偶的函数项级数的逐项广义积分定理为下面的形式.

定理 15.2.6′(函数项级数的逐项无穷积分 —— 求和号与广义积分可交换) 设 $u_n(x)$ 在$[a, +\infty)$上为连续函数,$n \in \mathbb{N}$. $\sum\limits_{n=1}^{\infty} u_n(x)$ 在$[a, +\infty)$上收敛于函数 $S(x)$. 如果:

(1) $\forall A > a$,函数项级数 $\sum\limits_{n=1}^{\infty} u_n(x)$ 在$[a, A]$中一致收敛;

(2) 无穷积分$\int_a^{+\infty}\sum_{k=1}^{n}u_k(x)\mathrm{d}x$ 对 $n\in\mathbb{N}$ 一致收敛.

则无穷积分$\int_a^{+\infty}\sum_{n=1}^{\infty}u_n(x)\mathrm{d}x$ 收敛,且

$$\int_a^{+\infty}\sum_{n=1}^{\infty}u_n(x)\mathrm{d}x=\sum_{n=1}^{\infty}\int_a^{+\infty}u_n(x)\mathrm{d}x$$

证明　令 $S_n(x)=\sum_{k=1}^{n}u_k(x)$,$S(x)=\sum_{k=1}^{\infty}u_k(x)$,则 $S_n(x)$ 与 $S(x)$ 满足定理 15.2.6 中 $f_n(x)$ 与 $f(x)$ 所满足的条件,故

$$\begin{aligned}\int_a^{+\infty}\sum_{k=1}^{\infty}u_k(x)\mathrm{d}x&=\int_a^{+\infty}S(x)\mathrm{d}x=\int_a^{+\infty}\lim_{n\to+\infty}S_n(x)\mathrm{d}x\\&=\lim_{n\to+\infty}\int_a^{+\infty}S_n(x)\mathrm{d}x=\lim_{n\to+\infty}\int_a^{+\infty}\sum_{k=1}^{n}u_k(x)\mathrm{d}x\\&=\lim_{n\to+\infty}\sum_{k=1}^{n}\int_a^{+\infty}u_k(x)\mathrm{d}x=\sum_{k=1}^{\infty}\int_a^{+\infty}u_k(x)\mathrm{d}x\end{aligned}$$

为使读者熟悉函数项级数的描述,建议将定理 15.2.6 证明过程对偶地用函数项级数加以证明.

定理 15.2.7　设$\sum_{n=1}^{\infty}u_n(x)$ 在$[a,+\infty)$上收敛于 $S(x)$. 如果:

(1)$u_n(x)$ 在$[a,+\infty)$上非负连续;

(2)$S(x)$ 在$[a,+\infty)$上连续;

(3) 无穷积分$\int_a^{+\infty}S(x)\mathrm{d}x$ 收敛.

则

$$\int_a^{+\infty}S(x)\mathrm{d}x=\int_a^{+\infty}\sum_{n=1}^{\infty}u_n(x)\mathrm{d}x=\sum_{n=1}^{\infty}\int_a^{+\infty}u_n(x)\mathrm{d}x$$

(可逐项无穷积分).

证明　由条件(1)(2) 及狄尼定理 13.2.5′ 知,函数项级数$\sum_{n=1}^{\infty}u_n(x)$ 在$[a,A]$上一致收敛(其中 $A>a$). 因 $u_n(x)\geqslant 0$,故

$$0\leqslant S_n(x)\leqslant S(x)\quad(n\in\mathbb{N})$$

从条件(3),无穷积分$\int_a^{+\infty}S(x)\mathrm{d}x$ 收敛. 根据 Weierstrass 判别法,无穷积分

$\int_a^{+\infty} S_n(x)\mathrm{d}x$ 对 $n \in \mathbb{N}$ 一致收敛. 应用定理 15.2.6′ 得到

$$\int_a^{+\infty} \sum_{n=1}^{\infty} u_n(x)\mathrm{d}x = \sum_{n=1}^{\infty} \int_a^{+\infty} u_n(x)\mathrm{d}x$$

注 15.2.2 定理 15.2.7 关于函数列的对偶定理为:设函数列 $\{S_n(x)\}$ 在 $[a, +\infty)$ 上收敛于 $S(x)$. 如果:

(1) $S_n(x)$ 在 $[a, +\infty)$ 上连续,且 $S_n(x) \geqslant S_{n-1}(x)$, $\forall n \in \mathbb{N}$;

(2) $S(x)$ 在 $[a, +\infty)$ 上连续;

(3) 无穷积分 $\int_a^{+\infty} S(x)\mathrm{d}x$ 收敛.

则

$$\int_a^{+\infty} S(x)\mathrm{d}x = \int_a^{+\infty} \lim_{n\to+\infty} S_n(x)\mathrm{d}x = \lim_{n\to+\infty}\int_a^{+\infty} S_n(x)\mathrm{d}x$$

注 15.2.3 在注 15.2.2 中,如果 $S_n(x) \leqslant S_{n-1}(x)$,则结论仍正确. 只须用 $-S_n(x)$ 代 $S_n(x)$.

例 15.2.8 证明:Euler-Poisson 积分

$$\int_a^{+\infty} \mathrm{e}^{-x^2}\mathrm{d}x = \frac{\sqrt{\pi}}{2}$$

证法 1,2 (参阅例 6.5.7,例 10.6.2).

证法 3 因为 $\left(1 + \frac{1}{x}\right)^x (x > 0)$ 为严格单调增加的函数,所以 $S_n(x) = \left(1 + \frac{x^2}{n}\right)^{-n}$ 对 n 单调减少,且每个 $n \in \mathbb{N}$, $S_n(x) = \left(1 + \frac{x^2}{n}\right)^{-n}$ 关于 $x \in [0, +\infty)$ 为连续函数,于是

$$S(x) = \lim_{n\to+\infty} S_n(x) = \lim_{n\to+\infty}\left(1 + \frac{x^2}{n}\right)^{-n} = \begin{cases} \lim\limits_{n\to+\infty} 1, & x = 0 \\ \lim\limits_{n\to+\infty}\left[\left(1 + \frac{x^2}{n}\right)^{\frac{n}{x^2}}\right]^{-x^2}, & x \neq 0 \end{cases}$$

在 $[0, +\infty)$ 上连续. 此外,由于

$$\lim_{x\to+\infty} \frac{\mathrm{e}^{-x^2}}{\frac{1}{1 + x^2}} = \lim_{x\to+\infty} \frac{1 + x^2}{\mathrm{e}^{x^2}} = \lim_{u\to+\infty} \frac{1 + u}{\mathrm{e}^u} = \lim_{u\to+\infty} \frac{1}{\mathrm{e}^u} = 0$$

及 $\int_0^{+\infty} \frac{\mathrm{d}x}{1 + x^2}$ 收敛,所以根据比较判别法的极限形式知,$\int_0^{+\infty} \mathrm{e}^{-x^2}\mathrm{d}x$ 也收敛. 于是

$$\int_0^{+\infty} e^{-x^2}dx = \int_0^{+\infty} \lim_{n\to+\infty}\left(1+\frac{x^2}{n}\right)^{-n}dx \xlongequal{\text{注 15.2.3}} \lim_{n\to+\infty}\int_0^{+\infty}\left(1+\frac{x^2}{n}\right)^{-n}dx$$

$$\xlongequal{x=\sqrt{n}t} \lim_{n\to+\infty}\int_0^{+\infty}(1+t^2)^{-n}\sqrt{n}dt = \lim_{n\to+\infty}\sqrt{n}\int_0^{+\infty}\frac{dt}{(1+t^2)^n}$$

$$\xlongequal{t=\tan\theta} \lim_{n\to+\infty}\sqrt{n}\int_0^{\frac{\pi}{2}}\frac{\sec^2\theta}{(1+\tan^2\theta)^n}d\theta = \lim_{n\to+\infty}\sqrt{n}\int_0^{\frac{\pi}{2}}\cos^{2n-2}\theta d\theta$$

$$= \lim_{n\to+\infty}\sqrt{n}\frac{(2n-3)!!}{(2n-2)!!}\frac{\pi}{2}$$

$$= \lim_{n\to+\infty}\sqrt{\frac{n}{2n-1}}\sqrt{\frac{1}{\left[\frac{(2n-2)!!}{(2n-3)!!}\right]^2\frac{1}{2n-1}}}\frac{\pi}{2}$$

$$\xlongequal{\text{例 6.4.5}} \frac{1}{\sqrt{2}}\sqrt{\frac{1}{\frac{\pi}{2}}}\cdot\frac{\pi}{2} = \frac{\sqrt{\pi}}{2}$$

注 15.2.4 上述计算中最关键的一步是

$$\int_0^{+\infty} e^{-x^2}dx = \int_0^{+\infty} \lim_{n\to+\infty}\left(1+\frac{x^2}{n}\right)^{-n}dx = \lim_{n\to+\infty}\int_0^{+\infty}\left(1+\frac{x^2}{n}\right)^{-n}dx$$

大胆地将极限号搬到无穷积分号中去,然后计算出结果$\frac{\sqrt{\pi}}{2}$. 最后,再来检查是否满足注 15.2.3 中条件. 大胆设想,严格检查是每一个研究数学的学者必须具备的素质.

练习题 15.2

1. 研究下列参变量广义积分在指定区间上的一致收敛性:

(1) $\int_0^{+\infty} e^{-ux}\sin x dx, 0 < u_0 \leqslant u < +\infty$;

(2) $\int_{-\infty}^{+\infty} \frac{x^2\cos ux}{1+x^4}dx, -\infty < u < +\infty$;

(3) $\int_0^{+\infty} \frac{dx}{1+(x+u)^2}, 0 \leqslant u < +\infty$;

(4) $\int_1^{+\infty} e^{-\alpha x}\frac{\cos x}{\sqrt{x}}dx, 0 \leqslant \alpha < +\infty$;

(5) $\int_0^{+\infty} \sqrt{u}\mathrm{e}^{-ux^2}\mathrm{d}x, 0 \leqslant u < +\infty$.

2. 证明：$\int_{-\infty}^{+\infty} \mathrm{e}^{-(x-\alpha)^2}\mathrm{d}x$ 在 $a \leqslant \alpha \leqslant b$ 上一致收敛；在 $-\infty < \alpha < +\infty$ 上非一致收敛.

3. 证明：$\int_0^{+\infty} \frac{x\sin \alpha x}{\alpha(1+x^2)}\mathrm{d}x$ 在 $0 < \alpha < +\infty$ 上非一致收敛.

4. 证明：$\int_0^1 \frac{1}{x^\alpha}\sin\frac{1}{x}\mathrm{d}x$ 在 $0 < \alpha < 2$ 上非一致收敛.

5. 证明：$\int_0^1 (1+x+x^2+\cdots+x^n)\left(\ln\frac{1}{x}\right)^{\frac{1}{2}}\mathrm{d}x$ 关于 $n = 1,2,\cdots$ 一致收敛.

6. 证明：$I(\alpha) = \int_0^{+\infty} \frac{\mathrm{e}^{-x}}{|\sin x|^\alpha}\mathrm{d}x$ 对 $\alpha \in [0,b]$(其中 $0 < b < 1$)一致收敛.

7. 证明：参变量无穷积分 $\int_1^{+\infty} \mathrm{e}^{-\frac{1}{\alpha^2}\left(x-\frac{1}{\alpha}\right)^2}\mathrm{d}x$ 在 $0 < \alpha < 1$ 上虽然绝对一致收敛，但并不能用 Weierstrass 判别法进行判断.

8. 证明：$\int_0^{+\infty} \frac{\cos x^2}{x^p}\mathrm{d}x$ 在 $|p| \leqslant p_0 < 1$ 上一致收敛.

9. 设函数在 $x > 0$ 时连续，积分 $\int_0^{+\infty} x^\alpha f(x)\mathrm{d}x$ 在 $\alpha = a, \alpha = b\ (a < b)$ 时收敛. 证明：该积分在 $\alpha \in [a,b]$ 上一致收敛.

思考题 15.2

1. 证明：参变量广义积分 $\int_0^{+\infty} \frac{x\sin \alpha x}{\alpha(1+x^2)}\mathrm{d}x$ 在 $\alpha \in [\alpha_0, +\infty)$ 中一致收敛，在 $\alpha \in (0,\delta)$ 中不一致收敛，其中 α_0 与 δ 是任意正数.

2. 证明：参变量广义积分 $\int_0^{+\infty} \frac{\sin ux}{x}\mathrm{d}x$ 在任何不包含 $u = 0$ 的闭区间 $[a,b]$ 上一致收敛，在包含 $u = 0$ 的闭区间上非一致收敛.

3. 证明：参变量广义积分 $\int_0^{+\infty} \frac{\sin 3x}{x+u}\mathrm{e}^{-ux}\mathrm{d}x$ 在 $u \in [0, +\infty)$ 中一致收敛.

4. 设 $f(x,u)$ 在 $[a,+\infty)\times[\alpha,\beta]$ 中连续. 如果对每个 $u\in[\alpha,\beta)$，参变量广义积分 $\int_a^{+\infty}f(x,u)\mathrm{d}x$ 都收敛，但广义积分 $\int_a^{+\infty}f(x,\beta)\mathrm{d}x$ 发散，证明：$\int_a^{+\infty}f(x,u)\mathrm{d}x$ 在 $[\alpha,\beta)$ 上非一致收敛.

5. 证明：参变量广义积分 $\int_a^{+\infty}f(x,u)\mathrm{d}x$ 在 $[\alpha,\beta]$ 上一致收敛等价于对任一单调增加趋于 $+\infty$ 的数列 $\{A_n\}$ $(A_1=a)$，函数项级数

$$\sum_{n=1}^{\infty}\int_{A_n}^{A_{n+1}}f(x,u)\mathrm{d}x$$

在 $[\alpha,\beta]$ 上一致收敛.

6. 证明：$g(\alpha)=\int_0^{+\infty}\frac{\ln(1+x^3)}{x^\alpha}\mathrm{d}x$ 在 $\alpha\in(1,4)$ 上收敛，在任何内闭区间 $[a,b]$ 上一致收敛，$g(\alpha)$ 在 $(1,4)$ 上连续.

7. 设 $\int_{-\infty}^{+\infty}|f(x)|\mathrm{d}x$ 收敛，证明

$$g(\alpha)=\int_{-\infty}^{+\infty}f(x)\cos\alpha x\mathrm{d}x$$

在 $\alpha\in(-\infty,+\infty)$ 上一致收敛，且 $g(\alpha)$ 在 $(-\infty,+\infty)$ 上为一致连续函数.

15.3　含参变量广义积分的性质

设含参变量无穷积分 $\int_a^{+\infty}f(x,u)\mathrm{d}x$ 对 $[\alpha,\beta]$ 中每个 u 都收敛，我们要研究由它所确定的函数

$$\varphi(u)=\int_a^{+\infty}f(x,u)\mathrm{d}x$$

的性质.

与连续函数项级数的一致收敛性保证了级数和函数的连续性一样，无穷积分 $\int_a^{+\infty}f(x,u)\mathrm{d}x$ 关于 $u\in[\alpha,\beta]$ 的一致收敛性保证了 $\varphi(u)$ 的连续性.

定理 15.3.1（含参变量无穷积分保持连续性）　如果 $f(x,u)$ 在 $[a,+\infty)\times$

$[\alpha,\beta]$ 中连续,且无穷积分$\int_a^{+\infty} f(x,u)\,\mathrm{d}x$ 在 $u \in [\alpha,\beta]$ 上一致收敛,则函数

$$\varphi(u) = \int_a^{+\infty} f(x,u)\,\mathrm{d}x$$

在$[\alpha,\beta]$ 上连续,即

$$\begin{aligned}\lim_{u\to u_0}\int_a^{+\infty} f(x,u)\,\mathrm{d}x &= \lim_{u\to u_0}\varphi(u) = \varphi(u_0)\\ &= \int_a^{+\infty} f(x,u_0)\,\mathrm{d}x\\ &= \int_a^{+\infty}\left[\lim_{u\to u_0} f(x,u)\right]\mathrm{d}x\end{aligned}$$

(即极限号与无穷积分号可以交换).

证明 $\forall u_0 \in [\alpha,\beta]$, $\forall \varepsilon > 0$,因为$\int_a^{+\infty} f(x,u)\,\mathrm{d}x$ 在 $u \in [\alpha,\beta]$ 上一致收敛,故 $\exists A_0 = A_0(\varepsilon) > a$,当 $A > A_0$ 时, $\forall u \in [\alpha,\beta]$,有

$$\left|\int_A^{+\infty} f(x,u)\,\mathrm{d}x\right| < \frac{\varepsilon}{3}$$

对固定的 $A > A_0$,由定理 15.1.1 知,$\int_a^A f(x,u)\,\mathrm{d}x$ 在 $u \in [\alpha,\beta]$ 上连续,故 $\exists \delta > 0$,当 $|u - u_0| < \delta$ 时,有

$$\left|\int_a^A f(x,u)\,\mathrm{d}x - \int_a^A f(x,u_0)\,\mathrm{d}x\right| < \frac{\varepsilon}{3}$$

于是

$$\begin{aligned}&|\varphi(u) - \varphi(u_0)|\\ =& \left|\int_a^{+\infty} f(x,u)\,\mathrm{d}x - \int_a^{+\infty} f(x,u_0)\,\mathrm{d}x\right|\\ =& \left|\int_a^A f(x,u)\,\mathrm{d}x - \int_a^A f(x,u_0)\,\mathrm{d}x + \int_A^{+\infty} f(x,u)\,\mathrm{d}x - \int_A^{+\infty} f(x,u_0)\,\mathrm{d}x\right|\\ \leqslant& \left|\int_a^A f(x,u)\,\mathrm{d}x - \int_a^A f(x,u_0)\,\mathrm{d}x\right| + \left|\int_A^{+\infty} f(x,u)\,\mathrm{d}x\right| + \left|\int_A^{+\infty} f(x,u_0)\,\mathrm{d}x\right|\\ <& \frac{\varepsilon}{3} + \frac{\varepsilon}{3} + \frac{\varepsilon}{3} = \varepsilon\end{aligned}$$

所以,$\varphi(u)$ 在 u_0 处连续. 由 $u_0 \in [\alpha,\beta]$ 任意,故 $\varphi(u)$ 在$[\alpha,\beta]$ 上连续.

与函数项级数类似,无穷积分的一致收敛只是保证 $\varphi(u)$ 连续的一个充分

条件,并不必要.但在$f(x,u)$非负的条件下,无穷积分的一致收敛便是$\varphi(u)$连续的必要条件.与 Dini 定理 13.2.5′ 相对偶的定理如下.

定理 15.3.2(Dini)　设$f(x,u)$在$[a,+\infty)\times[\alpha,\beta]$中连续、非负.如果

$$\varphi(u)=\int_a^{+\infty}f(x,u)\mathrm{d}x$$

在$u\in[\alpha,\beta]$上连续,则无穷积分$\int_a^{+\infty}f(x,u)\mathrm{d}x$在$u\in[\alpha,\beta]$上一致收敛.

证法 1(利用函数项级数的 Dini 定理)　因为$f(x,u)$连续及非负,故积分

$$a_n(u)=\int_{a+n-1}^{a+n}f(x,u)\mathrm{d}x$$

也连续、非负,而(和函数)

$$\varphi(u)=\int_a^{+\infty}f(x,u)\mathrm{d}x=\sum_{n=1}^{\infty}\int_{a+n-1}^{a+n}f(x,u)\mathrm{d}x=\sum_{n=1}^{\infty}a_n(u)$$

在$[\alpha,\beta]$上连续,根据函数项级数的 Dini 定理,$\sum\limits_{n=1}^{\infty}a_n(u)$在$[\alpha,\beta]$上一致收敛.所以,$\forall\varepsilon>0,\exists N=N(\varepsilon)\in\mathbb{N}$,使得$\forall u\in[\alpha,\beta]$,有

$$\left|\sum_{n=1}^{N}a_n(u)-\varphi(u)\right|=\sum_{n=N+1}^{\infty}a_n(u)<\varepsilon$$

取$A_0=a+N=a+N(\varepsilon)$,由$f(x,u)$非负,故当$A>A_0$时,有

$$0\leqslant\int_A^{+\infty}f(x,u)\mathrm{d}x\leqslant\int_{A_0}^{+\infty}f(x,u)\mathrm{d}x=\sum_{n=N+1}^{+\infty}\int_{a+n-1}^{a+n}f(x,u)\mathrm{d}x$$
$$=\sum_{n=N+1}^{+\infty}a_n(u)<\varepsilon\quad(\forall u\in[\alpha,\beta])$$

这就证明了$\int_a^{+\infty}f(x,u)\mathrm{d}x$在$u\in[\alpha,\beta]$上一致收敛.

证法 2(反证)　假设$\varphi(u)=\int_a^{+\infty}f(x,u)\mathrm{d}x$在$[\alpha,\beta]$上不一致收敛,则$\exists\varepsilon_0>0,\forall n\in\mathbb{N},\exists u_0\in[\alpha,\beta]$,有

$$\int_{a+n}^{+\infty}f(x,u_n)\mathrm{d}x\geqslant\varepsilon_0\Leftrightarrow\int_a^{a+n}f(x,u_n)\mathrm{d}x\leqslant\int_a^{+\infty}f(x,u_n)\mathrm{d}x-\varepsilon_0=\varphi(u_n)-\varepsilon_0$$

由于$u_n\in[\alpha,\beta],\forall n\in\mathbb{N}$,根据 Bolzano-Weierstrass 序列紧性知,$\{u_n\}$有收敛子列$\{u_{n_k}\}$,设$\lim\limits_{k\to+\infty}u_{n_k}=u_0\in[\alpha,\beta]$.对固定的$u_0$,因为$\int_a^{+\infty}f(x,u_0)\mathrm{d}x$收敛,故$\exists m\in\mathbb{N}$,使得

$$\int_{a+m}^{+\infty} f(x,u_0)\,\mathrm{d}x < \varepsilon_0 \Leftrightarrow \int_a^{a+m} f(x,u_0)\,\mathrm{d}x > \int_a^{+\infty} f(x,u_0)\,\mathrm{d}x - \varepsilon_0 = \varphi(u_0) - \varepsilon_0$$

但我们知道,当 k 充分大时,$n_k > m$,即有

$$\varphi(u_{n_k}) - \varepsilon_0 > \int_a^{a+n_k} f(x,u_{n_k})\,\mathrm{d}x \overset{f\text{非负}}{\geqslant} \int_a^{a+m} f(x,u_{n_k})\,\mathrm{d}x$$

两边令 $k \to +\infty$,并由 $\varphi(u)$ 连续及定理 15. 1. 1 得到

$$\varphi(u_0) - \varepsilon_0 \geqslant \int_a^{a+m} f(x,u_0)\,\mathrm{d}x \overset{\text{上述}}{>} \varphi(u_0) - \varepsilon_0$$

矛盾.

注 15. 3. 1 思考题 15. 3 题 5 表明,Dini 定理 15. 3. 2 中有界闭区间$[\alpha,\beta]$改为无穷区间,结论未必成立.

关于 $\varphi(u)$ 的积分有下面的定理.

定理 15. 3. 3(有穷积分号与无穷积分号可交换) 如果 $f(x,u)$ 在 $[a,+\infty)\times[\alpha,\beta]$ 中连续,$\varphi(u) = \int_a^{+\infty} f(x,u)\,\mathrm{d}x$ 关于 $u \in [\alpha,\beta]$ 一致收敛,则 $\varphi(u)$ 在$[\alpha,\beta]$上 Riemann 可积,且

$$\int_\alpha^\beta \varphi(u)\,\mathrm{d}u = \int_\alpha^\beta \left(\int_a^{+\infty} f(x,u)\,\mathrm{d}x\right)\mathrm{d}u = \int_a^{+\infty} \left(\int_\alpha^\beta f(x,u)\,\mathrm{d}u\right)\mathrm{d}x$$

(即对 x 与 u 的积分次序可以交换).

证法 1 根据定理 15. 3. 1,$\varphi(u)$ 在$[\alpha,\beta]$上连续,当然在$[\alpha,\beta]$上 Riemann 可积. 因为$\int_a^{+\infty} f(x,u)\mathrm{d}x$ 在 $u \in [\alpha,\beta]$ 上一致收敛,故 $\forall \varepsilon > 0$, $\exists A_0 = A_0(\varepsilon) > 0$,使得当 $A > A_0$ 时,有

$$\left|\int_A^{+\infty} f(x,u)\,\mathrm{d}x\right| < \frac{\varepsilon}{\beta-\alpha} \quad (\forall u \in [\alpha,\beta])$$

取定 $A > A_0$,由定理 15. 1. 2 知

$$\int_\alpha^\beta \left(\int_a^A f(x,u)\,\mathrm{d}x\right)\mathrm{d}u = \int_a^A \left(\int_\alpha^\beta f(x,u)\,\mathrm{d}u\right)\mathrm{d}x$$

于是

$$\begin{aligned}
&\left|\int_a^A \left(\int_\alpha^\beta f(x,u)\,\mathrm{d}u\right)\mathrm{d}x - \int_\alpha^\beta \left(\int_a^{+\infty} f(x,u)\,\mathrm{d}x\right)\mathrm{d}u\right| \\
&= \left|\int_a^A \left(\int_\alpha^\beta f(x,u)\,\mathrm{d}u\right)\mathrm{d}x - \int_\alpha^\beta \left(\int_a^A f(x,u)\,\mathrm{d}x\right)\mathrm{d}u - \int_\alpha^\beta \left(\int_A^{+\infty} f(x,u)\,\mathrm{d}x\right)\mathrm{d}u\right| \\
&= \left|\int_\alpha^\beta \left(\int_A^{+\infty} f(x,u)\,\mathrm{d}x\right)\mathrm{d}u\right| \leqslant \int_\alpha^\beta \left|\int_A^{+\infty} f(x,u)\,\mathrm{d}x\right|\mathrm{d}u < \frac{\varepsilon}{\beta-\alpha}(\beta-\alpha) = \varepsilon
\end{aligned}$$

这就证明了

$$\int_a^{+\infty}\left(\int_\alpha^\beta f(x,u)\,\mathrm{d}u\right)\mathrm{d}x=\int_\alpha^\beta\left(\int_a^{+\infty}f(x,u)\,\mathrm{d}x\right)\mathrm{d}u$$

证法 2　记

$$\int_a^{+\infty}f(x,u)\,\mathrm{d}x=\sum_{n=1}^{\infty}\int_{a+n-1}^{a+n}f(x,u)\,\mathrm{d}x$$

因为无穷积分 $\int_a^{+\infty}f(x,u)\,\mathrm{d}x$ 在 $u\in[\alpha,\beta]$ 中一致收敛，故 $\forall\,\varepsilon>0$，$\exists A_0=A_0(\varepsilon)>a$，当 $A>A_0$ 时，有

$$\left|\int_A^{+\infty}f(x,u)\,\mathrm{d}x\right|<\varepsilon\quad(\forall\,u\in[\alpha,\beta])$$

取 $N\in\mathbb{N}$，使得 $N>A_0-a$，即 $a+N>A_0$. 于是，$\forall\,u\in[\alpha,\beta]$，有

$$\left|\sum_{n=N+1}^{\infty}\int_{a+n-1}^{a+n}f(x,u)\,\mathrm{d}x\right|=\left|\int_{a+N}^{+\infty}f(x,u)\,\mathrm{d}x\right|<\varepsilon$$

因此，$\sum_{n=1}^{\infty}\int_{a+n-1}^{a+n}f(x,u)\,\mathrm{d}x$ 在 $u\in[\alpha,\beta]$ 上一致收敛. 这就得到

$$\begin{aligned}\int_\alpha^\beta\left(\int_a^{+\infty}f(x,u)\,\mathrm{d}x\right)\mathrm{d}u&=\int_\alpha^\beta\left(\sum_{n=1}^{\infty}\int_{a+n-1}^{a+n}f(x,u)\,\mathrm{d}x\right)\mathrm{d}u\\&\xlongequal{\text{定理 13.2.3}'}\sum_{n=1}^{\infty}\int_\alpha^\beta\left(\int_{a+n-1}^{a+n}f(x,u)\,\mathrm{d}x\right)\mathrm{d}u\\&\xlongequal{\text{定理 15.1.2}}\sum_{n=1}^{\infty}\int_{a+n-1}^{a+n}\left(\int_\alpha^\beta f(x,u)\,\mathrm{d}u\right)\mathrm{d}x\\&=\sum_{n=1}^{\infty}\int_{a+n-1}^{a+n}\left(\int_\alpha^\beta f(x,u)\,\mathrm{d}u\right)\mathrm{d}x\\&=\lim_{N\to+\infty}\sum_{n=1}^{N}\int_{a+n-1}^{a+n}\left(\int_\alpha^\beta f(x,u)\,\mathrm{d}u\right)\mathrm{d}x\\&=\lim_{N\to+\infty}\int_a^{a+N}\left(\int_\alpha^\beta f(x,u)\,\mathrm{d}u\right)\mathrm{d}x\\&=\lim_{A\to+\infty}\int_a^{A}\left(\int_\alpha^\beta f(x,u)\,\mathrm{d}u\right)\mathrm{d}x\\&=\int_a^{+\infty}\left(\int_\alpha^\beta f(x,u)\,\mathrm{d}u\right)\mathrm{d}x\end{aligned}$$

其中第 4 个等式是因为 $\int_a^{+\infty}f(x,u)\,\mathrm{d}x$ 关于 $u\in[\alpha,\beta]$ 一致收敛，故 $\forall\,\varepsilon>0$，$\exists A_1=A_1(\varepsilon)>a$，当 $A',A''>A_1$ 时，有

$$\left|\int_{A'}^{A''} f(x,u)\,\mathrm{d}x\right| < \frac{\varepsilon}{\beta-\alpha} \quad (\forall u \in [\alpha,\beta])$$

因此

$$\left|\int_{A'}^{A''}\left(\int_{\alpha}^{\beta} f(x,u)\,\mathrm{d}u\right)\mathrm{d}x\right| \xlongequal{\text{定理 15.1.2}} \left|\int_{\alpha}^{\beta}\left(\int_{A'}^{A''} f(x,u)\,\mathrm{d}x\right)\mathrm{d}u\right|$$

$$\leqslant \int_{\alpha}^{\beta}\left|\int_{A'}^{A''} f(x,u)\,\mathrm{d}x\right|\mathrm{d}u < \frac{\varepsilon}{\beta-\alpha}(\beta-\alpha) = \varepsilon$$

这就证明了 $\int_{a}^{+\infty}\left(\int_{\alpha}^{\beta} f(x,u)\,\mathrm{d}u\right)\mathrm{d}x$ 收敛. 由此得到

$$\lim_{N\to+\infty}\int_{a}^{a+N}\left(\int_{\alpha}^{\beta} f(x,u)\,\mathrm{d}u\right)\mathrm{d}x = \lim_{A\to+\infty}\int_{a}^{A}\left(\int_{\alpha}^{\beta} f(x,u)\,\mathrm{d}u\right)\mathrm{d}x$$

定理 15.3.3 中,关于 u 的积分区间$[\alpha,\beta]$是有限的,在很多的情况下,往往需要知道两个无穷区间的积分是否可以交换. 对此,有下面的定理.

定理 15.3.4(无穷积分号与无穷积分号可交换)　如果$f(x,u)$满足:

(1)$f(x,u)$在$[a,+\infty)\times[\alpha,\beta]$上连续.

(2)对任何固定的$\beta>\alpha$,无穷积分 $\int_{a}^{+\infty} f(x,u)\,\mathrm{d}x$ 关于 $u\in[\alpha,\beta]$一致收敛;对任何固定的 $b>a$,无穷积分 $\int_{\alpha}^{+\infty} f(x,u)\,\mathrm{d}u$ 关于 $x\in[a,b]$一致收敛.

(3)无穷积分

$$\int_{a}^{+\infty}\left(\int_{\alpha}^{+\infty} |f(x,u)|\,\mathrm{d}u\right)\mathrm{d}x,\ \int_{\alpha}^{+\infty}\left(\int_{a}^{+\infty} |f(x,u)|\,\mathrm{d}x\right)\mathrm{d}u$$

中至少有一个收敛,则无穷积分

$$\int_{\alpha}^{+\infty}\left(\int_{a}^{+\infty} f(x,u)\,\mathrm{d}x\right)\mathrm{d}u,\ \int_{a}^{+\infty}\left(\int_{\alpha}^{+\infty} f(x,u)\,\mathrm{d}u\right)\mathrm{d}x$$

均收敛,且

$$\int_{\alpha}^{+\infty}\left(\int_{a}^{+\infty} f(x,u)\,\mathrm{d}x\right)\mathrm{d}u = \int_{a}^{+\infty}\left(\int_{\alpha}^{+\infty} f(x,u)\,\mathrm{d}u\right)\mathrm{d}x$$

证明　不失一般性,设 $\int_{a}^{+\infty}\left(\int_{\alpha}^{+\infty} |f(x,u)|\,\mathrm{d}u\right)\mathrm{d}x$ 收敛. 根据无穷积分的 Cauchy 收敛准则,有

$$\int_{a}^{+\infty}\left(\int_{\alpha}^{+\infty} f(x,u)\,\mathrm{d}u\right)\mathrm{d}x$$

收敛. 于是

$$\int_{\alpha}^{+\infty}\left(\int_{a}^{+\infty}f(x,u)\,\mathrm{d}x\right)\mathrm{d}u=\lim_{\beta\to+\infty}\int_{\alpha}^{\beta}\left(\int_{a}^{+\infty}f(x,u)\,\mathrm{d}x\right)\mathrm{d}u$$

$$\xlongequal[\text{定理 15.3.3}]{\text{条件(2)}}\lim_{\beta\to+\infty}\int_{a}^{+\infty}\left(\int_{\alpha}^{\beta}f(x,u)\,\mathrm{d}u\right)\mathrm{d}x$$

$$=\lim_{\beta\to+\infty}\int_{a}^{+\infty}\left(\int_{\alpha}^{\beta}f(x,u)\,\mathrm{d}u\right)\mathrm{d}x+\lim_{\beta\to+\infty}\int_{a}^{+\infty}\left(\int_{\beta}^{+\infty}f(x,u)\,\mathrm{d}u\right)\mathrm{d}x$$

$$=\lim_{\beta\to+\infty}\int_{a}^{+\infty}\left[\int_{\alpha}^{\beta}f(x,u)\,\mathrm{d}u+\int_{\beta}^{+\infty}f(x,u)\,\mathrm{d}u\right]\mathrm{d}x$$

$$=\lim_{\beta\to+\infty}\int_{a}^{+\infty}\left(\int_{\alpha}^{+\infty}f(x,u)\,\mathrm{d}u\right)\mathrm{d}x$$

$$=\int_{a}^{+\infty}\left(\int_{a}^{+\infty}f(x,u)\,\mathrm{d}u\right)\mathrm{d}x$$

它等价于要证

$$\lim_{\beta\to+\infty}\int_{a}^{+\infty}\left(\int_{\beta}^{+\infty}f(x,u)\,\mathrm{d}u\right)\mathrm{d}x=0$$

事实上，$\forall\varepsilon>0$，因为 $\int_{a}^{+\infty}\left(\int_{\alpha}^{+\infty}|f(x,u)|\,\mathrm{d}u\right)\mathrm{d}x$ 收敛，故 $\exists b_0>a$，使得

$$0\leqslant\int_{b_0}^{+\infty}\left(\int_{\alpha}^{+\infty}|f(x,u)|\,\mathrm{d}u\right)\mathrm{d}x<\frac{\varepsilon}{2}$$

对固定的 b_0，由于 $\int_{\alpha}^{+\infty}f(x,u)\,\mathrm{d}u$ 关于 $x\in[b,b_0]$ 一致收敛，故必 $\exists\beta_0>\alpha$，使得当 $\beta>\beta_0$ 时，有

$$\left|\int_{\beta}^{+\infty}f(x,u)\,\mathrm{d}u\right|<\frac{\varepsilon}{2(b_0-a)}\quad(\forall x\in[a,b_0])$$

于是，当 $\beta>\beta_0$ 时，有

$$\left|\int_{a}^{+\infty}\left(\int_{\beta}^{+\infty}f(x,u)\,\mathrm{d}u\right)\mathrm{d}x\right|=\left|\int_{a}^{b_0}\left(\int_{\beta}^{+\infty}f(x,u)\,\mathrm{d}u\right)\mathrm{d}x+\int_{b_0}^{+\infty}\left(\int_{\beta}^{+\infty}f(x,u)\,\mathrm{d}u\right)\mathrm{d}x\right|$$

$$\leqslant\int_{a}^{b_0}\left|\int_{\beta}^{+\infty}f(x,u)\,\mathrm{d}u\right|\mathrm{d}x+\int_{b_0}^{+\infty}\left(\int_{\beta}^{+\infty}|f(x,u)|\,\mathrm{d}u\right)\mathrm{d}x$$

$$<\frac{\varepsilon}{2(b_0-a)}\cdot(b_0-a)+\int_{b_0}^{+\infty}\left(\int_{\alpha}^{+\infty}|f(x,u)|\,\mathrm{d}u\right)\mathrm{d}x$$

$$<\frac{\varepsilon}{2}+\frac{\varepsilon}{2}=\varepsilon$$

这就证明了

$$\lim_{\beta\to+\infty}\int_{a}^{+\infty}\left(\int_{\beta}^{+\infty}f(x,u)\,\mathrm{d}u\right)\mathrm{d}x=0$$

如果$f(x,u)\geqslant 0$,利用无穷积分的Dini定理15.3.2,从定理15.3.4可得下面的结论.

定理15.3.5(非负函数的无穷积分与无穷积分可交换)　如果$f(x,u)$满足:

(1)$f(x,u)$在$[a,+\infty)\times[\alpha,+\infty)$上连续且非负;

(2)函数$\int_a^{+\infty} f(x,u)\mathrm{d}x$在$u\in[\alpha,+\infty)$上连续,$\int_\alpha^{+\infty} f(x,u)\mathrm{d}u$在$x\in[\alpha,+\infty)$上连续;

(3)无穷积分

$$\int_\alpha^{+\infty}\left(\int_a^{+\infty} f(x,u)\mathrm{d}x\right)\mathrm{d}u,\ \int_a^{+\infty}\left(\int_\alpha^{+\infty} f(x,u)\mathrm{d}u\right)\mathrm{d}x$$

中至少有一个收敛,则条件(3)中另一个无穷积分也收敛,且

$$\int_\alpha^{+\infty}\left(\int_a^{+\infty} f(x,u)\mathrm{d}x\right)\mathrm{d}u=\int_a^{+\infty}\left(\int_\alpha^{+\infty} f(x,u)\mathrm{d}u\right)\mathrm{d}x$$

证明　由条件(1)(2)及无穷积分的Dini定理15.3.2知:

$\forall\beta>\alpha,\int_a^{+\infty} f(x,u)\mathrm{d}x$关于$u\in[\alpha,\beta]$一致收敛;

$\forall b>a,\int_\alpha^{+\infty} f(x,u)\mathrm{d}u$关于$x\in[a,b]$一致收敛.

再由条件(3)及定理15.3.4可推得条件(3)中另一个无穷积分也收敛,且

$$\int_\alpha^{+\infty}\left(\int_a^{+\infty} f(x,u)\mathrm{d}x\right)\mathrm{d}u=\int_a^{+\infty}\left(\int_\alpha^{+\infty} f(x,u)\mathrm{d}u\right)\mathrm{d}x$$

由定理15.3.5立即得到.

推论15.3.1(非负函数的无穷积分与无穷积分可交换)　如果$f(x,u)$满足:

(1)$f(x,u)$在$[a,+\infty)\times[\alpha,+\infty)$上连续且非负;

(2)函数$\int_a^{+\infty} f(x,u)\mathrm{d}x$在$u\in[\alpha,+\infty)$上连续,$\int_\alpha^{+\infty} f(x,u)\mathrm{d}u$在$x\in[a,+\infty)$上连续,则

$$\int_\alpha^{+\infty}\left(\int_a^{+\infty} f(x,u)\mathrm{d}x\right)\mathrm{d}u=\int_a^{+\infty}\left(\int_\alpha^{+\infty} f(x,u)\mathrm{d}u\right)\mathrm{d}x$$

此外,如果无穷积分

$$\int_\alpha^{+\infty}\left(\int_a^{+\infty} f(x,u)\mathrm{d}x\right)\mathrm{d}u,\ \int_a^{+\infty}\left(\int_\alpha^{+\infty} f(x,u)\mathrm{d}u\right)\mathrm{d}x$$

中至少有一个收敛,则上述另一个无穷积分也收敛.

如果上述无穷积分中有一个为 $+\infty$,则另一个也为 $+\infty$,即

$$\int_{\alpha}^{+\infty}\left(\int_{a}^{+\infty}f(x,u)\mathrm{d}x\right)\mathrm{d}u=\int_{a}^{+\infty}\left(\int_{\alpha}^{+\infty}f(x,u)\mathrm{d}u\right)\mathrm{d}x=+\infty$$

证明　因为 $f(x,u)\geqslant 0$,所以有两种情形:

(1) $\int_{\alpha}^{+\infty}\left(\int_{a}^{+\infty}f(x,u)\mathrm{d}x\right)\mathrm{d}u=+\infty=\int_{a}^{+\infty}\left(\int_{\alpha}^{+\infty}f(x,u)\mathrm{d}u\right)\mathrm{d}x$.

(2)无穷积分

$$\int_{\alpha}^{+\infty}\left(\int_{a}^{+\infty}f(x,u)\mathrm{d}x\right)\mathrm{d}u,\ \int_{a}^{+\infty}\left(\int_{\alpha}^{+\infty}f(x,u)\mathrm{d}u\right)\mathrm{d}x$$

中至少有一个收敛,则根据定理 15.3.5 知,另一个无穷积分也收敛,且

$$\int_{\alpha}^{+\infty}\left(\int_{a}^{+\infty}f(x,u)\mathrm{d}x\right)\mathrm{d}u=\int_{a}^{+\infty}\left(\int_{\alpha}^{+\infty}f(x,u)\mathrm{d}u\right)\mathrm{d}x$$

现在来研究 $\int_{a}^{+\infty}f(x,u)\mathrm{d}x$ 的求导问题.

定理 15.3.6(无穷积分对参变量求导)　如果 $f(x,u)$ 满足:

(1) $f(x,u)$ 与 $\dfrac{\partial f(x,u)}{\partial u}$ 在 $[a,+\infty)\times[\alpha,\beta]$ 上连续;

(2) $\int_{a}^{+\infty}\dfrac{\partial f(x,u)}{\partial u}\mathrm{d}x$ 在 $u\in[\alpha,\beta]$ 上一致收敛;

(3) $\exists u_0\in[\alpha,\beta]$,使 $\int_{a}^{+\infty}f(x,u_0)\mathrm{d}x$ 收敛.

则

$$\varphi(u)=\int_{a}^{+\infty}f(x,u)\mathrm{d}x$$

在 $u\in[\alpha,\beta]$ 上可导,且

$$\varphi'(u)=\frac{\mathrm{d}\varphi(u)}{\mathrm{d}u}=\frac{\mathrm{d}}{\mathrm{d}u}\left(\int_{a}^{+\infty}f(x,u)\mathrm{d}x\right)=\int_{a}^{+\infty}\frac{\partial f(x,u)}{\partial u}\mathrm{d}x$$

证法 1　设 $a_n(u)=\int_{a+n-1}^{a+n}f(x,u)\mathrm{d}x$,显然由 $f(x,u)$ 连续知 $a_n(u)$ 为 $[\alpha,\beta]$ 上的连续函数,再由 $\dfrac{\partial f(x,u)}{\partial u}$ 连续及定理 15.1.3 推得

$$a_n'(u)=\frac{\mathrm{d}}{\mathrm{d}u}\int_{a+n-1}^{a+n}f(x,u)\mathrm{d}x=\int_{a+n-1}^{a+n}\frac{\partial f(x,u)}{\partial u}\mathrm{d}x$$

在$[\alpha,\beta]$上连续. 从$\int_a^{+\infty}\frac{\partial f(x,u)}{\partial u}\mathrm{d}x$在$u\in[\alpha,\beta]$上一致收敛可推得

$$\sum_{n=1}^{\infty}a_n'(u)=\sum_{n=1}^{\infty}\int_{a+n-1}^{a+n}\frac{\partial f(x,u)}{\partial u}\mathrm{d}x$$

在$u\in[\alpha,\beta]$上一致收敛. 由条件(3)知$\sum_{n=1}^{\infty}a_n(u_0)=\sum_{n=1}^{\infty}\int_{a+n-1}^{a+n}f(x,u_0)\mathrm{d}x=\int_a^{+\infty}f(x,u_0)\mathrm{d}x$收敛. 根据函数项级数的逐项求导定理 13.2.4′ 得到

$$\begin{aligned}\varphi'(u)&=\frac{\mathrm{d}}{\mathrm{d}u}\int_a^{+\infty}f(x,u)\mathrm{d}x=\frac{\mathrm{d}}{\mathrm{d}u}\sum_{n=1}^{\infty}\int_{a+n-1}^{a+n}f(x,u)\mathrm{d}x\\&\xlongequal{\text{定理 13.2.4}'}\sum_{n=1}^{\infty}\frac{\mathrm{d}}{\mathrm{d}u}\int_{a+n-1}^{a+n}f(x,u)\mathrm{d}x\\&=\sum_{n=1}^{\infty}\int_{a+n-1}^{a+n}\frac{\partial f(x,u)}{\partial u}\mathrm{d}x\\&=\int_a^{+\infty}\frac{\partial f(x,u)}{\partial u}\mathrm{d}x\end{aligned}$$

证法 2 设$\varphi_n(u)=\int_a^{a+n}f(x,u)\mathrm{d}x$, 则由条件(1)及定理 15.1.3 推得$\varphi_n'(u)=\frac{\mathrm{d}}{\mathrm{d}u}\int_a^{a+n}f(x,u)\mathrm{d}x=\int_a^{a+n}\frac{\partial f(x,u)}{\partial u}\mathrm{d}x$在$[\alpha,\beta]$上连续. 由条件(2)知$\{\varphi_n'(u)\}$在$[\alpha,\beta]$上一致收敛于$\psi(u)=\int_a^{+\infty}\frac{\partial f(x,u)}{\partial u}\mathrm{d}x$. 再由条件(3)得到$\{\varphi_n(u_0)\}$收敛于$\int_a^{+\infty}f(x,u_0)\mathrm{d}x$. 根据定理 12.2.4, $\varphi(u)=\lim\limits_{n\to+\infty}\varphi_n(u)=\int_a^{+\infty}f(x,u)\mathrm{d}x$在$u\in[\alpha,\beta]$上可导, 且

$$\begin{aligned}\varphi'(u)&=\frac{\mathrm{d}}{\mathrm{d}u}\left(\int_a^{+\infty}f(x,u)\mathrm{d}x\right)=\lim_{n\to+\infty}\varphi_n'(u)=\lim_{n\to+\infty}\int_a^{a+n}\frac{\partial f(x,u)}{\partial u}\mathrm{d}x\\&=\int_a^{+\infty}\frac{\partial f(x,u)}{\partial u}\mathrm{d}x\end{aligned}$$

例 15.3.1 讨论函数

$$\varphi(\alpha)=\int_a^{+\infty}\frac{\arctan x}{x^{\alpha}(2+x^3)}\mathrm{d}x$$

的连续性.

解　因为

$$\frac{\arctan x}{x^{\alpha}(2+x^{3})} \sim \frac{1}{2}\frac{1}{x^{\alpha-1}} \quad (x \to 0^{+})$$

所以,当 $\alpha - 1 < 1$,即 $\alpha < 2$ 时,积分 $\int_0^1 \frac{\arctan x}{x^{\alpha}(2+x^{3})}dx$ 收敛;又因为

$$\frac{\arctan x}{x^{\alpha}(2+x^{3})} \sim \frac{\pi}{2}\frac{1}{x^{\alpha+3}} \quad (x \to +\infty)$$

故当 $\alpha + 3 > 1$,即 $\alpha > -2$ 时,积分 $\int_1^{+\infty} \frac{\arctan x}{x^{\alpha}(2+x^{3})}dx$ 收敛. 由此得到,$\varphi(\alpha)$ 的定义域应为 $(-2,2)$.

下面证明 $\varphi(\alpha)$ 在 $(-2,2)$ 上连续. 为此,对任意 $[a,b] \subset (-2,2)$,先证 $\int_0^{+\infty} \frac{\arctan x}{x^{\alpha}(2+x^{3})}dx$ 在 $\alpha \in [a,b]$ 上一致收敛. 根据定理 15.3.1,$\varphi(\alpha)$ 在 $[a,b]$ 上连续. 再由于 $[a,b]$ 的任取性,$\varphi(\alpha)$ 在 $\alpha \in (-2,2)$ 上连续.

事实上,当 $x \in (0,1)$ 时,设 $\alpha \leqslant b < 2$,则存在常数 c,使得

$$0 < \frac{\arctan x}{x^{\alpha}(2+x^{3})} \leqslant \frac{c}{x^{\alpha-1}} \leqslant \frac{c}{x^{b-1}}$$

而 $b - 1 < 1$,故由维尔斯特拉斯判别法知,积分 $\int_0^1 \frac{\arctan x}{x^{\alpha}(2+x^{3})}dx$ 在 $\alpha \in (-\infty, b]$ 上一致收敛.

当 $x \in [1,+\infty)$ 时,设 $-2 < a \leqslant \alpha$,则

$$0 < \frac{\arctan x}{x^{\alpha}(2+x^{3})} \leqslant \frac{\pi}{2}\frac{1}{x^{\alpha+3}} \leqslant \frac{\pi}{2}\frac{1}{x^{\alpha+3}}$$

而 $a + 3 > 1$,故由 Weierstrass 判别法知,积分 $\int_1^{+\infty} \frac{\arctan x}{x^{\alpha}(2+x^{3})}dx$ 在 $\alpha \in [a,+\infty)$ 上一致收敛.

将两个积分合在一起,即知 $\int_0^{+\infty} \frac{\arctan x}{x^{\alpha}(2+x^{3})}dx$ 在 $\alpha \in [a,b] \subset (-2,2)$ 上一致收敛.

例 15.3.2　证明:$\int_0^{+\infty} \frac{e^{-ax} - e^{-bx}}{x}dx = \ln\frac{b}{a}(b > a > 0)$.

证法 1　在例 6.5.19 中,取 $f(x) = e^{-x}$,则 $k = \lim\limits_{x\to+\infty} f(x) = \lim\limits_{x\to+\infty} e^{-x} = 0$,

$f(0)=1$. 于是

$$\int_0^{+\infty}\frac{e^{-ax}-e^{-bx}}{x}dx=[f(0)-k]\ln\frac{b}{a}=(1-0)\ln\frac{b}{a}=\ln\frac{b}{a}$$

证法 2 $$\int_0^{+\infty}\frac{e^{-ax}-e^{-bx}}{x}dx=\int_0^{+\infty}\left(\int_a^b e^{-ux}du\right)dx\xlongequal[\text{积分可交换}]{\text{定理 15.3.3}}\int_a^b\left(\int_0^{+\infty}e^{-ux}dx\right)du$$
$$=\int_a^b -\frac{e^{-ux}}{u}\Big|_{x=0}^{+\infty}du=\int_a^b\frac{du}{u}=\ln u\Big|_a^b=\ln\frac{b}{a}$$

在上述计算中,关键的是将

$$\frac{e^{-ax}-e^{-bx}}{x}$$

表示成积分$\int_a^b e^{-ux}du$. 然后大胆地(千万不要缩手缩脚!)交换积分号. 最后计算出其结果为 $\ln\frac{b}{a}$. 但是,还必须验证积分确实可交换.

事实上,因为$f(x,u)=e^{-ux}$在$[0,+\infty)\times[a,b]$上连续,又

$$|e^{-ux}|\leqslant e^{-ax}\quad(\forall(x,u)\in[0,+\infty)\times[a,b])$$

且$\int_1^{+\infty}e^{-ax}dx$收敛. 根据 Weierstrass 判别法知,$\int_0^{+\infty}e^{-ux}dx$在$u\in[a,b]$中一致收敛,从而有

$$\int_0^{+\infty}\left(\int_a^b e^{-ux}du\right)dx=\int_a^b\left(\int_0^{+\infty}e^{-ux}dx\right)du$$

证法 3 视 a 为参数,令

$$I(a)=\int_0^{+\infty}\frac{e^{-ax}-e^{-bx}}{x}dx$$

则

$$I'(a)=\frac{d}{da}\int_0^{+\infty}\frac{e^{-ax}-e^{-bx}}{x}dx\xlongequal[\text{积分号下求导}]{\text{定理 15.3.6}}\int_0^{+\infty}\frac{\partial}{\partial a}\left(\frac{e^{-ax}-e^{-bx}}{x}\right)dx$$
$$=-\int_0^{+\infty}e^{-ax}dx=\frac{1}{a}e^{-ax}\Big|_a^{+\infty}=-\frac{1}{a}$$
$$I(a)=\int_b^a I'(t)dt+I(b)=-\int_b^a\frac{dt}{t}+0=-\ln t\Big|_b^a=\ln\frac{b}{a}$$

由于

$$f(x,a)=\begin{cases}\dfrac{e^{-ax}-e^{-bx}}{x},x\neq 0\\ b-a,x=0\end{cases}$$

与

$$\frac{\partial f(x,a)}{\partial a}=\begin{cases}-\mathrm{e}^{-ax}, x\neq 0\\ -1, x=0\end{cases}=-\mathrm{e}^{-ax}$$

在$[0,+\infty)\times[0,+\infty)$上都连续. 另一方面,任取$\delta>0$,有

$$\left|\frac{\partial f(x,a)}{\partial a}\right|=|-\mathrm{e}^{-ax}|\leqslant \mathrm{e}^{-\delta x}\quad(\forall x\in[0,+\infty),\forall a\in[\delta,+\infty))$$

由于$\int_0^{+\infty}\mathrm{e}^{-\delta x}\mathrm{d}x$收敛,故根据 Weierstrass 判别法知,无穷积分$\int_0^{+\infty}\frac{\partial f(x,a)}{\partial a}\mathrm{d}x=\int_0^{+\infty}(-\mathrm{e}^{-ax})\mathrm{d}x$在$a\in[\delta,+\infty)$上一致收敛. 此外,显然$f(x,a)$连续,且由

$$\lim_{x\to+\infty}\frac{f(x,a)}{\frac{1}{x}}=\lim_{x\to+\infty}\frac{\mathrm{e}^{-ax}-\mathrm{e}^{-bx}}{\frac{1}{x}}=\lim_{x\to+\infty}\left(\frac{x}{\mathrm{e}^{ax}}-\frac{x}{\mathrm{e}^{bx}}\right)=0-0=0$$

以及$\int_1^{+\infty}\frac{\mathrm{d}x}{x^2}$收敛立知,$\int_0^{+\infty}f(x,a)\mathrm{d}x=\int_0^{+\infty}\frac{\mathrm{e}^{-ax}-\mathrm{e}^{-bx}}{x}\mathrm{d}x$收敛. 综合以上讨论及应用定理 15. 3. 6 得到

$$\frac{\mathrm{d}}{\mathrm{d}a}\int_0^{+\infty}\frac{\mathrm{e}^{-ax}-\mathrm{e}^{-bx}}{x}\mathrm{d}x=\int_0^{+\infty}\frac{\partial}{\partial a}\left(\frac{\mathrm{e}^{-ax}-\mathrm{e}^{-bx}}{x}\right)\mathrm{d}x\quad(\forall a\in[\delta,+\infty))$$

由于$\delta>0$任取,故上式在$a\in(0,+\infty)$均成立.

更一般的,有下面的例题.

例 15. 3. 3　证明:$\int_0^{+\infty}\frac{\mathrm{e}^{-ax}-\mathrm{e}^{-bx}}{x}\cos mx\mathrm{d}x=\frac{1}{2}\ln\frac{b^2+m^2}{a^2+m^2}(b>a>0)$. 当$m=0$时,就是

$$\int_0^{+\infty}\frac{\mathrm{e}^{-ax}-\mathrm{e}^{-bx}}{x}\mathrm{d}x=\ln\frac{b}{a}$$

证法 1　
$$\begin{aligned}\int_0^{+\infty}\frac{\mathrm{e}^{-ax}-\mathrm{e}^{-bx}}{x}\cos mx\mathrm{d}x&=\int_0^{+\infty}\left(\int_a^b\mathrm{e}^{-ux}\cos mx\mathrm{d}u\right)\mathrm{d}x\\&\xlongequal[\text{积分可交换}]{\text{定理 15.3.3}}\int_a^b\left(\int_0^{+\infty}\mathrm{e}^{-ux}\cos mx\mathrm{d}x\right)\mathrm{d}u\\&=\int_a^b\frac{u}{u^2+m^2}\mathrm{d}u\\&=\frac{1}{2}\ln(u^2+m^2)\Big|_a^b\end{aligned}$$

$$=\frac{1}{2}\ln\frac{b^2+m^2}{a^2+m^2}$$

其中积分可交换是因为

$$|e^{-ux}\cos mx|\leqslant e^{-ux}\leqslant e^{-ax}$$

而$\int_0^{+\infty}e^{-ax}dx$收敛,根据Weierstrass定理知,$\int_0^{+\infty}e^{-ux}\cos mxdx$在$u\in[a,b]$上一致收敛. 从而有

$$\int_0^{+\infty}\left(\int_a^b e^{-ux}\cos mxdu\right)dx=\int_a^b\left(\int_0^{+\infty}e^{-ux}\cos mxdx\right)du$$

证法2 视a为参数,令

$$I(a)=\int_0^{+\infty}\frac{e^{-ax}-e^{-bx}}{x}\cos mxdx$$

则

$$I'(a)=\frac{d}{da}\int_0^{+\infty}\frac{e^{-ax}-e^{-bx}}{x}\cos mxdx$$

$$\xlongequal[\text{积分号下求导}]{\text{定理 15.3.6}}\int_0^{+\infty}\frac{\partial}{\partial a}\left(\frac{e^{-ax}-e^{-bx}}{x}\cos mx\right)dx$$

$$=-\int_0^{+\infty}e^{-ax}\cos mxdx$$

$$=-\frac{a}{a^2+m^2}$$

$$I(a)=\int_b^a I'(t)dt+I(b)=-\int_b^a\frac{t}{t^2+m^2}dt$$

$$=-\frac{1}{2}\ln(t^2+m^2)\Big|_b^a$$

$$=\frac{1}{2}\ln\frac{b^2+m^2}{a^2+m^2}$$

由于

$$f(x,a)=\begin{cases}\dfrac{e^{-ax}-e^{-bx}}{x}\cos mx, x\neq 0\\ b-a, x=0\end{cases}$$

$$\frac{\partial f(x,a)}{\partial a}=\begin{cases}-e^{-ax}\cos mx, x\neq 0\\ -1, x=0\end{cases}$$

$$=-e^{-ax}\cos mx$$

在 $[0,+\infty)\times[0,+\infty)$ 上连续. 另一方面,任取 $\delta>0$,有

$$\left|\frac{\partial f(x,a)}{\partial a}\right| = |-\mathrm{e}^{-ax}\cos mx| \leqslant \mathrm{e}^{-\delta x}\quad(\forall x\in[0,+\infty),\forall a\in[\delta,+\infty))$$

由于 $\int_0^{+\infty}\mathrm{e}^{-\delta x}\mathrm{d}x$ 收敛,故根据 Weierstrass 判别法知,无穷积分

$$\int_0^{+\infty}\frac{\partial f(x,a)}{\partial a}\mathrm{d}x = \int_0^{+\infty}(-\mathrm{e}^{-ax}\cos mx)\mathrm{d}x$$

在 $a\in[\delta,+\infty)$ 上一致收敛. 此外,显然 $f(x,a)$ 连续,且由

$$\lim_{x\to+\infty}\frac{f(x,a)}{\frac{1}{x^2}} = \lim_{x\to+\infty}\frac{\mathrm{e}^{-ax}-\mathrm{e}^{-bx}}{\frac{1}{x}}\cos mx = \lim_{x\to+\infty}\left(\frac{x}{\mathrm{e}^{ax}}-\frac{x}{\mathrm{e}^{bx}}\right)\cos mx = 0$$

以及 $\int_1^{+\infty}\frac{\mathrm{d}x}{x^2}$ 收敛可知,$\int_0^{+\infty}f(x,a)\mathrm{d}x = \int_0^{+\infty}\frac{\mathrm{e}^{-ax}-\mathrm{e}^{-bx}}{x}\cos mx\mathrm{d}x$ 收敛. 综合以上讨论及应用定理 15. 3. 6 得到

$$\frac{\mathrm{d}}{\mathrm{d}a}\int_0^{+\infty}\frac{\mathrm{e}^{-ax}-\mathrm{e}^{-bx}}{x}\cos mx\mathrm{d}x = \int_0^{+\infty}\frac{\partial}{\partial a}\left(\frac{\mathrm{e}^{-ax}-\mathrm{e}^{-bx}}{x}\cos mx\right)\mathrm{d}x$$

例 15. 3. 4　证明:$\int_0^{+\infty}\mathrm{e}^{-ax^2}\cos bx\mathrm{d}x = \frac{1}{2}\sqrt{\frac{\pi}{a}}\mathrm{e}^{-\frac{b^2}{4a}},a>0.$

当 $b=0$ 时,$\int_0^{+\infty}\mathrm{e}^{-ax^2}\mathrm{d}x = \frac{1}{2}\sqrt{\frac{\pi}{a}}$,$\int_0^{+\infty}\mathrm{e}^{-x^2}\mathrm{d}x = \frac{\sqrt{\pi}}{2}.$

证明　视 b 为参数,令 $I(b) = \int_0^{+\infty}\mathrm{e}^{-ax^2}\cos bx\mathrm{d}x$,$f(x,b) = \mathrm{e}^{-ax^2}\cos bx$ 在 $[0,+\infty)\times[0,+\infty)$ 中连续,且

$$|f(x,b)| = |\mathrm{e}^{-ax^2}\cos bx| \leqslant \mathrm{e}^{-ax^2}\quad(\forall b\in[0,+\infty))$$

而 $\int_0^{+\infty}\mathrm{e}^{-ax^2}\mathrm{d}x$ 收敛,根据 Weierstrass 判别法,$\int_0^{+\infty}\mathrm{e}^{-ax^2}\cos bx\mathrm{d}x$ 在 $b\in[0,+\infty)$ 上一致收敛. 根据定理 15. 3. 1,$I(b)$ 在 $[0,+\infty)$ 上连续.

又因为

$$\left|\frac{\partial f(x,b)}{\partial b}\right| = |-x\mathrm{e}^{-ax^2}\sin bx| \leqslant x\mathrm{e}^{-ax^2}$$

而 $\int_0^{+\infty}x\mathrm{e}^{-ax^2}\mathrm{d}x$ 收敛,根据 Weierstrass 判别法知

$$\int_0^{+\infty}\frac{\partial f(x,b)}{\partial b}\mathrm{d}x = -\int_0^{+\infty}x\mathrm{e}^{-ax^2}\sin bx\mathrm{d}x$$

在 $b\in[0,+\infty)$ 中一致收敛. 应用无穷积分号下求导定理 15.3.6 得到

$$I'(b)=-\int_0^{+\infty}xe^{-ax^2}\sin bx\mathrm{d}x=\frac{1}{2a}\int_0^{+\infty}\sin bx\mathrm{d}e^{-ax^2}$$

$$=\frac{1}{2a}\left(e^{-ax^2}\sin bx\Big|_0^{+\infty}-\int_0^{+\infty}be^{-ax^2}\cos bx\mathrm{d}x\right)$$

$$=-\frac{b}{2a}I(b)$$

$$(\ln|I(b)|)'=\frac{I'(b)}{I(b)}=-\frac{b}{2a}$$

$$\ln|I(b)|=\ln|I(0)|-\frac{b^2}{4a}$$

$$I(b)=I(0)e^{-\frac{b^2}{4a}}=\frac{1}{2}\sqrt{\frac{\pi}{a}}e^{-\frac{b^2}{4a}}$$

其中 $I(0)=\int_0^{+\infty}e^{-ax^2}\mathrm{d}x\xlongequal{t=\sqrt{a}x}\int_0^{+\infty}e^{-t^2}\frac{\mathrm{d}t}{\sqrt{a}}=\frac{1}{\sqrt{a}}\cdot\frac{\sqrt{\pi}}{2}=\frac{1}{2}\sqrt{\frac{\pi}{a}}$.

例 15.3.5 证明: $\int_0^{+\infty}e^{-x^2}\mathrm{d}x=\frac{\sqrt{\pi}}{2}$.

证法 1 ~ 3 参阅例 6.5.7, 例 10.6.2, 例 15.2.8.

证法 4 由 $I=\int_0^{+\infty}e^{-x^2}\mathrm{d}x\xlongequal[u>0]{x=ut}\int_0^{+\infty}ue^{-u^2t^2}\mathrm{d}t$, 得到

$$I^2=I\int_0^{+\infty}e^{-u^2}\mathrm{d}u=\int_0^{+\infty}Ie^{-u^2}\mathrm{d}u=\int_0^{+\infty}\left(\int_0^{+\infty}ue^{-u^2t^2}\mathrm{d}t\right)e^{-u^2}\mathrm{d}u$$

$$=\int_0^{+\infty}\left(\int_0^{+\infty}ue^{-u^2(1+t^2)}\mathrm{d}t\right)\mathrm{d}u\xlongequal[\text{无穷积分号交换}]{\text{定理 15.3.5}}\int_0^{+\infty}\left(\int_0^{+\infty}ue^{-u^2(1+t^2)}\mathrm{d}u\right)\mathrm{d}t$$

$$=\int_0^{+\infty}-\frac{e^{-u^2(1+t^2)}}{2(1+t^2)}\Bigg|_{u=0}^{+\infty}\mathrm{d}t=\frac{1}{2}\int_0^{+\infty}\frac{\mathrm{d}t}{1+t^2}=\frac{1}{2}\arctan t\Big|_0^{+\infty}=\frac{\pi}{4}$$

可得到

$$I=\frac{\sqrt{\pi}}{2}$$

接下来证无穷积分交换次序的合理性. 因为 $f(t,u)=ue^{-u^2(1+t^2)}$ 在 $[0,+\infty)\times[0,+\infty)$ 上连续且非负, 故

$$\varphi(u)=\int_0^{+\infty}ue^{-u^2(1+t^2)}\mathrm{d}t=e^{-u^2}\int_0^{+\infty}e^{-(ut)^2}\mathrm{d}(ut)=Ie^{-u^2}$$

为 $[0,+\infty)$ 上的连续函数

$$\psi(t) = \int_0^{+\infty} u\mathrm{e}^{-u^2(1+t^2)}\mathrm{d}u = \frac{1}{2}\frac{1}{1+t^2}$$

也为[0, +∞)上的连续函数,且

$$\int_0^{+\infty}\varphi(u)\mathrm{d}u = \int_0^{+\infty} I\mathrm{e}^{-u^2}\mathrm{d}u = I\int_0^{+\infty}\mathrm{e}^{-u^2}\mathrm{d}u = I^2 \quad (\text{正实数})$$

收敛. 根据定理 15. 3. 5,有

$$\int_0^{+\infty}\left(\int_0^{+\infty} u\mathrm{e}^{-u^2(1+t^2)}\mathrm{d}t\right)\mathrm{d}u = \int_0^{+\infty}\left(\int_0^{+\infty} u\mathrm{e}^{-u^2(1+t^2)}\mathrm{d}u\right)\mathrm{d}t$$

例 15. 3. 6　证明

$$\int_0^{+\infty}\frac{\mathrm{e}^{-ax^2}-\mathrm{e}^{-bx^2}}{x^2}\mathrm{d}x = \sqrt{\pi}(\sqrt{b}-\sqrt{a}) \quad (a>0,b>0)$$

证法 1　视 a 为参数,令

$$I(a) = \int_0^{+\infty}\frac{\mathrm{e}^{-ax^2}-\mathrm{e}^{-bx^2}}{x^2}\mathrm{d}x$$

则

$$I'(a) = \frac{\mathrm{d}}{\mathrm{d}a}\int_0^{+\infty}\frac{\mathrm{e}^{-ax^2}-\mathrm{e}^{-bx^2}}{x^2}\mathrm{d}x \xlongequal[\text{无穷积分号下求导}]{\text{定理 15.3.6}} \int_0^{+\infty}\frac{\partial}{\partial a}\left(\frac{\mathrm{e}^{-ax^2}-\mathrm{e}^{-bx^2}}{x^2}\right)\mathrm{d}x$$

$$= -\int_0^{+\infty}\mathrm{e}^{-ax^2}\mathrm{d}x \xlongequal{t=\sqrt{a}x} -\int_0^{+\infty}\mathrm{e}^{-t^2}\frac{\mathrm{d}t}{\sqrt{a}} = -\frac{\sqrt{\pi}}{2\sqrt{a}}$$

$$I(a) = \int_b^a I'(t)\mathrm{d}t + I(b) = -\int_b^a\frac{\sqrt{\pi}}{2\sqrt{t}}\mathrm{d}t + I(b) = -\sqrt{\pi t}\Big|_b^a + 0$$

$$= \sqrt{\pi}(\sqrt{b}-\sqrt{a})$$

现在再来验证无穷积分号下求导的合理性. 事实上,由于

$$f(x,a) = \begin{cases}\dfrac{\mathrm{e}^{-ax^2}-\mathrm{e}^{-bx^2}}{x^2}, x\neq 0\\ b-a, x=0\end{cases}$$

与

$$\frac{\partial f(x,a)}{\partial a} = \begin{cases}-\mathrm{e}^{-ax^2}, x\neq 0\\ -1, x=0\end{cases}$$

$$= -\mathrm{e}^{-ax^2}$$

在[0, +∞)×[0, +∞)上都连续. 另一方面,任取 $\delta>0$,有

$$\left|\frac{\partial f(x,a)}{\partial a}\right| = |-\mathrm{e}^{-ax^2}| \leqslant \mathrm{e}^{-\delta x^2} \quad (\forall x\in[0,+\infty), \forall a\in[\delta,+\infty))$$

由于$\int_0^{+\infty} e^{-\delta x^2}dx$ 收敛,故根据 Weierstrass 判别法知,无穷积分

$$\int_0^{+\infty} \frac{\partial f(x,a)}{\partial a}dx = \int_0^{+\infty}(-e^{-ax^2})dx$$

在 $a \in [\delta, +\infty)$ 上一致收敛. 此外,显然 $f(x,a)$ 连续,且由

$$\lim_{x\to+\infty}\frac{f(x,a)}{\frac{1}{x^2}} = \lim_{x\to+\infty}(e^{-ax^2} - e^{-bx^2}) = 0$$

以及$\int_1^{+\infty}\frac{dx}{x^2}$收敛立知,$\int_0^{+\infty} f(x,a)dx = \int_0^{+\infty}\frac{e^{-ax^2}-e^{-bx^2}}{x^2}dx$ 收敛. 综上及应用定理 15.3.6 得到

$$\frac{d}{da}\int_0^{+\infty}\frac{e^{-ax^2}-e^{-bx^2}}{x^2}dx = \int_0^{+\infty}\frac{\partial}{\partial a}\left(\frac{e^{-ax^2}-e^{-bx^2}}{x^2}\right)dx \quad (\forall a \in [\delta, +\infty))$$

由于$\delta>0$ 任取,故上式在 $a\in(0, +\infty)$均成立.

证法 2 $\int_0^{+\infty}\frac{e^{-ax^2}-e^{-bx^2}}{x^2}dx = \int_0^{+\infty}\left(\int_a^b e^{-ux^2}du\right)dx \xlongequal[\text{积分可交换}]{\text{定理 15.3.3}} \int_a^b\left(\int_0^{+\infty} e^{-ux^2}dx\right)du$

$$\xlongequal{t=\sqrt{u}x}\int_a^b\left(\int_0^{+\infty} e^{-t^2}\frac{dt}{\sqrt{u}}\right)du = \int_a^b\frac{\sqrt{\pi}}{2\sqrt{u}}du = \sqrt{\pi u}\Big|_a^b$$

$$= \sqrt{\pi}(\sqrt{b}-\sqrt{a})$$

因为$f(x,u) = e^{-ux^2}$在$[0, +\infty)\times[a,b]$上连续,又因为

$$|e^{-ux^2}|\leqslant e^{-ax^2} \quad (\forall (x,u)\in[0, +\infty)\times[a,b])$$

且$\int_0^{+\infty} e^{-ax^2}dx$ 收敛,根据 Weierstrass 判别法知,$\int_0^{+\infty} e^{-ux^2}dx$ 在 $u \in [a,b]$ 中一致收敛(不失一般性,令 $a < b$),从而有

$$\int_0^{+\infty}\left(\int_a^b e^{-ux^2}du\right)dx = \int_a^b\left(\int_0^{+\infty} e^{-ux^2}dx\right)du$$

例 15.3.7 证明:$\int_0^{+\infty} e^{-\left(x^2+\frac{a^2}{x^2}\right)}dx = \frac{\sqrt{\pi}}{2}e^{-2a}, a \geqslant 0.$

证法 1 视 a 为参数,令 $\varphi(a) = \int_0^{+\infty} e^{-\left(x^2+\frac{a^2}{x^2}\right)}dx, a \geqslant 0$,则

$$f(x,a) = \begin{cases} e^{-\left(x^2+\frac{a^2}{x^2}\right)}, x \neq 0 \\ 0, x = 0 \end{cases}$$

$$\frac{\partial f(x,a)}{\partial a}=\begin{cases}-\frac{2a}{x^2}\mathrm{e}^{-\left(x^2+\frac{a^2}{x^2}\right)},x\neq 0\\0,x=0\end{cases}$$

在$[0,+\infty)\times[0,+\infty)$上都连续. 因为

$$|f(x,a)|\leqslant \mathrm{e}^{-x^2}\quad(\forall x\in[0,+\infty),\forall a\in[0,+\infty))$$

及$\int_0^{+\infty}\mathrm{e}^{-x^2}\mathrm{d}x$收敛,故根据 Weierstrass 判别法知,$\int_0^{+\infty}f(x,a)\mathrm{d}x=\int_0^{+\infty}\mathrm{e}^{-\left(x^2+\frac{a^2}{x^2}\right)}\mathrm{d}x$收敛($a\geqslant 0$). 又因为

$$\left|\frac{\partial f(x,a)}{\partial a}\right|=\left|-\frac{2a}{x^2}\mathrm{e}^{-\left(x^2+\frac{a^2}{x^2}\right)}\right|\leqslant\frac{2\beta}{x^2}\min\{\mathrm{e}^{-x^2},\mathrm{e}^{-\frac{a^2}{x^2}}\}$$

所以,$\int_0^{+\infty}\frac{\partial f(x,a)}{\partial a}\mathrm{d}x$在$a\in[\alpha,\beta]$上一致收敛($\beta>\alpha>0$). 于是,应用定理15.3.6得到

$$\varphi'(a)=\frac{\mathrm{d}}{\mathrm{d}a}\int_0^{+\infty}\mathrm{e}^{-\left(x^2+\frac{a^2}{x^2}\right)}\mathrm{d}x=\int_0^{+\infty}\frac{\partial}{\partial a}\mathrm{e}^{-\left(x^2+\frac{a^2}{x^2}\right)}\mathrm{d}x$$

$$=-2a\int_0^{+\infty}\frac{1}{x^2}\mathrm{e}^{-\left(x^2+\frac{a^2}{x^2}\right)}\mathrm{d}x\xlongequal{x=\frac{a}{t}}-2a\int_{+\infty}^0\frac{t^2}{a^2}\mathrm{e}^{-\left(\frac{a^2}{t^2}+t^2\right)}\frac{-a}{t^2}\mathrm{d}t$$

$$=-2\int_0^{+\infty}\mathrm{e}^{-\left(t^2+\frac{a^2}{t^2}\right)}\mathrm{d}t=-2\varphi(a)$$

$$\frac{\varphi'(a)}{\varphi(a)}=-2,\ln\varphi(a)=-2a+\ln\varphi(0)$$

$$\varphi(a)=\varphi(0)\mathrm{e}^{-2a}=\frac{\sqrt{\pi}}{2}\mathrm{e}^{-2a}$$

证法 2　由

$$\varphi(a)=\int_a^{+\infty}\mathrm{e}^{-\left(x^2+\frac{a^2}{x^2}\right)}\mathrm{d}x\xlongequal[a>0]{x=\frac{a}{t}}\int_{+\infty}^0\mathrm{e}^{-\left(\frac{a^2}{t^2}+t^2\right)}\frac{-a}{t^2}\mathrm{d}t$$

$$=\int_0^{+\infty}\frac{a}{x^2}\mathrm{e}^{-\left(x^2+\frac{a^2}{x^2}\right)}\mathrm{d}x$$

得到

$$2\varphi(a)=\int_0^{+\infty}\left(1+\frac{a}{x^2}\right)\mathrm{e}^{-\left(x^2+\frac{a^2}{x^2}\right)}\mathrm{d}x=\mathrm{e}^{-2a}\int_0^{+\infty}\mathrm{e}^{-\left(x-\frac{a}{x}\right)^2}\mathrm{d}\left(x-\frac{a}{x}\right)$$

$$\xlongequal{t=x-\frac{a}{x}}\mathrm{e}^{-2a}\int_{-\infty}^{+\infty}\mathrm{e}^{-t^2}\mathrm{d}t=2\mathrm{e}^{-2a}\int_0^{+\infty}\mathrm{e}^{-t^2}\mathrm{d}t=2\mathrm{e}^{-2a}\cdot\frac{\sqrt{\pi}}{2}$$

即 $\varphi(a) = \dfrac{\sqrt{\pi}}{2}e^{-2a}$.

例 15.3.8 证明:$\displaystyle\int_0^{+\infty}\frac{\sin\beta x}{x}dx = \begin{cases}\dfrac{\pi}{2},\beta > 0\\ 0,\beta = 0\\ -\dfrac{\pi}{2},\beta < 0\end{cases}$.

证明 用 Dirichlet 判别法,由例 6.5.12 知,$\displaystyle\int_0^{+\infty}\frac{\sin x}{x}dx$ 是收敛的(但非绝对收敛,故条件收敛). 为计算它的值,应引进收敛因子 $e^{-\alpha x}$,考虑含参变量 α 的积分

$$I(\alpha) = \int_0^{+\infty}e^{-\alpha x}\frac{\sin x}{x}dx$$

例 15.2.5 已经证明了这个积分在$[0,+\infty)$上一致收敛. 而被积函数

$$f(x,\alpha) = \begin{cases}e^{\alpha x}\dfrac{\sin x}{x},x \neq 0\\ 1,x = 0\end{cases}$$

在$[0,+\infty)\times[0,+\infty)$上连续,根据定理 15.3.1,$I(\alpha)$ 在$[0,+\infty)$上连续.

由于当 $\alpha \geqslant \delta > 0$ 时,有

$$\left|\frac{\partial f(x,\alpha)}{\partial\alpha}\right| = |-e^{-\alpha x}\sin x| \leqslant e^{-\delta x}$$

且$\displaystyle\int_0^{+\infty}e^{-\delta x}dx$ 收敛,由 Weierstrass 判别法知道,积分

$$\int_0^{+\infty}\frac{\partial f(x,\alpha)}{\partial\alpha}dx = -\int_0^{+\infty}e^{-\alpha x}\sin x dx$$

在 $\alpha \in [\delta,+\infty)$ 上一致收敛. 于是,由定理 15.3.6 得到

$$I'(\alpha) = -\int_0^{+\infty}e^{-\alpha x}\sin x dx \xlongequal{\text{两次分部积分}} -\frac{1}{1+\alpha^2} \quad (0 < \alpha < +\infty)$$

$$I(\alpha) = -\arctan\alpha + c$$

由于

$$|I(\alpha)| = \left|\int_0^{+\infty}e^{-\alpha x}\frac{\sin x}{x}dx\right| \leqslant \int_0^{+\infty}e^{-\alpha x}dx = \frac{1}{\alpha}$$

故 $\lim\limits_{\alpha\to+\infty}I(\alpha) = 0$,且

$$c=\lim_{\alpha\to+\infty}c=\lim_{\alpha\to+\infty}(I(\alpha)+\arctan\alpha)=\lim_{\alpha\to+\infty}I(\alpha)+\frac{\pi}{2}=0+\frac{\pi}{2}=\frac{\pi}{2}$$

$$I(\alpha)=-\arctan\alpha+\frac{\pi}{2}$$

$$\int_0^{+\infty}\frac{\sin x}{x}\mathrm{d}x=I(0)=0+\frac{\pi}{2}=\frac{\pi}{2}$$

由此得到

$$\int_0^{+\infty}\frac{\sin\beta x}{x}\mathrm{d}x=\begin{cases}\int_0^{+\infty}\frac{\sin t}{\frac{t}{\beta}}\frac{\mathrm{d}t}{\beta}=\int_0^{+\infty}\frac{\sin t}{t}\mathrm{d}t=\frac{\pi}{2},\beta>0\\0,\beta=0\\-\int_0^{+\infty}\frac{\sin|\beta|x}{x}\mathrm{d}x=-\frac{\pi}{2},\beta<0\end{cases}$$

例 15.3.9　证明:Fresnel 积分

$$\int_0^{+\infty}\sin x^2\mathrm{d}x=\int_0^{+\infty}\cos x^2\mathrm{d}x=\frac{1}{2}\sqrt{\frac{\pi}{2}}$$

证明　$\int_0^{+\infty}\sin x^2\mathrm{d}x\xlongequal[\mathrm{d}t=2x\mathrm{d}x]{t=x^2}\frac{1}{2}\int_0^{+\infty}\frac{\sin t}{\sqrt{t}}\mathrm{d}t=\frac{1}{2}\int_0^{+\infty}\sin t\left(\frac{2}{\sqrt{\pi}}\int_0^{+\infty}\mathrm{e}^{-tu^2}\mathrm{d}u\right)\mathrm{d}t$

$$=\frac{1}{\sqrt{\pi}}\int_0^{+\infty}\left(\int_0^{+\infty}\mathrm{e}^{-tu^2}\sin t\mathrm{d}u\right)\mathrm{d}t$$

$$\xlongequal{\text{积分号交换}}\frac{1}{\sqrt{\pi}}\int_0^{+\infty}\left(\int_0^{+\infty}\mathrm{e}^{-tu^2}\sin t\mathrm{d}t\right)\mathrm{d}u$$

$$\xlongequal{\text{分部积分}}\frac{1}{\sqrt{\pi}}\int_0^{+\infty}\frac{\mathrm{d}u}{1+u^4}$$

$$\xlongequal{\text{例 6.5.4}}\frac{1}{\sqrt{\pi}}\cdot\frac{\pi}{2\sqrt{2}}$$

$$=\frac{1}{2}\sqrt{\frac{\pi}{2}}$$

积分值虽然算出来了,但要证明积分次序交换的合法性却并不容易!因此,上面证明严格来说还未完成.

为了摆脱这一困境,我们引进收敛因子 $\mathrm{e}^{-\alpha t}(\alpha>0)$. 考虑积分

$$\int_0^{+\infty}\mathrm{e}^{-\alpha t}\frac{\sin t}{\sqrt{t}}\mathrm{d}t$$

有

$$\int_0^{+\infty} e^{-\alpha t}\frac{\sin t}{\sqrt{t}}dt = \frac{2}{\sqrt{\pi}}\int_0^{+\infty}\left(\int_0^{+\infty} e^{-t(u^2+\alpha)}\sin t du\right)dt$$

$$\xlongequal{\text{积分号交换}} \frac{2}{\sqrt{\pi}}\int_0^{+\infty}\left(\int_0^{+\infty} e^{-t(u^2+\alpha)}\sin t dt\right)du$$

$$\xlongequal{\text{两次分部积分}} \frac{2}{\sqrt{\pi}}\int_0^{+\infty}\frac{du}{1+(u^2+\alpha)^2} \quad (\alpha>0)$$

由例 15.2.3 与例 15.2.4,无穷积分$\int_0^{+\infty} e^{-t(u^2+\alpha)}\sin t dt$ 在 $u\in[0,+\infty)$ 上一致收敛;无穷积分$\int_0^{+\infty} e^{-t(u^2+\alpha)}\sin t du$ 在 $t\in[0,+\infty)$ 上一致收敛. 因为无穷积分

$$\int_0^{+\infty}\left(\int_0^{+\infty} e^{-t(u^2+\alpha)}dt\right)du = \int_0^{+\infty}\left.\frac{e^{-t(u^2+\alpha)}}{-(u^2+\alpha)}\right|_0^{+\infty}du = \int_0^{+\infty}\frac{du}{u^2+\alpha}$$

收敛,故

$$\int_0^{+\infty}\left(\int_0^{+\infty} e^{-t(u^2+\alpha)}|\sin t|dt\right)du$$

也收敛. 根据定理 15.3.4 知,上述交换积分次序是合理的.

从

$$0 < \frac{1}{1+(u^2+\alpha)^2} < \frac{1}{1+u^4}$$

及$\int_0^{+\infty}\frac{du}{1+u^4}$ 收敛, 并应用 Weierstrass 判别法知, $\int_0^{+\infty}\frac{du}{1+(u^2+\alpha)^2}$ 在 $\alpha\in[0,+\infty)$ 上一致收敛. 根据例 6.5.12, $\int_0^{+\infty}\frac{\sin t}{\sqrt{t}}dt$ 收敛, 当然在 $\alpha\in[0,+\infty)$ 上也是一致收敛的. 又因 $e^{-\alpha t}$ 对 t 单调,且 $|e^{-\alpha t}|\leqslant 1$ 关于 $\alpha\in[0,+\infty)$ 一致有界,根据 Abel 判别法知$\int_0^{+\infty} e^{-\alpha t}\frac{\sin t}{\sqrt{t}}dt$ 在 $\alpha\in[0,+\infty)$ 上一致收敛. 于是

$$\int_0^{+\infty}\sin x^2 dx \xlongequal{t=x^2} \frac{1}{2}\int_0^{+\infty}\frac{\sin t}{\sqrt{t}}dt = \frac{1}{2}\int_0^{+\infty}\lim_{\alpha\to 0^+} e^{-\alpha t}\frac{\sin t}{\sqrt{t}}dt$$

$$\xlongequal{\text{定理 15.3.1}} \frac{1}{2}\lim_{\alpha\to 0^+}\int_0^{+\infty} e^{-\alpha t}\frac{\sin t}{\sqrt{t}}dt = \frac{1}{\sqrt{\pi}}\lim_{\alpha\to 0^+}\int_0^{+\infty}\frac{du}{1+(u^2+\alpha)^2}$$

$$\xlongequal{\text{定理 15.3.1}} \frac{1}{\sqrt{\pi}}\int_0^{+\infty} \lim_{\alpha\to0^+}\frac{1}{1+(u^2+\alpha)^2}du$$

$$= \frac{1}{\sqrt{\pi}}\int_0^{+\infty}\frac{du}{1+u^4} = \frac{1}{2}\sqrt{\frac{\pi}{2}}$$

对于$\int_0^{+\infty}\cos x^2dx = \frac{1}{2}\sqrt{\frac{\pi}{2}}$,能否类似$\int_0^{+\infty}\sin x^2dx = \frac{1}{2}\sqrt{\frac{\pi}{2}}$来证明呢?应用 Dirichlet 判别法知

$$\int_0^{+\infty}\cos x^2dx \xlongequal{t=x^2} \int_0^{+\infty}\frac{\cos t}{2\sqrt{t}}dt$$

是收敛的. 再乘收敛因子 $e^{-\alpha t}$ 并应用$\frac{1}{\sqrt{t}} = \frac{2}{\sqrt{\pi}}\int_0^{+\infty}e^{-tu^2}du$,得到

$$\int_0^{+\infty}e^{-\alpha t}\frac{\cos t}{\sqrt{t}}dt = \frac{2}{\sqrt{\pi}}\int_0^{+\infty}\left[\int_0^{+\infty}e^{-t(u^2+\alpha)}\cos t du\right]dt$$

$$\xlongequal{\text{积分号交换}}\frac{2}{\sqrt{\pi}}\int_0^{+\infty}\left[\int_0^{+\infty}e^{-t(u^2+\alpha)}\cos t dt\right]du$$

$$\xlongequal{\text{分部积分}}\frac{2}{\sqrt{\pi}}\int_0^{+\infty}\frac{u^2+\alpha}{1+(u^2+\alpha)^2}du$$

因为$\int_0^{+\infty}\frac{\cos t}{\sqrt{t}}dt$ 收敛,$e^{-\alpha t}$ 对固定的 α 关于 t 单调且关于 $\alpha\in[0,+\infty)$ 一致有界($|e^{-\alpha t}|\leqslant 1$),故由 Abel 判别法,$\int_0^{+\infty}e^{-\alpha t}\frac{\cos t}{\sqrt{t}}dt$ 关于 $\alpha\in[0,+\infty)$ 一致收敛. 再由

$$\left|\frac{u^2+\alpha}{1+(u^2+\alpha)^2}\right| \leqslant \frac{u^2+1}{1+u^4}\quad (\alpha\in[0,1])$$

知$\int_0^{+\infty}\frac{u^2+\alpha}{1+(u^2+\alpha)^2}du$ 关于 $\alpha\in[0,1]$ 一致收敛. 于是

$$\int_0^{+\infty}\cos x^2dx = \frac{1}{2}\int_0^{+\infty}\frac{\cos t}{\sqrt{t}}dt = \frac{1}{2}\int_0^{+\infty}\lim_{\alpha\to0^+}e^{-\alpha t}\frac{\cos t}{\sqrt{t}}dt$$

$$\xlongequal{\text{定理 15.3.1}}\frac{1}{2}\lim_{\alpha\to0^+}\int_0^{+\infty}e^{-\alpha t}\frac{\cos t}{\sqrt{t}}dt$$

$$= \frac{1}{\sqrt{\pi}}\lim_{\alpha\to0^+}\int_0^{+\infty}\frac{u^2+\alpha}{1+(u^2+\alpha)^2}du$$

$$\xlongequal{\text{定理 15.3.1}} \frac{1}{\sqrt{\pi}}\int_0^{+\infty} \lim_{\alpha\to 0^+} \frac{u^2+\alpha}{1+(u^2+\alpha)^2}\mathrm{d}u$$

$$= \frac{1}{\sqrt{\pi}}\int_0^{+\infty} \frac{u^2}{1+u^4}\mathrm{d}u$$

$$= \frac{1}{\sqrt{\pi}}\left(\int_0^{+\infty} \frac{u^2+1}{1+u^4}\mathrm{d}u - \int_0^{+\infty} \frac{\mathrm{d}u}{1+u^4}\right)$$

$$= \frac{1}{\sqrt{\pi}}\left[\int_0^{+\infty} \frac{\mathrm{d}\left(u-\frac{1}{u}\right)}{\left(u-\frac{1}{u}\right)^2+2} - \frac{\pi}{2\sqrt{2}}\right]$$

$$= \frac{1}{\sqrt{\pi}}\left[\frac{1}{\sqrt{2}}\arctan \frac{u-\frac{1}{u}}{\sqrt{2}}\Bigg|_{0^+}^{+\infty} - \frac{\pi}{2\sqrt{2}}\right]$$

$$= \frac{1}{2}\sqrt{\frac{\pi}{2}}$$

需要验证积分号次序可交换的条件是否成立?不幸,回答是否定的!

易见,由 $|\mathrm{e}^{-t(u^2+\alpha)}\cos t| \leqslant \mathrm{e}^{-t\alpha}(\alpha>0)$ 知,$\int_0^{+\infty} \mathrm{e}^{-t(u^2+\alpha)}\cos t\mathrm{d}t$ 关于 $u\in[0,+\infty)$ 是一致收敛的. 但是,$\int_0^{+\infty} \mathrm{e}^{-t(u^2+\alpha)}\cos t\mathrm{d}u$ 关于 $t\in[0,a]$ 是非一致收敛的. 事实上,(反证) 假设该无穷积分关于 $t\in[0,a]$ 一致收敛,则对 $\varepsilon_0=1$,$\exists A_0=A_0(\varepsilon_0)>0$,当 $A>A_0$ 时,$\forall t\in[0,a]$,有

$$\left|\int_0^{+\infty} \mathrm{e}^{-t(u^2+\alpha)}\cos t\mathrm{d}u\right| < \varepsilon_0 = 1$$

作变换 $\theta=\sqrt{t}u$,得

$$\left|\int_0^{+\infty} \mathrm{e}^{-t(u^2+\alpha)}\cos t\mathrm{d}u\right| = \left|\int_{\sqrt{t}A}^{+\infty} \mathrm{e}^{-\theta^2-\alpha t}\frac{\cos t}{\sqrt{t}}\mathrm{d}\theta\right|$$

$$= \left|\mathrm{e}^{-\alpha t}\frac{\cos t}{\sqrt{t}}\int_{\sqrt{t}A}^{+\infty} \mathrm{e}^{-\theta^2}\mathrm{d}\theta\right| < 1$$

令 $t\to 0^+$ 得到 $+\infty\leqslant 1$,矛盾.

为了正确地证明 $\int_0^{+\infty}\cos x^2\mathrm{d}x = \frac{1}{2}\sqrt{\frac{\pi}{2}}$,我们应该更细致地估计.

取定 $\delta>0$,由 $|\mathrm{e}^{-t(u^2+\alpha)}\cos t| \leqslant \mathrm{e}^{-\alpha t}$,$\int_\delta^{+\infty}\mathrm{e}^{-\alpha t}\mathrm{d}t$ 收敛及 Weierstrass 判别法

知，$\int_{\delta}^{+\infty} e^{-t(u^2+\alpha)}\cos t\mathrm{d}t$ 关于 $u \in [0, +\infty)$ 一致收敛；而由 $|e^{-t(u^2+\alpha)}\cos t| \leqslant e^{-\delta u^2}$，$\int_0^{+\infty} e^{-\delta u^2}\mathrm{d}u$ 收敛及 Weierstrass 判别法知，$\int_0^{+\infty} e^{-t(u^2+\alpha)}\cos t\mathrm{d}u$ 关于 $t \in [\delta, +\infty)$ 一致收敛. 此外，显然

$$\int_0^{+\infty}\left[\int_{\delta}^{+\infty} e^{-t(u^2+\alpha)}|\cos t|\mathrm{d}t\right]\mathrm{d}u$$

收敛. 于是

$$\begin{aligned}\int_{\delta}^{+\infty} e^{-\alpha t}\frac{\cos t}{\sqrt{t}}\mathrm{d}t &= \frac{2}{\sqrt{\pi}}\int_{\delta}^{+\infty}\left[\int_0^{+\infty} e^{-t(u^2-\alpha)}\cos t\mathrm{d}u\right]\mathrm{d}t \\ &\xlongequal{\text{积分可交换}} \frac{2}{\sqrt{\pi}}\int_0^{+\infty}\left[\int_{\delta}^{+\infty} e^{-t(u^2+\alpha)}\cos t\mathrm{d}t\right]\mathrm{d}u \\ &= \frac{2}{\sqrt{\pi}}\int_0^{+\infty}\frac{(u^2+\alpha)\cos\delta-\sin\delta}{(u^2+\alpha^2)+1}e^{-\delta(u^2-\alpha)}\mathrm{d}u\end{aligned}$$

从

$$\int_0^{+\infty}\frac{\mathrm{d}u}{(u^2+\alpha)^2+1} \text{ 与 } \int_0^{+\infty}\frac{u^2+\alpha}{(u^2+\alpha)^2+1}\mathrm{d}u$$

均收敛推得上式右边积分关于 $\delta \in [0,1]$ 是一致收敛的. 令 $\delta \to 0^+$ 得到

$$\int_0^{+\infty} e^{-\alpha t}\frac{\cos t}{\sqrt{t}}\mathrm{d}t = \frac{2}{\sqrt{\pi}}\int_0^{+\infty}\frac{u^2+\alpha}{(u^2+\alpha)^2+1}\mathrm{d}u$$

由此式及前面的论证结果，立即有

$$\int_0^{+\infty}\cos x^2\mathrm{d}x = \frac{1}{2}\sqrt{\frac{\pi}{2}}$$

练习题 15.3

1. 研究下列函数在指定区间上的连续性：

(1) $f(x) = \int_0^{+\infty}\frac{t}{2+t^x}\mathrm{d}t, x \in (2, +\infty)$；

(2) $\varphi(\alpha) = \int_0^{\pi}\frac{\sin x}{x^{\alpha}(\pi-x)^{\alpha}}\mathrm{d}x, \alpha \in (0,2)$；

(3)$f(\alpha) = \int_1^{+\infty} \frac{\sin x}{x^\alpha} dx, \alpha \in (0, +\infty)$.

2. 利用公式$\int_0^1 x^{\alpha-1} dx = \frac{1}{\alpha}, \alpha > 0$,计算积分$\int_0^1 x^{\alpha-1} (\ln x)^m dx$,其中 m 为自然数.

3. 计算参变量广义积分,其中 $a > 0, b > 0$:

(1)$\int_0^{+\infty} \frac{e^{-ax} - e^{-bx}}{x} \sin mx dx$;　　(2)$\int_0^{+\infty} \frac{e^{-ax} - e^{-bx}}{x} \cos mx dx$.

4. 计算参变量广义积分

$$\int_0^{+\infty} \frac{\ln(\alpha^2 + x^2)}{\beta^2 + x^2} dx, \beta \neq 0$$

5. 利用已知的积分值计算下列积分:

(1)$\int_{-\infty}^{+\infty} e^{-(2x^2+x+2)} dx$;　　(2)$\int_0^{+\infty} \frac{\sin x^2}{x} dx$;

(3)$\int_0^{+\infty} \frac{\sin^3 x}{x} dx$;　　(4)$\int_0^{+\infty} \frac{\sin \alpha x \cos \beta x}{x} dx$.

6. 设$\{f_n(x)\}$为$[0, +\infty)$上的连续函数列,满足:

(1) 在$[0, +\infty)$上,$|f_n(x)| \leqslant g(x)$,且$\int_0^{+\infty} g(x) dx$收敛;

(2) 在任何有限区间$[0, A]$上$(A > 0)$,函数列$\{f_n(x)\}$一致收敛于$f(x)$.

证明

$$\lim_{n \to +\infty} \int_0^{+\infty} f_n(x) dx = \int_0^{+\infty} f(x) dx$$

7. (1) 证明:$\int_0^{+\infty} \frac{\sin 2x}{x + \alpha} e^{-\alpha x} dx$ 在 $\alpha \in [0, b]$ 上一致收敛$(b > 0)$;

(2) 求极限

$$\lim_{\alpha \to 0^+} \int_0^{+\infty} \frac{\sin 2x}{x + \alpha} e^{-\alpha x} dx$$

思考题 15.3

1. 利用已知积分计算下列积分:

(1) $\int_0^{+\infty} \frac{\sin^4 x}{x^2} dx$;

(2) $\int_0^{+\infty} e^{-\left(x^2+\frac{a^2}{x^2}\right)} dx, a > 0$;

(3) $\int_0^{+\infty} \frac{e^{-ax^2} - \cos bx}{x^2} dx, a > 0$;

(4) $\int_0^{+\infty} \frac{\sin^4 \alpha x - \sin^4 \beta x}{x} dx, \alpha > 0, \beta > 0$.

2. 证明:函数

$$f(\alpha) = \int_0^{+\infty} \frac{e^{-t}}{|\sin t|^\alpha} dt$$

在(0,1) 中连续.

3. 设$\int_{-\infty}^{+\infty} |f(x)| dx$ 收敛,证明:函数

$$\varphi(u) = \int_{-\infty}^{+\infty} f(x) \cos ux dx$$

在$(-\infty, +\infty)$上一致连续.

4. 通过积分

$$\varphi(u) = \int_0^{+\infty} u e^{-ux} dx \quad (0 < u \leqslant 1)$$

与

$$\psi(u) = \int_0^{+\infty} u e^{u(u-x)} dx \quad (1 \leqslant u < +\infty)$$

说明含参变量广义积分的 Dini 定理 15. 3. 2 在开区间或无穷区间上不成立.

5. 设

$$g(\alpha) = \int_1^{+\infty} \frac{\arctan \alpha x}{x^2 \sqrt{x^2 - 1}} dx$$

证明:

(1) $g'(\alpha) = \frac{\pi}{2}\left(1 - \frac{|\alpha|}{\sqrt{1 + \alpha^2}}\right)$;

(2) $g(\alpha) = \frac{\pi}{2}(|\alpha| + 1 - \sqrt{1 + \alpha^2}) \operatorname{sgn} \alpha \, (-\infty < \alpha < +\infty)$.

6. 设

$$g(\alpha,\beta)=\int_0^{+\infty}\frac{\arctan\alpha x\cdot\arctan\beta x}{x^2}\mathrm{d}x\quad(\alpha>0,\beta>0)$$

证明:

(1) $g''_{\alpha\beta}(\alpha,\beta)=\dfrac{\pi}{2(\alpha+\beta)},\alpha>0,\beta>0$;

(2) $g'_{\alpha}(\alpha,\beta)=\dfrac{\pi}{2}\ln\dfrac{\alpha+\beta}{\alpha},\alpha>0,\beta>0$;

(3) $g(\alpha,\beta)=\dfrac{\pi}{2}\ln\dfrac{(\alpha+\beta)^{\alpha+\beta}}{\alpha^{\alpha}\beta^{\beta}},\alpha>0,\beta>0$;

(4) $g(\alpha,\beta)=\begin{cases}\dfrac{\pi}{2}\operatorname{sgn}\alpha\cdot\operatorname{sgn}\beta\cdot\ln\dfrac{(|\alpha|+|\beta|)^{|\alpha|+|\beta|}}{|\alpha|^{|\alpha|}\,|\beta|^{|\beta|}},\alpha\beta\neq0\\0,\alpha\beta=0\end{cases}$.

7. 设 $F(x)=e^{\frac{x^2}{2}}\int_0^{+\infty}e^{-\frac{t^2}{2}}\mathrm{d}t,x\in[0,+\infty)$. 证明:

(1) $\lim\limits_{x\to+\infty}F(x)=0$;

(2) $F(x)$ 在 $[0,+\infty)$ 内单调减少.

8. 按下列步骤证明:Euler-Poisson 概率积分 $\int_0^{+\infty}e^{-x^2}\mathrm{d}x=\dfrac{\sqrt{\pi}}{2}$.

(1) $\int_0^{+\infty}e^{-x^2}\mathrm{d}x=\int_0^{+\infty}\alpha e^{-\alpha^2t^2}\mathrm{d}t$;

(2) 设 $I=\int_0^{+\infty}e^{-\alpha^2}\mathrm{d}\alpha$,则

$$I^2=\int_0^{+\infty}\mathrm{d}\alpha\int_0^{+\infty}\alpha e^{-\alpha^2(1+t^2)}\mathrm{d}t=\frac{\pi}{4}$$

(3) $\int_0^{+\infty}e^{-x^2}\mathrm{d}x=I=\dfrac{\sqrt{\pi}}{2}$(对照例 6.5.7,例 10.6.2).

9. 应用等式 $e^{-x^2}=\lim\limits_{n\to+\infty}\left(1+\dfrac{x^2}{n}\right)^{-n}$ 证明

$$\int_0^{+\infty}e^{-x^2}\mathrm{d}x=\lim_{n\to+\infty}\sqrt{n}\int_0^{\frac{\pi}{2}}\sin^{2n-2}t\mathrm{d}t=\frac{\sqrt{\pi}}{2}$$

10. 设

$$\varphi(x)=\int_0^1\frac{e^{-x^2(1+u^2)}}{1+u^2}\mathrm{d}u,f(x)=\left(\int_0^x e^{-t^2}\mathrm{d}t\right)^2,I=\int_0^{+\infty}e^{-x^2}\mathrm{d}x$$

证明:

(1)$f'(x)=-\varphi'(x),f(x)=\frac{\pi}{4}-\varphi(x),x\geqslant 0$;

(2)$I^2=\lim\limits_{x\to+\infty}f(x)=\frac{\pi}{4}-\lim\limits_{n\to+\infty}\varphi(x)=\frac{\pi}{4},I=\frac{\sqrt{\pi}}{2}$.

11. 设

$$g(\alpha)=\int_0^{+\infty}e^{-x^2}\cos 2\alpha x\mathrm{d}x$$

证明：

(1)$g'(\alpha)=-2\alpha g(x),g(\alpha)=\frac{\sqrt{\pi}}{2}e^{-\alpha^2}\left(已知\,g(0)=\int_0^{+\infty}e^{-x^2}\mathrm{d}x=\frac{\sqrt{\pi}}{2}\right)$;

(2)$g(\alpha)$ 有任意阶导数,因而 $g(\alpha)$ 是 C^∞ 函数,且

$$\int_0^{+\infty}x^{2k}e^{-x^2}\cos 2\alpha x\mathrm{d}x=(-1)^k\frac{\sqrt{\pi}}{2^{2k+1}}\frac{\mathrm{d}^{2k}}{\mathrm{d}\alpha^{2k}}e^{-\alpha^2}$$

15.4　Γ 函数与 B 函数

在例6.5.4 证明$\int_0^{+\infty}\frac{\mathrm{d}x}{1+x^4}=\frac{\pi}{2\sqrt{2}}$的证法2 中,我们借用了Γ 函数$\Gamma(s)=\int_0^{+\infty}t^{s-1}e^{-t}\mathrm{d}t$ 与 B 函数$\mathrm{B}(p,q)=\int_0^1 t^{p-1}(1-t)^{q-1}\mathrm{d}t$. 前者是含一个参变量 s 的广义积分,它确定的函数 $\Gamma(s)$ 的定义域为$\{s\mid 1-s<1\mid\}=\{s\mid s>0\}=(0,+\infty)$. 后者是含两个参变量 p,q 的广义积分,它确定的二元函数 $\mathrm{B}(p,q)$ 的定义域为$\{(p,q)\mid 1-p<1,1-q<1\}=\{(p,q)\mid p>0,q>0\}$.

定理 15.4.1　$\Gamma(s)$ 在$(0,+\infty)$上连续,且有各阶连续导数.

证明　对任意$\beta>\alpha>0$,由于当 $s\in[\alpha,\beta]$ 时

$$0<t^{s-1}e^{-t}\leqslant t^{\alpha-1}e^{-t}\quad(\forall t\in(0,1))$$

及$\int_0^1 t^{\alpha-1}e^{-t}\mathrm{d}t$ 收敛,所以$\int_0^1 t^{s-1}e^{-t}\mathrm{d}t$ 在 $s\in[\alpha,\beta]$ 上一致收敛,因而$\int_0^1 t^{s-1}e^{-t}\mathrm{d}t$ 在 $s\in[\alpha,\beta]$ 上为连续函数. 因为

$$0<t^{s-1}e^{-t}\leqslant t^{\beta-1}e^{-t}\quad(\forall t\in[1,+\infty),\forall s\in[\alpha,\beta])$$

及$\int_1^{+\infty}t^{\beta-1}e^{-t}\mathrm{d}t$ 收敛,根据 Weierstrass 判别法知,$\int_1^{+\infty}t^{s-1}e^{-t}\mathrm{d}t$ 在 $s\in[\alpha,\beta]$ 上一

致收敛,因而$\int_1^{+\infty} t^{s-1}e^{-t}dt$为$[\alpha,\beta]$上的连续函数. 由$\beta > \alpha > 0$的任意性知,$\Gamma(s)$在$(0, +\infty)$上连续.

对$k \in \mathbb{N}$,令$\alpha = 2\delta$,则由

$$\lim_{t\to 0^+}\left|\frac{(\ln t)^k}{\left(\frac{1}{t}\right)^{\delta}}e^{-t}\right| = \lim_{u\to+\infty}\left|\frac{(-\ln u)^k}{u^{\delta}}e^{-\frac{1}{u}}\right| = 0$$

$$\left|\frac{(\ln t)^k}{\frac{1}{t}}e^{-t}\right| \leqslant M_k \quad (\forall t \in (0, +\infty))$$

$$|t^{s-1}(\ln t)^k e^{-t}| \leqslant |t^{\alpha-1}(\ln t)^k e^{-t}| = \left|t^{\delta-1}\frac{(\ln t)^k}{\left(\frac{1}{t}\right)^{\delta}}e^{-t}\right| \leqslant \frac{M_k}{t^{1-\delta}} \quad (\forall s \in [\alpha,\beta])$$

再由$\int_0^1 \frac{dt}{t^{1-\delta}}$收敛及 Weierstrass 判别法推得$\int_0^1 t^{s-1}(\ln t)^k e^{-t}dt$在$s \in [\alpha,\beta]$上一致收敛,因而

$$\frac{d^l}{ds^l}\left(\int_0^1 t^{s-1}e^{-t}dt\right) = \int_0^1 \frac{d^l}{ds^l}t^{s-t}e^{-t}dt = \int_0^1 t^{s-1}(\ln t)^l e^{-t}dt \quad (l = 1,2,\cdots)$$

因为

$$\lim_{t\to+\infty}\frac{|t^{\beta-1}(\ln t)^k e^{-t}|}{\frac{1}{t^2}} = \lim_{t\to+\infty}\frac{|t^{\beta+1}(\ln t)^k|}{e^t} = 0,\int_1^{+\infty}\frac{dt}{t^2}\text{收敛}$$

所以,根据定理 6.5.3′(2) 知,$\int_1^{+\infty}|t^{\beta-1}(\ln t)^k e^{-t}|dt$收敛. 又因为

$$|t^{s-1}(\ln t)^k e^{-t}| \leqslant |t^{\beta-1}(\ln t)^k e^{-t}| \quad (\forall t \in [1, +\infty), \forall s \in [\alpha,\beta])$$

故$\int_1^{+\infty} t^{s-1}(\ln t)^k e^{-t}dt$在$s \in [\alpha,\beta]$上一致收敛. 因而由定理 15.3.6 知

$$\frac{d^l}{ds^l}\left(\int_1^{+\infty} t^{s-1}e^{-t}dt\right) = \int_1^{+\infty}\frac{d^l}{ds^l}t^{s-1}e^{-t}dt = \int_1^{+\infty} t^{s-1}(\ln t)^l e^{-t}dt \quad (l = 1,2,\cdots)$$

综上可知,当$\beta > \alpha > 0$时

$$\begin{aligned}\Gamma^{(l)}(s) &= \left(\int_0^1 t^{s-1}e^{-t}dt\right)^{(l)} + \left(\int_1^{+\infty} t^{s-1}e^{-t}dt\right)^{(l)} \\ &= \int_0^1 t^{s-1}(\ln t)^l e^{-t}dt + \int_1^{+\infty} t^{s-1}(\ln t)^l e^{-t}dt\end{aligned}$$

$$= \int_0^{+\infty} t^{s-1}(\ln t)^l e^{-t} dt$$

由 $\beta > \alpha > 0$ 的任意性知，$\Gamma(s) = \int_0^{+\infty} t^{s-1} e^{-t} dt$ 在 $(0, +\infty)$ 上有各阶导数，因而有各阶连续导数.

定理 15.4.2　Γ 函数具有下面的三条性质：

(1) $\forall s > 0, \Gamma(s) > 0$，且 $\Gamma(1) = 1$；

(2) $\Gamma(s+1) = s\Gamma(s), \forall s > 0$；

(3) $\ln \Gamma(s)$ 为 $(0, +\infty)$ 上的凸函数.

证明　(1) 因为 $t^{s-1}e^{-t}$ 在 $t \in (0, +\infty)$ 上连续且恒大于 0，故 $\Gamma(s) = \int_0^{+\infty} t^{s-1} e^{-t} dt > 0$. 又

$$\Gamma(1) = \int_0^{+\infty} t^{1-1} e^{-t} dt = \int_0^{+\infty} e^{-t} dt = -e^{-t}\Big|_0^{+\infty} = 1$$

(2) $\Gamma(s+1) = \int_0^{+\infty} t^s e^{-t} dt \xlongequal{\text{分部积分}} -t^s e^{-t}\Big|_0^{+\infty} + s\int_0^{+\infty} t^{s-1} e^{-t} dt = s\Gamma(s)$.

(3) 对 $p \in (1, +\infty)$，$\dfrac{1}{p} + \dfrac{1}{q} = 1$，$s_1, s_2 \in (0, +\infty)$，有

$$\Gamma\left(\frac{s_1}{p} + \frac{s_2}{q}\right) = \int_0^{+\infty} t^{\frac{s_1}{p}+\frac{s_2}{q}-1} e^{-t} dt = \int_0^{+\infty} \left(t^{\frac{s_1-1}{p}} e^{-\frac{t}{p}}\right)\left(t^{\frac{s_2-1}{q}} e^{-\frac{t}{q}}\right) dt$$

$$\overset{\text{赫尔德}}{\leqslant} \left(\int_0^{+\infty} t^{s_1-1} e^{-t} dt\right)^{\frac{1}{p}} \left(\int_a^{+\infty} t^{s_2-1} e^{-t} dt\right)^{\frac{1}{q}} = \Gamma^{\frac{1}{p}}(s_1)\Gamma^{\frac{1}{q}}(s_2)$$

$$\ln \Gamma\left(\frac{s_1}{q} + \frac{s_2}{q}\right) \leqslant \ln\left[\Gamma^{\frac{1}{p}}(s_1)\Gamma^{\frac{1}{q}}(s_2)\right] = \frac{1}{p}\ln \Gamma(s_1) + \frac{1}{q}\ln \Gamma(s_2)$$

这就证明了 $\ln \Gamma(s)$ 为 $(0, +\infty)$ 上的凸函数.

推论 15.4.1　(1) 设 $n \in \mathbb{N}$，则 $\Gamma(n+1) = n!$（故 Γ 函数可视作阶乘函数的推广）；

(2) 设 $n \in \mathbb{N}$，$n < s \leqslant n+1$，即 $0 < s-n \leqslant 1$，则

$$\Gamma(s+1) = s(s-1)\cdots(s-n)\Gamma(s-n)$$

这表明 Γ 的值完全由 Γ 在 $(0,1]$ 中的值确定.

证明　(1) $\Gamma(n+1) \xlongequal{\text{定理 15.4.2(2)}} n\Gamma(n) \xlongequal{\text{定理 15.4.2(2)}} n(n-1)\Gamma(n-1)$

$$= \cdots = n \cdot (n-1) \cdot \cdots 1 \cdot \Gamma(1) = n!$$

(2) $\Gamma(s+1) \xlongequal{\text{定理 15.4.2(2)}} s\Gamma(s)=\cdots=s(s-1)\cdots(s-n)\Gamma(s-n)$,其中 $0<s-n\leqslant 1$.

出乎意料的是,Bohr 与 Mollerup 首先发现了:在 $(0,+\infty)$ 上满足定理 15.4.2 中 3 条性质的函数一定是 Γ 函数.

定理 15.4.3 如果 $(0,+\infty)$ 上的函数 $f(x)$ 满足:

(1) $\forall x>0, f(x)>0$ 且 $f(1)=1$;

(2) $f(x+1)=xf(x), \forall x>0$;

(3) $\ln f(x)$ 为 $(0,+\infty)$ 上的凸函数.

则 $f(x)=\Gamma(x), \forall x\in(0,+\infty)$.

证明 由条件(1)与条件(2)知

$$f(n)=(n-1)f(n-2)=\cdots=(n-1)!\,f(1)=(n-1)!$$

设 $x\in(0,1)$,由条件(3),$\ln f(x)$ 为 $(0,+\infty)$ 上的凸函数,根据定理3.6.1得到

$$\begin{aligned}\frac{\ln f(n)-\ln f(n-1)}{n-(n-1)}&\leqslant\frac{\ln f(n+x)-\ln f(n)}{(n+x)-n}\\&\leqslant\frac{\ln f(n+1)-\ln f(n)}{(n+1)-n}\quad(n=2,3,\cdots)\end{aligned}$$

于是

$$\ln(n-1)!-\ln(n-2)!\leqslant\frac{\ln f(n+x)-\ln(n-1)!}{x}\leqslant\ln n!-\ln(n-1)!$$

即

$$x\ln(n-1)\leqslant\ln f(n+x)-\ln(n-1)!\leqslant x\ln n$$

$$x\ln(n-1)+\ln(n-1)!\leqslant\ln f(n+x)\leqslant x\ln n+\ln(n-1)!$$

$$\ln(n-1)^x(n-1)!\leqslant\ln f(n+x)\leqslant\ln n^x(n-1)!$$

$$\begin{aligned}(n-1)^x(n-1)!\leqslant f(n+x)&\xlongequal{\text{由条件(2)}}(n-1+x)\cdots(1+x)xf(x)\\&\leqslant n^x(n-1)!\end{aligned}$$

$$\frac{(n-1)^x(n-1)!}{x(x+1)\cdots(x+n-1)}\leqslant f(x)\leqslant\frac{n^x(n-1)!}{x(x+1)\cdots(x+n-1)}$$

将左边不等式中的 $n-1$ 换成 n,不等式仍然成立,则有

$$\frac{n^x n!}{x(x+1)\cdots(x+n)}\leqslant f(x)\leqslant\frac{n^x n!}{x(x+1)\cdots(x+n)}\frac{x+n}{n}$$

$$\frac{n}{x+n}f(x) \leqslant \frac{n^x n!}{x(x+1)\cdots(x+n)} \leqslant f(x)$$

由于 $\lim\limits_{n\to+\infty}\frac{n}{x+n}f(x)=f(x)=\lim\limits_{n\to+\infty}f(x)$ 及夹逼定理得到

$$\lim_{n\to+\infty}\frac{n^x n!}{x(x+1)\cdots(x+n)}=f(x)$$

这就证明了 $f(x)(x\in(0,1))$ 被左边的极限所唯一确定. 再由条件(2) 推得 $f(x)(x\in(0,+\infty))$ 由条件(1)(2)(3) 所唯一确定，即 $f(x)=\Gamma(x), x\in(0,+\infty)$.

定理 15.4.4(Γ 函数的另一表达式)　$\forall x>0$,有

$$\Gamma(x)=\lim_{n\to+\infty}\frac{n^x n!}{x(x+1)\cdots(x+n)}$$

证明　定理15.4.3 的证明中,已经证明当$0<x\leqslant 1$时,等式是成立的. 如果记

$$g(x)=\lim_{n\to+\infty}\frac{n^x n!}{x(x+1)\cdots(x+n)}$$

由于

$$g(x+1)=\lim_{n\to+\infty}\frac{n^{x+1}n!}{(x+1)(x+2)\cdots(x+n+1)}$$

$$=x\lim_{n\to+\infty}\frac{n^x n!}{x(x+1)\cdots(x+n)}\cdot\frac{n}{x+n+1}=xg(x)$$

由此即知 $g(x)$ 在$(0,1]$ 中的值完全确定了 $g(x)$ 在$(0,+\infty)$ 上的值. 于是,从 $g(x)=\Gamma(x), x\in(0,1], \Gamma(x+1)=x\Gamma(x), g(x+1)=xg(x)$ 立知,$g(x)=\Gamma(x), x>0$.

表面上似乎不相关联的 Γ 函数与 B 函数实际上有着密切的联系.

定理 15.4.5(Γ 函数与 B 函数的关联公式)　$\forall p>0, q>0$,有

$$\mathrm{B}(p,q)=\frac{\Gamma(p)\Gamma(q)}{\Gamma(p+q)}$$

证法 1　固定 $q>0$,令

$$f(p)=\frac{\Gamma(p+q)\mathrm{B}(p,q)}{\Gamma(q)}$$

先证 B 函数有递推公式

$$B(p+1,q)=\frac{p}{p+q}B(p,q)$$

事实上

$$\begin{aligned}B(p+1,q)&=\int_0^1 t^p(1-t)^{q-1}dt=\int_0^1\left(\frac{t}{1-t}\right)^p(1-t)^{p+q-1}dt\\&=\int_0^1\left(\frac{t}{1-t}\right)^p d\frac{-(1-t)^{p+q}}{p+q}\\&=\left(\frac{t}{1-t}\right)^p\cdot\frac{-(1-t)^{p+q}}{p+q}\Bigg|_0^1\\&\quad+\int_0^1 p\left(\frac{t}{1-t}\right)^{p-1}\cdot\frac{1}{(1-t)^2}\frac{-(1-t)^{p+q}}{p+q}dt\\&=\frac{p}{p+q}\int_0^1 t^{p-1}(1-t)^{q-1}dt=\frac{p}{p+q}B(p,q)\end{aligned}$$

或者

$$\begin{aligned}B(p+1,q)&=\int_0^1 t^p(1-t)^{q-1}dt=\int_0^1 t^p d\frac{-(1-t)^q}{q}\\&=t^p\frac{-(1-t)^q}{q}\Bigg|_0^1+\int_0^1\frac{p}{q}t^{p-1}(1-t)^q dt\\&=\frac{p}{q}\int_0^1 t^{p-1}(1-t)^q dt\\&=\frac{p}{q}\int_0^1 t^{p-1}[(1-t)^{q-1}-(1-t)^{q-1}t]dt\\&=\frac{p}{q}B(p,q)-\frac{p}{q}B(p+1,q)\end{aligned}$$

$$B(p+1,q)=\frac{p}{p+q}B(p,q)$$

应用上式与 Γ 函数的递推关系即得

$$\begin{aligned}f(p+1)&=\frac{1}{\Gamma(q)}\Gamma(p+1+q)B(p+1,q)\\&=\frac{1}{\Gamma(q)}(p+q)\Gamma(p+q)\frac{p}{p+q}B(p,q)\\&=pf(p)\end{aligned}$$

所以$f(x)$具有定理15.4.3中的性质(2).注意到

$$B(1,q)=\int_0^1(1-t)^{q-1}dt=-\frac{(1-t)^q}{q}\Bigg|_0^1=\frac{1}{q}$$

可得

$$f(1)=\frac{\Gamma(1+q)\mathrm{B}(1,q)}{\Gamma(q)}=\frac{\Gamma(q+1)}{q\Gamma(q)}=\frac{\Gamma(q+1)}{\Gamma(q+1)}=1$$

此外显然有 $f(p)>0$，可见 $f(x)$ 具有定理 15.4.3 中的性质(1). 再证 $f(x)$ 具有定理 15.4.3 中的性质(3). 由于 q 固定，故 $-\ln\Gamma(q)$ 为常值函数，它为 p 在 $(0,+\infty)$ 上的凸函数. 由定理 15.4.2 中的(2)知，$\ln\Gamma(p+q)$ 为 $p\in(0,+\infty)$ 上的凸函数. 对 $u\in(1,+\infty)$，$\frac{1}{u}+\frac{1}{v}=1$，$p_1,p_2\in(0,+\infty)$，有

$$\begin{aligned}\mathrm{B}\left(\frac{p_1}{u}+\frac{p_2}{v},q\right)&=\int_0^1 t^{\frac{p_1}{u}+\frac{p_2}{v}-1}(1-t)^{q-1}\mathrm{d}t=\int_0^1 t^{\frac{p_1-1}{u}}(1-t)^{\frac{q-1}{u}}t^{\frac{p_2-1}{v}}(1-t)^{-\frac{1}{v}}\mathrm{d}t\\&\overset{\text{Hölder}}{\leqslant}\left(\int_0^{+\infty}t^{p_1-1}(1-t)^{q-1}\mathrm{d}t\right)^{\frac{1}{u}}\left(\int_0^{+\infty}t^{p_2-1}(1-t)^{q-1}\mathrm{d}t\right)^{\frac{1}{v}}\\&=\mathrm{B}^{\frac{1}{u}}(p_1,q)\mathrm{B}^{\frac{1}{v}}(p_2,q)\end{aligned}$$

$$\ln\mathrm{B}\left(\frac{p_1}{u}+\frac{p_2}{v},q\right)\leqslant\ln\left[\mathrm{B}^{\frac{1}{u}}(p_1,q)\mathrm{B}^{\frac{1}{v}}(p_2,q)\right]=\frac{1}{u}\ln\mathrm{B}(p_1,q)+\frac{1}{v}\ln\mathrm{B}(p_2,q)$$

这就证明了 $\ln\mathrm{B}(p,q)$ 为 $p\in(0,+\infty)$ 上的凸函数. 综上得到

$$\ln f(p)=\ln\frac{\Gamma(p+q)\mathrm{B}(p,q)}{\Gamma(q)}=\ln\Gamma(p+q)+\ln\mathrm{B}(p,q)-\ln\Gamma(q)$$

为三个关于 $p\in(0,+\infty)$ 的凸函数之和，应该仍为 $p\in(0,+\infty)$ 的凸函数. 由此推得 $f(p)$ 满足定理 15.4.3 中的条件(1)(2)(3)，故 $f(p)=\Gamma(p)$，$\forall p\in(0,+\infty)$，即

$$\frac{\Gamma(p+q)\mathrm{B}(p,q)}{\Gamma(q)}=f(p)=\Gamma(p)$$

也就是

$$\mathrm{B}(p,q)=\frac{\Gamma(p)\Gamma(q)}{\Gamma(p+q)}\quad(p>0,q>0)$$

证法 2　参阅例 10.6.3.

从 Γ 函数的性质，可直接推出 B 函数的一些性质.

定理 15.4.6　(1) $\mathrm{B}(p,q)$ 在 $(0,+\infty)\times(0,+\infty)$ 上连续且有各阶连续偏导数；

(2) $\mathrm{B}(p,q)=\mathrm{B}(q,p)$，$p>0,q>0$（对称性）；

(3) $\mathrm{B}(p+1,q)=\frac{p}{p+q}\mathrm{B}(p,q)$；

(4) $B(p+1,q+1)=\frac{pq}{(p+q+1)(p+q)}B(p,q),p>0,q>0.$

证明 (1) 根据定理15.4.5,有

$$B(p,q)=\frac{\Gamma(p)\Gamma(q)}{\Gamma(p+q)}$$

再由定理15.4.1推得 $B(p,q)$ 在 $(p,q)\in(0,+\infty)\times(0,+\infty)$ 上连续且有各阶连续偏导数.

或者类似定理15.4.1直接证明 $B(p,q)$ 在 $(0,+\infty)\times(0,+\infty)$ 上连续且有各阶连续偏导数.

(2) $B(p,q)=\frac{\Gamma(p)\Gamma(q)}{\Gamma(p+q)}=\frac{\Gamma(q)\Gamma(p)}{\Gamma(q+p)}=B(q,p)$,或者

$$\begin{aligned}B(p,q)&=\int_0^1 t^{p-1}(1-t)^{q-1}\mathrm{d}t\xlongequal{t=1-s}\int_1^0(1-s)^{p-1}s^{q-1}(-\mathrm{d}s)\\&=\int_0^1 s^{q-1}(1-s)^{p-1}\mathrm{d}s=B(q,p)\end{aligned}$$

(3) 在定理15.4.5证法1中已证明.

$$\begin{aligned}(4)\ B(p+1,q+1)&\xlongequal{(3)}\frac{p}{p+(q+1)}B(p,q+1)\\&\xlongequal{(2)(3)}\frac{p}{p+q+1}\cdot\frac{q}{q+p}B(p,q)\\&=\frac{pq}{(p+q+1)(p+q)}B(p,q)\end{aligned}$$

Γ 函数还有加倍公式与余元公式这两个重要公式.

定理15.4.7(加倍公式) $\forall s>0$,有

$$\Gamma(2s)=\frac{2^{2s-1}}{\sqrt{\pi}}\Gamma(s)\Gamma\left(s+\frac{1}{2}\right)$$

证明 显然

$$\begin{aligned}&\Gamma(2s)=\frac{2^{2s-1}}{\sqrt{\pi}}\Gamma(s)\Gamma\left(s+\frac{1}{2}\right)\\&\Longleftrightarrow\Gamma(p)=\frac{2^{p-1}}{\sqrt{\pi}}\Gamma\left(\frac{p}{2}\right)\Gamma\left(\frac{p+1}{2}\right)\quad(p=2s)\end{aligned}$$

为证后一式,令

$$f(p)=\frac{2^{p-1}}{\sqrt{\pi}}\Gamma\left(\frac{p}{2}\right)\Gamma\left(\frac{p+1}{2}\right)$$

则

$$f(1)=\frac{1}{\sqrt{\pi}}\Gamma\left(\frac{1}{2}\right)\Gamma(1)=\frac{1}{\sqrt{\pi}}\sqrt{\pi}\cdot 1=1$$

$$\begin{aligned}f(p+1)&=\frac{2^p}{\sqrt{\pi}}\Gamma\left(\frac{p+1}{2}\right)\Gamma\left(\frac{p+2}{2}\right)=\frac{2^p}{\sqrt{\pi}}\frac{p}{2}\Gamma\left(\frac{p}{2}\right)\Gamma\left(\frac{p+1}{2}\right)\\&=pf(p)\end{aligned}$$

又因为

$$\ln f(p)=\ln\frac{2^{p-1}}{\sqrt{\pi}}+\ln\Gamma\left(\frac{p}{2}\right)+\ln\Gamma\left(\frac{p+1}{2}\right)$$

为 $p\in(0,+\infty)$ 上的三个凸函数之和，所以 $\ln f(p)$ 也为 $p\in(0,+\infty)$ 上的凸函数. 根据定理 15.4.3 可知

$$\Gamma(p)=f(p)=\frac{2^{p-1}}{\sqrt{\pi}}\Gamma\left(\frac{p}{2}\right)\Gamma\left(\frac{p+1}{2}\right)$$

定理 15.4.8(余元公式)　$\forall p\in(0,1)$，有

$$\Gamma(p)\Gamma(1-p)=\frac{\pi}{\sin p\pi}$$

特别当 $p=\dfrac{1}{2}$ 时

$$\Gamma^2\left(\frac{1}{2}\right)=\pi,\Gamma\left(\frac{1}{2}\right)=\sqrt{\pi}$$

$$\begin{aligned}\int_0^{+\infty}e^{-x^2}dx&\xlongequal{t=x^2}\int_0^{+\infty}e^{-t}\frac{dt}{2\sqrt{t}}\\&=\frac{1}{2}\int_0^{+\infty}t^{\frac{1}{2}-1}e^{-t}dt\\&=\frac{1}{2}\Gamma\left(\frac{1}{2}\right)\\&=\frac{\sqrt{\pi}}{2}\end{aligned}$$

根据余元公式，从 Γ 函数在$\left(0,\dfrac{1}{2}\right)$中的值，便能算出 Γ 函数在(0,1) 中的值，从而算出 Γ 函数在$(0,+\infty)$中的值.

证明　$\Gamma(p)\Gamma(1-p)=B(1-p,p)\Gamma(1-p+p)$

$$= B(1-p,p)\Gamma(1) = \int_0^1 t^{-p}(1-t)^{p-1}\mathrm{d}t$$

$$\xlongequal[1-t=\frac{x}{1+x}]{t=\frac{1}{1+x}} \int_{+\infty}^0 \left(\frac{1}{1+x}\right)^{-p}\left(\frac{x}{1+x}\right)^{p-1}\frac{-\mathrm{d}x}{(1+x)^2}$$

$$= \int_0^{+\infty}\frac{x^{p-1}}{1+x}\mathrm{d}x$$

$$\xlongequal{\text{例 16.1.5}} \frac{\pi}{\sin p\pi}$$

为了处理与 $n!$有关的问题,我们来给出 $n!$的一个渐近表达式,进而证明精细 Stirling 公式.

引理 15.4.1 $\int_0^n \frac{[t]-t+\frac{1}{2}}{t+x}\mathrm{d}t = \left(n+x+\frac{1}{2}\right)\ln(n+x) - \left(\frac{1}{2}+x\right)\ln x - \sum_{k=1}^n \ln(k+x) - n.$

证明 $$\int_0^n \frac{[t]-t+\frac{1}{2}}{t+x}\mathrm{d}t = \sum_{k=0}^{n-1}\int_k^{k+1}\frac{k-t+\frac{1}{2}}{t+x}\mathrm{d}t = \sum_{k=0}^{n-1}\int_k^{k+1}\left[\frac{k+\frac{1}{2}+x}{t+x}-1\right]\mathrm{d}t$$

$$= \sum_{k=0}^{n-1}\left[\left(k+\frac{1}{2}+x\right)(\ln(k+1+x)-\ln(k+x))-1\right]$$

$$= \sum_{k=1}^{n}\left(k+x-\frac{1}{2}\right)\ln(k+x) - \sum_{k=0}^{n-1}\left(k+\frac{1}{2}+x\right)\ln(k+x) - n$$

$$= \sum_{k=1}^{n}\left(k+x+\frac{1}{2}\right)\ln(k+x) - \sum_{k=1}^{n}\ln(k+x)$$

$$- \sum_{k=0}^{n-1}\left(k+x+\frac{1}{2}\right)\ln(k+x) - n$$

$$= \left(n+x+\frac{1}{2}\right)\ln(n+x) - \left(\frac{1}{2}+x\right)\ln x - \sum_{k=1}^{n}\ln(k+x) - n$$

引理 15.4.2 设 $u>0$,则

$$0 < \left(u+\frac{1}{2}\right)\ln\left(1+\frac{1}{u}\right) - 1 < \frac{1}{12}\left(\frac{1}{u}-\frac{1}{u+1}\right)$$

证明 $$0 < \left(u+\frac{1}{2}\right)\ln\left(1+\frac{1}{u}\right) - 1 = \frac{2u+1}{2}\ln\frac{1+\frac{1}{2u+1}}{1-\frac{1}{2u+1}} - 1$$

$$= \frac{2u+1}{2}\sum_{n=1}^{\infty}\frac{(-1)^{n-1}}{n}\left[\left(\frac{1}{2u+1}\right)^n-\left(-\frac{1}{2u+1}\right)^n\right]-1$$

$$= \sum_{n=1}^{\infty}\frac{(-1)^{n-1}+1}{2n}\left(\frac{1}{2u+1}\right)^{n-1}-1 = \sum_{k=1}^{\infty}\frac{1}{2k+1}\frac{1}{(2u+1)^{2k}}$$

$$= \frac{1}{3}\sum_{k=1}^{\infty}\frac{3}{2k+1}\frac{1}{(2u+1)^2} < \frac{1}{3}\sum_{k=1}^{\infty}\frac{1}{(2u+1)^{2k}}$$

$$= \frac{1}{3(2u+1)^2}\cdot\frac{1}{1-\frac{1}{(2u+1)^2}} = \frac{1}{12u(u+1)}$$

$$= \frac{1}{12}\left(\frac{1}{u}-\frac{1}{u+1}\right)$$

引理 15.4.3(Stirling 渐近表达式)　$n! \sim \sqrt{2\pi n}\left(\frac{n}{\mathrm{e}}\right)^n (n\to+\infty)$.

证明　应用例 6.4.5(2) 中 Wallis 公式

$$\lim_{n\to+\infty}\left[\frac{(2n)!!}{(2n-1)!!}\right]\frac{1}{2n+1} = \frac{\pi}{2}$$

得到

$$\lim_{n\to+\infty}\frac{(n!)^2 2^{2n}}{(2n)!\sqrt{n}} = \lim_{n\to+\infty}\frac{[(2n)!!]^2}{(2n-1)!!(2n)!!\sqrt{n}} = \lim_{n\to+\infty}\frac{(2n)!!}{(2n-1)!!\sqrt{n}}$$

$$= \lim_{n\to+\infty}\sqrt{\left[\frac{(2n)!!}{(2n-1)!!}\right]^2\frac{1}{2n+1}}\sqrt{\frac{2n+1}{n}}$$

$$= \sqrt{\frac{\pi}{2}}\cdot\sqrt{2} = \sqrt{\pi}$$

考虑数列 $\{a_n\}$

$$a_n = \frac{n!\mathrm{e}^n}{n^{n+\frac{1}{2}}}\quad (n=1,2,\cdots)$$

则

$$\frac{a_n}{a_{n+1}} = \frac{\dfrac{n!\mathrm{e}^n}{n^{n+\frac{1}{2}}}}{\dfrac{(n+1)!\mathrm{e}^{n+1}}{(n+1)^{n+1+\frac{1}{2}}}} = \frac{1}{\mathrm{e}}\left(1+\frac{1}{n}\right)^{n+\frac{1}{2}}$$

取对数,得

$$\ln \frac{a_n}{a_{n+1}} = \left(n + \frac{1}{2}\right)\ln\left(1 + \frac{1}{n}\right) - 1$$

根据引理15.4.2,有

$$0 < \ln \frac{a_n}{a_{n+1}} = \left(n + \frac{1}{2}\right)\ln\left(1 + \frac{1}{n}\right) - 1 < \frac{1}{12}\left(\frac{1}{n} - \frac{1}{n+1}\right)$$

$$1 < \frac{a_n}{a_{n+1}} < \mathrm{e}^{\frac{1}{12}\left(\frac{1}{n}-\frac{1}{n+1}\right)}$$

现在用 $n+j(j=0,1,\cdots,k-1)$ 代上述不等式中的 n 得出

$$1 < \frac{a_n}{a_{n+1}} < \mathrm{e}^{\frac{1}{12}\left(\frac{1}{n}-\frac{1}{n+1}\right)}$$

$$1 < \frac{a_{n+1}}{a_{n+2}} < \mathrm{e}^{\frac{1}{12}\left(\frac{1}{n+1}-\frac{1}{n+2}\right)}$$

$$\vdots$$

$$1 < \frac{a_{n+k-1}}{a_{n+k}} < \mathrm{e}^{\frac{1}{12}\left(\frac{1}{n+k-1}-\frac{1}{n+k}\right)}$$

将上述 k 个不等式乘起来便有

$$1 < \frac{a_n}{a_{n+k}} < \mathrm{e}^{\frac{1}{12}\left(\frac{1}{n}-\frac{1}{n+k}\right)}$$

$\frac{a_n}{a_{n+1}} > 1$ 表明数列 $\{a_n\}$ 严格单调减少且有下界0,所以应当收敛于某个数 α. 于是,令 $k \to +\infty$,得到

$$1 < \frac{a_n}{\alpha} \leqslant \mathrm{e}^{\frac{1}{12n}}$$

由此可知 $\alpha > 0$. 进而有

$$\lim_{n\to+\infty} \frac{n!\mathrm{e}^n}{n^{n+\frac{1}{2}}} = \lim_{n\to+\infty} a_n = \alpha = \lim_{n\to+\infty} \frac{a_n^2}{a_{2n}} = \lim_{n\to+\infty} \frac{\left(\frac{n!\mathrm{e}^n}{n^{n+\frac{1}{2}}}\right)^2}{\frac{(2n)!\mathrm{e}^{2n}}{(2n)^{2n+\frac{1}{2}}}}$$

$$= \lim_{n\to+\infty} \frac{(n!)^2 \cdot 2^{2n+\frac{1}{2}}}{(2n)!\sqrt{n}} = \sqrt{2\pi}$$

即

$$\lim_{n\to+\infty} \frac{n!}{\sqrt{2nx}\left(\frac{n}{\mathrm{e}}\right)^n} = 1$$

$$n! \sim \sqrt{2n\pi}\left(\frac{n}{\mathrm{e}}\right)^n \quad (n \to +\infty)$$

定理 15.4.9（Stirling 公式）　$\forall x > 0, \exists \theta(x) \in (0,1)$，使得

$$\Gamma(x+1) = \sqrt{2\pi x}\left(\frac{x}{\mathrm{e}}\right)^x \mathrm{e}^{\frac{\theta(x)}{12x}}$$

证明　
$$\begin{aligned}
\ln \Gamma(x) &\xlongequal{\text{定理 15.4.4}} \ln \lim_{n\to+\infty} \frac{n^x n!}{x(x+1)\cdots(x+n)} \\
&= \lim_{n\to+\infty} \ln \frac{n^x n!}{x(x+1)\cdots(x+n)} \\
&= \lim_{n\to+\infty} \left[\ln n! + x\ln n - \sum_{k=0}^{n} \ln(x+k)\right] \\
&= \lim_{n\to+\infty} \left[\ln n! + n - \left(n+\frac{1}{2}\right)\ln n \right.\\
&\quad + \left(x-\frac{1}{2}\right)\ln x - \left(n+x+\frac{1}{2}\right)\ln\left(1+\frac{x}{n}\right) \\
&\quad \left. + \left(n+x+\frac{1}{2}\right)\ln(n+x) - \left(\frac{1}{2}+x\right)\ln x - \sum_{k=1}^{n}\ln(k+x) - n\right] \\
&= \lim_{n\to+\infty} \left\{\left[\ln n! + n - \left(n+\frac{1}{2}\right)\ln n\right] + \left(x-\frac{1}{2}\right)\ln x \right.\\
&\quad \left. - \left(n+x+\frac{1}{2}\right)\ln\left(1+\frac{x}{n}\right) + \int_0^n \frac{[t]-t+\frac{1}{2}}{t+x}\mathrm{d}t\right\} \\
&= \lim_{n\to+\infty} \left\{\left[\ln n! + n - \left(n+\frac{1}{2}\right)\ln n\right] + \left(x-\frac{1}{2}\right)\ln x \right.\\
&\quad \left. - \ln\left[\left(1+\frac{x}{n}\right)^{\frac{n}{x}}\right]^{\frac{n+x+\frac{1}{2}}{n}} x + \int_0^n \frac{[t]-t+\frac{1}{2}}{t+x}\mathrm{d}t\right\} \\
&\xlongequal{\text{引理 15.4.3}} \ln\sqrt{2\pi} + \left(x-\frac{1}{2}\right)\ln x - x + \int_0^{+\infty} \frac{[t]-t+\frac{1}{2}}{t+x}\mathrm{d}t \\
&= \ln\sqrt{2\pi} + \left(x-\frac{1}{2}\right)\ln x - x + \frac{\theta(x)}{12x}
\end{aligned}$$

即

$$\Gamma(x) = \sqrt{2\pi}\, x^{x-\frac{1}{2}} \mathrm{e}^{-x} \mathrm{e}^{\frac{\theta(x)}{12x}}$$

于是

$$\Gamma(x+1)=x\Gamma(x)=\sqrt{2\pi x}\left(\frac{x}{\mathrm{e}}\right)^{x}\mathrm{e}^{\frac{\theta(x)}{12x}}$$

剩下的要证

$$\theta(x)=12x\int_0^{+\infty}\frac{[t]-t+\frac{1}{2}}{t+x}\mathrm{d}t\in(0,1)$$

事实上,由引理15.4.3,并取 $u=k+x$ 得到

$$\begin{aligned}0<\theta(x)&=12x\int_0^{+\infty}\frac{[t]-t+\frac{1}{2}}{t+x}\mathrm{d}t\\&=12x\sum_{k=0}^{\infty}\int_k^{k+1}\frac{k-t+\frac{1}{2}}{t+x}\mathrm{d}t\\&=12x\sum_{n=0}^{\infty}\int_k^{k+1}\left(\frac{k+\frac{1}{2}+x}{t+x}-1\right)\mathrm{d}t\\&=12x\sum_{n=0}^{\infty}\left[\left(k+\frac{1}{2}+x\right)\ln\left(1+\frac{1}{k+x}\right)-1\right]\\&<12x\cdot\frac{1}{12}\sum_{k=0}^{\infty}\left(\frac{1}{k+x}-\frac{1}{k+x+1}\right)\\&=x\cdot\frac{1}{x}=1\end{aligned}$$

例 15.4.1 $\mathrm{B}(p,q)$ 的其他形式:设 $p>0,q>0$,则有:

(1) $\mathrm{B}(p,q)=2\int_0^{\frac{\pi}{2}}\sin^{2q-1}\varphi\cos^{2p-1}\varphi\mathrm{d}\varphi$;

(2) $\mathrm{B}(p,q)=\int_0^{+\infty}\frac{y^{p-1}}{(1+y)^{p+q}}\mathrm{d}y$;

(3) $B(p,q)=\int_0^1\frac{y^{p-1}+y^{q-1}}{(1+y)^{p+q}}dy.$

证明 (1) $\mathrm{B}(p,q)=\int_0^1 t^{p-1}(1-t)^{q-1}\mathrm{d}t$

$$\xlongequal{t=\cos^2\varphi}\int_{\frac{\pi}{2}}^0\cos^{2p-2}\varphi\sin^{2q-2}\varphi 2\cos\varphi(-\sin\varphi)\mathrm{d}\varphi$$

$$=2\int_0^{\frac{\pi}{2}}\sin^{2q-1}\varphi\cos^{2p-1}\varphi\mathrm{d}\varphi$$

(2) 令 $t = \frac{y}{1+y}, 1-t = \frac{1}{1+y}, \mathrm{d}t = \frac{\mathrm{d}y}{(1+y)^2}$,则有

$$\begin{aligned}B(p,q) &= \int_0^1 t^{p-1}(1-t)^{q-1}\mathrm{d}t \\ &= \int_0^{+\infty}\left(\frac{y}{1+y}\right)^{p-1}\left(\frac{1}{1+y}\right)^{q-1}\frac{\mathrm{d}y}{(1+y)^2} \\ &= \int_0^{+\infty}\frac{y^{p-1}}{(1+y)^{p+q}}\mathrm{d}y\end{aligned}$$

(3) $B(p,q) \xlongequal{(2)} \int_0^{+\infty}\frac{y^{p-1}}{(1+y)^{p+q}}\mathrm{d}y = \int_0^1\frac{y^{p-1}}{(1+y)^{p+q}}\mathrm{d}y + \int_1^{+\infty}\frac{y^{p-1}}{(1+y)^{p+q}}\mathrm{d}y$

$$\xlongequal{y=\frac{1}{t}} \int_0^1\frac{y^{p-1}}{(1+y)^{p+q}}\mathrm{d}y + \int_1^0\frac{\left(\frac{1}{t}\right)^{p-1}}{\left(1+\frac{1}{t}\right)^{p+q}}\cdot\frac{-\mathrm{d}t}{t^2}$$

$$= \int_0^1\frac{y^{p-1}}{(1+y)^{p+q}}\mathrm{d}y + \int_0^1\frac{t^{q-1}}{(1+t)^{p+q}}\mathrm{d}t$$

$$= \int_0^1\frac{y^{p-1}+y^{q-1}}{(1+y)^{p+q}}\mathrm{d}y$$

例 15.4.2　证明:$B(m,n) = \frac{(m-1)!(n-1)!}{(m+n-1)!}$.

证法 1　$B(m,n) = \frac{\Gamma(m)\Gamma(n)}{\Gamma(m+n)} = \frac{(m-1)!(n-1)!}{(m+n-1)!}$.

证法 2　$B(m,n) \xlongequal{\text{定理 15.4.6(3)}} \frac{m-1}{m+n-1}\cdot\frac{m-2}{m+n-2}\cdot\cdots\cdot\frac{1}{n+1}B(1,n)$

$$= \frac{(m-1)!n!}{(m+n-1)!}\int_0^1(1-t)^{n+1}\mathrm{d}t = \frac{(m-1)!n!}{(m+n-1)!}\left.\frac{(1-t)^n}{n}\right|_1^0$$

$$= \frac{(m-1)!(n-1)!}{(m+n-1)!}$$

例 15.4.3　证明:

(1) $\int_0^{\frac{\pi}{2}}\cos^\alpha x\sin^\beta x\mathrm{d}x = \frac{1}{2}\frac{\Gamma\left(\frac{\beta+1}{2}\right)\Gamma\left(\frac{\alpha+1}{2}\right)}{\Gamma\left(\frac{\alpha+\beta}{2}+1\right)}, \alpha>-1, \beta<-1$;

(2) $\int_0^{\frac{\pi}{2}}\cos^6 x\sin^4 x\mathrm{d}x = \frac{3\pi}{512}$.

证明 (1) $\int_0^{\frac{\pi}{2}}\cos^{\alpha}x\sin^{\beta}x\mathrm{d}x \xlongequal{t=\sin^2x} \frac{1}{2}\int_0^1 t^{\frac{\beta-1}{2}}(1-t)^{\frac{\alpha-1}{2}}\mathrm{d}t$

$$= \frac{1}{2}\mathrm{B}\left(\frac{\beta+1}{2},\frac{\alpha+1}{2}\right)$$

$$= \frac{1}{2}\frac{\Gamma\left(\frac{\beta+1}{2}\right)\Gamma\left(\frac{\alpha+1}{2}\right)}{\Gamma\left(\frac{\alpha+\beta}{2}+1\right)}$$

(2) 因为

$$\Gamma\left(\frac{5}{2}\right)=\frac{3}{2}\Gamma\left(\frac{3}{2}\right)=\frac{3}{2}\cdot\frac{1}{2}\Gamma\left(\frac{1}{2}\right)=\frac{3}{4}\sqrt{\pi}$$

$$\Gamma\left(\frac{7}{2}\right)=\frac{5}{2}\Gamma\left(\frac{5}{2}\right)=\frac{5}{2}\cdot\frac{3}{4}\sqrt{\pi}=\frac{15}{8}\sqrt{\pi}$$

所以

$$\int_0^{\frac{\pi}{2}}\cos^6x\sin^4x\mathrm{d}x=\frac{1}{2}\frac{\Gamma\left(\frac{7}{2}\right)\Gamma\left(\frac{5}{2}\right)}{\Gamma\left(\frac{10}{2}+1\right)}=\frac{1}{2}\frac{\frac{15}{8}\sqrt{\pi}\cdot\frac{3}{4}\sqrt{\pi}}{5!}=\frac{3\pi}{512}$$

例 15.4.4 证明:瑕积分

$$\int_0^{\frac{\pi}{2}}(\tan x)^{\alpha}\mathrm{d}x=\frac{\pi}{2\cos\frac{\alpha\pi}{2}}\quad(|\alpha|<1)$$

证明 $\int_0^{\frac{\pi}{2}}(\tan x)^{\alpha}\mathrm{d}x=\int_0^{\frac{\pi}{2}}\sin^{\alpha}x\cos^{-\alpha}x\mathrm{d}x \xlongequal{\text{例15.4.3(1)}} \frac{1}{2}\frac{\Gamma\left(\frac{\alpha+1}{2}\right)\Gamma\left(\frac{-\alpha+1}{2}\right)}{\Gamma\left(\frac{\alpha+(-\alpha)}{2}+1\right)}$

$$=\frac{1}{2}\Gamma\left(\frac{1+\alpha}{2}\right)\Gamma\left(\frac{1-\alpha}{2}\right)\xlongequal{\text{余元公式}}\frac{1}{2}\frac{\pi}{\sin\frac{1+\alpha}{2}\pi}=\frac{\pi}{2\cos\frac{\alpha\pi}{2}}$$

例 15.4.5 证明:

(1) $\forall\alpha\in\mathbb{R}$,有

$$\lim_{x\to+\infty}\frac{x^{\alpha}\Gamma(x)}{\Gamma(x+\alpha)}=1$$

(2) $\lim\limits_{x\to+\infty}\sqrt{n}\int_0^1(1-x^2)^n\mathrm{d}x=\frac{\sqrt{\pi}}{2}$.

证明　(1) 根据 Stirling 公式(定理 15.4.9)

$$\Gamma(x+1)=\sqrt{2\pi x}\left(\frac{x}{\mathrm{e}}\right)^{x}\mathrm{e}^{\frac{\theta(x)}{12x}}\quad(x>0,\theta(x)\in(0,1))$$

得到

$$\lim_{x\to+\infty}\frac{x^{\alpha}\Gamma(x)}{\Gamma(x+\alpha)}=\lim_{x\to+\infty}\frac{x^{\alpha}\sqrt{2\pi(x-1)}\left(\frac{x-1}{\mathrm{e}}\right)^{x-1}\mathrm{e}^{\frac{\theta(x-1)}{12(x-1)}}}{\sqrt{2\pi(x+\alpha-1)}\left(\frac{x+\alpha-1}{\mathrm{e}}\right)^{x+\alpha-1}\mathrm{e}^{\frac{\theta(x+\alpha-1)}{12(x+\alpha-1)}}}$$

$$=\lim_{x\to+\infty}\sqrt{\frac{x-1}{x+\alpha-1}}\frac{1}{\left[\left(1+\frac{\alpha}{x-1}\right)^{\frac{x-1}{\alpha}}\right]^{\alpha}}\left(\frac{x}{x+\alpha-1}\right)^{\alpha}\cdot\mathrm{e}^{\alpha}\cdot\mathrm{e}^{\frac{\theta(x-1)}{12(x-1)}-\frac{\theta(x+\alpha-1)}{12(x+\alpha-1)}}$$

$$=1\cdot\frac{1}{\mathrm{e}^{\alpha}}\cdot1\cdot\mathrm{e}^{\alpha}\cdot1=1$$

(2) $$\int_0^1(1-x^2)^n\mathrm{d}x\xlongequal[\mathrm{d}t=2x\mathrm{d}x]{t=x^2}\int_0^1(1-t)^n\cdot\frac{1}{2}t^{-\frac{1}{2}}\mathrm{d}t=\frac{1}{2}\mathrm{B}\left(\frac{1}{2},n+1\right)$$

$$=\frac{1}{2}\frac{\Gamma\left(\frac{1}{2}\right)\Gamma(n+1)}{\Gamma\left(n+\frac{3}{2}\right)}$$

$$=\frac{\sqrt{\pi}}{2}\frac{\Gamma(n+1)}{\Gamma\left(n+\frac{3}{2}\right)}$$

$$\lim_{n\to+\infty}\sqrt{n}\int_0^1(1-x^2)^n\mathrm{d}x=\frac{\sqrt{\pi}}{2}\lim_{n\to+\infty}\frac{\sqrt{n}\Gamma(n+1)}{\Gamma\left(n+\frac{3}{2}\right)}=\frac{\sqrt{\pi}}{2}\lim_{n\to+\infty}\frac{n^{\frac{3}{2}}\Gamma(n)}{\Gamma\left(n+\frac{3}{2}\right)}$$

$$\xlongequal{(1)}\frac{\sqrt{\pi}}{2}\cdot1=\frac{\sqrt{\pi}}{2}$$

或者

$$\lim_{n\to+\infty}\sqrt{n}\int_0^1(1-x^2)^n\mathrm{d}x=\frac{\sqrt{\pi}}{2}\lim_{n\to+\infty}\frac{\sqrt{n}\Gamma(n+1)}{\Gamma\left(n+\frac{3}{2}\right)}$$

$$=\frac{\sqrt{\pi}}{2}\cdot\lim_{n\to+\infty}\frac{\sqrt{n}\cdot n!}{\frac{2n+1}{2}\cdot\cdots\cdot\frac{1}{2}\Gamma\left(\frac{1}{2}\right)}=\lim_{n\to+\infty}\frac{\sqrt{n}\cdot(2n)!!}{(2n+1)!!}$$

$$\xlongequal{\text{例6.4.5(2)}}\lim_{n\to+\infty}\sqrt{\frac{n}{2n+1}}\sqrt{\left[\frac{(2n)!!}{(2n-1)!!}\right]^2\frac{1}{2n+1}}$$

$$=\frac{1}{\sqrt{2}}\sqrt{\frac{\pi}{2}}=\frac{\sqrt{\pi}}{2}$$

例 15.4.6 证明:

(1) $I=\int_0^1\ln\Gamma(x)\,\mathrm{d}x=\ln\sqrt{2\pi}$;

(2) $J=\int_0^1\sin\pi x\ln\Gamma(x)\,\mathrm{d}x=\frac{1}{\pi}\left(1+\ln\frac{\pi}{2}\right)$.

证明 (1) 显然

$$I=\int_0^1\ln\Gamma(x)\,\mathrm{d}x\xlongequal{x=1-t}\int_1^0\ln\Gamma(1-t)(-\mathrm{d}t)=\int_0^1\ln\Gamma(1-t)\,\mathrm{d}t$$

则

$$\begin{aligned}2I&=\int_0^1\ln\Gamma(x)\,\mathrm{d}x+\int_0^1\ln\Gamma(1-x)\,\mathrm{d}x\\&=\int_0^1\ln[\Gamma(x)\Gamma(1-x)]\,\mathrm{d}x\xlongequal{\text{余元公式}}\int_0^1\ln\frac{\pi}{\sin\pi x}\mathrm{d}x\\&=\ln\pi-\int_0^1\ln\sin\pi x\,\mathrm{d}x\\&\xlongequal{\theta=\pi x}\ln\pi-\frac{1}{\pi}\int_0^{\pi}\ln\sin\theta\,\mathrm{d}\theta\\&=\ln\pi-\frac{2}{\pi}\int_0^{\frac{\pi}{2}}\ln\sin\theta\,\mathrm{d}\theta\\&\xlongequal{\text{例6.5.18}}\ln\pi-\frac{2}{\pi}\cdot\left(-\frac{\pi}{2}\ln2\right)\\&=\ln(2\pi)\end{aligned}$$

$$I=\frac{1}{2}\ln(2\pi)=\ln\sqrt{2\pi}$$

(2) 显然

$$J=\int_0^1\sin\pi x\ln\Gamma(x)\,\mathrm{d}x\xlongequal{x=1-t}\int_1^0\sin\pi(1-t)\ln\Gamma(1-t)(-\mathrm{d}t)$$

$$=\int_0^1\sin\pi t\ln\Gamma(1-t)\,\mathrm{d}t$$

故

$$2J=\int_0^1\sin\pi t[\ln\Gamma(t)+\ln\Gamma(1-t)]\mathrm{d}t=\int_0^1\sin\pi t\ln[\Gamma(t)\Gamma(1-t)]\mathrm{d}t$$

$$\xlongequal{\text{余元公式}}\int_0^1\sin\pi x[\ln\pi-\ln\sin\pi x]\mathrm{d}x$$

$$=\ln\pi\int_0^1\sin\pi x\mathrm{d}x-\int_0^1\sin\pi x\ln\sin\pi x\mathrm{d}x$$

$$\xlongequal{t=\pi x}\frac{2}{\pi}\ln\pi-\frac{1}{\pi}\int_0^{\pi}\sin t\ln\sin t\mathrm{d}t$$

$$=\frac{2}{\pi}\ln\pi-\frac{2}{\pi}\int_0^{\frac{\pi}{2}}\sin x\ln\sin x\mathrm{d}x$$

$$=\frac{2}{\pi}\ln\pi-\frac{4}{\pi}\int_0^{\frac{\pi}{2}}\sin\frac{x}{2}\cos\frac{x}{2}\ln\sin x\mathrm{d}x$$

$$=\frac{2}{\pi}\ln\pi-\frac{4}{\pi}\left(-\frac{1}{2}+\frac{1}{2}\ln 2\right)$$

$$=\frac{2}{\pi}\ln\pi+\frac{2}{\pi}-\frac{2}{\pi}\ln 2$$

所以

$$J=\int_0^1\sin x\ln\Gamma(x)\mathrm{d}x=\frac{1}{\pi}\left(1+\ln\frac{\pi}{2}\right)$$

余下需证的是

$$\int_0^{\frac{\pi}{2}}\sin\frac{x}{2}\cos\frac{x}{2}\ln\sin x\mathrm{d}x=\int_0^{\frac{\pi}{2}}\ln\sin x\mathrm{d}\sin^2\frac{x}{2}$$

$$\xlongequal{\text{分部积分}}\sin^2\frac{x}{2}\ln\sin x\Big|_0^{\frac{\pi}{2}}-\int_0^{\frac{\pi}{2}}\sin^2\frac{x}{2}\frac{\cos x}{\sin x}\mathrm{d}x$$

$$=-\frac{1}{2}\int_0^{\frac{\pi}{2}}\frac{\sin\frac{x}{2}\cos x}{\cos\frac{x}{2}}\mathrm{d}x$$

$$=-\frac{1}{2}\int_0^{\frac{\pi}{2}}\frac{\sin\frac{x}{2}}{\cos\frac{x}{2}}\left(2\cos^2\frac{x}{2}-1\right)\mathrm{d}x$$

$$\xlongequal{t=\cos\frac{x}{2}}\int_1^{\frac{\sqrt{2}}{2}}\frac{2t^2-1}{t}\mathrm{d}t$$

$$= (t^2 - \ln t)\Big|_1^{\frac{\sqrt{2}}{2}}$$

$$= \left(\frac{1}{2} - \ln\frac{1}{\sqrt{2}}\right) - (1 - 0)$$

$$= -\frac{1}{2} + \frac{1}{2}\ln 2$$

例 15.4.7 证明:级数 $\sum\limits_{n=1}^{\infty}\frac{1}{nC_{2n}^{n}} = \frac{\pi}{3\sqrt{3}}$.

证明

$$\sum_{n=1}^{\infty}\frac{1}{nC_{2n}^{n}} = \sum_{n=1}^{\infty}\frac{1}{n}\frac{n!n!}{(2n)!} = \sum_{n=1}^{\infty}\frac{(n-1)!n!}{(2n)!}$$

$$= \sum_{n=1}^{\infty}\frac{\Gamma(n)\Gamma(n+1)}{\Gamma(2n+1)} \xlongequal{\text{定理 15.4.5}} \sum_{n=1}^{\infty}B(n,n+1)$$

$$= \sum_{n=1}^{\infty}B(n+1,n) = \sum_{n=1}^{\infty}\int_0^1 t^n(1-t)^{n-1}dt$$

$$= \int_0^1\sum_{n=1}^{\infty}t^n(1-t)^{n-1}dt = \int_0^1 t\sum_{n=1}^{\infty}[t(1-t)]^{n-1}dt$$

$$= \int_0^1\frac{t}{1-t(1-t)}dt = \int_0^1\frac{t}{t^2-t+1}dt$$

$$= \frac{1}{2}\int_0^1\frac{(2t-1)+1}{t^2-t+1}dt = \frac{1}{2}\left[\int_0^1\frac{d(t^2-t+1)}{t^2-t+1} + \int_0^1\frac{dt}{t^2-t+1}\right]$$

$$= \frac{1}{2}\left[\ln(t^2-t+1)\Big|_0^1 + \frac{2}{\sqrt{3}}\arctan\frac{t-\frac{1}{2}}{\frac{\sqrt{3}}{2}}\Bigg|_0^1\right]$$

$$= \frac{1}{\sqrt{3}}\left[\arctan\frac{1}{\sqrt{3}} - \left(-\arctan\frac{1}{\sqrt{3}}\right)\right] = \frac{\pi}{3\sqrt{3}}$$

例 15.4.8 Γ 函数的延拓与其图像.

因为 $\forall s>0,\Gamma(s)>0$ 与 $\Gamma''(s) = \int_0^{+\infty}x^{s-1}(\ln x)^2e^{-x}dx > 0$,所以 $\Gamma(s)$ 的图形位于 x 轴的上方,且是向下凸的. 由于 $\Gamma(1)=\Gamma(2)=1$,故 $\Gamma(s)$ 在 $s\in(0,+\infty)$ 上存在唯一的极小值点 $s_0\in(1,2)$. 又由 $\Gamma''(s)>0$ 知 $\Gamma'(s)$ 严格单调增加. 根据 Fermat 定理知,$\Gamma'(s_0)=0$. 由此推得

$$\Gamma'(s)\begin{cases}<0, 0<s<s_0, \Gamma(s)\text{ 严格单调减少}\\ >0, s>s_0, \Gamma(s)\text{ 严格单调增加}\end{cases}$$

从 $\Gamma(s)=\dfrac{s\Gamma(s)}{s}=\dfrac{\Gamma(s+1)}{s}(s>0)$ 及 $\lim\limits_{s\to0^+}\Gamma(s+1)=\Gamma(1)=1$,有

$$\lim_{s\to0^+}\Gamma(s)=\lim_{s\to0^+}\frac{\Gamma(s+1)}{s}=+\infty$$

由 $\Gamma(n+1)=n!$ 及 $\Gamma(s)$ 在 $(s_0,+\infty)$ 上严格单调增加可推得

$$\lim_{s\to+\infty}\Gamma(s)=+\infty$$

综上所述,Γ 函数的图像如图 15.4.1 中 $s>0$ 部分所示.

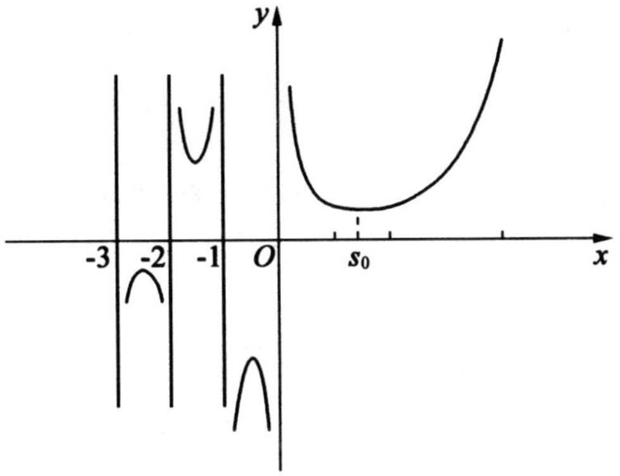

图　15.4.1

为延拓 $\Gamma(s)$,我们改写公式 $\Gamma(s+1)=s\Gamma(s),s>0$ 为

$$\Gamma(s)=\frac{\Gamma(s+1)}{s}$$

当 $s\in(-1,0)$ 时,上式右边有意义,于是可应用它定义左边函数 $\Gamma(s)$ 在 $(-1,0)$ 内的值,并且可推得 $\Gamma(s)<0$. 用同样的方法,利用 $\Gamma(s)$ 已在 $(-1,0)$ 内有定义这一事实,$\Gamma(s)=\dfrac{\Gamma(s+1)}{s}$ 又可定义 $\Gamma(s)$ 在 $(-2,-1)$ 内的值,而且这时 $\Gamma(s)>0$. 依次下去可将 $\Gamma(s)$ 延拓到 $\mathbb{R}\setminus\{0,-1,-2,\cdots\}$,其图像如图 15.4.1 所示.

练习题 15.4

1. 证明:

(1) $\Gamma(s)$ 可表示为 $\Gamma(s)=2\int_0^{+\infty}x^{2s-1}e^{-x^2}dx,s>0$;

(2) $\Gamma(s)$ 可表示为 $\Gamma(s) = a^s\int_0^{+\infty} x^{s-1}e^{-ax}dx, s > 0, a > 0.$

2. 证明:

(1) $B(p,q)$ 可表示为 $B(p,q) = \int_0^{+\infty} \frac{t^{q-1}}{(1+t)^{p+q}}dt, p > 0, q > 0;$

(2) $B(p,q)$ 可表示为 $B(p,q) = 2\int_0^{\frac{\pi}{2}} \sin^{2p-1}\theta\cos^{2q-1}\theta d\theta, p > 0, q > 0.$

3. 利用 Γ 函数计算下列积分:

(1) $\int_0^1 \sqrt{x - x^2}dx$;

(2) $\int_0^{+\infty} \frac{\sqrt[4]{x}}{(1+x)^2}dx$;

(3) $\int_0^{+\infty} \frac{dx}{1+x^3}$;

(4) $\int_0^{\frac{\pi}{2}} \sin^5 x\cos^6 x dx.$

4. 计算极限

$$\lim_{n\to+\infty} \sqrt{n}\int_0^1 x^{\frac{3}{2}}(1-x^5)^n dx$$

5. 证明: $\ln B(p,q)$ 关于变量 p 为 $(0, +\infty)$ 上的凸函数.

6. 证明: $B\left(\frac{1}{3},\frac{1}{2}\right) = \frac{\sqrt{3}}{2\pi}\frac{\left[\Gamma\left(\frac{1}{3}\right)\right]^3}{\sqrt[3]{2}}.$

7. 作变量代换 $u = \sin^2\frac{x}{2}$, 证明

$$\int_0^{\pi} \frac{dx}{\sqrt{3-\cos x}} = \frac{1}{2\sqrt{2}}B\left(\frac{1}{4},\frac{1}{2}\right) = \frac{1}{4\sqrt{\pi}}\Gamma^2\left(\frac{1}{4}\right)$$

思考题 15.4

1. 讨论函数

$$f(s,p,q) = \int_0^{+\infty} \frac{x^s}{(a+bx^p)^q}dx \quad (a > 0, b > 0, p > 0)$$

的定义域,并用 Γ 函数表示 $f(s,p,q)$.

2. 证明

$$\int_0^1 \ln\Gamma(x)dx = \ln\sqrt{2\pi}$$

3. 证明

$$\int_0^1 \sin \pi x \ln \Gamma(x)\,\mathrm{d}x = \frac{1}{\pi}\left(\ln \frac{\pi}{2} + 1\right)$$

4. 证明

$$\int_0^{+\infty} \mathrm{e}^{-x^4}\mathrm{d}x \int_0^{+\infty} x^2 \mathrm{e}^{-x^4}\mathrm{d}x = \frac{\pi}{8\sqrt{2}}$$

5. 证明

$$\Gamma\left(\frac{1}{n}\right)\Gamma\left(\frac{2}{n}\right)\cdots\Gamma\left(\frac{n-1}{n}\right) = \frac{(2\pi)^{\frac{n-1}{2}}}{\sqrt{n}}$$

6. 设 $p,q,m > 0$,证明

$$\int_0^1 x^{p-1}(1 - x^m)^{q-1}\mathrm{d}x = \frac{1}{m}\mathrm{B}\left(\frac{p}{m},q\right) = \frac{1}{m}\frac{\Gamma\left(\frac{p}{m}\right)\Gamma(q)}{\Gamma\left(\frac{p}{m} + q\right)}$$

并由此推得

$$\int_0^1 \frac{\mathrm{d}x}{\sqrt{1 - x^4}}\int_0^1 \frac{x^2\mathrm{d}x}{\sqrt{1 - x^4}} = \frac{\pi}{4}$$

7. 证明:(1) $\int_0^{+\infty} \mathrm{e}^{-x^n}\mathrm{d}x = \Gamma\left(\frac{1}{n} + 1\right)$;(2) $\lim\limits_{n\to+\infty}\int_0^{+\infty} \mathrm{e}^{-x^n}\mathrm{d}x = 1$.

8. 设 $0 \leqslant h < 1$,正整数 $n \geqslant 3$. 作变量代换 $t = hu$,证明

$$\int_0^h (1 - t^2)^{\frac{n-3}{2}}\mathrm{d}t \geqslant h\int_0^1 (1 - u^2)^{\frac{n-3}{2}}\mathrm{d}u = \frac{\sqrt{\pi}}{2}\frac{\Gamma\left(\frac{n-1}{2}\right)}{\Gamma\left(\frac{n}{2}\right)}h$$

9. 设 $n > 0$,证明

$$\int_0^1 \frac{\mathrm{d}x}{\sqrt[n]{1 - x^n}} = \frac{\pi}{n\sin\frac{\pi}{n}}$$

10. 设 $n > m > 0$,证明

$$\int_0^{+\infty} \frac{x^{m-1}}{1 + x^n}\mathrm{d}x = \frac{\pi}{n\sin\frac{m\pi}{n}}$$

11. 设 $0 < p < 1$,应用余元公式证明

$$\int_0^{+\infty}\frac{x^{p-1}\ln x}{1+x}\mathrm{d}x=\int_0^{+\infty}\frac{\partial}{\partial p}\left(\frac{x^{p-1}}{1+x}\right)\mathrm{d}x=-\frac{\pi^2\cos p\pi}{\sin^2 p\pi}$$

12. 利用 Stirling 公式

$$n!=\sqrt{2\pi n}\,n^n\mathrm{e}^{-n+\frac{\theta_n}{12n}}\quad(0<\theta_n<1)$$

求下列极限:

(1) $\lim\limits_{n\to+\infty}\sqrt[n^2]{n!}$; (2) $\lim\limits_{n\to+\infty}\dfrac{n}{\sqrt[n]{n!}}$;

(3) $\lim\limits_{n\to+\infty}\dfrac{n}{\sqrt[n]{(2n-1)!!}}$; (4) $\lim\limits_{n\to+\infty}\dfrac{\ln n!}{\ln n^n}$.

复习题 15

1. 证明:对任何实数 u,有

$$\frac{1}{2\pi}\int_0^{2\pi}\mathrm{e}^{u\cos x}\cos(u\sin x)\,\mathrm{d}x=1$$

2. 设 $D=\{(x,y)\mid 1\leqslant x^2+y^2\leqslant 4\}$,计算积分

$$\frac{1}{2\pi}\int_0^{+\infty}\left[\iint\limits_D\frac{\sin(t\sqrt{x^2+y^2})}{\sqrt{x^2+y^2}}\mathrm{d}x\mathrm{d}y\right]\mathrm{d}t$$

3. 设函数 $f(x,u)$ 与 $\dfrac{\partial f(x,u)}{\partial u}$ 都在 $[a,+\infty)\times[\alpha,\beta]$ 上连续,积分 $\displaystyle\int_a^{+\infty}\frac{\partial f(x,u)}{\partial u}\mathrm{d}x$ 在 $[\alpha,\beta]$ 上一致收敛,$\displaystyle\int_a^{+\infty}f(x,u)\,\mathrm{d}x$ 在某点 $u_0\in[\alpha,\beta]$ 收敛. 证明:积分 $\displaystyle\int_a^{+\infty}f(x,u)\,\mathrm{d}x$ 在 $[\alpha,\beta]$ 上一致收敛于

$$\varphi(u)=\int_a^{+\infty}f(x,u)\,\mathrm{d}x$$

且

$$\varphi'(u)=\frac{\mathrm{d}}{\mathrm{d}u}\int_a^{+\infty}f(x,u)\,\mathrm{d}x=\int_a^{+\infty}\frac{\partial f(x,u)}{\partial u}\mathrm{d}x$$

4. 证明

$$\sum_{k=0}^{n}\mathrm{C}_n^k\frac{(-1)^k}{m+k+1}=\frac{n!\,m!}{(n+m+1)!}$$

5. 设 $f(x) = \left(\int_0^x e^{-t^2} dt\right)^2, g(x) = \int_0^1 \frac{e^{-x^2(1+t^2)}}{1+t^2} dt$，证明

$$f(x) + g(x) = \frac{\pi}{4}$$

并由此推得 $\int_0^{+\infty} e^{-x^2} dx = \frac{\sqrt{\pi}}{2}$.

6. 利用公式

$$\Gamma(x) = \lim_{n\to+\infty} \frac{n^x n!}{x(x+1)\cdots(x+n)}$$

证明：对任意实数 x 有

$$\sin x = x\prod_{n=1}^{\infty}\left(1 - \frac{x^2}{n^2\pi^2}\right)$$

7. 按照下列步骤，给出公式

$$B(p,q) = \frac{\Gamma(p)\Gamma(q)}{\Gamma(p+q)}$$

的另一个证明：

(1) $\Gamma(p) = 2\int_0^{+\infty} u^{2p-1} e^{-u^2} du$.

(2) $\Gamma(p)\Gamma(q) = \lim\limits_{A\to+\infty} 4 \iint\limits_{[0,A]^2} u^{2p-1} v^{2q-1} e^{-(u^2+v^2)} du dv$.

(3) $$\lim_{u\to+\infty} \iint\limits_{D(A)} u^{2p-1} v^{2q-1} e^{-(u^2+v^2)} du dv = \frac{1}{4} B(p,q)\Gamma(p+q)$$

$$\lim_{A\to+\infty} \iint\limits_{D(\sqrt{2}A)} u^{2p-1} v^{2q-1} e^{-(u^2+v^2)} du dv = \frac{1}{4} B(p,q)\Gamma(p+q)$$

其中 $D(R) = \left\{(r,\theta) \mid 0 \leqslant r \leqslant R, 0 \leqslant \theta \leqslant \frac{\pi}{2}\right\}$.

(4) $B(p,q) = \frac{\Gamma(p)\Gamma(q)}{\Gamma(p+q)}$.

8. (1) 用两种不同方法证明

$$I(\alpha) = \int_0^{+\infty} e^{-x^2} \cos 2\alpha x dx = \frac{\sqrt{\pi}}{2} e^{-\alpha^2}$$

(2) 证明

$$J(\alpha) = \int_0^{+\infty} e^{-x^2} \sin 2\alpha x dx = e^{-\alpha^2} \int_0^{\alpha} e^{-x^2} dx$$

9. (1) 证明

$$I(\alpha)=\int_0^1(1-x^{\alpha})^{\frac{1}{\alpha}}\mathrm{d}x$$

当 $\alpha>1$ 时收敛;当 $\alpha\leqslant 1$ 时发散.

(2) 证明:$I(\alpha)=\dfrac{\pi}{\alpha\sin\dfrac{\pi}{\alpha}},\alpha>1$.

10. 设 $f(x)=\int_0^{\frac{\pi}{2}}\ln(1-x^2\cos^2\theta)\mathrm{d}\theta(|x|<1)$.

(1) 用积分号下对 x 求导,然后积分得

$$f(x)=\pi\ln\frac{1+\sqrt{1-x^2}}{2}\quad(|x|<1)$$

(2) 对 $\ln(1-x^2\cos^2\theta)=\sum_{n=1}^{\infty}\frac{x^{2n}}{n}\cos^{2n}\theta$ 以及幂级数的逐项积分证明

$$f(x)=-\frac{\pi}{2}\sum_{n=1}^{\infty}\frac{(2n-1)!!}{n\cdot(2n)!!}x^{2n}$$

(3) 根据(1)与(2)给出 $\ln(1+\sqrt{1-x^2})$ 的 Maclaurin 展开式,以及 $f^{(k)}(0),k=0,1,2,\cdots$.

11. 用下列各方法证明

$$\int_0^{+\infty}\frac{e^{-ax^2}-e^{-bx^2}}{x^2}\mathrm{d}x=\sqrt{\pi}(\sqrt{b}-\sqrt{a})\quad(a>0,b>0)$$

(1) 应用积分号下求导;

(2) 应用积分号下求积分;

(3) 应用分部积分 $\int_0^{+\infty}(e^{-ax^2}-e^{-bx^2})\mathrm{d}\left(-\frac{1}{x}\right)$;

(4) 化为二重积分 $\int_0^{+\infty}\frac{e^{-ax^2}-e^{-bx^2}}{x^2}\mathrm{d}x=\int_0^{+\infty}\frac{\mathrm{d}x}{x^2}\int_{ax^2}^{bx^2}e^{-y}\mathrm{d}y=\iint\limits_D\frac{e^{-y}}{x^2}\mathrm{d}x\mathrm{d}y$,

其中 $D=\{(x,y)\mid 0\leqslant x<+\infty,ax^2\leqslant y\leqslant bx^2\}$;

(5) 将

$$\frac{e^{-ax^2}-e^{-bx^2}}{x^2}=\sum_{k=0}^{\infty}\frac{1}{(k+1)!}e^{-bx^2}(b-a)^{k+1}x^{2k}$$

两边积分,并由

$$\int_0^{+\infty} e^{-bx^2}dx = \frac{1}{\sqrt{b}}\frac{\sqrt{\pi}}{2}$$

$$\int_0^{+\infty} e^{-bx^2}x^{2k}dx = \frac{\sqrt{\pi}}{2}\frac{1}{2}\frac{3}{2}\cdots\frac{2k-1}{2}\frac{1}{b^{\frac{2k+1}{2}}}$$

代入推得结论.

12. 作变量代换 $t = \tan\dfrac{\varphi}{2}$ 与 $\sqrt{\dfrac{1-k}{1+k}}t = \tan\dfrac{\theta}{2}$,证明

$$\int_0^{\pi}\left(\frac{\sin\varphi}{1+\cos\varphi}\right)^{\alpha-1}\frac{d\varphi}{1+k\cos\varphi} = \frac{1}{1+k}\left(\sqrt{\frac{1+k}{1-k}}\right)^{\alpha}\int_0^{\pi}\tan^{\alpha-1}\frac{\theta}{2}d\theta$$

$$= \frac{1}{1+k}\left(\sqrt{\frac{1+k}{1-k}}\right)^{\alpha}\frac{\pi}{\sin\dfrac{\alpha}{2}\pi}$$

13. 设 $0 < p,q < 1$,用下面两种方法证明

$$I(p,q) = \int_0^{+\infty}\frac{x^{p-1}-x^{q-1}}{(1+x)\ln x}dx = \ln\left|\frac{\tan\dfrac{p\pi}{2}}{\tan\dfrac{q\pi}{2}}\right|$$

(1) 利用 $\dfrac{\partial I}{\partial p} = \dfrac{\pi}{\sin p\pi}$ 及积分号下求导;

(2) 由 $\left.\dfrac{x^{u-1}}{\ln x}\right|_{u=q}^{u=p} = \int_q^p x^{u-1}du$ 及积分号下求积分.

第 16 章　Fourier 分析

在第 14 章中已详细讨论了一种特殊的函数项级数 —— 幂级数,它的每一项都是幂函数. 这一章我们要讨论另一种特殊的函数项级数 —— 三角级数

$$\sum_{n=0}^{\infty}(a_n\cos nx + b_n\sin nx)$$

它的每一项都是三角函数. 这种级数有强烈的物理背景,它是工程技术,特别是无线电、通信、数字处理中一个不可缺少的重要数学工具.

我们先证 Fourier 级数的收敛定理,然后列举大量函数的 Fourier 级数的展开式,有时取特殊点代入获得意想不到的数项级数的值. 接着引进了平方平均收敛的重要概念,证明了 Bessel 不等式与 Parseval 等式.

Fourier 变换是数学物理中一种重要的积分变换,它能将分析运算转化为代数运算,从而使问题大大简化,它与 Fourier 级数密切相关,并有广泛的应用价值.

为了使一类条件更弱更广泛的函数有 Fourier 展开式,我们将修改传统的收敛概念,引进 Cesàro 求和的重要定义,并建立相应的一套理论.

16.1　周期函数的 Fourier 级数及收敛定理

设 $g(t)$ 是以 $T\neq 0$ 为周期的周期函数,即 $g(t+T)=g(t)$,作变量代换

$$x=\frac{2\pi}{T}t \text{ 或 } t=\frac{T}{2\pi}x$$

就有

$$g(t)=g\left(\frac{T}{2\pi}x\right)=f(x)$$

于是,$f(x)$ 就是以 2π 为周期的周期函数. 因此,只须讨论以 2π 为周期的周期函数.

设 $f(x)$ 是以 2π 为周期的周期函数,自然会问,在什么条件下,$f(x)$ 能表示

为

$$f(x)=\frac{a_0}{2}+\sum_{n=1}^{\infty}(a_n\cos nx+b_n\sin nx)$$

此外,如何确定系数 $a_0,a_n,b_n(n=1,2,\cdots)$.

定理 16.1.1　设以 2π 为周期的周期函数 $f(x)$ 可表示为

$$f(x)=\frac{a_0}{2}+\sum_{n=1}^{\infty}(a_n\cos nx+b_n\sin nx)$$

如果上述级数在 $[-\pi,\pi]$ 上一致收敛于 $f(x)$,则

$$\begin{cases}a_n=\dfrac{1}{\pi}\displaystyle\int_{-\pi}^{\pi}f(x)\cos nx\mathrm{d}x,n=0,1,2,\cdots\\ b_n=\dfrac{1}{\pi}\displaystyle\int_{-\pi}^{\pi}f(x)\sin nx\mathrm{d}x,n=1,2,\cdots\end{cases}$$

证明　因为 $\frac{a_0}{2}+\sum_{n=1}^{\infty}(a_n\cos nx+b_n\sin nx)$ 在 $[-\pi,\pi]$ 上一致收敛于 $f(x)$,根据函数项级数一致收敛的 Cauchy 知

$$\frac{a_0}{2}\cos nx+\sum_{k=1}^{\infty}(a_k\cos kx\cos nx+b_k\sin kx\cos nx)$$

在 $[-\pi,\pi]$ 上一致收敛于 $f(x)\cos nx$. 应用逐项积分的定理 13.2.3′ 得到

$$\begin{aligned}\int_{-\pi}^{\pi}f(x)\cos nx\mathrm{d}x&=\frac{a_0}{2}\int_{-\pi}^{\pi}\cos nx\mathrm{d}x+\sum_{k=1}^{\infty}\Big(a_k\int_{-\pi}^{\pi}\cos kx\cos nx\mathrm{d}x+\\&\qquad b_k\int_{-\pi}^{\pi}\sin kx\cos nx\mathrm{d}x\Big)\\&\xlongequal{\text{例 6.3.3}}\frac{a_0}{2}\cdot 2\pi\delta_{0n}+\sum_{n=1}^{\infty}(a_k\cdot\pi\delta_{kn}+b_k\cdot 0)\\&=\pi a_n\quad(n=0,1,2,\cdots)\end{aligned}$$

其中

$$\delta_{kn}=\begin{cases}1,k=n\\0,k\neq n\end{cases}$$

同理,有

$$\begin{aligned}\int_{-\pi}^{\pi}f(x)\sin nx\mathrm{d}x&=\frac{a_0}{2}\int_{-\pi}^{\pi}\sin nx\mathrm{d}x+\sum_{k=1}^{\infty}\Big(a_k\int_{-\pi}^{\pi}\cos kx\sin nx\mathrm{d}x+\\&\qquad b_k\int_{-\pi}^{\pi}\sin kx\sin nx\mathrm{d}x\Big)\end{aligned}$$

$$\xlongequal{\text{例 6.3.3}} \frac{a_0}{2}\cdot 0+\sum_{k=1}^{\infty}(a_k\cdot 0+b_k\cdot \pi\delta_{kn})$$

$$=\pi b_n \quad (n=1,2,\cdots)$$

于是得到

$$\begin{cases} a_n=\dfrac{1}{\pi}\displaystyle\int_{-\pi}^{\pi}f(x)\cos nx\mathrm{d}x, n=0,1,2,\cdots \\ b_n=\dfrac{1}{\pi}\displaystyle\int_{-\pi}^{\pi}f(x)\sin nx\mathrm{d}x, n=1,2,\cdots \end{cases}$$

定义 16.1.1 设$f(x)$是周期为2π的函数,它在$[-\pi,\pi]$上可积或绝对可积(如果$f(x)$是有界函数,就假定它是 Riemann 可积的,简称可积;如果$f(x)$是无界函数,就假定它是广义绝对可积的,简称绝对可积).称由公式

$$\begin{cases} a_n=\dfrac{1}{\pi}\displaystyle\int_{-\pi}^{\pi}f(x)\cos nx\mathrm{d}x, n=0,1,2,\cdots \\ b_n=\dfrac{1}{\pi}\displaystyle\int_{-\pi}^{\pi}f(x)\sin nx\mathrm{d}x, n=1,2,\cdots \end{cases}$$

确定的a_n,b_n为$f(x)$的 **Fourier 系数**,由a_n,b_n确定的级数

$$\frac{a_0}{2}+\sum_{n=1}^{\infty}(a_n\cos nx+b_n\sin nx)$$

称为$f(x)$的 **Fourier 级数**,记为

$$f(x)\sim\frac{a_0}{2}+\sum_{n=1}^{\infty}(a_n\cos nx+b_n\sin nx)$$

至于这个级数是否收敛,如果收敛的话,它的和是否就等于$f(x)$,这些问题都有待进一步研究.但有一点是可以肯定的,这个级数是由$f(x)$确定的.

在推论 16.1.3 中将看到,对于相当广泛的一类函数,它的 Fourier 级数是收敛于它自己的,这正是 Fourier 级数所以重要的原因.

关于 Fourier 系数a_n,b_n有以下定理(对照练习题 6.4.10).

定理 16.1.2(Riemann-Lebesgue 引理) 设$f(x)$在$[a,b]$上可积或绝对可积,则

$$\lim_{\lambda\to+\infty}\int_a^b f(x)\cos\lambda x\mathrm{d}x=0$$

$$\lim_{\lambda\to+\infty}\int_a^b f(x)\sin\lambda x\mathrm{d}x=0$$

证明 先设$f(x)$在$[a,b]$上 Riemann 可积,故必有界,即存在常数M,使

得$|f(x)|\leqslant M,\forall x\in[a,b]$. 记$n=[\sqrt{\lambda}]$,则当$\lambda\to+\infty$时,$n\to+\infty$. 现在将$[a,b]$等分,分点为

$$x_i=a+\frac{i}{n}(b-a)\quad(i=0,1,\cdots,n)$$

记ω_i为$f(x)$在$[x_{i-1},x_i]$上的振幅,由于$f(x)$在$[a,b]$上Riemann可积,所以有

$$\lim_{n\to+\infty}\sum_{i=1}^{n}\omega_i\Delta x_i=0$$

其中$\Delta x_i=x_i-x_{i-1}$. 注意到

$$\left|\int_{x_{i-1}}^{x_i}\cos\lambda x\mathrm{d}x\right|=\frac{1}{\lambda}|\sin x_i-\sin x_{i-1}|\leqslant\frac{2}{\lambda}$$

$$|\cos\lambda x|\leqslant 1$$

有

$$\begin{aligned}\left|\int_a^b f(x)\cos\lambda x\mathrm{d}x\right|&=\left|\sum_{i=1}^{n}\int_{x_{i-1}}^{x_i}f(x)\cos\lambda x\mathrm{d}x\right|\\&=\left|\sum_{i=1}^{n}\int_{x_{i-1}}^{x_i}[f(x)-f(x_i)]\cos\lambda x\mathrm{d}x+\sum_{i=1}^{n}f(x_{i-1})\int_{x_{i-1}}^{x_i}\cos\lambda x\mathrm{d}x\right|\\&\leqslant\sum_{i=1}^{n}\omega_i\Delta x_i+\frac{2n}{\lambda}M=\sum_{i=1}^{n}\omega_i\Delta x_i+\frac{2[\sqrt{\lambda}]}{\lambda}M\\&\leqslant\sum_{i=1}^{n}\omega_i\Delta x_i+\frac{2}{\sqrt{\lambda}}M\to 0\quad(\lambda\to+\infty)\end{aligned}$$

再设$f(x)$在$[a,b]$上广义绝对可积. 不妨设b为$f(x)$唯一的瑕点,则$\forall\varepsilon>0,\exists\eta>0$,使得

$$\int_{b-\eta}^{b}|f(x)|\mathrm{d}x<\frac{\varepsilon}{2}$$

由于$f(x)$在$[a,b-\eta]$上Riemann可积,由刚才证明的结果知道,$\exists\lambda_0>0$,当$\lambda>\lambda_0$时,有

$$\left|\int_a^{b-\eta}f(x)\cos\lambda x\mathrm{d}x\right|<\frac{\varepsilon}{2}$$

于是,当$\lambda>\lambda_0$时,便有

$$\begin{aligned}\left|\int_a^b f(x)\cos\lambda x\mathrm{d}x\right|&=\left|\int_a^{b-\eta}f(x)\cos\lambda x\mathrm{d}x+\int_{b-\eta}^{b}f(x)\cos\lambda x\mathrm{d}x\right|\\&\leqslant\left|\int_a^{b-\eta}f(x)\cos\lambda x\mathrm{d}x\right|+\int_{b-\eta}^{b}|f(x)|\mathrm{d}x\end{aligned}$$

$$<\frac{\varepsilon}{2}+\frac{\varepsilon}{2}=\varepsilon$$

这就证明了

$$\lim_{\lambda\to+\infty}\int_a^b f(x)\cos\lambda x\mathrm{d}x = 0$$

同理,有

$$\lim_{\lambda\to+\infty}\int_a^b f(x)\sin\lambda x\mathrm{d}x = 0$$

由 Riemann-Lebesgue 引理立即可得下面定理.

定理 16. 1. 3 设 $\{a_n\}$, $\{b_n\}$ 为可积或绝对可积函数的 Fourier 系数序列,则

$$\lim_{n\to+\infty}a_n = \lim_{n\to+\infty}b_n = 0$$

注 16. 1. 1 如果 $\lim\limits_{n\to+\infty}a_n \neq 0$ 或 $\lim\limits_{n\to+\infty}b_n \neq 0$,则三角级数

$$\frac{a_0}{2}+\sum_{n=1}^{\infty}(a_n\cos nx + b_n\sin nx)$$

就没有资格成为某个可积或绝对可积函数的 Fourier 级数.

如果对 $f(x)$ 加强条件,还可对 $f(x)$ 的 Fourier 系数趋于 0 的速度做出估计.

定理 16. 1. 4 设 $f(x)$ 在 $[-\pi,\pi]$ 上连续,$f(-\pi)=f(\pi)$,且有可积或绝对可积的导函数 $f'(x)$,则

$$a_n = o\left(\frac{1}{n}\right), b_n = o\left(\frac{1}{n}\right) \quad (n\to+\infty)$$

证明 记 $a_n^{(1)}, b_n^{(1)}$ 为 $f'(x)$ 的 Fourier 系数,则

$$a_n = \frac{1}{\pi}\int_{-\pi}^{\pi}f(x)\cos nx\mathrm{d}x \xlongequal{\text{分部积分}} -\frac{1}{n\pi}\int_{-\pi}^{\pi}f'(x)\sin nx\mathrm{d}x = -\frac{1}{n}b_n^{(1)}$$

$$b_n = \frac{1}{\pi}\int_{-\pi}^{\pi}f(x)\sin nx\mathrm{d}x = \frac{1}{n\pi}\int_{-\pi}^{\pi}f'(x)\cos nx\mathrm{d}x = -\frac{1}{n}a_n^{(1)}$$

应用定理 16. 1. 3 到函数 f' 得到 $a_n^{(1)} = o(1), b_n^{(1)} = o(1)$,所以

$$a_n = o\left(\frac{1}{n}\right), b_n = o\left(\frac{1}{n}\right) \quad (n\to+\infty)$$

一般的,有下面定理.

定理 16. 1. 5 设 $f(x)$ 在 $[-\pi,\pi]$ 上有直到 $k+1$ 阶导数,$f^{(k+1)}(x)$ 可积或绝对可积,且

$$f(-\pi)=f(\pi), f'(-\pi)=f'(\pi), \cdots, f^{(k)}(-\pi)=f^{(k)}(\pi)$$

则

$$a_n = o\left(\frac{1}{n^{k+1}}\right), b_n = o\left(\frac{1}{n^{k+1}}\right) \quad (n \to +\infty)$$

证明　记 $a_n^{(l)}, b_n^{(l)}$ 为 $f^{(l)}$ 的 Fourier 系数,则由定理 16.1.4 知

$$a_n = -\frac{1}{n}b_n^{(1)} = -\frac{1}{n}\left(\frac{1}{n}a_n^{(2)}\right) = \cdots = \pm\frac{1}{n^k}b_n^{(k)} \quad \left(\text{或} \pm\frac{1}{n^k}a_n^{(k)}\right)$$

$$b_n = \frac{1}{n}a_n^{(1)} = \frac{1}{n}\left(-\frac{1}{n}b_n^{(2)}\right) = \cdots = \pm\frac{1}{n^k}a_n^{(k)} \quad \left(\text{或} \pm\frac{1}{n^k}b_n^{(k)}\right)$$

由于 $f^{(k+1)}(x)$ 可积或绝对可积,所以根据定理 16.1.4,有

$$a_n^{(k)} = o\left(\frac{1}{n}\right), b_n^{(k)} = o\left(\frac{1}{n}\right)$$

由此即得

$$a_n = o\left(\frac{1}{n^{k+1}}\right), b_n = o\left(\frac{1}{n^{k+1}}\right)$$

此定理表明,$f(x)$ 的 Fourier 系数趋于 0 的速度随着 $f(x)$ 的可微性的提高而加快. 现在开始讨论 Fourier 级数的收敛问题,为此先将它的部分和用积分表示出来. 固定 x_0,由 Fourier 系数

$$a_k = \frac{1}{\pi}\int_{-\pi}^{\pi} f(x)\cos kx\mathrm{d}x \quad (k = 0,1,2,\cdots)$$

$$b_k = \frac{1}{\pi}\int_{-\pi}^{\pi} f(x)\sin kx\mathrm{d}x \quad (k = 1,2,\cdots)$$

构造的 Fourier 级数

$$\frac{a_0}{2} + \sum_{n=1}^{\infty}(a_n\cos nx_0 + b_n\sin nx_0)$$

的第 n 个部分和为

$$\begin{aligned}S_n(x_0) &= \frac{a_0}{2} + \sum_{k=1}^{n}(a_k\cos kx_0 + b_k\sin kx) \\ &= \frac{1}{2\pi}\int_{-\pi}^{\pi} f(x)\mathrm{d}x + \sum_{k=1}^{n}\int_{-\pi}^{\pi}\frac{1}{\pi}f(x)(\cos kx\cos kx_0 + \sin kx\sin kx_0)\mathrm{d}x \\ &= \frac{1}{\pi}\int_{-\pi}^{\pi} f(x)\left[\frac{1}{2} + \sum_{k=1}^{n}\cos k(x - x_0)\right]\mathrm{d}x = \frac{1}{\pi}\int_{-\pi}^{\pi} f(x)\frac{\sin\left(n + \frac{1}{2}\right)(x - x_0)}{2\sin\frac{1}{2}(x - x_0)}\mathrm{d}x\end{aligned}$$

$$\xlongequal{\text{例} 6.4.9(3)} \frac{1}{\pi}\int_{x_0-\pi}^{x_0+\pi} f(x) \frac{\sin\left(n+\frac{1}{2}\right)(x-x_0)}{2\sin\frac{1}{2}(x-x_0)}\mathrm{d}x$$

$$\xlongequal{t=x-x_0} \frac{1}{\pi}\int_{-\pi}^{\pi} f(t+x_0) \frac{\sin\left(n+\frac{1}{2}\right)t}{2\sin\frac{t}{2}}\mathrm{d}t$$

$$\xlongequal{t=-u} \frac{1}{\pi}\int_0^{\pi} f(x_0+t) \frac{\sin\left(n+\frac{1}{2}\right)t}{2\sin\frac{t}{2}}\mathrm{d}t + \frac{1}{\pi}\int_0^{\pi} f(x_0-u) \frac{\sin\left(n+\frac{1}{2}\right)u}{2\sin\frac{u}{2}}\mathrm{d}u$$

$$= \frac{1}{\pi}\int_0^{\pi} [f(x_0+t)+f(x_0-t)] \frac{\sin\left(n+\frac{1}{2}\right)t}{2\sin\frac{t}{2}}\mathrm{d}t$$

这个重要的积分称为 Dirichlet 积分,是讨论 Fourier 级数收敛问题的出发点. 而函数

$$\frac{\sin\left(n+\frac{1}{2}\right)t}{2\sin\frac{t}{2}}$$

称为 Dirichlet 核.

由此,Fourier 级数的收敛问题就化为研究含参变量 n 的 Dirichlet 积分当 $n\to+\infty$ 时是否有极限的问题. 不难看出,Riemann-Lebesgue 引理在这问题的讨论中将发挥重要的作用.

定理 16.1.6(Fourier 级数的局部化定理)　设 $f(x)$ 是周期为 2π 的函数,它在 $[-\pi,\pi]$ 上可积或绝对可积,则 $f(x)$ 的 Fourier 级数在点 x_0 是否收敛,以及收敛到什么数值,仅与 $f(x)$ 在点 x_0 的充分小邻域中的值有关,而与这邻域外的值无关.

证明　将 Dirichlet 积分拆成两部分

$$S_n(x_0) = \frac{1}{\pi}\left(\int_0^{\delta}+\int_{\delta}^{\pi}\right)[f(x_0+t)+f(x_0-t)] \frac{\sin\left(n+\frac{1}{2}\right)t}{2\sin\frac{t}{2}}\mathrm{d}t$$

其中 δ 是充分小的正数. 由于函数

$$\frac{f(x_0+t)+f(x_0-t)}{2\sin\frac{t}{2}}$$

在区间$[\delta,\pi]$中可积或绝对可积,故有

$$\lim_{n\to+\infty}\frac{1}{\pi}\int_\delta^\pi[f(x_0+t)+f(x_0-t)]\frac{\sin\left(n+\frac{1}{2}\right)t}{2\sin\frac{t}{2}}\mathrm{d}t$$

$$=\lim_{n\to+\infty}\frac{1}{\pi}\int_\delta^\pi\frac{f(x_0+t)+f(x_0-t)}{2\sin\frac{t}{2}}\sin\left(n+\frac{1}{2}\right)t\mathrm{d}t$$

$$\xlongequal{\text{Riemann-Lebesgue}}0$$

因此,当 $n\to+\infty$ 时,$S_n(x_0)$ 的极限存在与否,以及收敛到什么数值,完全取决于积分

$$\frac{1}{\pi}\int_0^\delta[f(x_0+t)+f(x_0-t)]\frac{\sin\left(n+\frac{1}{2}\right)t}{2\sin\frac{t}{2}}\mathrm{d}t$$

而这个积分的值仅与 f 在$(x_0-\delta,x_0+\delta)$中的值有关.

由该Fourier级数的局部化定理可看出,如果两个函数$f(x)$与$g(x)$在点x_0的充分小邻域中有相同的值,则不论它们在这邻域之外的值如何,它们的Fourier 级数在 x_0 处同时敛散,而且收敛时有相同的和. 考虑到$f(x)$的 Fourier 系数a_n,b_n是由$f(x)$在整个区间$[-\pi,\pi]$上的值所确定,上述这个局部化结论是出乎意料的.

应用 Riemann-Lebesgue 引理可给出$f(x)$的 Fourier 收敛的充分条件.

定理16.1.7(Fourier级数收敛的充分条件,Dini判别法)　设$f(x)$是周期为 2π 且在$[-\pi,\pi]$上可积或绝对可积的函数,对某个实数 s,令

$$\varphi(t)=f(x_0+t)+f(x_0-t)-2s$$

如果 $\exists\delta>0$,使得函数$\frac{\varphi(t)}{t}$在$[0,\delta]$上可积或绝对可积,则$f(x)$的傅里叶级数在 x_0 处收敛于 s.

证明　因为常值函数1的Fourier级数当然是它自己,所以当$f(x)=1$时,

有

$$1=S_n(x_0)=\frac{1}{\pi}\int_0^{\pi}[f(x_0+t)+f(x_0-t)]\frac{\sin\left(n+\frac{1}{2}\right)t}{2\sin\frac{t}{2}}\mathrm{d}t$$

$$=\frac{1}{\pi}\int_0^{\pi}\frac{\sin\left(n+\frac{1}{2}\right)t}{2\sin\frac{t}{2}}\mathrm{d}t$$

这个等式也可参阅练习题6.2题7中的两种证法. 于是

$$S_n(x_0)-s=\frac{1}{\pi}\int_0^{\pi}[f(x_0+t)+f(x_0-t)-2s]\frac{\sin\left(n+\frac{1}{2}\right)t}{2\sin\frac{t}{2}}\mathrm{d}t$$

$$=\frac{1}{\pi}\int_0^{\pi}\varphi(t)\left[\frac{1}{2\sin\frac{t}{2}}-\frac{1}{t}\right]\sin\left(n+\frac{1}{2}\right)t\mathrm{d}t+\frac{1}{\pi}\int_0^{\pi}\frac{\varphi(t)}{t}\sin\left(n+\frac{1}{2}\right)t\mathrm{d}t$$

因为

$$\lim_{t\to0}\left[\frac{1}{2\sin\frac{t}{2}}-\frac{1}{t}\right]=\lim_{t\to0}\frac{t-2\sin\frac{t}{2}}{2\sin\frac{t}{2}\cdot t}=\lim_{t\to0}\frac{t-2\left[\frac{t}{2}-\frac{1}{3!}\left(\frac{t}{2}\right)^3+o(t^3)\right]}{2\cdot\frac{t}{2}\cdot t}$$

$$=\lim_{t\to0}\left[\frac{t}{24}+o(t)\right]=0$$

φ 是$[-\pi,\pi]$上可积或绝对可积的函数,所以

$$\varphi(t)\left[\frac{1}{2\sin\frac{t}{2}}-\frac{1}{t}\right]$$

也是$[0,\pi]$上的可积或绝对可积函数,根据 Riemann-Lebesgue 引理,上述第一个积分

$$\frac{1}{\pi}\int_0^{\pi}\varphi(t)\left[\frac{1}{2\sin\frac{t}{2}}-\frac{1}{t}\right]\sin\left(n+\frac{1}{2}\right)t\mathrm{d}t\to0\quad(n\to+\infty)$$

再根据定理的假设,$\frac{\varphi(t)}{t}$ 在$[0,\delta]$上可积或绝对可积,因而在$[0,\pi]$上也可积或绝对可积,由 Riemann-Lebesgue 引理知,上述第二个积分

$$\frac{1}{\pi}\int_0^{\pi}\frac{\varphi(t)}{t}\sin\left(n+\frac{1}{2}\right)t\mathrm{d}t\to 0\quad(n\to+\infty)$$

综上所述,得到

$$S_n(x_0)-s\to 0\quad(n\to+\infty)$$

$$\lim_{n\to+\infty}S_n(x_0)=s$$

即 f 的 Fourier 级数在 x_0 处收敛于 s.

从 Dini 判别法可以得到一些便于应用的判别法.

推论 16.1.1 设 $f(x)$ 是周期为 2π 且在 $[-\pi,\pi]$ 上可积或绝对可积的函数. 如果 $f(x)$ 在 x_0 附近(即 x_0 的某个邻域内)满足 $\alpha(\alpha\in(0,1])$ 阶 **Lipschitz 条件**,即 $\exists\delta>0,L>0$,使得

$$|f(x_0+t)-f(x_0+0)|\leqslant Lt^{\alpha},|f(x_0-t)-f(x_0-0)|\leqslant Lt^{\alpha}\quad(\forall t\in(0,\delta))$$

则:

(1) 当 $f(x)$ 在 x_0 处为第一类间断点时,$f(x)$ 的 Fourier 级数收敛于

$$\frac{1}{2}[f(x_0+0)+f(x_0-0)]$$

(2) 特别的,当 $f(x)$ 在 x_0 处连续时,$f(x)$ 的 Fourier 级数在 x_0 处收敛于 $f(x_0)$.

证明 (1) 在定理 16.1.7 中,取 $s=\frac{1}{2}[f(x_0+0)+f(x_0-0)]$,则

$$\frac{\varphi(t)}{t}=\frac{f(x_0+t)-f(x_0+0)}{t}+\frac{f(x_0-t)-f(x_0-0)}{t}$$

因为 $f(x)$ 在 x_0 附近满足 α 阶 Lipschitz 条件,所以

$$\left|\frac{\varphi(t)}{t}\right|\leqslant\left|\frac{f(x_0+t)-f(x_0+0)}{t}\right|+\left|\frac{f(x_0-t)-f(x_0-0)}{t}\right|$$

$$\leqslant\left|\frac{Lt^{\alpha}}{t}\right|+\left|\frac{Lt^{\alpha}}{t}\right|=\frac{2L}{t^{1-\alpha}}\quad(\forall t\in(0,\delta))$$

当 $\alpha=1$ 时,$\frac{\varphi(t)}{t}$ 为有界函数;当 $0<\alpha<1$ 时,$\frac{\varphi(t)}{t}$ 在 $[0,\delta]$ 上绝对可积. 根据定理 16.1.7,$f(x)$ 的 Fourier 级数收敛于 $s=\frac{1}{2}[f(x_0+0)+f(x_0-0)]$.

推论 16.1.2 设 $f(x)$ 是周期为 2π 且在 $[-\pi,\pi]$ 上可积或绝对可积的函数. 如果 $f(x)$ 在 x_0 处有两个有限的广义单侧导数

$$\lim_{t\to0^+}\frac{f(x_0+t)-f(x_0+0)}{t},\quad \lim_{t\to0^+}\frac{f(x_0-t)-f(x_0-0)}{-t}$$

则$f(x)$ 的 Fourier 级数在 x_0 处收敛于$\frac{1}{2}[f(x_0+0)+f(x_0-0)]$.

特别地,如果$f(x)$ 在 x_0 处存在导数$f'(x_0)$,或有两个有限的单侧导数(比有限广义单侧导数的条件强)

$$f'_+(x_0)=\lim_{t\to0^+}\frac{f(x_0+t)-f(x_0)}{t},\quad f'_-(x_0)=\lim_{t\to0^+}\frac{f(x_0-t)-f(x_0)}{-t}$$

则$f(x)$ 的 Fourier 级数在 x_0 处收敛于$f(x_0)$.

证明 设$f(x)$ 在x_0处有两个有限的广义单侧导数,则 $\exists\delta>0$,当$t\in(0,\delta)$ 时便有

$$|f(x_0+t)-f(x_0+0)|\leqslant Lt,\ |f(x_0-t)-f(x_0-0)|\leqslant Lt$$

这说明$f(x)$ 在x_0附近满足一阶 Lipschitz 条件. 因而,由推论 16.1.1 知,$f(x)$ 的 Fourier 级数收敛于$\frac{1}{2}[f(x_0+0)+f(x_0-0)]$.

定义 16.1.2 设$f(x)$ 为定义在$[a,b]$ 上的函数,如果存在$[a,b]$ 的一个分割:$a=t_0<t_1<\cdots<t_n=b$,使得按以下方式定义在每个子区间$[t_{i-1},t_i]$ 上的函数

$$g_i(x)=\begin{cases}f(t_{i-1}+0),x=t_{i-1}\\f(x),x\in(t_{i-1},t_i)\\f(t_{i-1}-0),x=t_i\end{cases}\quad(i=1,2,\cdots,n)$$

都是可导的(在两个端点处单侧可导),则称$f(x)$ 在$[a,b]$ 上是**分段可导**的.

由此定义,我们可将推论 16.1.2 换一种方式重新表达为下面的形式.

推论 16.1.3 如果周期为2π 的函数$f(x)$ 在$[-\pi,\pi]$ 上是分段可导的,则$f(x)$ 的 Fourier 级数在每点 x_0 处收敛于$\frac{1}{2}[f(x_0+0)+f(x_0-0)]$. 特别的,在$f(x)$ 的连续点处,它收敛于$f(x_0)$.

由此可见,只要$f(x)$ 是周期为2π 的函数,且在$[-\pi,\pi]$ 上有一阶导数,就能将它展开成 Fourier 级数. 而幂级数展开的必要条件是$f(x)$ 为 C^∞ 函数. 从这一点来看,Fourier 级数比幂级数优越得多.

例 16.1.1 设$f(x)$ 是周期为2π 的函数,且

$$f(x) = \begin{cases} x, x \in [-\pi, \pi) \\ -\pi, x = \pi \end{cases}$$

求 $f(x)$ 的 Fourier 级数(图 16.1.1) 及级数 $1 - \frac{1}{3} + \frac{1}{5} - \frac{1}{7} + \cdots$ 的和.

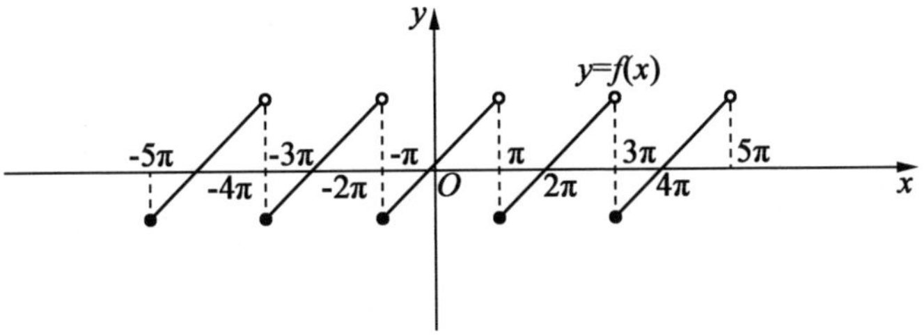

图　16.1.1

解　因为 $x\cos nx$ 与 $x\sin nx$ 分别为奇函数与偶函数,所以

$$a_n = \frac{1}{\pi}\int_{-\pi}^{\pi} x\cos nx\mathrm{d}x = 0 \quad (n = 0,1,2,\cdots)$$

$$b_n = \frac{1}{\pi}\int_{-\pi}^{\pi} x\sin nx\mathrm{d}x = \frac{2}{\pi}\int_0^{\pi} x\sin nx\mathrm{d}x = -\frac{2}{n\pi}\int_0^{\pi} x\mathrm{d}\cos nx$$

$$= -\frac{2}{n\pi}\left(x\cos nx\Big|_0^{\pi} - \int_0^{\pi}\cos nx\mathrm{d}x\right) = (-1)^{n-1}\frac{2}{n} \quad (n = 1,2,\cdots)$$

于是

$$f(x) \sim \sum_{n=1}^{\infty}(-1)^{n-1}\frac{2}{n}\sin nx$$

根据推论 16.1.2,有

$$x = f(x) = \sum_{n=1}^{\infty}(-1)^{n-1}\frac{2}{n}\sin nx \quad (x \in (-\pi, \pi))$$

进而,有(图 16.1.2)

$$\tilde{f}(x) = \begin{cases} f(x), x \neq 2k\pi + \pi \\ \dfrac{f(\pi + 0) + f(\pi - 0)}{2}, x = 2k\pi + \pi \end{cases} \quad (k = 0, \pm 1, \pm 2, \cdots)$$

$$= \begin{cases} f(x), x \neq 2k\pi + \pi \\ \dfrac{-\pi + \pi}{2}, x = 2k\pi + \pi \end{cases} \quad (k = 0, \pm 1, \pm 2, \cdots)$$

$$= \begin{cases} f(x), x \neq 2k\pi + \pi \\ 0, x = 2k\pi + \pi \end{cases} \quad (k = 0, \pm 1, \pm 2, \cdots)$$

$$= \sum_{n=1}^{\infty} (-1)^{n-1} \frac{2}{n} \sin x \quad (x \in (-\infty, +\infty))$$

取 $x = \frac{\pi}{2}$ 就得到

$$\frac{\pi}{2} = \sum_{n=1}^{\infty} (-1)^{n-1} \frac{2}{n} \sin \frac{n\pi}{2}$$

$$\frac{\pi}{4} = \sum_{n=1}^{\infty} (-1)^{n-1} \frac{\sin \frac{n\pi}{2}}{n} = \sum_{k=1}^{\infty} (-1)^{2k-2} \frac{\sin \frac{2k-1}{2}\pi}{2k-1}$$

$$= \sum_{k=1}^{\infty} \frac{(-1)^{k-1}}{2k-1} = 1 - \frac{1}{3} + \frac{1}{5} - \frac{1}{7} + \cdots$$

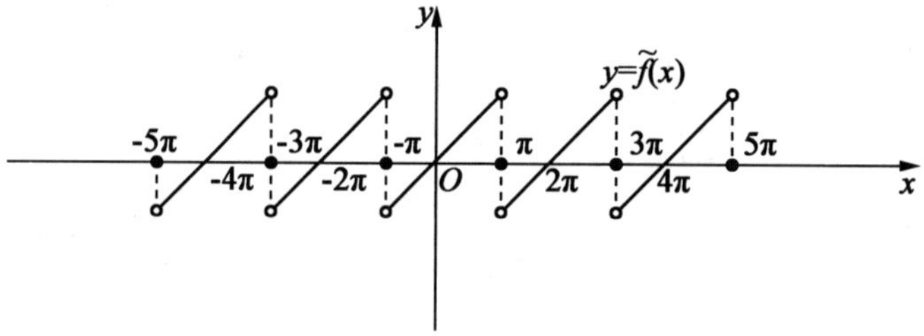

图　16.1.2

例 16.1.2　设 $f(x)$ 是周期为 2π 的函数,且

$$f(x) = \begin{cases} x, x \in (0, 2\pi] \\ 2\pi, x = 0 \end{cases}$$

求 $f(x)$ 的 Fourier 级数(图 16.1.3)及函数项级数 $\sum_{n=1}^{\infty} \frac{\sin 2nx}{2n}$, $\sum_{n=1}^{\infty} \frac{\sin 2(n-1)x}{2n-1}$.

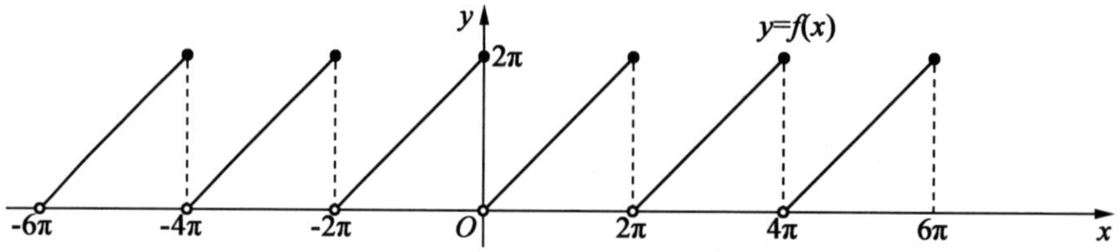

图　16.1.3

解　因为

$$a_0 = \frac{1}{\pi}\int_{-\pi}^{\pi} f(x)\,dx = \frac{1}{\pi}\int_0^{2\pi} f(x)\,dx = \frac{1}{\pi}\int_0^{2\pi} x\,dx = \frac{1}{\pi} \frac{x^2}{2}\bigg|_0^{2\pi} = 2\pi$$

$$a_n = \frac{1}{\pi}\int_{-\pi}^{\pi} f(x)\cos nx\mathrm{d}x = \frac{1}{\pi}\int_0^{2\pi} f(x)\cos nx\mathrm{d}x = \frac{1}{\pi}\int_0^{2\pi} x\cos nx\mathrm{d}x$$

$$= \frac{1}{n\pi}\int_0^{2\pi} x\mathrm{d}\sin nx = \frac{1}{n\pi}\left(x\sin nx\Big|_0^{2\pi} - \int_0^{2\pi}\sin nx\mathrm{d}x\right) = 0 \quad (n = 1,2,\cdots)$$

$$b_n = \frac{1}{\pi}\int_{-\pi}^{\pi} f(x)\sin nx\mathrm{d}x = \frac{1}{\pi}\int_0^{2\pi} f(x)\sin nx\mathrm{d}x = \frac{1}{\pi}\int_0^{2\pi} x\mathrm{d}\left[\frac{\cos nx}{-n}\right]$$

$$= -\frac{1}{n\pi}\left(x\cos nx\Big|_0^{2\pi} - \int_0^{2\pi}\cos nx\mathrm{d}x\right) = -\frac{1}{n\pi}(2\pi - 0) = -\frac{2}{n} \quad (n = 1,2,\cdots)$$

所以

$$f(x) \sim \pi - \sum_{n=1}^{\infty}\frac{2}{n}\sin nx$$

根据推论 16.1.2,有

$$x = f(x) = \pi - \sum_{n=1}^{\infty}\frac{2}{n}\sin nx \quad (x \in (0,2\pi))$$

或者

$$\frac{\pi - x}{2} = \sum_{n=1}^{\infty}\frac{\sin nx}{n} \quad (x \in (0,2\pi))$$

这正是当年 Abel 给出的例子,用以说明连续函数项级数的和可能不连续,根据推论 13.2.1′, $\sum\limits_{n=1}^{\infty}\frac{\sin nx}{n}$ 在$[0,2\pi]$上不一致收敛.

进而,有(图 16.1.4)

$$\tilde{f}(x) = \begin{cases} f(x), x \neq 2k\pi \\ \dfrac{f(0+0)+f(0-0)}{2}, x = 2k\pi \end{cases} \quad (k = 0, \pm 1, \pm 2,\cdots)$$

$$= \begin{cases} f(x), x \neq 2k\pi \\ \dfrac{0+2\pi}{2}, x = 2k\pi \end{cases} \quad (k = 0, \pm 1, \pm 2,\cdots)$$

$$= \begin{cases} f(x), x \neq 2k\pi \\ \pi, x = 2k\pi \end{cases} \quad (k = 0, \pm 1, \pm 2,\cdots)$$

$$= \pi - \sum_{n=1}^{\infty}\frac{2}{n}\sin nx \quad (x \in (-\infty, +\infty))$$

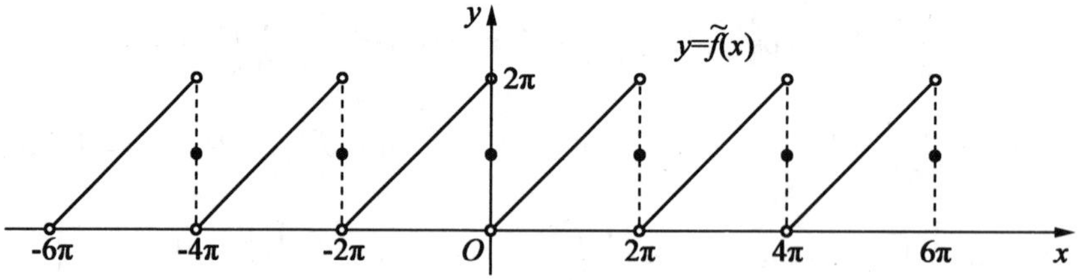

图 16.1.4

从

$$\frac{\pi - x}{2} = \sum_{n=1}^{\infty} \frac{\sin nx}{n} \quad (x \in (0,2\pi))$$

不经计算可得到其他一些有趣的等式. 例如,将 x 换成 $2x$ 便可得到

$$\frac{\pi}{4} - \frac{x}{2} = \sum_{n=1}^{\infty} \frac{\sin 2nx}{2n} \quad (x \in (0,\pi))$$

两式相减就有

$$\frac{\pi}{4} = \sum_{n=1}^{\infty} \frac{\sin(2n-1)x}{2n-1} \quad (x \in (0,\pi))$$

令 $x = \frac{\pi}{2}$,再一次得到

$$\frac{\pi}{4} = \sum_{n=1}^{\infty} \frac{\sin(2n-1)\frac{\pi}{2}}{2n-1} = \sum_{n=1}^{\infty} \frac{(-1)^{n-1}}{2n-1} = 1 - \frac{1}{3} + \frac{1}{5} - \frac{1}{7} + \cdots$$

例16.1.3 将函数 $f(x) = x^2, x \in [-\pi,\pi]$ 展开为 Fourier 级数. 由此证明

$$\sum_{n=1}^{\infty} \frac{1}{n^2} = \frac{\pi^2}{6}, \sum_{n=1}^{\infty} \frac{(-1)^{n-1}}{n^2} = \frac{\pi^2}{12}$$

解 将 $f(x)$ 的定义延拓到整个数轴上,使之成为周期为 2π 的函数(图 16.1.5),记延拓后的函数为 $\tilde{f}(x)$,则 $\tilde{f}(x)$ 是 $(-\infty, +\infty)$ 上的周期为 2π 的连续偶函数. 于是

$$a_0 = \frac{1}{\pi}\int_{-\pi}^{\pi} f(x)\,dx = \frac{2}{\pi}\int_0^{\pi} x^2\,dx = \frac{2}{\pi}\frac{x^3}{3}\bigg|_0^{\pi} = \frac{2}{3}\pi^2$$

$$a_n = \frac{1}{\pi}\int_{-\pi}^{\pi} f(x)\cos nx\,dx = \frac{2}{\pi}\int_0^{\pi} x^2 \cos nx\,dx = \frac{2}{n\pi}\int_0^{\pi} x^2\,d\sin nx$$

$$= \frac{2}{n\pi}\left(x^2 \sin nx\bigg|_0^{\pi} - \int_0^{\pi} 2x\sin nx\,dx\right) = \frac{4}{n^2\pi}\int_0^{\pi} x\,d\cos nx$$

$$= \frac{4}{n^2\pi}\left(x\cos nx\Big|_0^\pi - \int_0^\pi \cos nx\mathrm{d}x\right) = \frac{4}{n^2\pi}[\pi(-1)^n - 0]$$

$$= (-1)^n\frac{4}{n^2} \quad (n = 1,2,\cdots)$$

$$b_n = \frac{1}{\pi}\int_{-\pi}^{\pi} f(x)\sin nx\mathrm{d}x = \frac{1}{\pi}\int_{-\pi}^{\pi} x^2\sin nx\mathrm{d}x \xlongequal{\text{奇函数}} 0 \quad (n = 1,2,\cdots)$$

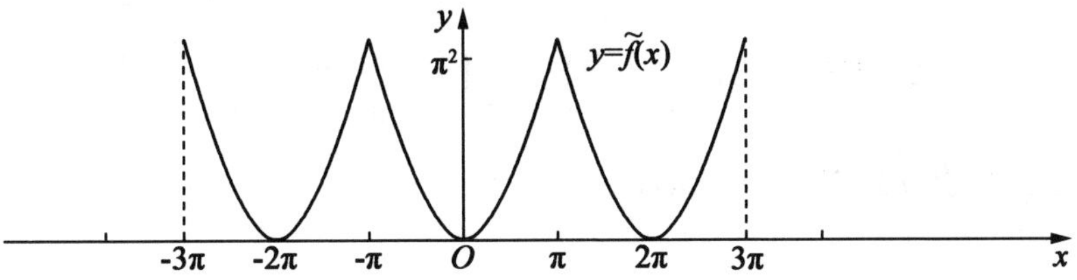

图　16.1.5

根据推论 16.1.2,有

$$\tilde{f}(x) = \frac{\pi^2}{3} + 4\sum_{n=1}^{\infty}\frac{(-1)^n}{n^2}\cos nx \quad (x \in (-\infty, +\infty))$$

限制在区间$[-\pi,\pi]$上有

$$x^2 = f(x) = \frac{\pi^2}{3} + 4\sum_{n=1}^{\infty}\frac{(-1)^n}{n^2}\cos nx \quad (x \in [-\pi,\pi])$$

或者

$$\sum_{n=1}^{\infty}(-1)^n\frac{\cos nx}{n^2} = \frac{x^2}{4} - \frac{\pi^2}{12} \quad (x \in [-\pi,\pi])$$

令 $x = \pi$ 就得

$$\sum_{n=1}^{\infty}\frac{1}{n^2} = \frac{\pi^2}{4} - \frac{\pi^2}{12} = \frac{\pi^2}{6}$$

令 $x = 0$ 就得

$$\sum_{n=1}^{\infty}\frac{(-1)^n}{n^2} = \frac{0^2}{4} - \frac{\pi^2}{12} = -\frac{\pi^2}{12}$$

$$\sum_{n=1}^{\infty}\frac{(-1)^{n-1}}{n^2} = \frac{\pi^2}{12}$$

例 16.1.4　设 a 不为整数,将 $f(x) = \cos ax$ 在$[-\pi,\pi]$上展开为 Fourier 级数并证明

$$\frac{\pi}{\sin a\pi} = \frac{1}{a} + \sum_{n=1}^{\infty}(-1)^n\frac{2a}{a^2 - n^2} \quad (a \notin \mathbb{Z})$$

解 将$f(x)$延拓为整个数轴上的以2π为周期的函数,记延拓后的函数为$\tilde{f}(x)$,则$\tilde{f}(x)$是$(-\infty,+\infty)$上的周期为2π的连续偶函数. 因此

$$a_n = \frac{1}{n}\int_{-\pi}^{\pi} f(x)\cos ax\mathrm{d}x = \frac{2}{\pi}\int_0^{\pi}\cos ax\cos nx\mathrm{d}x$$

$$= \frac{1}{\pi}\int_0^{\pi}[\cos(a-n)x + \cos(a+n)x]\mathrm{d}x = \frac{1}{\pi}\left[\frac{\sin(a-n)x}{a-n} + \frac{\sin(a+n)x}{a+n}\right]\Big|_0^{\pi}$$

$$= \frac{1}{\pi}\left[\frac{\sin(a-n)\pi}{a-n} + \frac{\sin(a+n)\pi}{a+n}\right] = \frac{1}{\pi}\left[\frac{(-1)^n\sin a\pi}{a-n} + \frac{(-1)^n\sin a\pi}{a+n}\right]$$

$$= \frac{(-1)^n}{\pi}\frac{2a\sin a\pi}{a^2-n^2}\quad (n = 0,1,2,\cdots)$$

$$b_n = \frac{1}{\pi}\int_{-\pi}^{\pi} f(x)\sin ax\mathrm{d}x = \frac{1}{\pi}\int_{-\pi}^{\pi}\cos ax\sin nx\mathrm{d}x \xlongequal{\text{奇函数}} 0\quad (n = 1,2,\cdots)$$

根据推论16.1.2,可知$\tilde{f}(x)$的Fourier级数为

$$\tilde{f}(x) = \frac{\sin a\pi}{\pi}\left[\frac{1}{a} + \sum_{n=1}^{\infty}(-1)^n\frac{2a}{a^2-n^2}\cos nx\right]\quad (x\in(-\infty,+\infty))$$

限制在$[-\pi,\pi]$上就有

$$\cos ax = \frac{\sin a\pi}{\pi}\left[\frac{1}{a} + \sum_{n=1}^{\infty}(-1)^n\frac{2a}{a^2-n^2}\cos nx\right]\quad (x\in[-\pi,\pi])$$

如果在上式中,令$x=0$,就可得

$$\frac{\pi}{\sin a\pi} = \frac{1}{a} + \sum_{n=1}^{\infty}(-1)^n\frac{2a}{a^2-n^2}\quad (a\notin\mathbb{Z})$$

应用例16.1.4中的公式

$$\frac{\pi}{\sin a\pi} = \frac{1}{a} + \sum_{n=1}^{\infty}(-1)^n\frac{2a}{a^2-n^2}\quad (a\notin\mathbb{Z})$$

可以计算出下面积分的值.

例16.1.5 证明:无穷积分

$$\int_0^{+\infty}\frac{x^{p-1}}{1+x}\mathrm{d}x = \frac{1}{p} + \sum_{n=1}^{\infty}(-1)^n\frac{2p}{p^2-n^2} = \frac{\pi}{\sin p\pi}\quad (0<p<1)$$

证明 当$0<x<1$时,有展开式

$$\frac{x^{p-1}}{1+x} = \sum_{n=0}^{\infty}(-1)^n x^{n+p-1}$$

且这个级数在区间$(0,1)$的任何内闭区间$[a,b]\subset(0,1)$上都一致收敛,如果

记它的部分和为 $f_n(x)$，则 $\{f_n(x)\}$ 在区间 $(0,1)$ 的任何内闭区间 $[a,b]\subset(0,1)$ 上一致收敛. 由于

$$0\leqslant f_n(x)=\sum_{k=0}^{n-1}(-1)^k x^{k+p-1}=\frac{x^{p-1}[1-(-1)^n x^n]}{1+x}\leqslant 2\cdot\frac{x^{p-1}}{1+x}\leqslant 2x^{p-1}$$

而 $\int_0^1 x^{p-1}\mathrm{d}x$ 收敛，故 $\int_0^1 f_n(x)\mathrm{d}x$ 关于 n 一致收敛

$$\int_0^1\frac{x^{p-1}}{1+x}\mathrm{d}x=\int_0^1\sum_{n=0}^{\infty}(-1)^n x^{n+p-1}\mathrm{d}x\xlongequal{\text{定理 15.2.6}}\sum_{n=0}^{\infty}(-1)^n\int_0^1 x^{n+p-1}\mathrm{d}x$$
$$=\sum_{n=0}^{\infty}\frac{(-1)^n}{n+p}$$

进而，有

$$\int_1^{+\infty}\frac{x^{p-1}}{1+x}\mathrm{d}x\xlongequal{x=\frac{1}{t}}\int_1^0\frac{\left(\frac{1}{t}\right)^{p-1}}{1+\frac{1}{t}}\cdot\frac{-1}{t^2}\mathrm{d}t=\int_0^1\frac{t^{-p}}{1+t}\mathrm{d}t$$
$$=\int_0^1\frac{t^{(1-p)+1}}{1+t}\mathrm{d}t\xlongequal{\text{由上面结果}}\sum_{n=0}^{\infty}\frac{(-1)^n}{n+1-p}=\sum_{n=1}^{\infty}\frac{(-1)^n}{p-n}$$

综合上述得到

$$\int_0^{+\infty}\frac{x^{p-1}}{1+x}\mathrm{d}x=\int_0^1\frac{x^{p-1}}{1+x}\mathrm{d}x+\int_1^{+\infty}\frac{x^{p-1}}{1+x}\mathrm{d}x$$
$$=\sum_{n=0}^{\infty}\frac{(-1)^n}{p+n}+\sum_{n=1}^{\infty}\frac{(-1)^n}{p-n}$$
$$=\frac{1}{p}+\sum_{n=1}^{\infty}(-1)^n\frac{2p}{p^2-n^2}$$
$$\xlongequal{\text{例 16.1.4}}\frac{\pi}{\sin p\pi}\quad(0<p<1)$$

例 16.1.6 将函数 e^{ax} 在区间 $(0,2\pi)$ 上展开为 Fourier 级数，并求 $\sum\limits_{n=1}^{\infty}\frac{1}{1+n^2}$.

解 先计算 Fourier 系数

$$a_n=\frac{1}{\pi}\int_0^{2\pi}\mathrm{e}^{ax}\cos nx\mathrm{d}x=\frac{1}{\pi}\frac{\mathrm{e}^{ax}}{a^2+n^2}(a\cos nx+n\sin nx)\Big|_0^{2\pi}$$
$$=\frac{\mathrm{e}^{2\pi a}-1}{\pi}\frac{a}{a^2+n^2}\quad(n=0,1,2,\cdots)$$

$$b_n = \frac{1}{\pi}\int_0^{2\pi} e^{ax}\sin nx\mathrm{d}x = \frac{1}{\pi}\frac{e^{ax}}{a^2+n^2}(a\sin nx - n\cos nx)\Big|_0^{2\pi}$$

$$= \frac{e^{2\pi a}-1}{\pi}\frac{-n}{a^2+n^2} \quad (n = 1,2,\cdots)$$

于是

$$e^{ax} = \frac{e^{2\pi a}-1}{\pi}\left(\frac{1}{2a} + \sum_{n=1}^{\infty}\frac{a\cos nx - n\sin nx}{a^2+n^2}\right) \quad (0 < x < 2\pi)$$

如果将 $f(x) = e^{ax}(0 < x < 2\pi)$ 延拓为 $(-\infty, +\infty)$ 上以 2π 为周期的函数 $\tilde{f}(x)$,则必须有

$$\tilde{f}(0) = \tilde{f}(2\pi) = \frac{f(2\pi-0)+f(0+0)}{2} = \frac{e^{2\pi a}+e^{0\cdot a}}{2} = \frac{e^{2\pi a}+1}{2}$$

由此得到

$$\tilde{f}(x) = \frac{e^{2\pi a}-1}{\pi}\left(\frac{1}{2a} + \sum_{n=1}^{\infty}\frac{a\cos nx - n\sin nx}{a^2+n^2}\right) \quad (-\infty < x < +\infty)$$

令 $a = 1, x = 0$,就有

$$\frac{e^{2\pi}+1}{2} = \frac{e^{2\pi}-1}{\pi}\left(\frac{1}{2} + \sum_{n=1}^{\infty}\frac{1}{1+n^2}\right)$$

即

$$\sum_{n=1}^{\infty}\frac{1}{1+n^2} = \frac{e^{2\pi}+1}{2}\cdot\frac{\pi}{e^{2\pi}-1} - \frac{1}{2} = \frac{\pi}{2}\frac{e^{2\pi}+1}{e^{2\pi}-1} - \frac{1}{2}$$

注 16.1.2 从例 16.1.1 ~ 16.1.4,16.1.6 可看到,经某个函数的 Fourier 级数的计算,并取特殊点求得一些数项级数之和,这些数项级数之和是难以用其他方法得到的.

上面各例都是先给出函数在 $(-\pi,\pi)$ 或 $(0,2\pi)$ 上的表达式,然后将它延拓为整个数轴上的周期 2π 的函数,再将它展开为 Fourier 级数.

对于只在 $(0,\pi)$ 上定义的函数,如何展开为 Fourier 级数呢? 这时,在 $(-\pi,0)$ 上可以任意补充 $f(x)$ 的定义,使 $f(x)$ 在 $(-\pi,\pi)$ 上有定义,然后再将它以 2π 为周期延拓到整个数轴上去. 对于各种不同的延拓,得到的 Fourier 级数自然也是不同的. 但在 $(0,\pi)$ 上,它们都收敛到同一个函数. 而偶性延拓与奇性延拓是常用的两种延拓方法.

定义 16.1.3 设 $f(x)$ 是定义在 $(0,\pi)$ 上的函数,令

$$f(x) = f(-x) \quad (x \in (-\pi,0))$$

来补充$f(x)$在$(-\pi,0)$上的定义,使$f(x)$在$(-\pi,\pi)$上成为偶函数(延拓后的函数$\tilde{f}(x)$仍记为$f(x)$),这种延拓方法称为**偶性延拓**. 这样便有

$$a_n = \frac{1}{\pi}\int_{-\pi}^{\pi} f(x)\cos nx\mathrm{d}x = \frac{2}{\pi}\int_{0}^{\pi} f(x)\cos nx\mathrm{d}x \quad (n = 0,1,2,\cdots)$$

$$b_n = \frac{1}{\pi}\int_{-\pi}^{\pi} f(x)\sin nx\mathrm{d}x = 0 \quad (n = 1,2,\cdots)$$

因此,$f(x)$的 Fourier 级数中只含余弦项

$$f(x) \sim \frac{a_0}{2} + \sum_{n=1}^{\infty} a_n\cos nx$$

称它为$f(x), x \in (0,\pi)$的**余弦级数**.

如果令

$$f(x) = -f(-x) \quad (x \in (-\pi,0))$$

来补充$f(x)$在$(-\pi,0)$上的定义,使$f(x)$在$(-\pi,\pi)$上成为奇函数(延拓后的函数$\tilde{f}(x)$仍记为$f(x)$),这种延拓方法称为**奇性延拓**(注意:由$f(0) = f(-0) = -f(0)$,知$f(0) = 0$). 这样便有

$$a_n = \frac{1}{\pi}\int_{-\pi}^{\pi} f(x)\cos nx\mathrm{d}x = 0 \quad (n = 0,1,2,\cdots)$$

$$b_n = \frac{1}{\pi}\int_{-\pi}^{\pi} f(x)\sin nx\mathrm{d}x = \frac{2}{\pi}\int_{0}^{\pi} f(x)\sin nx\mathrm{d}x \quad (n = 1,2,\cdots)$$

因此,$f(x)$的 Fourier 级数中只含正弦项

$$f(x) \sim \sum_{n=1}^{\infty} b_n\sin nx$$

称它为$f(x), x \in (0,\pi)$的**正弦级数**.

由此可见,对于只定义在区间$(0,\pi)$上的函数,只要满足 Dini 定理的条件,就可考虑它的正弦级数,也可考虑它的余弦级数.

例 16.1.7 将函数

$$f(x) = x \quad (x \in (0,\pi))$$

分别展开为余弦级数与正弦级数.

解 若要展开成余弦级数,可先将$f(x), x \in (0,\pi)$偶性延拓到区间$(-\pi,0)$上,然后再将它以周期2π延拓到整个区间$(-\infty, +\infty)$上,所得的函数记为$\tilde{f}(x)$(图 16.1.6). 于是

$$a_0 = \frac{2}{\pi}\int_0^{\pi} x\mathrm{d}x = \pi$$

$$\begin{aligned} a_n &= \frac{2}{\pi}\int_0^{\pi} x\cos nx\mathrm{d}x = \frac{2}{n\pi}\int_0^{\pi} x\mathrm{d}\sin nx \\ &= \frac{2}{n\pi}\left(x\sin nx\Big|_0^{\pi} - \int_0^{\pi}\sin nx\mathrm{d}x\right) = \frac{2}{n^2\pi}\cos nx\Big|_0^{\pi} \\ &= \frac{2}{n^2\pi}[(-1)^n - 1] = \begin{cases} 0, n = 2k \\ \dfrac{-4}{(2k-1)^2\pi}, n = 2k-1 \end{cases} \quad (k = 1,2,\cdots) \end{aligned}$$

$$b_n = 0 \quad (n = 1,2,\cdots)$$

所以

$$x = \frac{\pi}{2} - \frac{4}{\pi}\sum_{k=1}^{\infty}\frac{\cos(2k-1)x}{(2k-1)^2} \quad (x \in [0,\pi])$$

$$\tilde{f}(x) = \frac{\pi}{2} - \frac{4}{\pi}\sum_{k=1}^{\infty}\frac{\cos(2k-1)x}{(2k-1)^2} \quad (x \in (-\infty, +\infty))$$

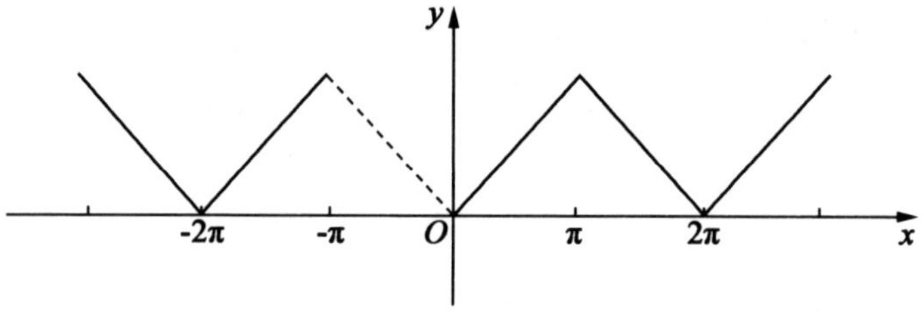

图 16.1.6

令 $x = 0$,得

$$\sum_{k=1}^{\infty}\frac{1}{(2k-1)^2} = \frac{\pi^2}{8}$$

此数项级数之和也可如下得到

$$\sum_{n=1}^{\infty}\frac{1}{n^2} = \sum_{k=1}^{\infty}\frac{1}{(2k-1)^2} + \sum_{k=1}^{\infty}\frac{1}{(2k)^2}$$

$$\sum_{k=1}^{\infty}\frac{1}{(2k-1)^2} = \sum_{n=1}^{\infty}\frac{1}{n^2} - \sum_{k=1}^{\infty}\frac{1}{(2k)^2} = \frac{3}{4}\sum_{n=1}^{\infty}\frac{1}{n^2}$$

$$\xlongequal{\text{例 16.1.3}} \frac{3}{4}\times\frac{\pi^2}{6} = \frac{\pi^2}{8}$$

若要展开成正弦级数,可先将 $f(x)$, $x \in (0,\pi)$ 奇性延拓到 $(-\pi,0)$ 上,然

后再将它以周期 2π 延拓到整个区间 $(-\infty,+\infty)$ 上，所得的函数记为 $\tilde{f}(x)$（图 16.1.7）. 于是，由例 16.1.1 知

$$x = 2\sum_{n=1}^{\infty}(-1)^{n-1}\frac{\sin nx}{n} \quad (x \in [0,\pi))$$

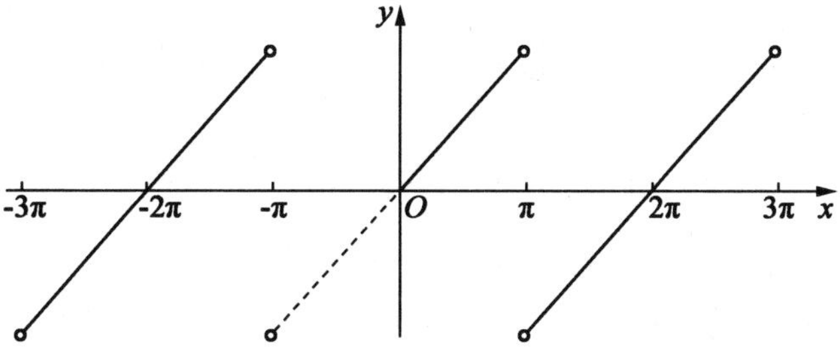

图　16.1.7

如果 $\tilde{f}[(2k-1)\pi] = \dfrac{\pi+(-\pi)}{2} = 0$，则

$$\tilde{f}(x) = 2\sum_{n=1}^{\infty}(-1)^{n-1}\frac{\sin nx}{n} \quad (x \in (-\infty,+\infty))$$

下面来讨论周期为 $2l$ 的函数的 Fourier 展开.

定义 16.1.4　设 $f(x)$ 是以 $2l$ 为周期的函数，作变换 $x = \dfrac{l}{\pi}t$，并记

$$f(x) = f\left(\frac{l}{\pi}t\right) = g(t)$$

则 $g(t)$ 是周期为 2π 的函数，如果 $g(t)$ 满足 Dini 定理推论的条件，便有

$$g(t) = \frac{a_0}{2} + \sum_{n=1}^{\infty}(a_n\cos nt + b_n\sin nt) \quad (t \in (-\infty,+\infty))$$

其中

$$a_n = \frac{1}{\pi}\int_{-\pi}^{\pi} g(t)\cos nt\mathrm{d}t \quad (n = 0,1,2,\cdots)$$

$$b_n = \frac{1}{\pi}\int_{-\pi}^{\pi} g(t)\sin nt\mathrm{d}t \quad (n = 1,2,\cdots)$$

回到原来的变量 x 就有

$$f(x) = \frac{a_0}{2} + \sum_{n=1}^{\infty}\left(a_n\cos\frac{n\pi}{l}x + b_n\sin\frac{n\pi}{l}x\right) \quad (x \in (-\infty,+\infty))$$

而

$$a_n = \frac{1}{\pi}\int_{-\pi}^{\pi} g(t)\cos nt\mathrm{d}t \xlongequal{t=\frac{\pi}{l}x} \frac{1}{\pi}\int_{-l}^{l} f(x)\cos\frac{n\pi}{l}x\mathrm{d}\left(\frac{\pi}{l}x\right)$$

$$= \frac{1}{l}\int_{-l}^{l} f(x)\cos\frac{n\pi}{l}x\mathrm{d}x \quad (n = 0,1,2,\cdots)$$

$$b_n = \frac{1}{\pi}\int_{-\pi}^{\pi} g(t)\sin nt\mathrm{d}t \xlongequal{t=\frac{\pi}{l}x} \frac{1}{\pi}\int_{-l}^{l} f(x)\sin\frac{n\pi}{l}x\mathrm{d}\left(\frac{\pi}{l}x\right)$$

$$= \frac{1}{l}\int_{-l}^{l} f(x)\sin\frac{n\pi}{l}x\mathrm{d}x \quad (n = 1,2,\cdots)$$

这就给出了周期为 $2l$ 的函数 $f(x)$ 的 Fourier 展开式.

如果 $f(x)$ 只定义在 $(0,l)$ 上,则它既可展开为余弦级数

$$f(x) = \frac{a_0}{2} + \sum_{n=1}^{\infty} a_n\cos\frac{n\pi}{l}x$$

其中

$$a_n = \frac{2}{l}\int_0^l f(x)\cos\frac{n\pi}{l}x\mathrm{d}x \quad (n = 0,1,2,\cdots)$$

也可展开为正弦级数

$$f(x) = \sum_{n=1}^{\infty} b_n\sin\frac{n\pi}{l}x$$

其中

$$b_n = \frac{2}{l}\int_0^l f(x)\sin\frac{n\pi}{l}x\mathrm{d}x \quad (n = 1,2,\cdots)$$

例 16.1.8 将函数

$$f(x) = \begin{cases} x, x \in \left[0,\dfrac{l}{2}\right] \\ l - x, x \in \left[\dfrac{l}{2},l\right] \end{cases}$$

在 $[0,l]$ 上展开为正弦级数.

解 将 $f(x)$ 作奇性延拓(图 16.1.8),得 $\tilde{f}(x)$,则

$$b_n = \frac{2}{l}\int_0^l f(x)\sin\frac{n\pi}{l}x\mathrm{d}x$$

$$= \frac{2}{l}\int_0^{\frac{l}{2}} x\sin\frac{n\pi}{l}x\mathrm{d}x + \frac{2}{l}\int_{\frac{l}{2}}^{l}(l-x)\sin\frac{n\pi}{l}x\mathrm{d}x$$

$$= \frac{2}{l}\int_0^{\frac{l}{2}} x\mathrm{d}\left(-\frac{l}{n\pi}\cos\frac{n\pi}{l}x\right) + \frac{2}{l}\int_{\frac{l}{2}}^{l}(l-x)\mathrm{d}\left(-\frac{l}{n\pi}\cos\frac{n\pi}{l}x\right)$$

$$= \frac{2}{l}\left(-\frac{l}{n\pi}x\cos\frac{n\pi}{l}x\Big|_0^{\frac{l}{2}} + \int_0^{\frac{l}{2}}\frac{l}{n\pi}\cos\frac{n\pi}{l}x\mathrm{d}x - \frac{l}{n\pi}(l-x)\cos\frac{n\pi}{l}x\Big|_{\frac{l}{2}}^{l}\right.$$
$$\left. - \frac{l}{n\pi}\int_{\frac{l}{2}}^{l}\cos\frac{n\pi}{l}x\mathrm{d}x\right)$$

$$= \frac{2}{n\pi}\left(-\frac{l}{2}\cos\frac{n\pi}{2} + \frac{l}{n\pi}\sin\frac{n\pi}{l}x\Big|_0^{\frac{l}{2}} + \frac{l}{2}\cos\frac{n\pi}{2}x - \frac{l}{n\pi}\sin\frac{n\pi}{l}x\Big|_{\frac{l}{2}}^{l}\right)$$

$$= \frac{2}{n\pi}\left(\frac{l}{n\pi}\sin\frac{n\pi}{2} + \frac{l}{n\pi}\sin\frac{n\pi}{2}\right)$$

$$= \frac{4l}{n^2\pi^2}\sin\frac{n\pi}{2} = \begin{cases} 0, n = 2k \\ \dfrac{4l}{\pi^2}\dfrac{(-1)^k}{(2k+1)^2}, k = 0,1,2,\cdots \end{cases}$$

由此得到$f(x), x \in [0,l]$ 的正弦展开式为

$$f(x) = \frac{4l}{\pi^2}\sum_{k=0}^{\infty}\frac{(-1)^k}{(2k+1)^2}\sin\frac{2k+1}{l}\pi x \quad (x \in [0,1])$$

$$\tilde{f}(x) = \frac{4l}{\pi^2}\sum_{k=0}^{\infty}\frac{(-1)^k}{(2k+1)^2}\sin\frac{2k+1}{l}\pi x \quad (x \in (-\infty, +\infty))$$

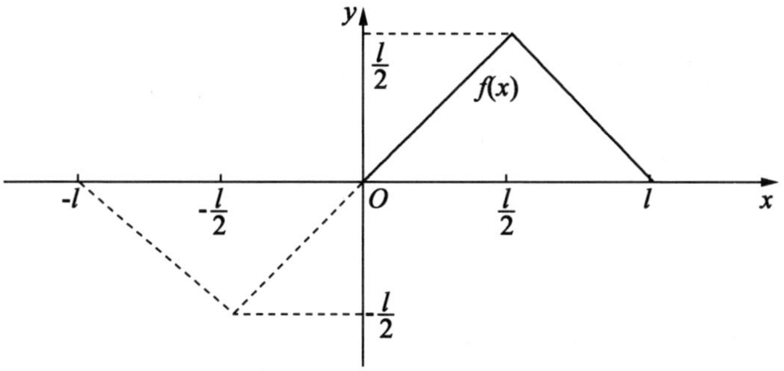

图　16.1.8

练习题 16.1

1. 证明：三角多项式

$$T_n(x) = \sum_{k=0}^{n}(\alpha_k\cos kx + \beta_k\sin kx)$$

的 Fourier 级数就是它本身.

2. 设 $f(x)$ 是周期为 2π 的可积或绝对可积函数. 证明:

(1) 如果 $f(x)$ 在 $[-\pi,\pi]$ 中满足 $f(x+\pi)=f(x)$, 则 $a_{2n-1}=b_{2n-1}=0$, $n=1,2,\cdots$.

(2) 如果 $f(x)$ 在 $[-\pi,\pi]$ 中满足 $f(x+\pi)=-f(x)$, 则 $a_{2n}=b_{2n}=0$, $n=0,1,2,\cdots$.

3. 设 a_n,b_n 是周期为 2π 的可积或绝对可积函数 $f(x)$ 的 Fourier 系数. 证明: 平移函数 $f(x+h)$ 的 Fourier 系数为

$$\tilde{a}_n = a_n\cos nh + b_n\sin nh \quad (n=0,1,2,\cdots)$$

$$\tilde{b}_n = b_n\cos nh - a_n\sin nh \quad (n=1,2,\cdots)$$

4. 如果级数

$$\frac{|a_0|}{2} + \sum_{k=1}^{\infty}(|a_k| + |b_k|) < +\infty$$

则级数

$$\frac{a_0}{2} + \sum_{n=1}^{\infty}(a_k\cos kx + b_k\sin kx)$$

必是某个周期为 2π 的函数的 Fourier 级数.

5. 计算极限 $\lim\limits_{\lambda\to\infty}\int_0^1 \ln x\cos^2\lambda x\mathrm{d}x$.

6. 将函数

$$f(x) = \operatorname{sgn} x \quad (x\in(-\pi,\pi))$$

展开为傅里叶级数,并利用这个级数求级数 $\sum\limits_{n=1}^{\infty}\frac{(-1)^{n-1}}{2n-1}$ 的和.

7. 在区间 $(-\pi,\pi)$ 上将下列函数展开为 Fourier 级数:

(1) $|x|$; (2) $\sin ax$; (3) $x\sin x$.

8. 将 $f(x)=x-[x]$ 在 $[0,1]$ 上展开为 Fourier 级数.

9. 在区间 $(-l,l)$ 上将下列函数展开为 Fourier 级数:

(1) x; (2) $x+|x|$.

10. 将函数

$$f(x)=\begin{cases}x, 0\leqslant x\leqslant 1\\ 1, 1<x<2\\ 3-x, 2\leqslant x\leqslant 3\end{cases}$$

展开为 Fourier 级数.

思考题 16.1

1. 设 $f(x)$ 是周期为 2π 的可积或绝对可积函数，$b_n(n=1,2,\cdots)$ 是其 Fourier 系数. 证明：

(1) 如果 $f(x)$ 在 $(0,2\pi)$ 中单调减少，则 $b_n\geqslant 0$；

(2) 如果 $f(x)$ 在 $(0,2\pi)$ 中单调增加，则 $b_n\leqslant 0$.

2. 设 $f(x)$ 是周期为 2π 的 Riemann 可积函数，如果它在 $(-\pi,\pi)$ 中单调，证明

$$a_n=O\left(\frac{1}{n}\right), b_n=O\left(\frac{1}{n}\right)\quad (n\to+\infty)$$

3. 设 $f(x)$ 在 $[a,b]$ 上 Riemann 可积，证明

$$\lim_{n\to+\infty}\int_a^b f(x)\,|\sin nx|\,dx=\frac{2}{\pi}\int_a^b f(x)dx$$

$$\lim_{n\to+\infty}\int_a^b f(x)\,|\cos nx|\,dx=\frac{2}{\pi}\int_a^b f(x)dx$$

4. 设 $f(x)$ 在 $(-\infty,+\infty)$ 上绝对可积，证明

$$\lim_{n\to+\infty}\int_{-\infty}^{+\infty} f(x)\,|\sin nx|\,dx=\frac{2}{\pi}\int_{-\infty}^{+\infty} f(x)dx$$

$$\lim_{n\to+\infty}\int_{-\infty}^{+\infty} f(x)\,|\cos nx|\,dx=\frac{2}{\pi}\int_{-\infty}^{+\infty} f(x)dx$$

5. 证明：对任意 $x\in(-\infty,+\infty)$ 有

$$|\cos x|=\frac{2}{\pi}+\frac{4}{\pi}\sum_{n=1}^{\infty}\frac{(-1)^{n+1}}{4n^2-1}\cos 2nx$$

由此结果证明：如果 $f(x)$ 在 $[a,b]$ 中 Riemann 可积，则

$$\lim_{\lambda\to+\infty}\int_a^b f(x)\,|\cos\lambda x|\,dx=\frac{2}{\pi}\int_a^b f(x)dx$$

(参阅题3).

6. 将函数$f(x)=\ln\left(2\cos\dfrac{x}{2}\right)$在$(-\pi,\pi)$上展开为Fourier级数,由此证明

$$\sum_{n=1}^{\infty}\frac{\cos nx}{n}=-\ln\left(2\sin\frac{x}{2}\right)\quad(0<x<2\pi)$$

7. 设函数

$$\varphi(-x)=\psi(x)$$

问:$\varphi(x)$与$\psi(x)$的Fourier系数a_n,b_n与α_n,β_n之间有何关系?

8. 设函$\varphi(-x)=-\psi(x)$,问$\varphi(x)$与$\psi(x)$的Fourier系数a_n,b_n与α_n,β_n之间有何关系?

9. 已知周期为2π的可积函数$f(x)$的Fourier系数为a_n,b_n. 试计算函数

$$f_h(x)=\frac{1}{2h}\int_{x-h}^{x+h}f(\xi)\,\mathrm{d}\xi$$

的Fourier系数A_n,B_n.

10. 设$f(x)$是以2π为周期的连续函数,并且a_n,b_n为其Fourier系数. 求卷积函数

$$F(x)=\frac{1}{\pi}\int_{-\pi}^{\pi}f(t)f(x+t)\,\mathrm{d}t$$

的Fourier系数A_n,B_n.

16.2 平方平均收敛

定理14.3.8中已经证明,周期为2π的连续函数能用三角多项式一致逼近. 根据定理13.2.1知,能用周期为2π的三角多项式一致逼近的函数必是周期为2π的连续函数. 因此,周期为2π的且在$[-\pi,\pi]$上可积的函数,只要它不连续(如:$f(x)=\begin{cases}0,x\neq 2k\pi\\1,x=2k\pi\end{cases},k=0,\pm1,\pm2,\cdots$)就不能用三角多项式一致逼近. 问题出在哪里呢?所谓一致逼近,就是

$$\sup_{-\pi\leqslant x\leqslant\pi}|f(x)-T_n(x)|\to 0\quad(n\to+\infty)$$

这就要求$f(x)$与三角多项式$T_n(x)$之差在整个$[-\pi,\pi]$上均匀地趋于0,而不允许有点例外. 由于连续函数在邻近点处的值相差很小,上述要求能办到,而一

般的周期为 2π 的且在 $[-\pi,\pi]$ 上可积的函数就不一定做得到了. 在这种情况下,我们只能放弃一致逼近,退而求其次,要求能用三角函数 $T_n(x)$ 平均地逼近 $f(x)$,即

$$\int_{-\pi}^{\pi}[f(x)-T_n(x)]^2\mathrm{d}x\to 0\quad(n\to+\infty)$$

这是比一致逼近弱一点的概念.

定义 16.2.1　设 $f(x)$ 是 $[-\pi,\pi]$ 上的可积函数,如果存在三角多项式序列 $\{T_n(x)\}$,使得

$$\lim_{n\to+\infty}\int_{-\pi}^{\pi}[f(x)-T_n(x)]^2\mathrm{d}x=0$$

则称 $\{T_n(x)\}$ **平方平均收敛于 $f(x)$**,或称 $f(x)$ 可用三角多项式**平方平均逼近**.

定理 16.2.1　如果 $[-\pi,\pi]$ 上的三角多项式序列 $\{T_n(x)\}$ 能一致逼近 $f(x)$,则 $\{T_n(x)\}$ 必平方平均收敛于 $f(x)$,但反之不真.

证明　设 $[-\pi,\pi]$ 上的三角多项式序列 $\{T_n(x)\}$ 能一致逼近 $f(x)$,即 $\forall\varepsilon>0,\exists N\in\mathbb{N}$,当 $n>N$ 时,有

$$|f(x)-T_n(x)|<\sqrt{\frac{\varepsilon}{2\pi}}\quad(\forall x\in[-\pi,\pi])$$

则

$$\int_{-\pi}^{\pi}[f(x)-T_n(x)]^2\mathrm{d}x<\frac{\varepsilon}{2\pi}\cdot 2\pi=\varepsilon$$

即

$$\int_{-\pi}^{\pi}[f(x)-T_n(x)]^2\mathrm{d}x\to 0\quad(n\to+\infty)$$

这就表明 $\{T_n(x)\}$ 平方平均收敛于 $f(x)$.

但反之不真,事实上,设 $T_n(x)=0,x\in[-\pi,\pi]$

$$f(x)=\begin{cases}0,x\neq 0,2\pi\\1,x=0,2\pi\end{cases}$$

显然,$\{T_n(x)\}=\{0\}$ 平方平均收敛于 $f(x)$,但 $\{T_n(x)\}$ 在 $[-\pi,\pi]$ 上非一致收敛于 0.

注 16.2.1　如果 $f(x)$ 在 $[a,b]$ 上为有界函数,假定 $f(x)$ 是 Riemann 可积的,因而 $f^2(x)$ 也是 Riemann 可积的;如果 $f(x)$ 是 $[a,b]$ 上的无界函数,假定 $f^2(x)$ 是广义可积的. 从不等式

$$|f(x)| \leqslant \frac{1+|f(x)|^2}{2}$$

知，$|f(x)|$ 是广义可积的，因而只要$f(x)$ 在$[a,b]$ 的任意不含$f(x)$ 的瑕点的内闭区间上 Riemann 可积，$f(x)$ 必广义可积. 提醒读者，研究例子

$$f(x)=\begin{cases}\dfrac{1}{x^{\frac{1}{4}}}, x\text{ 为}(0,1]\text{ 中的有理数}\\ -\dfrac{1}{x^{\frac{1}{4}}}, x\text{ 为}(0,1]\text{ 中的无理数}\end{cases}$$

显然，$f(x)$ 在$[0,1]$ 上非广义可积，但$f^2(x)$ 在$[0,1]$ 上广义可积.

注 16.2.2　在定义 16.2.1 中，如果$f(x)$ 为无界函数，由

$$\lim_{n\to+\infty}\int_{-\pi}^{\pi}[f(x)-T_n(x)]^2\mathrm{d}x=0$$

可知 $\exists N\in\mathbb{N}$，当 $n>N$ 时

$$\int_{-\pi}^{\pi}[f(x)-T_n(x)]^2\mathrm{d}x<1$$

根据注 16.2.1，$f(x)-T_n(x)$ 在$[-\pi,\pi]$ 上广义可积，从而$f(x)=[f(x)-T_n(x)]+T_n(x)$ 也广义可积.

对于可积函数$f(x)$，是否存在平方平均收敛于$f(x)$ 的三角多项式序列$\{T_n(x)\}$ 呢？回答是肯定的.

我们将$[a,b]$ 上所有既可积(按注 16.2.1 理解)，又平方可积的函数的全体记为$R[a,b]$. 在$R[a,b]$ 中，按通常函数的加法

$$(f+g)(x)=f(x)+g(x)$$

及数乘

$$(\lambda f)(x)=\lambda f(x)\quad(\forall f,g\in R[a,b],\forall\lambda\in\mathbb{R})$$

成为一个线性空间.

定理 16.2.2　对 $\forall f,g\in R[a,b]$，令

$$\langle f,g\rangle=\int_a^b f(x)g(x)\mathrm{d}x$$

则$\langle\,,\rangle$ 有以下简单性质：

(1) $\langle f,f\rangle\geqslant 0,\forall f\in R[a,b],\langle f,f\rangle=0\Leftrightarrow f\overset{\text{a.e.}}{=\!=}0,x\in[a,b]$；

(2) $\langle f,g\rangle=\langle g,f\rangle,\forall f,g\in R[a,b]$(对称性)；

(3) $\langle \alpha_1 f_1 + \alpha_2 f_2, g\rangle = \alpha_1\langle f_1, g\rangle + \alpha_2\langle f_2, g\rangle, \forall f_1, f_2, g \in R[a,b]$, $\forall \alpha_1, \alpha_2 \in \mathbb{R}$.

由性质(2)(3)立即推出

$$\langle f, \alpha_1 g_1 + \alpha_2 g_2\rangle = \alpha_1\langle f, g_1\rangle + \alpha_2\langle f, g_2\rangle$$

$$\forall f, g_1, g_2 \in R[a,b], \forall \alpha_1, \alpha_2 \in \mathbb{R}\ (\text{双线性})$$

于是,$(R[a,b], \langle , \rangle)$ 成为 $R[a,b]$ 上的一个"内积".

证明　(1) 显然

$$\langle f, f\rangle = \int_a^b f(x)f(x)\,\mathrm{d}x = \int_a^b f^2(x)\,\mathrm{d}x \geqslant 0$$

$$\langle f, f\rangle = \int_a^b f^2(x)\,\mathrm{d}x = 0 \overset{\text{例6.2.3(2)}}{\Longleftrightarrow} f^2(x) \overset{\text{a.e.}}{=\!=} 0, x \in [a,b]$$

$$\Leftrightarrow f(x) \overset{\text{a.e.}}{=\!=} 0, x \in [a,b]$$

(2) $\langle f, g\rangle = \int_a^b f(x)g(x)\,\mathrm{d}x = \int_a^b g(x)f(x)\,\mathrm{d}x = \langle g, f\rangle$

(3) $\langle \alpha_1 f_1 + \alpha_2 f_2, g\rangle = \int_a^b (\alpha_1 f_1 + \alpha_2 f_2)(x)g(x)\,\mathrm{d}x$

$$= \alpha_1\int_a^b f_1(x)g(x)\,\mathrm{d}x + \alpha_2\int_a^b f_2(x)g(x)\,\mathrm{d}x$$

$$= \alpha_1\langle f_1, g\rangle + \alpha_2\langle f_2, g\rangle$$

$$\langle f, \alpha_1 g_1 + \alpha_2 g_2\rangle \overset{(2)}{=\!=} \langle \alpha_1 g_1 + \alpha_2 g_2, f\rangle \overset{(3)}{=\!=} \alpha_1\langle g_1, f\rangle + \alpha_2\langle g_2, f\rangle$$

$$= \alpha_1\langle f, g_1\rangle + \alpha_2\langle f, g_2\rangle$$

注 16.2.3　应该指出的是,$\langle , \rangle$ 并不是 $R[a,b]$ 上的一个内积,这是因为 $\langle f, f\rangle = 0$,只能推得 $f \overset{\text{a.e.}}{=\!=} 0$,而不能推得 $f = 0$.

为了得到一个真正的内积,我们在 $R[a,b]$ 上引进一个等价关系:$f, g \in R[a,b]$, $f \sim g$(f 等价于 g)$\Leftrightarrow f \overset{\text{a.e.}}{=\!=} g, \forall x \in [a,b]$. 记 $\tilde{f} = \{g \mid g \in R[a,b], g \sim f\}$ 为 f 的等价类,并称

$$\widetilde{R[a,b]} = \{\tilde{f} \mid f \in R[a,b]\}$$

为 $R[a,b]$ 在"$\sim$"下的商集合. 如果定义

$$\langle \tilde{f}, \tilde{g}\rangle = \int_a^b f(x)g(x)\,\mathrm{d}x = \langle f, g\rangle$$

则显然它与 $\tilde{f}, \tilde{g}$ 的代表元的选取无关,并且满足定理 16.2.2 中 3 个条件. 更重

要的是,$\langle \tilde{f},\tilde{f}\rangle = 0 \Leftrightarrow f \overset{\text{a. e.}}{=\!=\!=} 0, \forall x \in [a,b] \Leftrightarrow \tilde{f} = \tilde{0}$. 由此可看出,$\langle\,,\rangle$ 为 $\widetilde{R[a,b]}$ 上的一个内积,$(\widetilde{R[a,b]},\langle\,,\rangle)$ 为 $\widetilde{R[a,b]}$ 上的一个内积空间. 如果 $f(x) \overset{\text{a. e.}}{=\!=\!=} g(x), \forall x \in [a,b]$,即 $\tilde{f} = \tilde{g}$,我们就视 f 与 g 是相等的,并粗略地视 $(R[a,b]\langle\,,\rangle)$ 为一个内积空间.

引理 16.2.1 对 $f \in R[a,b]$,若令 $\|f\| = \langle f,f\rangle = \left[\int_a^b f^2(x)\,\mathrm{d}x\right]^{\frac{1}{2}}$,则 $\forall f,g \in R[a,b]$ 有 Cauchy-Schwarz 不等式

$$|\langle f,g\rangle| \leqslant \|f\|\ \|g\|$$

且等号当且仅当 $x \in [a,b]$, $f(x) \overset{\text{a. e.}}{=\!=\!=} \lambda g(x)$ 或 $g(x) \overset{\text{a. e.}}{=\!=\!=} \lambda f(x)$ 时成立,其中 $\lambda \in \mathbb{R}$.

证明 对 $\forall t \in \mathbb{R}$,由于

$$0 \leqslant \int_a^b [f(x) - tg(x)]^2\mathrm{d}x = \int_a^b f^2(x)\,\mathrm{d}x - 2t\int_a^b f(x)g(x)\,\mathrm{d}x + t^2\int_a^b g^2(x)\,\mathrm{d}x$$

当 $\int_a^b g^2(x)\,\mathrm{d}x = 0$ 时,$g(x) \overset{\text{a. e.}}{=\!=\!=} 0, x \in [a,b]$. 从而

$$f(x)g(x) \overset{\text{a. e.}}{=\!=\!=} 0 \quad (x \in [a,b])$$

$$|\langle f,g\rangle| = \left|\int_a^b f(x)g(x)\,\mathrm{d}x\right| = 0 = \|f(x)\|\ \|0\| = \|f\|\ \|g\|$$

当 $\int_a^b g^2(x)\,\mathrm{d}x > 0$ 时,上面关于 t 的二次三项式的判别式

$$\Delta = 4\left[\int_a^b f(x)g(x)\,\mathrm{d}x\right]^2 - 4\int_a^b f^2(x)\,\mathrm{d}x \cdot \int_a^b g^2(x)\,\mathrm{d}x \leqslant 0$$

即

$$|\langle f,g\rangle| \leqslant \|f\|\ \|g\|$$

如果 $f(x) \overset{\text{a. e.}}{=\!=\!=} \lambda g(x), x \in [a,b]$,则

$$\begin{aligned}|\langle f,g\rangle| &= |\langle \lambda g,g\rangle| = |\lambda\langle g,g\rangle| = |\lambda|\ \|g\|^2\\ &= \|\lambda g\|\ \|g\| = \|f\|\ \|g\|\end{aligned}$$

反之,如果

$$|\langle f,g\rangle| = \|f\|\ \|g\|$$

则当 $\|g\| = 0$ 时,$g \overset{\text{a. e.}}{=\!=\!=} 0 \cdot f, x \in [a,b]$;如果 $\|g\| > 0$,则由

$$\Delta = 4[\langle f,g\rangle^2 - \|f\|^2\|g\|^2] = 0$$

可知,关于 t 的二次方程 $\int_a^b f^2(x)\,dx - 2t\int_a^b f(x)g(x)\,dx + t^2\int_a^b g^2(x)\,dx = 0$ 必有解 $t = \lambda$. 于是

$$\int_a^b [f(x) - \lambda g(x)]^2 dx = \int_a^b f^2(x)\,dx - 2\lambda\int_a^b f(x)g(x)\,dx + \lambda^2\int_a^b g^2(x)\,dx = 0$$

由此得到

$$f(x) - \lambda g(x) \xlongequal{\text{a. e.}} 0 \quad (x \in [a,b])$$

即 $f(x) \xlongequal{\text{a. e.}} \lambda g(x), x \in [a,b]$.

定理 16.2.3　$\|f\| = \sqrt{\langle f,f\rangle} = \left[\int_a^b f^2(x)\,dx\right]^{\frac{1}{2}}, f \in R[a,b]$,有下列简单性质:

(1) $\|f\| \geqslant 0, \forall f \in R[a,b], \|f\| = 0 \Rightarrow f(x) \xlongequal{\text{a. e.}} 0, x \in [a,b]$;

(2) $\|\lambda f\| = |\lambda|\ \|f\|, \forall f \in R[a,b], \forall \lambda \in R$;

(3) $\|f+g\| \leqslant \|f\| + \|g\|$(三角不等式或三点不等式).

证明　(1) $\|f\| = \left[\int_a^b f^2(x)\,dx\right]^{\frac{1}{2}} \geqslant 0$.

$$\|f\| = \left[\int_a^b f^2(x)dx\right]^{\frac{1}{2}} = 0 \Rightarrow f^2(x) \xlongequal{\text{a. e.}} 0, x \in [a,b] \Leftrightarrow f(x) \xlongequal{\text{a. e.}} 0, x \in [a,b].$$

(2) $\|\lambda f\| = \left[\int_a^b \lambda^2 f^2(x)\,dx\right]^{\frac{1}{2}} = |\lambda| \left[\int_a^b f^2(x)\,dx\right]^{\frac{1}{2}} = |\lambda|\ \|f\|$.

(3)
$$\begin{aligned}\|f+g\|^2 &= \langle f+g, f+g\rangle = \langle f,f\rangle + 2\langle f,g\rangle + \langle g,g\rangle \\ &\overset{\text{引理16.2.1}}{\leqslant} \|f\|^2 + 2\|f\|\ \|g\| + \|g\|^2 = (\|f\| + \|g\|)^2\end{aligned}$$

$$\|f+g\| \leqslant \|f\| + \|g\|$$

注 16.2.4　值得注意, $\|\cdot\|$ 并不是 $R[a,b]$ 上的一个模或范数,这是因为 $\|f\| = 0$,只能推出 $f(x) \xlongequal{\text{a. e.}} 0, x \in [a,b]$,而不能推得 $f = 0$.

类似注 16.2.3,可定义

$$\|\tilde{f}\| = \sqrt{\langle \tilde{f}, \tilde{f}\rangle} = \left[\int_a^b f^2(x)\,dx\right]^{\frac{1}{2}} = \|f\|$$

则 $\|\tilde{f}\| = 0 \Leftrightarrow f(x) \xlongequal{\text{a. e.}} 0, x \in [a,b] \Leftrightarrow \tilde{f} = \tilde{0}$. 显见, $\|\cdot\|$ 还满足定理16.2.2

中的3个条件. 因此, $\|\cdot\|$ 为 $R[a,b]$ 上的一个模或范数,而 $(\widetilde{R[a,b]},\|\cdot\|)$ 为 $\widetilde{R[a,b]}$ 上的一个**模空间或赋范空间**. 如果 $f(x)\xlongequal{\text{a. e.}}g(x)$, $x\in[a,b]$,即 $\tilde{f}=\tilde{g}$,我们就视 f 与 g 是相等的,并粗略地视 $(R[a,b],\|\cdot\|)$ 为一个模空间或赋范空间.

定理 16.2.4 设

$$\begin{aligned}d(f,g)&=\|f-g\|=\sqrt{\langle f-g,f-g\rangle}\\&=\sqrt{\int_a^b[f(x)-g(x)]^2\mathrm{d}x}\quad(\forall f,g\in R[a,b])\end{aligned}$$

则:

(1) $d(f,g)\geqslant 0$, $\forall f,g\in R[a,b]$, $d(f,g)=0\Rightarrow f\xlongequal{\text{a. e.}}g$, $x\in[a,b]$(正定性);

(2) $d(f,g)=d(g,f)$, $\forall f,g\in R[a,b]$(对称性);

(3) $d(f,g)\leqslant d(f,h)+d(h,g)$, $\forall f,g,h\in R[a,b]$(三角不等式或三点不等式).

证明 (1) $d(f,g)=\|f-g\|\overset{\text{定理16.2.3(1)}}{\geqslant}0.$

$$\begin{aligned}d(f,g)=\|f-g\|=0&\xRightarrow{\text{定理 16.2.3(1)}}f(x)-g(x)\\&\xlongequal{\text{a. e.}}0\Leftrightarrow f(x)\xlongequal{\text{a. e.}}g(x)\quad(x\in[a,b])\end{aligned}$$

(2) $d(f,g)=\|f-g\|=\|-(g-f)\|\xlongequal{\text{定理 16.2.3(2)}}\|g-f\|=d(g,f).$

$$\begin{aligned}(3)\ d(f,g)&=\|f-g\|=\|(f-h)+(h-g)\|\\&\overset{\text{定理16.2.3(3)}}{\leqslant}\|f-h\|+\|h-g\|=d(f,h)+d(h,g)\end{aligned}$$

注16.2.5 同注16.2.3与注16.2,4, $d(\cdot,\cdot)$ 并不是 $R[a,b]$ 上的一个距离或度量,这是因为 $d(f,g)=0$,只能推出 $f(x)\xlongequal{\text{a. e.}}g(x)$, $x\in[a,b]$,而不能推得 $f=g$.

类似注 16.2.3 与注 16.2.4,可定义

$$d(\tilde{f},\tilde{g})=\left[\int_a^b(f(x)-g(x))^2\mathrm{d}x\right]^{\frac{1}{2}}=d(f,g)$$

则 $d(\tilde{f},\tilde{g})=0\Leftrightarrow\|\tilde{f}-\tilde{g}\|=0\Leftrightarrow f(x)-g(x)\xlongequal{\text{a. e.}}0$, $x\in[a,b]\Leftrightarrow f(x)\xlongequal{\text{a. e.}}$

$g(x), x \in [a,b] \Leftrightarrow \tilde{f} = \tilde{g}$. 显见，$d(\cdot,\cdot)$ 还满足定理 16.2.4 中的 3 个条件. 因此，$d(\cdot,\cdot)$ 为$\widetilde{R[a,b]}$上的一个**距离**或**度量**，而$(\widetilde{R[a,b]}, d(\cdot,\cdot))$ 为$\widetilde{R[a,b]}$上的一个**距离空间**或**度量空间**。如果$f(x) \overset{\text{a. e.}}{=\!=\!=} g(x), x \in [a,b]$，即$\tilde{f} = \tilde{g}$，我们就视$f$与$g$是相等的，并粗略地视$(R[a,b], d(\cdot,\cdot))$为一个距离空间或度量空间.

读者应牢记，$\widetilde{R[a,b]}$ 中的内积、模与距离在不致混淆的情况下仍分别记为$\langle , \rangle$，$\|\cdot\|$，$d(\cdot,\cdot)$. 如果需严格区分时，记作$\widetilde{\langle , \rangle}$，$\widetilde{\|\cdot\|}$，$\widetilde{d(\cdot,\cdot)}$.

定义 16.2.2 设$f, g \in R[a,b]$满足

$$\langle f, g\rangle = \int_a^b f(x) g(x) \mathrm{d}x = 0$$

则称f与g是**正交**的.

设$\{\varphi_0, \varphi_1, \cdots, \varphi_n, \cdots\} \subset R[a,b]$为一个函数系，如果

$$\langle \varphi_k, \varphi_l\rangle = \int_a^b \varphi_k(x) \varphi_l(x) \mathrm{d}x = \begin{cases} 0, k \neq l \\ \lambda_k > 0, k = l \end{cases}$$

则称$\{\varphi_k \mid k = 0,1,2,\cdots\}$为$R[a,b]$中的**正交系**. 若还有

$$\lambda_k = 1 \quad (k == 0,1,2,\cdots)$$

则称这函数系是**规范正交系**.

定义 16.2.3 设$\{\varphi_k\} = \{\varphi_k \mid k = 0,1,2,\cdots\}$为$R[a,b]$中的一个给定的规范正交系. $\forall f \in R[a,b]$，称

$$c_k = \langle f, \varphi_k\rangle = \int_a^b f(x) \varphi_k(x) \mathrm{d}x$$

为f关于规范正交系$\{\varphi_k\}$的 **Fourier 系数**，由此产生的级数$\sum\limits_{n=0}^{\infty} c_k \varphi_k(x)$称为$f$关于规范正交系$\{\varphi_k\}$的 **Fourier 级数**，记为

$$f(x) \sim \sum_{k=0}^{\infty} c_k \varphi_k(x)$$

上述 Fourier 级数的部分和

$$S_n(x) = \sum_{k=0}^{n} c_k \varphi_k(x)$$

有下面的极值性质，它是证明可积函数存在平方平均收敛于f的三角多项式序

列$\{T_n(x)\}$的关键,其中$T_n(x)=\sum_{n=0}^{n}\alpha_k\varphi_k(x)$称为$n$次$\varphi$多项式,$\alpha_k$是任意给定的实数.

定理 16.2.5 设$f\in R[a,b]$,$\{\varphi_k\}$为$[a,b]$的一个规范正交系,$\{c_k\}$为f关于$\{\varphi_k\}$的 Fourier 系数,则:

(1)(f的部分和S_n的极值性质)$\forall\alpha_0,\alpha_1,\cdots,\alpha_n\in\mathbb{R}$

$$\|f-T_n\|=\left\|f-\sum_{k=0}^{n}\alpha_k\varphi_k\right\|\geqslant\left\|f-\sum_{k=0}^{n}c_k\varphi_k\right\|$$

即当$\alpha_k=c_k,k=0,1,\cdots,n$时

$$\|f-T_n\|=\left[\int_a^b(f(x)-T_n(x))^2\mathrm{d}x\right]^{\frac{1}{2}}$$

达到最小值,即平方平均误差最小.

(2) $\left\|f-\sum_{k=0}^{n}c_k\varphi_k\right\|^2=\|f\|^2-\sum_{k=0}^{n}c_k^2$.

(3)(Bessel 不等式)$\sum_{k=0}^{n}c_k^2\leqslant\|f\|^2$,$\sum_{k=0}^{\infty}c_k^2\leqslant\|f\|^2$.

证明 (1)(2)

$$\begin{aligned}\|f-T_n\|^2&=\langle f-T_n,f-T_n\rangle\\&=\left\langle f-\sum_{k=0}^{n}\alpha_k\varphi_k,f-\sum_{l=0}^{n}\alpha_l\varphi_l\right\rangle\\&=\langle f,f\rangle-\sum_{l=0}^{n}\alpha_l\langle f,\varphi_l\rangle-\sum_{k=0}^{n}\alpha_k\langle\varphi_k,f\rangle\\&\quad+\sum_{k=0}^{n}\sum_{l=0}^{n}\alpha_k\alpha_l\langle\varphi_k,\varphi_l\rangle\\&=\langle f,f\rangle-2\sum_{k=0}^{n}\alpha_k\langle f,\varphi_k\rangle+\sum_{k=0}^{\infty}\alpha_k\alpha_l\delta_{kl}\\&=\|f\|^2-2\sum_{k=0}^{n}\alpha_kc_k+\sum_{k=0}^{\infty}\alpha_k^2\\&=\|f\|^2-\sum_{k=0}^{n}c_k^2+\sum_{k=0}^{n}(\alpha_k-c_k)^2\\&\geqslant\|f\|^2-\sum_{k=0}^{n}c_k^2\end{aligned}$$

由此可见,当且仅当

$$\alpha_k=c_k\quad(k=0,1,2,\cdots,n)$$

时 $\|f-T_n\|^2$ 才达到最小值

$$\left\|f-\sum_{k=0}^{n}c_k\varphi_k\right\|^2=\|f\|^2-\sum_{k=0}^{n}c_k^2$$

(3) 从上式立即得到

$$\sum_{k=0}^{n}c_k^2\leqslant\sum_{k=0}^{n}c_k^2+\left\|f-\sum_{k=0}^{n}c_k\varphi_k\right\|^2=\|f\|^2$$

令 $n\to+\infty$,有

$$\sum_{k=0}^{\infty}c_k^2\leqslant\|f\|^2$$

推论 16.2.1　在定理 16.2.5 中,有

$$\lim_{k\to+\infty}c_k=\int_a^b f(x)\varphi_k(x)\mathrm{d}x=0$$

证明　因为 $\sum_{k=0}^{\infty}c_k^2\leqslant+\infty$,所以根据定理 12.1.2 知,$\lim_{k\to+\infty}c_k=0$.

定义 16.2.4　设 $\{\varphi_k\}$ 为 $R[a,b]$ 中的规范正交系,如果定理 16.2.5(3)中的不等式成为等式,即

$$\sum_{k=1}^{\infty}c_k^2=\|f\|^2$$

则称之为 **Parseval 等式或封闭公式**.

Parseval 等式有明确的几何意义. 如果 $f(x)\in R[a,b]$ 能展开成傅里叶级数,即

$$f(x)=\sum_{k=0}^{\infty}c_k\varphi_k(x)$$

则 $\{c_0,c_1,\cdots,c_n,\cdots\}$ 可以视作向量 $f(x)$ 在 $\{\varphi_k\}$ 下的坐标. 于是,Parseval 等式就类似于 Euclid 得空间中的勾股定理.

如果 $\forall f(x)\in R[a,b]$,均有 Parseval 等式(或封闭公式)成立,则称 $\{\varphi_k\}$ **是封闭的**.

从定理 16.2.5 立即可得下面定理.

定理 16.2.6　$\{\varphi_k\}$ 是封闭的 $\Leftrightarrow\forall f\in R[a,b]$ 有 $\lim_{n\to+\infty}\left\|f-\sum_{k=0}^{n}c_k\varphi_k\right\|^2=0$. 即 f 可用它的 Fourier 级数的部分和平方平均逼近.

证明　由定理 16.2.5(2)

$$\sum_{k=0}^{\infty} c_k^2 = \|f\|^2 \Leftrightarrow \lim_{n\to+\infty} \left\| f - \sum_{k=0}^{n} c_k\varphi_k \right\|^2 = \lim_{n\to+\infty} \left[\|f\|^2 - \sum_{k=0}^{n} c_k^2 \right] = 0$$

例 16.2.1 根据例6.3.3知

$$\{1,\cos x,\sin x,\cdots,\cos nx,\sin nx,\cdots\}$$

为$[-\pi,\pi]$上的正交系,而三角函数系

$$\left\{\frac{1}{\sqrt{2\pi}},\frac{\cos x}{\sqrt{\pi}},\frac{\sin x}{\sqrt{\pi}},\cdots,\frac{\cos nx}{\sqrt{\pi}},\frac{\sin nx}{\sqrt{\pi}},\cdots\right\}$$

为$[-\pi,\pi]$上的规范正交系.

令

$$\varphi_0(x) = \frac{1}{\sqrt{2\pi}},\varphi_{2k-1}(x) = \frac{\cos kx}{\sqrt{\pi}},\varphi_{2k}(x) = \frac{\sin kx}{\sqrt{\pi}} \quad (k = 1,2,\cdots)$$

则 $\forall f(x) \in R[-\pi,\pi]$,有

$$c_0 = \int_{-\pi}^{\pi} f(x)\varphi_0(x)\,\mathrm{d}x = \frac{1}{\sqrt{2}\,\pi}\int_{-\pi}^{\pi} f(x)\,\mathrm{d}x = \sqrt{\frac{\pi}{2}}\,a_0$$

$$c_{2k-1} = \int_{-\pi}^{\pi} f(x)\varphi_{2k-1}(x)\,\mathrm{d}x = \frac{1}{\sqrt{\pi}}\int_{-\pi}^{\pi} f(x)\cos kx\mathrm{d}x = \sqrt{\pi}\,a_k \quad (k = 1,2,\cdots)$$

$$c_{2k} = \int_{-\pi}^{\pi} f(x)\varphi_{2k}(x)\,\mathrm{d}x = \frac{1}{\sqrt{\pi}}\int_{-\pi}^{\pi} f(x)\sin kx\mathrm{d}x = \sqrt{\pi}\,b_k \quad (k = 1,2,\cdots)$$

这里 a_k,b_k 是定义16.1.1中定义的Fourier系数. 于是

$$\sum_{k=0}^{2n} c_k\varphi_k(x) = \frac{a_0}{2} + \sum_{k=1}^{n} (a_k\cos kx + b_k\sin kx)$$

$$\sum_{k=0}^{\infty} c_k\varphi_k(x) = \frac{a_0}{2} + \sum_{n=1}^{\infty} (a_k\cos kx + b_k\sin kx)$$

此时,Bessel不等式为

$$\frac{a_0^2}{2} + \sum_{k=1}^{2n} (a_k^2 + b_k^2) = \frac{1}{\pi}\sum_{k=0}^{2n} c_k^2 \leqslant \frac{1}{\pi}\int_{-\pi}^{\pi} f^2(x)\,\mathrm{d}x$$

$$\frac{a_0^2}{2} + \sum_{k=1}^{\infty} (a_k^2 + b_k^2) \leqslant \frac{1}{\pi}\sum_{k=0}^{\infty} c_k^2 \leqslant \frac{1}{\pi}\int_{-\pi}^{\pi} f^2(x)\,\mathrm{d}x$$

而Parseval等式为

$$\frac{a_0^2}{2} + \sum_{k=1}^{\infty} (a_k^2 + b_k^2) = \frac{1}{\pi}\int_{-\pi}^{\pi} f^2(x)\,\mathrm{d}x$$

定理 16.2.7 $[-\pi,\pi]$上的三角函数系

$$\left\{\frac{1}{\sqrt{2\pi}},\frac{\cos x}{\sqrt{\pi}},\frac{\sin x}{\sqrt{\pi}},\cdots,\frac{\cos kx}{\sqrt{\pi}},\frac{\sin kx}{\sqrt{\pi}},\cdots\right\}$$

是封闭的,即总成立 Parseval 等式

$$\frac{a_0^2}{2}+\sum_{k=1}^{\infty}(a_k^2+b_k^2)=\frac{1}{\pi}\int_{-\pi}^{\pi}f^2(x)\,\mathrm{d}x$$

证明　分三步来证明.

(1) 设 $f(x)$ 为 $[-\pi,\pi]$ 上的连续函数,且 $f(-\pi)=f(\pi)$.

根据 Weierstrass 定理 14.3.8 或定理 16.4.4 知, $\forall\varepsilon>0$,总 $\exists n_0\in\mathbb{N}$,使得

$$|f(x)-T_{n_0}(x)|<\frac{\sqrt{\varepsilon}}{\sqrt{2\pi}}\quad(\forall x\in[-\pi,\pi])$$

再根据 Fourier 级数部分和 S_n 的极值性质,有

$$\|f-S_{n_0}\|^2\leqslant\|f-T_{n_0}\|^2<\varepsilon$$

由定理 16.2.5(2) 可以看出, $\|f-S_n\|^2=\left\|f-\sum_{k=0}^{n}c_k\varphi_k\right\|$ 随着 n 的增大而递减. 因此,当 $n>n_0$ 时,有

$$\|f-S_n\|^2\leqslant\|f-S_{n_0}\|^2<\varepsilon$$

这就证明了 $\lim\limits_{n\to+\infty}\|f-S_n\|=0$,故由定理 16.2.6 知道,Parseval 等式(或封闭公式) 成立.

(2) 设 f 在 $[-\pi,\pi]$ 上 Riemann 可积,故对 $\varepsilon>0$,存在 $[-\pi,\pi]$ 的一个分割

$$-\pi=x_0<x_1<\cdots<x_{m-1}<x_m=\pi$$

使得

$$\sum_{i=1}^{m}\omega_i\Delta x_i<\frac{\varepsilon}{4\Omega+1}$$

其中 $\omega_i=M_i-m_i$ 是 f 在小区间 $[x_{i-1},x_i]$ 上的振幅, $\Omega=M-m$ 为 $[-\pi,\pi]$ 上的振幅. 令

$$g(x)=\begin{cases}f(-\pi),x=-\pi,\pi\\ f(x_i),i=1,2,\cdots,m-1\\ g(x_{i-1})+\dfrac{g(x_i)-g(x_{i-1})}{x_i-x_{i-1}}(x-x_{i-1}),x\in(x_{i-1},x_i),i=1,2,\cdots,m\end{cases}$$

显然,$g(x)$ 为连续函数,而且 $g(-\pi)=f(-\pi)=g(\pi)$. 从几何上看,函数 $y=g(x)$ 的图形是连接 $(x_{i-1},g(x_{i-1}))$ 与 $(x_i,g(x_i))$ 的一条曲线,根据(1) 中证明的结论,存在三角多项式 $T(x)$,使得

$$\int_{-\pi}^{\pi}[g(x)-T(x)]^2\mathrm{d}x<\frac{\varepsilon}{4}$$

当 $x\in[x_{i-1},x_i]$ 时,显然有

$$m_i\leqslant f(x)\leqslant M_i,m_i\leqslant g(x)\leqslant M$$

因而

$$|f(x)-g(x)|\leqslant M_i-m_i=\omega_i\quad(x\in[x_{i-1},x_i])$$

于是

$$\int_{-\pi}^{\pi}[f(x)-g(x)]^2\mathrm{d}x=\sum_{i=1}^{m}\int_{x_{i-1}}^{x_i}[f(x)-g(x)]^2\mathrm{d}x\leqslant\sum_{i=1}^{m}\omega_i^2\Delta x_i\leqslant\Omega\sum_{i=1}^{m}\omega_i\Delta x_i$$
$$<\Omega\cdot\frac{\varepsilon}{4\Omega+1}<\frac{\varepsilon}{4}$$

应用初等不等式 $(a+b)^2\leqslant2(a^2+b^2)$,便有

$$\begin{aligned}\|f-T\|^2&=\int_{-\pi}^{\pi}[f(x)-T(x)]^2\mathrm{d}x\\&\leqslant2\int_{-\pi}^{\pi}[f(x)-g(x)]^2\mathrm{d}x+2\int_{-\pi}^{\pi}[g(x)-T(x)]^2\mathrm{d}x\\&<\frac{\varepsilon}{2}+\frac{\varepsilon}{2}=\varepsilon\end{aligned}$$

再用与(1) 同样的推理,根据 Fourier 级数部分和的极值性质,有

$$\|f-S_{n_0}\|^2\leqslant\|f-T\|^2<\varepsilon$$

其中 $T=T_{n_0}$. 从定理 16.2.5(2) 可以看出

$$\|f-S_n\|^2=\left\|f-\sum_{k=0}^{n}c_k\varphi_k\right\|^2$$

随着 n 的增大而递减. 因此,当 $n>n_0$ 时,便有

$$\|f-S_n\|^2\leqslant\|f-S_{n_0}\|^2<\varepsilon$$

这就证明了 $\lim\limits_{n\to+\infty}\|f-S_n\|=0$,故由定理 16.2.6 知道,Parseval 等式(或封闭公式) 成立.

(3) 设 f 在 $[-\pi,\pi]$ 上广义可积,且 f^2 也广义可积.

不失一般性,设 π 为 f 的瑕点. 于是,$\forall\varepsilon>0,\exists\eta>0$,使得

$$\int_{\pi-\eta}^{\pi} f^2(x)\,dx < \frac{\varepsilon}{4}$$

作函数

$$f_1(x) = \begin{cases} f(x), x \in [-\pi, \pi-\eta] \\ 0, x \in (\pi-\eta, \pi] \end{cases}$$

$$f_2(x) = \begin{cases} 0, x \in [-\pi, \pi-\eta] \\ f(x), x \in (\pi-\eta, \pi] \end{cases}$$

显然,$f(x) = f_1(x) + f_2(x)$. 由 f_1 在 $[-\pi,\pi]$ 上 Riemann 可积,故由(2) 的结论,存在三角多项式 $T(x)$,使得

$$\int_{-\pi}^{\pi} [f_1(x) - T(x)]^2 dx < \frac{\varepsilon}{4}$$

于是

$$\begin{aligned}\int_{-\pi}^{\pi} [f(x) - T(x)]^2 dx &= 2\int_{-\pi}^{\pi} [f_1(x) + f_2(x) - T(x)]^2 dx \\ &\leqslant 2\int_{-\pi}^{\pi} [f_1(x) - T(x)]^2 dx + 2\int_{-\pi}^{\pi} f_2^2(x)\,dx \\ &< 2\cdot\frac{\varepsilon}{4} + 2\int_{\pi-\eta}^{\pi} f^2(x)\,dx \\ &< \frac{\varepsilon}{2} + 2\cdot\frac{\varepsilon}{4} = \varepsilon\end{aligned}$$

重复上面的讨论,即得

$$\lim_{n\to+\infty} \| f - S_n \| = 0$$

故由定理 16.2.6,Parseval 等式(或封闭公式) 在这种情形也成立.

从 Parseval 等式可以得到下面两个重要的推论.

推论 16.2.2　设 $f(x) \in R[a,b]$ 与规范正交系

$$\left\{\frac{1}{\sqrt{2\pi}}, \frac{\cos x}{\sqrt{\pi}}, \frac{\sin x}{\sqrt{\pi}}, \cdots, \frac{\cos nx}{\sqrt{\pi}}, \frac{\sin nx}{\sqrt{\pi}}, \cdots\right\}$$

或三角函数系 $\{1, \cos x, \sin x, \cdots, \cos nx, \sin nx, \cdots\}$ 都正交,则必有 $f(x) \xlongequal{\text{a. e.}} 0, x \in [-\pi, \pi]$.

特别当 f 连续时,有 $f = 0$.

证明　根据假定

$$a_n = \frac{1}{\pi}\int_{-\pi}^{\pi} f(x)\cos nx\mathrm{d}x = 0 \quad (n = 0,1,2,\cdots)$$

$$b_n = \frac{1}{\pi}\int_{-\pi}^{\pi} f(x)\sin nx\mathrm{d}x = 0 \quad (n = 1,2,\cdots)$$

于是,由 Parseval 等式得到

$$\int_{-\pi}^{\pi} f^2(x)\mathrm{d}x = \pi\left[\frac{a_0^2}{2} + \sum_{k=1}^{\infty}(a_k^2 + b_k^2)\right] = 0$$

从而 $f(x) \overset{\text{a. e.}}{=\!=} 0, x \in [-\pi,\pi]$. 当 f 连续时,有 $f = 0$.

推论 16.2.3(唯一性定理) 设 $f,g \in R[-\pi,\pi]$,且它们有相同的 Fourier 级数,则 $f \overset{\text{a. e.}}{=\!=} g, x \in [-\pi,\pi]$. 特别 f,g 连续时,有 $f = g$.

证明 由 f,g 有相同的 Fourier 级数,则它们有相同的 Fourier 系数,从而 $f-g$ 的 Fourier 系数全为0. 应用推论 16.2.2 知,$f - g \overset{\text{a. e.}}{=\!=} 0, x \in [-\pi,\pi]$,即 $f \overset{\text{a. e.}}{=\!=} g, x \in [-\pi,\pi]$. 当 f,g 连续时,$f = g$.

Parseval 等式还可以推广到两个不同的函数.

定理 16.2.8 设 $f(x), g(x) \in R[-\pi,\pi]$, a_n, b_n 与 α_n, β_n 分别为 $f(x)$ 与 $g(x)$ 的 Fourier 系数,则

$$\frac{1}{\pi}\int_{-\pi}^{\pi} f(x)g(x)\mathrm{d}x = \frac{a_0\alpha_0}{2} + \sum_{n=1}^{\infty}(a_n\alpha_n + b_n\beta_n)$$

证明 由 $f + g$ 与 $f - g$ 的 Parseval 等式得到

$$\begin{aligned}\frac{1}{\pi}\int_{-\pi}^{\pi} f(x)g(x)\mathrm{d}x &= \frac{1}{4}\left\{\frac{1}{\pi}\int_{-\pi}^{\pi}[f(x) + g(x)]^2\mathrm{d}x - \frac{1}{\pi}\int_{-\pi}^{\pi}[f(x) - g(x)]^2\mathrm{d}x\right\} \\ &= \frac{1}{4}\left\{\frac{(a_0+\alpha_0)^2}{2} + \sum_{n=1}^{\infty}[(a_n+\alpha_n)^2 + (b_n+\beta_n)^2] - \frac{(a_0-\alpha_0)^2}{2}\right. \\ &\quad \left. - \sum_{n=1}^{\infty}[(a_n-\alpha_n)^2 + (b_n-\beta_n)^2]\right\} \\ &= \frac{a_0\alpha_0}{2} + \sum_{n=1}^{\infty}(a_n\alpha_n + b_n\beta_n)\end{aligned}$$

作为定理 16.2.8 的应用,下面证明 Fourier 级数的逐项积分定理.

定理 16.2.9 设 $f(x) \in R[-\pi,\pi]$,其 Fourier 级数为

$$f(x) \sim \frac{a_0}{2} + \sum_{n=1}^{\infty}(a_n\cos nx + b_n\sin nx)$$

则对任何闭区间 $[a,b]\subset[-\pi,\pi]$ 有

$$\int_a^b f(x)\mathrm{d}x=\int_a^b\frac{a_0}{2}\mathrm{d}x+\sum_{n=1}^{\infty}\int_a^b(a_n\cos nx+b_n\sin nx)\mathrm{d}x$$

证明　任取 $g(x)\in R[-\pi,\pi]$，其 Fourier 级数为

$$g(x)\sim\frac{\alpha_0}{2}+\sum_{n=1}^{\infty}(\alpha_n\cos nx+\beta_n\sin nx)$$

将 $g(x)$ 的 Fourier 系数

$$\alpha_n=\frac{1}{\pi}\int_{-\pi}^{\pi}g(x)\cos nx\mathrm{d}x\quad(n=0,1,2,\cdots)$$

$$\beta_n=\frac{1}{\pi}\int_{-\pi}^{\pi}g(x)\sin nx\mathrm{d}x\quad(n=1,2,\cdots)$$

代入推广的 Parseval 等式，即得

$$\begin{aligned}\frac{1}{\pi}\int_{-\pi}^{\pi}f(x)g(x)\mathrm{d}x&=\frac{a_0\alpha_0}{2}+\sum_{n=1}^{\infty}(a_n\alpha_n+b_n\beta_n)\\&=\frac{1}{\pi}\int_{-\pi}^{\pi}\frac{a_0}{2}g(x)\mathrm{d}x+\sum_{n=1}^{\infty}\frac{1}{\pi}\int_{-\pi}^{\pi}g(x)(a_n\cos nx+b_n\sin nx)\mathrm{d}x\end{aligned}$$

上式对任何 $g(x)\in R[-\pi,\pi]$ 都成立，今取

$$g(x)=\begin{cases}1,x\in[a,b]\\0,x\in[-\pi,a)\cup(b,\pi]\end{cases}$$

则上式就变成

$$\int_a^b f(x)\mathrm{d}x=\int_a^b\frac{a_0}{2}\mathrm{d}x+\sum_{n=1}^{\infty}\int_a^b(a_n\cos nx+b_n\sin nx)\mathrm{d}x$$

值得注意的是，不论 $f(x)$ 的 Fourier 级数是否收敛，但永远可以逐项积分. 这是 Fourier 级数特有的性质.

例 16.2.2　证明：

(1) $\displaystyle\sum_{n=1}^{\infty}\frac{1}{n^2}=\frac{\pi^2}{6}$；　　(2) $\displaystyle\sum_{n=1}^{\infty}\frac{1}{(2k-1)^2}=\frac{\pi^2}{8}$；

(3) $\displaystyle\sum_{n=1}^{\infty}\frac{(-1)^{n-1}}{n^2}=\frac{\pi^2}{12}$；　　(4) $\displaystyle\sum_{n=1}^{\infty}\frac{(-1)^{n-1}}{n^4}=\frac{7\pi^4}{720}$；

(5) $\displaystyle\sum_{n=1}^{\infty}\frac{1}{n^4}=\frac{\pi^4}{90}$.

证法 1　(1)(2)(3)(5) 可由此方法证明.

(1) 由例 16.1.1,有

$$x = \sum_{n=1}^{\infty}(-1)^{n-1}\frac{2}{n}\sin nx \quad (x \in (-\pi,\pi))$$

应用 Parseval 等式得到

$$4\sum_{n=1}^{\infty}\frac{1}{n^2} = \frac{1}{\pi}\int_{-\pi}^{\pi}x^2\mathrm{d}x = \frac{1}{\pi}\cdot\frac{x^2}{3}\bigg|_{-\pi}^{\pi} = \frac{2}{3}\pi^2$$

$$\sum_{n=1}^{\infty}\frac{1}{n^2} = \frac{\pi^2}{6}$$

(2) 由 $\sum_{n=1}^{\infty}\frac{1}{n^2} = \sum_{k=1}^{\infty}\frac{1}{(2k-1)^2} + \sum_{k=1}^{\infty}\frac{1}{(2k)^2}$,得

$$\sum_{n=1}^{\infty}\frac{1}{(2k-1)^2} = \frac{3}{4}\sum_{n=1}^{\infty}\frac{1}{n^2} = \frac{3}{4}\cdot\frac{\pi^2}{6} = \frac{\pi^2}{8}$$

(3) $\sum_{n=1}^{\infty}\frac{(-1)^{n-1}}{n^2} = \sum_{k=1}^{\infty}\left[\frac{1}{(2k-1)^2} - \frac{1}{(2k)^2}\right] = \frac{\pi^2}{8} - \frac{1}{4}\cdot\frac{\pi^2}{6} = \frac{\pi^2}{12}$.

(5) 由例 16.1.3,有

$$x^2 = \frac{\pi^2}{3} + 4\sum_{n=1}^{\infty}\frac{(-1)^n}{n^2}\cos nx \quad (x \in [-\pi,\pi])$$

应用 Parseval 等式得到

$$\frac{\left(\frac{2}{3}\pi^2\right)^2}{2} + 16\sum_{n=1}^{\infty}\frac{1}{n^4} = \frac{1}{\pi}\int_{-\pi}^{\pi}x^4\mathrm{d}x = \frac{2}{\pi}\cdot\frac{x^5}{5}\bigg|_0^{\pi} = \frac{2}{5}\pi^4$$

于是

$$\sum_{n=1}^{\infty}\frac{1}{n^4} = \frac{1}{16}\left(\frac{2}{5}\pi^4 - \frac{2}{9}\pi^4\right) = \frac{\pi^4}{90}$$

证法 2 将 $x(-\pi < x < \pi)$ 的 Fourier 展开式

$$x = \sum_{n=1}^{\infty}(-1)^{n-1}\frac{2}{n}\sin nx \quad (x \in (-\pi,\pi))$$

两边积分,有

$$\begin{aligned}\frac{1}{2}x^2 &= 2\sum_{n=1}^{\infty}\frac{(-1)^{n+1}}{n} - \frac{-\cos nx}{n}\bigg|_0^x \\ &= 2\sum_{n=1}^{\infty}\frac{(-1)^n\cos nx}{n^2} + 2\sum_{n=1}^{\infty}\frac{(-1)^{n+1}}{n^2} \quad (x \in (-\pi,\pi))\end{aligned}$$

令 $x = \pi$,得

$$\frac{1}{2}\pi^2 = 2\sum_{n=1}^{\infty}\frac{(-1)^{2n}}{n^2} + 2\sum_{n=1}^{\infty}\frac{(-1)^{n+1}}{n^2}$$

$$= 2\sum_{n=1}^{\infty}\frac{1+(-1)^{n+1}}{n^2} = 4\sum_{k=1}^{\infty}\frac{1}{(2k-1)^2}$$

即

$$\sum_{k=1}^{\infty}\frac{1}{(2k-1)^2} = \frac{\pi^2}{8}$$

而由

$$\sum_{n=1}^{\infty}\frac{1}{n^2} = \sum_{k=1}^{\infty}\frac{1}{(2k-1)^2} + \sum_{n=1}^{\infty}\frac{1}{(2k)^2}$$

得

$$\frac{3}{4}\sum_{n=1}^{\infty}\frac{1}{n^2} = \sum_{k=1}^{\infty}\frac{1}{(2k-1)^2} = \frac{\pi^2}{8}$$

于是

$$\sum_{n=1}^{\infty}\frac{1}{n^2} = \frac{\pi^2}{6}$$

$$\sum_{n=1}^{\infty}\frac{(-1)^{n-1}}{n^2} = \sum_{k=1}^{\infty}\frac{1}{(2k-1)^2} - \sum_{k=1}^{\infty}\frac{1}{(2k)^2} = \frac{\pi^2}{8} - \frac{1}{4}\cdot\frac{\pi^2}{6} = \frac{\pi^2}{12}$$

代入

$$\frac{1}{2}x^2 = 2\sum_{n=1}^{\infty}\frac{(-1)^n}{n}\cos nx + 2\sum_{n=1}^{\infty}\frac{(-1)^{n+1}}{n^2}$$

中,得

$$x^2 = \frac{\pi^2}{3} + 4\sum_{n=1}^{\infty}\frac{(-1)^n}{n^2}\cos nx \quad (x \in [-\pi,\pi])$$

$$\frac{x^3}{3} = \frac{\pi^2}{3}x + 4\sum_{n=1}^{\infty}\frac{(-1)^n}{n^2}\frac{\sin nx}{n}$$

$$= \frac{\pi^2}{3}\cdot 2\sum_{n=1}^{\infty}(-1)^{n+1}\frac{\sin nx}{n} + 4\sum_{n=1}^{\infty}(-1)^n\frac{\sin nx}{n^3}$$

$$x^3 = 2\pi^2\sum_{n=1}^{\infty}\frac{(-1)^{n+1}}{n}\sin nx + 12\sum_{n=1}^{\infty}\frac{(-1)^n}{n^3}\sin nx \quad (x \in (-\pi,\pi))$$

再两边积分,得

$$\frac{x^4}{4} = 2\pi^2\sum_{n=1}^{\infty}(-1)^{n+1}\frac{1-\cos nx}{n^2} + 12\sum_{n=1}^{\infty}(-1)^n\frac{1-\cos nx}{n^4}$$

$$x^4=\left[8\pi^2\sum_{n=1}^{\infty}\frac{(-1)^{n-1}}{n^2}+48\sum_{n=1}^{\infty}\frac{(-1)^n}{n^4}\right]$$

$$+8\pi^2\sum_{n=1}^{\infty}(-1)^n\frac{\cos nx}{n^2}+48\sum_{n=1}^{\infty}\frac{(-1)^{n+1}}{n^4}\cos nx\quad(x\in[-\pi,\pi])$$

其中

$$8\pi^2\sum_{n=1}^{\infty}\frac{(-1)^{n-1}}{n^2}+48\sum_{n=1}^{\infty}\frac{(-1)^n}{n^4}=\frac{1}{2\pi}\int_{-\pi}^{\pi}x^4\mathrm{d}x=\frac{2}{2\pi}\cdot\frac{x^5}{5}\bigg|_0^{\pi}=\frac{\pi^4}{5}$$

于是

$$x^4=\frac{\pi^4}{5}+8\pi^2\sum_{n=1}^{\infty}\frac{(-1)^n}{n^2}\cos nx+48\sum_{n=1}^{\infty}\frac{(-1)^{n+1}}{n^4}\cos nx\quad(x\in[-\pi,\pi])$$

令 $x=0$,并移项就有

$$\sum_{n=1}^{\infty}\frac{(-1)^{n-1}}{n^4}=\frac{1}{48}\left[-\frac{\pi^4}{5}-8\pi^2\sum_{n=1}^{\infty}\frac{(-1)^n}{n^2}\right]$$

$$=\frac{1}{48}\left(-\frac{\pi^4}{5}+8\pi^2\cdot\frac{\pi^2}{12}\right)=\frac{7}{720}\pi^4$$

再令 $x=\pi$,代入得

$$\pi^4=\frac{\pi^4}{5}+8\pi^2\sum_{n=1}^{\infty}\frac{1}{n^2}-48\sum_{n=1}^{\infty}\frac{1}{n^4}=\frac{\pi^4}{5}+8\pi^2\cdot\frac{\pi^2}{6}-48\sum_{n=1}^{\infty}\frac{1}{n^4}$$

于是

$$\sum_{n=1}^{\infty}\frac{1}{n^4}=\frac{1}{48}\left(-\pi^4+\frac{\pi^4}{5}+\frac{4}{3}\pi^4\right)=\frac{1}{48}\cdot\frac{8}{15}\pi^4=\frac{\pi^4}{90}$$

例 16.2.3 证明:级数 $\sum\limits_{n=2}^{\infty}\frac{\sin nx}{\ln n}$ 收敛,但不存在 $[-\pi,\pi]$ 上的可积与平方可积的函数 $f(x)$,使得 $\sum\limits_{n=2}^{\infty}\frac{\sin nx}{\ln x}$ 为其 Fourier 级数.

证法 1 当 $x=2k\pi(k=0,\pm1,\pm2,\cdots)$ 时,$\sum\limits_{n=2}^{N}\sin nx=0$;当 $x\neq 2k\pi$ $(k=0,\pm1,\pm2,\cdots)$ 时

$$\left|\sum_{n=2}^{N}\sin nx\right|=\left|\frac{\sum\limits_{n=2}^{N}2\sin\frac{x}{2}\sin nx}{2\sin\frac{x}{2}}\right|=\left|\frac{\cos\frac{3}{2}x-\cos\left(N+\frac{1}{2}\right)x}{2\sin\frac{x}{2}}\right|\leqslant\frac{1}{\left|\sin\frac{x}{2}\right|}$$

又 $\frac{1}{\ln x}$ 单调减趋于 0,根据 Dirichlet 判别法知,$\sum\limits_{n=2}^{\infty}\frac{\sin nx}{\ln n}$ 收敛.

（反证）假设 $f(x) \in R[-\pi,\pi]$ 以 $\sum\limits_{n=2}^{\infty}\dfrac{\sin nx}{\ln n}$ 为其 Fourier 级数，则由 Fourier 级数的逐项积分定理有

$$\int_0^{\pi} f(x)\,\mathrm{d}x = \sum_{n=2}^{\infty}\int_0^{\pi}\frac{\sin nx}{\ln n}\mathrm{d}x = \sum_{n=2}^{\infty}\left.\frac{-\cos nx}{n\ln n}\right|_0^{\pi} = \sum_{n=2}^{\infty}\frac{1+(-1)^{n+1}}{n\ln n}$$

$$= \sum_{k=1}^{\infty}\frac{2}{(2k+1)\ln(2k+1)} = +\infty$$

这与 $f(x)$ 可积矛盾.

证法 2（反证）　假设 $f(x) \in R[-\pi,\pi]$ 以 $\sum\limits_{n=2}^{\infty}\dfrac{\sin nx}{\ln n}$ 为其 Fourier 级数，根据 Parseval 等式

$$\frac{1}{\pi}\int_{-\pi}^{\pi} f^2(x)\,\mathrm{d}x = \sum_{n=1}^{\infty}\frac{1}{(\ln n)^2}$$

由于 $f(x)$ 平方可积，上式左边为一个有限数，而右边由

$$\lim_{n\to+\infty}\frac{\dfrac{1}{n}}{\dfrac{1}{(\ln n)^2}} = \lim_{n\to+\infty}\frac{(\ln n)^2}{n} = 0$$

知，$\sum\limits_{n=2}^{\infty}\dfrac{1}{(\ln n)^2} = +\infty$，矛盾.

例 16.2.4　设 $f(x)$ 在区间 $[-\pi,\pi]$ 上连续，且在该区间上有可积与平方可积的导函数 $f'(x)$. 如果 $f(x)$ 满足 $f(-\pi) = f(\pi)$，$\int_{-\pi}^{\pi} f(x)\,\mathrm{d}x = 0$，则有不等式

$$\int_{-\pi}^{\pi}[f'(x)]^2\mathrm{d}x \geqslant \int_{-\pi}^{\pi} f^2(x)\,\mathrm{d}x$$

等号当且仅当 $f(x) = A\cos x + B\sin x$ 时才成立.

证明　因为

$$a_n = \frac{1}{\pi}\int_{-\pi}^{\pi} f(x)\cos nx\,\mathrm{d}x = \frac{1}{\pi}\left(\left.\frac{f(x)}{n}\sin nx\right|_{-\pi}^{\pi} - \frac{1}{n}\int_{-\pi}^{\pi} f'(x)\sin nx\,\mathrm{d}x\right)$$

$$= -\frac{b_n'}{n}\quad (n = 1,2,\cdots)$$

$$a_0 = \frac{1}{\pi}\int_{-\pi}^{\pi} f(x)\,\mathrm{d}x = 0$$

$$b_n = \frac{1}{\pi}\int_{-\pi}^{\pi} f(x)\sin nx\mathrm{d}x = \frac{1}{\pi}\left(f(x)\frac{-\cos nx}{n}\Big|_{-\pi}^{\pi} + \frac{1}{n}\int_{-\pi}^{\pi} f'(x)\cos nx\mathrm{d}x\right)$$

$$= \frac{a'_n}{n} \quad (n = 1,2,\cdots)$$

由 Parseval 等式就得到

$$\frac{1}{\pi}\int_{-\pi}^{\pi} f^2(x)\mathrm{d}x = \sum_{n=1}^{\infty}(a_n^2 + b_n^2) = \sum_{n=1}^{\infty}\frac{1}{n^2}(b'^2_n + a'^2_n)$$

$$\leqslant \sum_{n=1}^{\infty}(a'^2_n + b'^2_n) \leqslant \frac{a'^2_0}{2} + \sum_{n=1}^{\infty}(a'^2_n + b'^2_n)$$

$$= \frac{1}{\pi}\int_{-\pi}^{\pi}[f'(x)]^2\mathrm{d}x$$

即

$$\int_{-\pi}^{\pi}[f'(x)]^2\mathrm{d}x \geqslant \int_{-\pi}^{\pi} f^2(x)\mathrm{d}x$$

由上式还知

$$\text{等号成立} \Leftrightarrow a'_0 = 0, a'_n = b'_n = 0, n \geqslant 2$$

$$\Leftrightarrow a_0 = 0, a_n = b_n = 0, n \geqslant 2$$

$$\Leftrightarrow f(x) = A\cos x + B\sin x$$

练习题 16.2

1. 利用$f(x) = |x|$在$[-\pi,\pi]$上的傅里叶展开式与Parseval等式,求级数$\sum_{n=0}^{\infty}\frac{1}{(2n+1)^4}$之和.

2. 写出函数$f(x) = \begin{cases}1, & |x| < \alpha \\ 0, & \alpha < |x| < \pi\end{cases}$的Parseval等式,并求级数$\sum_{n=1}^{\infty}\frac{\sin^2 n\alpha}{n^2}$和$\sum_{n=1}^{\infty}\frac{\cos^2 n\alpha}{n^2}$的和.

3. 对展开式

$$x = 2\sum_{n=1}^{\infty}(-1)^{n+1}\frac{\sin nx}{n} \quad (-\pi < x < \pi)$$

逐项积分,证明:函数x^2,x^3与x^4在区间$(-\pi,\pi)$内的Fourier展开式分别为

$$x^2 = 4\sum_{n=1}^{\infty}\frac{(-1)^{n+1}}{n^2} + 4\sum_{n=1}^{\infty}\frac{(-1)^n\cos nx}{n^2}$$
$$= \frac{\pi^2}{3} + 4\sum_{n=1}^{\infty}\frac{(-1)^n}{n^2}\cos nx$$
$$x^3 = 2\pi^2\sum_{n=1}^{\infty}\frac{(-1)^{n+1}}{n}\sin nx + 12\sum_{n=1}^{\infty}\frac{(-1)^n}{n^3}\sin nx$$
$$x^4 = \frac{\pi^4}{5} + 8\pi\sum_{n=1}^{\infty}\frac{(-1)^n}{n^2}\cos nx + 48\sum_{n=1}^{\infty}\frac{(-1)^n}{n^4}\cos nx$$

进而,再证明

$$\sum_{n=1}^{\infty}\frac{1}{n^2} = \frac{\pi^2}{6},\sum_{n=1}^{\infty}\frac{1}{(2n-1)^2} = \frac{\pi^2}{8},\sum_{n=1}^{\infty}\frac{(-1)^{n-1}}{n^2} = \frac{\pi^2}{12}$$
$$\sum_{n=1}^{\infty}\frac{(-1)^n}{n^4} = -\frac{7}{720}\pi^4,\sum_{n=1}^{\infty}\frac{1}{n^4} = \frac{\pi^4}{90}$$

4. 设$f(x) = \begin{cases}\dfrac{\pi-1}{2}x, 0\leqslant x\leqslant 1\\ \dfrac{\pi-x}{2}, 1\leqslant x\leqslant \pi\end{cases}$,并奇延拓至$[-\pi,\pi]$.

(1) 证明:$f(x) = \sum_{n=1}^{\infty}\frac{\sin n}{n^2}\sin nx, |x|\leqslant\pi$;

(2) 利用(1) 与例 16. 1. 2 的结果,证明

$$\sum_{n=1}^{\infty}\frac{\sin n}{n} = \sum_{n=1}^{\infty}\left(\frac{\sin n}{n}\right)^2 = \frac{\pi-1}{2}$$

(3) 利用(1) 中展开式相应的 Parseval 等式证明

$$\sum_{n=1}^{\infty}\frac{\sin^2 n}{n^4} = \frac{(\pi-1)^2}{6}$$

5. 将函数

$$f(x) = \begin{cases}x(\pi-x), 0\leqslant x\leqslant\pi\\(\pi-x)(2\pi-x), \pi < x\leqslant 2\pi\end{cases}$$

展开成周期为 2π 的 Fourier 级数,并由此证明

$$\sum_{k=0}^{\infty}\frac{1}{(2k+1)^6} = \frac{\pi^4}{960}$$

思考题 16.2

1. 设a_n,b_n为$f(x)\in R[-\pi,\pi]$的 Fourier 系数,证明:$\sum\limits_{n=1}^{\infty}\frac{a_n}{n}$,$\sum\limits_{n=1}^{\infty}\frac{b_n}{n}$收敛,

2. 证明:三角级数$\sum\limits_{n=1}^{\infty}\frac{\sin nx}{\ln n}$在不包含 2π 整数倍的闭区间中一致收敛,但它不是 $R[-\pi,\pi]$ 中任意一个函数的 Fourier 级数.

3. 设$f(x)$是周期为 2π 的连续函数,令 $F(x)=\frac{1}{\pi}\int_{-\pi}^{\pi}f(t)f(x+t)\,\mathrm{d}t$,并用 a_n,b_n 与 A_n,B_n 分别记$f(x)$与 $F(x)$ 的 Fourier 系数. 证明

$$A_0=a_0^2,A_n=a_n^2+b_n^2,B_n=0$$

由此推得$f(x)$的 Parseval 等式.

4. 设$f(x)\in R[0,l]$,$a_n=\frac{2}{l}\int_0^l f(x)\cos\frac{n\pi}{l}x\mathrm{d}x$,$n=0,1,2,\cdots$. 证明

$$\frac{a_0^2}{2}+\sum_{n=1}^{\infty}a_n^2=\frac{2}{l}\int_0^l f^2(x)\,\mathrm{d}x$$

5. (1) 如果

$$\frac{a_0}{2}+\sum_{n=1}^{\infty}(a_n\cos nx+b_n\sin nx)$$

在$[-\pi,\pi]$上一致收敛于$f(x)$,则

$$a_n=\frac{1}{\pi}\int_{-\pi}^{\pi}f(x)\cos nx\mathrm{d}x\quad(n=0,1,2,\cdots)$$

$$b_n=\frac{1}{\pi}\int_{-\pi}^{\pi}f(x)\sin nx\mathrm{d}x\quad(n=1,2,\cdots)$$

(2) 如果$f(x)$在$[-\pi,\pi]$上二阶可导,且$f''(x)$可积或绝对可积及$f(\pi)=f(-\pi)$,$f'(\pi)=f'(-\pi)$,则$f(x)$的 Fourier 级数一致收敛于$f(x)$.

16.3 Fourier 积分与 Fourier 变换

16.1 节已指出,如果$f(x)$在闭区间$[-l,l]$上满足一定的条件(例如可

导),则它就能在$[-l,l]$上展开为 Fourier 级数

$$f(x)=\frac{a_0}{2}+\sum_{n=1}^{\infty}\left(a_n\cos\frac{n\pi}{l}x+b_n\sin\frac{n\pi}{l}x\right)$$

其中

$$a_n=\frac{1}{l}\int_{-l}^{l}f(x)\cos\frac{n\pi}{l}x\mathrm{d}x\quad(n=0,1,2,\cdots)$$

$$b_n=\frac{1}{l}\int_{-l}^{l}f(x)\sin\frac{n\pi}{l}x\mathrm{d}x\quad(n=1,2,\cdots)$$

如果$f(x)$定义在整个数轴上,在任何有限区间中满足收敛定理的条件,且在$(-\infty,+\infty)$中绝对可积,则对任何固定的x值总能选取充分大的l,使得$l>|x|$.因此,$f(x)$总能用上式表示,但是对于不同的x,表达式可能不一样.

为了让$f(x)$在$(-\infty,+\infty)$中能有一个统一的表达式,必须换一种方法考虑.

设$f(x)$在$(-\infty,+\infty)$中绝对可积,对任意实数u,定义

$$a(u)=\frac{1}{\pi}\int_{-\infty}^{+\infty}f(t)\cos ut\mathrm{d}t$$

$$b(u)=\frac{1}{\pi}\int_{-\infty}^{+\infty}f(t)\sin ut\mathrm{d}t$$

由于$f(x)$在$(-\infty,+\infty)$中绝对可积,根据比较判别法,上述两个积分都是绝对收敛的.仿照 Fourier 级数中的做法,我们称

$$\int_{0}^{+\infty}[a(u)\cos ux+b(u)\sin ux]\mathrm{d}u$$

为$f(x)$的 **Fourier 积分**,记为

$$f(x)\sim\int_{0}^{+\infty}[a(u)\cos ux+b(u)\sin ux]\mathrm{d}u$$

与 Fourier 级数一样,右端的积分是否收敛,如果收敛,是否收敛到$f(x)$都是不知道的.为了研究 Fourier 积分的收敛性,记

$$S(\lambda,x)=\int_{0}^{\lambda}[a(u)\cos ux+b(u)\sin ux]\mathrm{d}u$$

它相当于 Fourier 级数的部分和.为了说明$S(\lambda,x)$是有意义的,我们先证明下面的定理.

定理 16.3.1　设$f(x)$在$(-\infty,+\infty)$中绝对可积,则

$$a(u)=\frac{1}{\pi}\int_{-\infty}^{+\infty}f(t)\cos ut\mathrm{d}t$$

$$b(u)=\frac{1}{\pi}\int_{-\infty}^{+\infty}f(t)\sin ut\mathrm{d}t$$

都在$(-\infty,+\infty)$中一致连续.

证明　因为$f(x)$在$(-\infty,+\infty)$中绝对可积,故$\forall\varepsilon>0,\exists A>0$,使得

$$\int_{-\infty}^{-A}|f(t)|\mathrm{d}t+\int_{A}^{+\infty}|f(t)|\mathrm{d}t<\frac{\pi}{4}\varepsilon$$

又因$\cos x$在$(-\infty,+\infty)$中一致连续,故$\forall\varepsilon>0,\exists\eta>0$,当$|x'-x''|<\eta$时,有

$$|\cos x'-\cos x''|<\frac{\varepsilon}{2}\left(\frac{1}{\pi}\int_{-A}^{A}|f(t)|\mathrm{d}t\right)^{-1}$$

今取$\delta=\dfrac{\eta}{A}$,当$|u'-u''|<\delta,t\in[-A,A]$时,由于

$$|u't-u''t|=|u'-u''||t|<\delta A=\eta$$

所以

$$|\cos u't-\cos u''t|<\frac{\varepsilon}{2}\left(\frac{1}{\pi}\int_{-A}^{A}|f(t)|\mathrm{d}t\right)^{-1}$$

于是,当$|u'-u''|<\delta$时,有

$$\begin{aligned}|a(u')-a(u'')|&\leqslant\frac{1}{\pi}\int_{-\infty}^{+\infty}|f(t)||\cos u't-\cos u''t|\mathrm{d}t\\&\leqslant\frac{2}{\pi}\int_{-\infty}^{-A}|f(t)|\mathrm{d}t+\frac{2}{\pi}\int_{A}^{+\infty}|f(t)\mathrm{d}t|+\\&\quad\frac{1}{\pi}\int_{-A}^{A}|f(t)||\cos u't-\cos u''t|\mathrm{d}t\\&<\frac{2}{\pi}\cdot\frac{\pi}{4}\varepsilon+\frac{1}{\pi}\cdot\frac{\varepsilon}{2}\left(\frac{1}{\pi}\int_{-A}^{A}|f(t)|\mathrm{d}t\right)^{-1}\int_{-A}^{A}|f(t)|\mathrm{d}t\\&=\frac{\varepsilon}{2}+\frac{\varepsilon}{2}=\varepsilon\end{aligned}$$

这就证明了$a(u)$在$(-\infty,+\infty)$中是一致连续的.同理可证$b(u)$在$(-\infty,+\infty)$中也一致连续.

由此可知,$S(\lambda,x)$对任何$\lambda\in(0,+\infty)$都是有意义的.进而,有

$$\begin{aligned}S(\lambda,x)&=\int_{0}^{\lambda}[a(u)\cos ux+b(u)\sin ux]\mathrm{d}u\\&=\frac{1}{\pi}\int_{0}^{\lambda}\left(\int_{-\infty}^{+\infty}f(t)\cos ut\mathrm{d}t\cdot\cos ux+\int_{-\infty}^{+\infty}f(t)\sin ut\mathrm{d}t\cdot\sin ux\right)\mathrm{d}u\end{aligned}$$

$$=\frac{1}{\pi}\int_0^{\lambda}\left[\int_{-\infty}^{+\infty}f(t)\cos u(x-t)\,\mathrm{d}t\right]\mathrm{d}u$$

为了研究 $S(\lambda,x)$ 当 $\lambda\to\infty$ 时的性态,将 $S(\lambda,x)$ 写成类似于 Fourier 级数中的 Dirichlet 积分那样更为方便.

定理 16.3.2　设 $f(x)$ 在 $(-\infty,+\infty)$ 上绝对可积,则 $\forall\lambda>0$,有

$$S(\lambda,x)=\frac{1}{\pi}\int_0^{+\infty}[f(x+t)+f(x-t)]\frac{\sin\lambda t}{t}\mathrm{d}t$$

证明　$S(\lambda,x)=\frac{1}{\pi}\int_0^{\lambda}\left[\int_{-\infty}^{+\infty}f(x)\cos u(x-t)\,\mathrm{d}t\right]\mathrm{d}u$

$$\xlongequal{\text{积分号可交换}}\frac{1}{\pi}\int_{-\infty}^{+\infty}f(t)\left[\int_0^{\lambda}\cos u(x-t)\,\mathrm{d}u\right]\mathrm{d}t$$

$$=\frac{1}{\pi}\int_{-\infty}^{+\infty}f(t)\frac{\sin\lambda(x-t)}{x-t}\mathrm{d}t$$

$$\xlongequal{s=x-t}\frac{1}{\pi}\int_{-\infty}^{+\infty}f(x-s)\frac{\sin\lambda s}{s}\mathrm{d}s$$

$$=\frac{1}{\pi}\int_0^{+\infty}[f(x+t)+f(x-t)]\frac{\sin\lambda t}{t}\mathrm{d}t$$

需证明积分号可交换,注意对任何 λ 与 A,作为 t 和 u 的二元函数 $f(t)\cos u(x-t)$ 是矩形 $[-A,A]\times[0,\lambda]$ 上的可积函数,而且对每个 $t\in[-A,A]$,它作为 u 的函数在 $[0,\lambda]$ 上可积;对每个 $u\in[0,\lambda]$,它作为 t 的函数在 $[-A,A]$ 上可积. 于是,由重积分的知识知

$$\int_0^{\lambda}\left[\int_{-A}^{A}f(t)\cos u(x-t)\,\mathrm{d}t\right]\mathrm{d}u=\int_{-A}^{A}\left[\int_0^{\lambda}f(t)\cos u(x-t)\,\mathrm{d}u\right]\mathrm{d}t$$

因为 $\int_{-\infty}^{+\infty}|f(t)|\,\mathrm{d}t<+\infty$,故对任何固定的 $\lambda>0$ 与 $\varepsilon>0$,存在 A_0,当 $A>A_0$ 时,有

$$\int_{-\infty}^{-A}|f(t)|\,\mathrm{d}t+\int_A^{+\infty}|f(t)|\,\mathrm{d}t<\frac{\varepsilon}{\lambda}$$

于是,当 $A>A_0$ 时

$$\left|\int_0^{\lambda}\left[\int_{-A}^{A}f(t)\cos u(x-t)\,\mathrm{d}t\right]\mathrm{d}u-\int_0^{\lambda}\left[\int_{-\infty}^{+\infty}f(t)\cos u(x-t)\,\mathrm{d}u\right]\mathrm{d}t\right|$$

$$\leqslant\int_0^{\lambda}\left[\int_{-\infty}^{-A}|f(t)|\,\mathrm{d}t+\int_A^{+\infty}|f(t)|\,\mathrm{d}t\right]\mathrm{d}u<\frac{\varepsilon}{\lambda}\cdot\lambda=\varepsilon$$

这就证明了

$$\lim_{A\to+\infty}\int_0^\lambda\left[\int_{-A}^{A}f(t)\cos u(x-t)\,\mathrm{d}t\right]\mathrm{d}u=\int_0^\lambda\left[\int_{-\infty}^{+\infty}f(t)\cos u(x-t)\,\mathrm{d}t\right]\mathrm{d}u$$

由此得到

$$\begin{aligned}\int_{-\infty}^{+\infty}\left[\int_0^\lambda f(t)\cos u(x-t)\,\mathrm{d}u\right]\mathrm{d}t&=\lim_{A\to+\infty}\int_{-A}^{A}\left[\int_0^\lambda f(t)\cos u(x-t)\,\mathrm{d}u\right]\mathrm{d}t\\&=\lim_{A\to+\infty}\int_0^\lambda\left[\int_{-A}^{A}f(t)\cos u(x-t)\,\mathrm{d}u\right]\mathrm{d}t\\&=\int_0^\lambda\left[\int_{-\infty}^{+\infty}f(t)\cos u(x-t)\,\mathrm{d}t\right]\mathrm{d}u\end{aligned}$$

从定理16.3.2立即可以得到Fourier积分的局部化定理.

定理16.3.3(Fourier积分的局部化定理)　设$f(x)$在$(-\infty,+\infty)$中绝对可积,则$f(x)$的Fourier积分在某点x是否收敛以及收敛于什么值,仅与$f(x)$在点x附近的函数值有关.

证明　$\forall\varepsilon>0$,因为f在$(-\infty,+\infty)$中绝对可积,则$\exists A_0>1$,使得

$$\int_{A_0}^{+\infty}|f(x+t)+f(x-t)|\,\mathrm{d}t<\varepsilon$$

而当$t>A_0$时,有

$$\left|\frac{\sin\lambda t}{t}\right|\leqslant\frac{1}{t}<\frac{1}{A_0}<1$$

故$\forall\lambda$,有

$$\left|\int_{A_0}^{+\infty}[f(x+t)+f(x-t)]\frac{\sin\lambda t}{t}\mathrm{d}t\right|\leqslant\int_{A_0}^{+\infty}|f(x+t)+f(x-t)|\,\mathrm{d}t<\varepsilon$$

根据Riemann-Lebesgue引理知,对任何正数$h<A_0$,有

$$\lim_{\lambda\to+\infty}\int_h^{A_0}[f(x+t)+f(x-t)]\frac{\sin\lambda t}{t}\mathrm{d}t=0$$

因而

$$\lim_{\lambda\to+\infty}\int_h^{+\infty}[f(x+t)+f(x-t)]\frac{\sin\lambda t}{t}\mathrm{d}t=0$$

这样,当$\lambda\to+\infty$时,积分

$$S(\lambda,x)=\frac{1}{\pi}\int_0^{+\infty}[f(x+t)+f(x-t)]\frac{\sin\lambda t}{t}\mathrm{d}t$$

是否收敛以及收敛于什么值,完全取决于积分

$$\frac{1}{\pi}\int_0^{h}[f(x+t)+f(x-t)]\frac{\sin\lambda t}{t}\mathrm{d}t$$

当 $\lambda \to +\infty$ 时的极限情况，因而仅与 f 在点 x 附近的值有关.

关于积分 $\frac{1}{\pi}\int_0^h [f(x+t)+f(x-t)]\frac{\sin \lambda t}{t}\mathrm{d}t$ 的收敛情况，类似于 Fourier 级数的收敛问题的讨论，可以得到与 Fourier 级数中完全相同的 Dini 判别法及其推论.

定理 16.3.4（Fourier 积分的 Dini 判别法） 设 $f(x)$ 在 $(-\infty,+\infty)$ 中绝对可积，且对某个实数 s，令

$$\varphi(t)=f(x_0+t)+f(x_0-t)-2s$$

如果 $\exists\delta>0$，使得函数 $\frac{\varphi(t)}{t}$ 在 $[0,\delta]$ 上可积或绝对可积，则 $f(x)$ 的 Fourier 积分在 x_0 收敛于 s，即

$$\frac{1}{\pi}\int_0^{+\infty}\mathrm{d}u\int_{-\infty}^{+\infty}f(t)\cos u(x_0-t)\mathrm{d}t=s$$

证明 由例 15.3.8 知

$$\frac{2}{\pi}\int_0^{+\infty}\frac{\sin \lambda t}{t}\mathrm{d}t=1\quad(\lambda>0)$$

于是，对任意 s，便有

$$\begin{aligned}S(\lambda,x_0)-s&=\frac{1}{\pi}\int_0^{+\infty}[f(x_0+t)+f(x_0-t)-2s]\frac{\sin \lambda t}{t}\mathrm{d}t\\&=\frac{1}{\pi}\int_0^{+\infty}\varphi(t)\frac{\sin \lambda t}{t}\mathrm{d}t=\frac{1}{\pi}\int_0^{+\infty}\frac{\varphi(t)}{t}\sin \lambda t\mathrm{d}t\end{aligned}$$

由 $\frac{\varphi(t)}{t}$ 在 $[0,\delta]$ 上可积或绝对可积，根据 Riemann-Lebesgue 引理知

$$\lim_{\lambda\to+\infty}\frac{1}{\pi}\int_0^{\delta}\frac{\varphi(t)}{t}\sin \lambda t\mathrm{d}t=0$$

再由 f 在 $(-\infty,+\infty)$ 中绝对可积，有 $\lim\limits_{\lambda\to+\infty}\int_{\delta}^{+\infty}\frac{f(x_0+t)+f(x_0-t)}{t}\sin \lambda t\mathrm{d}t=0$，并注意到 $\lim\limits_{\lambda\to+\infty}\int_{\delta}^{+\infty}\frac{\sin \lambda t}{t}\mathrm{d}t\xlongequal{\theta=\lambda t}\lim\limits_{\lambda\to+\infty}\int_{\lambda\delta}^{+\infty}\frac{\sin\theta}{\theta}\mathrm{d}\theta=0$ 立即推得

$$\begin{aligned}&\frac{1}{\pi}\int_0^{+\infty}\mathrm{d}u\int_{-\infty}^{+\infty}f(t)\cos u(x_0-t)\mathrm{d}t\\&=\lim_{\lambda\to+\infty}\frac{1}{\pi}\int_0^{\lambda}\mathrm{d}u\int_{-\infty}^{+\infty}f(t)\cos u(x_0-t)\mathrm{d}t\\&=\lim_{\lambda\to+\infty}S(\lambda,x_0)\end{aligned}$$

$$= \lim_{\lambda\to+\infty}[(S(\lambda,x_0)-s)+s]$$
$$=0+s=s$$

推论16.3.1 设$f(x)$是$(-\infty,+\infty)$上的绝对可积的函数.如果$f(x)$在x_0附近满足$\alpha\in(0,1]$阶Lipschitz条件,即

$$|f(x_0+t)-f(x_0+0)|\leqslant Lt^{\alpha},|f(x_0-t)-f(x_0-0)|\leqslant Lt^{\alpha}\quad(t\in(0,\delta])$$

则当$f(x)$在x_0处有第一类间断点时,$f(x)$的Fourier积分在x_0处收敛于

$$\frac{1}{2}[f(x_0+0)+f(x_0-0)]$$

特别当$f(x)$在x_0处连续时,$f(x)$的Fourier积分在x_0处收敛于$f(x_0)$.

证明 在定理16.3.4中,取$s=\frac{1}{2}[f(x_0+0)+f(x_0-0)]$,于是

$$\frac{\varphi(t)}{t}=\frac{f(x_0+t)+f(x_0-t)-2s}{t}$$
$$=\frac{f(x_0+t)-f(x_0+0)}{t}+\frac{f(x_0-t)-f(x_0-0)}{t}$$
$$\left|\frac{\varphi(t)}{t}\right|\leqslant\frac{2L}{t^{1-\alpha}}\quad(0<t\leqslant\delta)$$

当$\alpha=1$时,$\frac{\varphi(t)}{t}$为有界函数;当$0<\alpha<1$时,$\frac{\varphi(t)}{t}$在$[0,\delta]$上绝对可积,所以Dini判别法的条件成立.

推论16.3.2 设$f(x)$在$(-\infty,+\infty)$中绝对可积,且在x_0处有广义的左、右导数(特别的,$f(x)$在x_0处有有限导数),则$f(x)$的傅里叶积分在x_0处收敛于$\frac{1}{2}[f(x_0+0)+f(x_0-0)]$,即

$$\frac{1}{\pi}\int_0^{+\infty}\mathrm{d}u\int_{-\infty}^{+\infty}f(t)\cos u(x_0-t)\mathrm{d}t=\frac{1}{2}[f(x_0+0)+f(x_0-0)]$$

如果$f(x)$在x_0处连续,则有

$$f(x_0)=\frac{1}{\pi}\int_0^{+\infty}\mathrm{d}u\int_{-\infty}^{+\infty}f(t)\cos u(x_0-t)\mathrm{d}t$$

并称它为$f(x)$的**Fourier积分公式**.

证明 因为$f(x)$在x_0处有有限的广义单侧导数,因而,$\exists\delta>0$,当$0<t<\delta$时便有

$$|f(x_0+t)-f(x_0+0)| \leqslant Lt$$
$$|f(x_0-t)-f(x_0-0)| \leqslant Lt$$

即 $f(x)$ 在 x_0 附近满足 1 阶 Lipschitz 条件. 根据推论 16. 3. 1 知, $f(x)$ 在 x_0 处的 Fourier 积分收敛于 $\frac{1}{2}[f(x_0+0)+f(x_0-0)]$.

在 Fourier 积分公式

$$f(x)=\int_0^{+\infty}[a(u)\cos ux+b(u)\sin ux]\mathrm{d}u$$

$$a(u)=\frac{1}{\pi}\int_{-\infty}^{+\infty}f(t)\cos ut\mathrm{d}t$$

$$b(u)=\frac{1}{\pi}\int_{-\infty}^{+\infty}f(t)\sin ut\mathrm{d}t$$

中, 如果 $f(x)$ 为偶函数, 则

$$a(u)=\frac{2}{\pi}\int_0^{+\infty}f(t)\cos ut\mathrm{d}t, b(u)=0$$

此时积分公式变为

$$f(x)=\int_0^{+\infty}\left(\frac{2}{\pi}\int_0^{+\infty}f(t)\cos ut\mathrm{d}t\right)\cos ux\mathrm{d}u$$
$$=\frac{2}{\pi}\int_0^{+\infty}\cos ux\mathrm{d}u\int_0^{+\infty}f(t)\cos ut\mathrm{d}t$$

并称它为 **Fourier 余弦公式**.

如果 $f(x)$ 为奇函数, 则

$$a(u)=0, b(u)=\frac{2}{\pi}\int_0^{+\infty}f(t)\sin ut\mathrm{d}t$$

积分公式可变为

$$f(x)=\int_0^{+\infty}\left(\frac{2}{\pi}\int_0^{+\infty}f(t)\sin ut\mathrm{d}t\right)\sin ux\mathrm{d}u$$
$$=\frac{2}{\pi}\int_0^{+\infty}\sin ux\mathrm{d}u\int_0^{+\infty}f(t)\sin ut\mathrm{d}t$$

并称它为 **Fourier 正弦公式**.

如果 $f(x)$ 只是定义在 $[0,+\infty)$ 上的绝对可积函数, 对它既可做偶性延拓, 也可做奇性延拓, 分别得到 $f(x)$ 的 Fourier 余弦公式与 Fourier 正弦公式.

如果令

$$g(u) = \sqrt{\frac{2}{\pi}}\int_0^{+\infty} f(t)\cos ut\mathrm{d}t$$

则 Fourier 余弦公式就成为

$$f(x) = \sqrt{\frac{2}{\pi}}\int_0^{+\infty} g(u)\cos ux\mathrm{d}u$$

在这两个公式中,f 与 g 以完全相同的形式互相表示. 我们称 g 为 f 的**Fourier 余弦变换**,而后一公式称为该余弦变换的**反变换公式**.

完全一样,称

$$h(u) = \sqrt{\frac{2}{\pi}}\int_0^{+\infty} f(t)\sin ut\mathrm{d}t$$

为 $f(x)$ 的 **Fourier 正弦变换**,而

$$f(x) = \sqrt{\frac{2}{\pi}}\int_0^{+\infty} h(u)\sin ux\mathrm{d}u$$

为该正弦变换的**反变换公式**.

在给出一般的傅里叶变换概念之前,我们先给出 Fourier 积分公式

$$f(x) = \frac{1}{\pi}\int_0^{+\infty}\mathrm{d}u\int_{-\infty}^{+\infty} f(t)\cos u(x-t)\mathrm{d}t$$

的复数形式.

由于

$$\int_{-\infty}^{+\infty} f(t)\cos u(x-t)\mathrm{d}t$$

为 u 的偶函数,故上述 Fourier 积分公式可写成更对称的形式

$$f(x) = \frac{1}{2\pi}\int_{-\infty}^{+\infty}\mathrm{d}u\int_{-\infty}^{+\infty} f(t)\cos u(x-t)\mathrm{d}t$$

又因为 $\int_{-\infty}^{+\infty} f(t)\sin u(x-t)\mathrm{d}t$ 为 u 的奇函数,所以

$$\frac{1}{2\pi}\int_{-\infty}^{+\infty}\mathrm{d}u\int_{-\infty}^{+\infty} f(t)\sin u(x-t)\mathrm{d}t = 0$$

于是

$$\begin{aligned} f(x) &= \frac{1}{2\pi}\int_{-\infty}^{+\infty}\mathrm{d}u\int_{-\infty}^{+\infty} f(t)\cos u(x-t)\mathrm{d}t + \mathrm{i}\,\frac{1}{2\pi}\int_{-\infty}^{+\infty}\mathrm{d}u\int_{-\infty}^{+\infty} f(t)\sin u(x-t)\mathrm{d}t \\ &= \frac{1}{2\pi}\int_{-\infty}^{+\infty}\mathrm{d}u\int_{-\infty}^{+\infty} f(t)\mathrm{e}^{\mathrm{i}u(x-t)}\mathrm{d}t \end{aligned}$$

这就是**复数形式的 Fourier 积分公式**.

定义 16.3.1　设 $f(t)$ 在 $(-\infty,+\infty)$ 上绝对可积,称

$$\hat{f}(u)=\frac{1}{\sqrt{2\pi}}\int_{-\infty}^{+\infty}f(t)\mathrm{e}^{-\mathrm{i}tu}\mathrm{d}t$$

为 $f(t)$ 的 **Fourier 变换**,其中 u 为实数,$\hat{f}(u)$ 为实变量的复函数.

从复数形式的傅里叶积分公式立即可得傅里叶变换的**反变换公式**

$$f(x)=\frac{1}{\sqrt{2\pi}}\int_{-\infty}^{+\infty}\hat{f}(u)\mathrm{e}^{\mathrm{i}ux}\mathrm{d}u$$

如果将 $f(x)$ 的 Fourier 级数也写成复数形式,则它与这里的 Fourier 变换可以有一个很好的类比.

设

$$f(x)\sim\frac{a_0}{2}+\sum_{n=1}^{\infty}(a_n\cos nx+b_n\sin nx)$$

将表达式

$$\cos nx=\frac{1}{2}(\mathrm{e}^{\mathrm{i}nx}+\mathrm{e}^{-\mathrm{i}nx}),\sin nx=\frac{1}{2\mathrm{i}}(\mathrm{e}^{\mathrm{i}nx}-\mathrm{e}^{-\mathrm{i}nx})$$

代入上式的右端得到

$$\begin{aligned}\frac{a_0}{2}+\sum_{n=1}^{\infty}(a_n\cos nx+b_n\sin nx)&=\frac{a_0}{2}+\sum_{n=1}^{\infty}\left[\frac{a_n}{2}(\mathrm{e}^{\mathrm{i}nx}+\mathrm{e}^{-\mathrm{i}nx})+\frac{b_n}{2\mathrm{i}}(\mathrm{e}^{\mathrm{i}nx}-\mathrm{e}^{-\mathrm{i}nx})\right]\\&=\frac{a_0}{2}+\sum_{n=1}^{\infty}\left(\frac{a_n-\mathrm{i}b_n}{2}\mathrm{e}^{\mathrm{i}nx}+\frac{a_n+\mathrm{i}b_n}{2}\mathrm{e}^{-\mathrm{i}nx}\right)\\&=\sum_{n=-\infty}^{+\infty}c_n\mathrm{e}^{\mathrm{i}nx}\end{aligned}$$

其中

$$\begin{aligned}c_0&=\frac{a_0}{2}\\c_n&=\frac{1}{2}(a_n-\mathrm{i}b_n)=\frac{1}{2\pi}\left(\int_{-\pi}^{\pi}f(x)\cos nx\mathrm{d}x-\mathrm{i}\int_{-\pi}^{\pi}f(x)\sin nx\mathrm{d}x\right)\\&=\frac{1}{2\pi}\int_{-\pi}^{\pi}f(x)\mathrm{e}^{-\mathrm{i}nx}\mathrm{d}x\\c_{-n}&=\frac{1}{2}(a_n+\mathrm{i}b_n)=\frac{1}{2\pi}\left(\int_{-\pi}^{\pi}f(x)\cos nx\mathrm{d}x+\mathrm{i}\int_{-\pi}^{\pi}f(x)\sin nx\mathrm{d}x\right)\end{aligned}$$

$$= \frac{1}{2\pi}\int_{-\pi}^{\pi} f(x)\,\mathrm{e}^{inx}\,\mathrm{d}x$$

如果将 c_n 记为

$$\hat{f}(n) = \frac{1}{2\pi}\int_{-\pi}^{\pi} f(x)\,\mathrm{e}^{-inx}\,\mathrm{d}x \quad (n = 0, \pm 1, \pm 2, \cdots)$$

且设 $f(x)$ 满足收敛定理的条件,则有

$$f(x) = \sum_{n=-\infty}^{+\infty} \hat{f}(n)\,\mathrm{e}^{inx}$$

比较 Fourier 变换

$$\hat{f}(u) = \frac{1}{\sqrt{2\pi}}\int_{-\infty}^{+\infty} f(t)\,\mathrm{e}^{-\mathrm{i}tu}\,\mathrm{d}t$$

与反变换公式

$$f(x) = \frac{1}{\sqrt{2\pi}}\int_{-\infty}^{+\infty} \hat{f}(u)\,\mathrm{e}^{\mathrm{i}ux}\,\mathrm{d}u$$

这里的 Fourier 系数公式 $\hat{f}(n) = \dfrac{1}{2\pi}\displaystyle\int_{-\pi}^{\pi} f(x)\,\mathrm{e}^{-inx}\,\mathrm{d}x$ 与 Fourier 展开式 $f(x) = \displaystyle\sum_{-\infty}^{+\infty} \hat{f}(n)\,\mathrm{e}^{inx}$ 便可视作“离散的 Fourier 变换”与“离散的 Fourier 反变换”.

例 16.3.1 设 $f(x) = \begin{cases} 1, & |x| \leqslant 1 \\ 0, & |x| > 1 \end{cases}$. 试由 $f(x)$ 的 Fourier 积分公式导出等式

$$\int_0^{+\infty} \frac{\sin u \cos ux}{u}\,\mathrm{d}u = \begin{cases} \dfrac{\pi}{2}, & |x| < 1 \\ \dfrac{\pi}{4}, & |x| = 1 \\ 0, & |x| > 1 \end{cases}$$

以及

$$\int_0^{+\infty} \frac{\sin u}{u}\,\mathrm{d}u = \frac{\pi}{2}$$

证明 因为 $f(x)$ 为偶函数,所以

$$a(u) = \frac{2}{\pi}\int_0^{+\infty} f(t)\cos ut\,\mathrm{d}t = \frac{2}{\pi}\int_0^1 \cos ut\,\mathrm{d}t = \frac{2}{\pi}\,\frac{\sin u}{u}$$

$$b(u) = 0$$

故对 $f(x)$ 的连续点 x，由 Fourier 积分的余弦公式有

$$f(x) = \int_0^{+\infty} a(u)\cos ux\mathrm{d}u = \frac{2}{\pi}\int_0^{+\infty} \frac{\sin u\cos ux}{u}\mathrm{d}u$$

这样就得到

$$\int_0^{+\infty} \frac{\sin u\cos ux}{u}\mathrm{d}u = \begin{cases} \dfrac{\pi}{2}, & |x| < 1 \\ 0, & |x| > 1 \end{cases}$$

在 $x = \pm 1$ 处，$f(x)$ 的 Fourier 积分分别收敛于

$$\frac{1}{2}[f(1+0) + f(1-0)] = \frac{1}{2}[f(-1+0) + f(-1-0)] = \frac{1}{2}$$

由此得到

$$\int_0^{+\infty} \frac{\sin u\cos ux}{u}\mathrm{d}u = \frac{\pi}{4}, x = \pm 1$$

如果取 $x = 0$，就再一次得到(参阅例 15. 3. 8)

$$\int_0^{+\infty} \frac{\sin u}{u}\mathrm{d}u = \frac{\pi}{2}$$

例 16. 3. 2　求函数 $f(x) = \mathrm{e}^{-\beta x}(\beta > 0, x > 0)$ 的 Fourier 正弦变换与余弦变换，并由此证明

$$\int_0^{+\infty} \frac{\cos xu}{\beta^2 + u^2}\mathrm{d}u = \frac{\pi}{2\beta}\mathrm{e}^{-\beta x} \quad (x > 0, \beta > 0)$$

$$\int_0^{+\infty} \frac{u\sin xu}{\beta^2 + u^2}\mathrm{d}u = \frac{\pi}{2}\mathrm{e}^{-\beta x} \quad (x > 0, \beta > 0)$$

解　因为 $f(x) = \mathrm{e}^{-\beta x}(\beta > 0, x > 0)$ 的 Fourier 余弦变换与正弦变换为

$$g(u) = \sqrt{\frac{2}{\pi}}\int_0^{+\infty} f(t)\cos ut\mathrm{d}t = \sqrt{\frac{2}{\pi}}\int_0^{+\infty} \mathrm{e}^{-\beta t}\cos ut\mathrm{d}t = \sqrt{\frac{2}{\pi}}\frac{\beta}{\beta^2 + u^2}$$

与

$$h(u) = \sqrt{\frac{2}{\pi}}\int_0^{+\infty} f(t)\sin ut\mathrm{d}t = \sqrt{\frac{2}{\pi}}\int_0^{+\infty} \mathrm{e}^{-\beta t}\sin ut\mathrm{d}t = \sqrt{\frac{2}{\pi}}\frac{u}{\beta^2 + u^2}$$

所以，分别用反变换公式可得

$$\mathrm{e}^{-\beta x} = \sqrt{\frac{2}{\pi}}\int_0^{+\infty} g(u)\cos xu\mathrm{d}u = \sqrt{\frac{2}{\pi}}\int_0^{+\infty} \sqrt{\frac{2}{\pi}}\frac{\beta}{\beta^2 + u^2}\cos xu\mathrm{d}u$$

$$\mathrm{e}^{-\beta x} = \sqrt{\frac{2}{\pi}}\int_0^{+\infty} h(u)\sin xu\mathrm{d}u = \sqrt{\frac{2}{\pi}}\int_0^{+\infty} \sqrt{\frac{2}{\pi}}\frac{u}{\beta^2 + u^2}\sin xu\mathrm{d}u$$

由此我们就得到两个不容易计算的积分的数值

$$\int_0^{+\infty} \frac{\cos xu}{\beta^2 + u^2} du = \frac{\pi}{2\beta} e^{-\beta x} \quad (x > 0, \beta > 0)$$

$$\int_0^{+\infty} \frac{u\sin xu}{\beta^2 + u^2} du = \frac{\pi}{2} e^{-\beta x} \quad (x > 0, \beta > 0)$$

注 16.3.1 请验证:对

$$\int_0^{+\infty} \frac{\cos xu}{\beta^2 + u^2} du = \frac{\pi}{2\beta} e^{-\beta x} \quad (x > 0, \beta > 0)$$

两边关于 x 求导得到

$$\int_0^{+\infty} \frac{u\sin xu}{\beta^2 + u^2} du = \frac{\pi}{2} e^{-\beta x} \quad (x > 0, \beta > 0)$$

例 16.3.3 设

$$f(x) = \begin{cases} \frac{\pi}{2}\sin x, 0 \leqslant x \leqslant \pi \\ 0, \pi < x < +\infty \end{cases}$$

试解积分方程

$$\int_0^{+\infty} g(u)\sin xu\mathrm{d}u = f(x)$$

解 将上述方程改写为

$$\sqrt{\frac{2}{\pi}}\int_0^{+\infty} g(u)\sin xu\mathrm{d}u = \sqrt{\frac{2}{\pi}}f(x)$$

因此,$\sqrt{\frac{2}{\pi}}f(x)$ 为 $g(u)$ 的 Fourier 正弦变换,利用反变换公式,即得

$$\begin{aligned} g(u) &= \sqrt{\frac{2}{\pi}}\int_0^{+\infty} \sqrt{\frac{2}{\pi}}f(x)\sin ux\mathrm{d}x \\ &= \frac{2}{\pi}\int_0^{\pi} \frac{\pi}{2}\sin x\sin ux\mathrm{d}x \\ &= \frac{\sin \pi u}{1 - u^2} \end{aligned}$$

例 16.3.4 设$f(t)$ 在$(-\infty, +\infty)$上绝对可积,$\lim\limits_{t\to\pm\infty} f(t) = 0$,且$f(t)$ 可导,其导函数$f'(t)$ 在$(-\infty, +\infty)$上绝对可积,则 $\hat{f'}(x) = \mathrm{i}x\hat{f}(x)$.

进而,如果$\lim\limits_{t\to+\infty} f^{(k)}(t) = 0$,且$f^{(k)}(t)$ 在$(-\infty, +\infty)$上绝对可积,$k = 1, 2, \cdots, n$,则

$$\hat{f^{(n)}}(x) = (\mathrm{i}x)^n \hat{f}(x)$$

证明　由分部积分法

$$\hat{f'}(x) = \frac{1}{\sqrt{2\pi}}\int_{-\infty}^{+\infty} f'(t)\mathrm{e}^{-\mathrm{i}tx}\mathrm{d}t = \frac{1}{\sqrt{2\pi}}\left(f(t)\mathrm{e}^{-\mathrm{i}tx}\Big|_{-\infty}^{+\infty} + \mathrm{i}x\int_{-\infty}^{+\infty} f(t)\mathrm{e}^{-\mathrm{i}tx}\mathrm{d}t\right) = \mathrm{i}x\hat{f}(x)$$

反复应用分部积分法得到

$$\hat{f^{(n)}}(x) = \mathrm{i}x\hat{f^{(n-1)}}(x) = \cdots = (\mathrm{i}x)^n \hat{f}(x)$$

在初等数学中我们知道对数能将乘法运算变为加法运算,除法运算变为减法运算,上述例子表明,Fourier 变换能将导数运算(分析运算)转变为用 $\mathrm{i}x$ 相乘(代数运算),求 n 阶导数就变为乘以$(\mathrm{i}x)^n$.

例 16.3.5　运用例 16.3.4 中的方法,使得解常系数线性微分方程变得容易了.例如,考查常系数线性微分方程

$$a_n f^{(n)}(t) + a_{n-1} f^{(n-1)}(t) + \cdots + a_n f'(t) + a_0 f(t) = g(t)$$

其中,$a_n, a_{n-1}, \cdots, a_0$ 为给定的常数,$g(t)$ 为已知函数,要求它的解,就可对上述等式两边作 Fourier 变换,利用 Fourier 变换的线性性质与例 16.3.4 中的结论,即得

$$a_n(\mathrm{i}x)^n \hat{f}(x) + a_{n-1}(\mathrm{i}x)^{n-1}\hat{f}(x) + \cdots + a_1 \mathrm{i}x\hat{f}(x) + a_0\hat{f}(x) = \hat{g}(x)$$

于是

$$\hat{f}(x) = \frac{\hat{g}(x)}{a_n(\mathrm{i}x)^n + a_{n-1}(\mathrm{i}x)^{n-1} + \cdots + a_1 \mathrm{i}x + a_0}$$

右边是已知的,通过 Fourier 反变换即能求得 $f(t)$.

Fourier 变换另一个非常有用的性质,就是将函数的卷积运算转化为乘法运算.

例 16.3.6　称

$$(f*g)(t) = \frac{1}{\sqrt{2\pi}}\int_{-\infty}^{+\infty} f(t-u)g(u)\mathrm{d}u$$

为函数 f 与 g 的**卷积**,则

$$(\widehat{f*g})(x) = \hat{f}(x)\hat{g}(x)$$

证明　根据卷积的定义,有

$$\begin{aligned}(\widehat{f*g})(x) &= \frac{1}{2\pi}\int_{-\infty}^{+\infty}\left(\int_{-\infty}^{+\infty} f(t-u)g(u)\mathrm{d}u\right)\mathrm{e}^{-\mathrm{i}tx}\mathrm{d}t \\ &= \frac{1}{2\pi}\int_{-\infty}^{+\infty}\left(g(u)\int_{-\infty}^{+\infty} f(t-u)\mathrm{e}^{-\mathrm{i}tx}\mathrm{d}t\right)\mathrm{d}u\end{aligned}$$

$$\xlongequal{v=t-u}\frac{1}{2\pi}\int_{-\infty}^{+\infty}\left(g(u)\int_{-\infty}^{+\infty}f(v)\mathrm{e}^{-\mathrm{i}(u+v)t}\mathrm{d}v\right)\mathrm{d}u$$

$$=\frac{1}{2\pi}\int_{-\infty}^{+\infty}g(u)\mathrm{e}^{-\mathrm{i}ux}\mathrm{d}u\int_{-\infty}^{+\infty}f(v)\mathrm{e}^{-\mathrm{i}vx}\mathrm{d}v=\hat{f}(x)\hat{g}(x)$$

例 16.3.7 设 $g(u),h(u)$ 为已知函数,求解关于未知函数 $f(u)$ 的卷积型积分方程

$$f(u)=g(u)+\frac{1}{\sqrt{2\pi}}\int_{-\infty}^{+\infty}h(u-t)f(t)\mathrm{d}t\quad(-\infty<u<+\infty)$$

解 对上述方程两边进行 Fourier 变换得到

$$\hat{f}(x)=\hat{g}(x)+\hat{h}(x)\hat{f}(x)$$

由此可得,当 $\hat{h}(x)\neq 1,\forall x\in(-\infty,+\infty)$ 时,有

$$\hat{f}(x)=\frac{\hat{g}(x)}{1-\hat{h}(x)}$$

再由 $\hat{f}(x)$ 通过 Fourier 反变换即能求得 $f(u)$.

卷积运算的重要意义在于它描述了一类重要的物理现象——平移不变的线性系统,这类系统的输入 $f(t)$ 与输出 $g(t)$ 可用卷积运算来描述

$$g(t)=\frac{1}{\sqrt{2\pi}}\int_{-\infty}^{+\infty}h(t-u)f(u)\mathrm{d}u=(h*f)(t)$$

其中 $h(t)$ 是由系统确定的函数. 由例 16.3.6 知,输入 $f(t)$ 与输出 $g(t)$ 的 Fourier 变换 $\hat{f}(x)$ 与 $\hat{g}(x)$ 满足

$$\hat{g}(x)=\hat{h}(x)\hat{f}(x)$$

在通信理论中,常称一个函数的 Fourier 变换为其频谱,因此,对平移不变的线性系统,其输入与输出的频谱之间的关系式 $\hat{g}(x)=\hat{h}(x)\hat{f}(x)$ 是十分简单的. 所以研究 $\hat{f}(x)$ 与 $\hat{g}(x)$ 之间的关系比直接研究 $f(t)$ 与 $g(t)$ 之间的关系要简单方便得多. 这就是所谓在频率域上考虑问题或频谱分析的方法.

但是,根据 Fourier 变换的定义,$\hat{f}(x),\hat{h}(x)$ 取决于信号 $f(t),g(t)$ 在实轴 $(-\infty,+\infty)$ 上的整体性质,因此它不能反映出信号在局部时间范围中的特征,而在实际问题中,这却是非常重要的. 例如对地震信号,人们关心的是在什么位置出现什么样的反射波,而这正是Fourier变换难以弄清的问题. 从20世纪80年代开始发展起来的小波变换,一方面继承了 Fourier 变换的许多长处,同时又在一定程度上克服了 Fourier 变换缺乏局部性的弱点,对解决实际问题更为有利. 关于小波变换,有兴趣的读者可参阅有关的专著与文献.

练习题 16.3

1. 用傅里叶积分表示下列函数：

(1) $f(x) = \begin{cases} \operatorname{sgn} x, & |x| \leqslant 1 \\ 0, & |x| > 1 \end{cases}$；　　(2) $f(x) = \begin{cases} \sin x, & |x| \leqslant \pi \\ 0, & |x| > \pi \end{cases}$；

(3) $f(x) = e^{-a|x|}, a > 0$.

2. 用傅里叶积分表示函数 $f(x) = e^{-x} (0 < x < +\infty)$. (1) 用偶性延拓；(2) 用奇性延拓.

3. 求 $f(x) = e^{-\frac{x^2}{2}}$ 的傅里叶变换

$$F(x) = \frac{1}{\sqrt{2\pi}} \int_{-\infty}^{+\infty} f(t) e^{-itx} dt$$

4. 求下列积分方程的解：

(1) $\int_0^{+\infty} f(t) \sin xt dt = e^{-x}, x > 0$；　　(2) $\int_0^{+\infty} f(t) \cos xt dt = \frac{1}{1+x^2}$.

5. 证明：$\frac{2}{\pi} \int_0^{+\infty} \frac{\sin^2 t}{t^2} \cos 2xt dt = \begin{cases} 1-x, & 0 \leqslant x \leqslant 1 \\ 0, & x > 1 \end{cases}$.

6. 求下列函数的傅里叶反变换：

(1) $F(u) = u e^{-\beta|u|}, \beta > 0$；　　(2) $F(u) = e^{-\frac{u^2}{2}}$.

16.4　Fourier 级数的 Cesàro 求和

Dini 的收敛判别法指出，除了要求 $f(x)$ 在 x_0 处连续外，还要求 $f(x)$ 在 x_0 处有一阶导数，或有广义的左右导数. 自然要问：仅有 $f(x)$ 的连续性，是否能保证它的 Fourier 级数收敛于自己？1876 年，Du Bois-Reymond 举出了一个连续函数，它的 Fourier 级数在若干点是发散的. 从而否定地回答了上述提出的问题.

转而，人们不再在连续函数上加条件，而是去改进级数收敛的定义，使得在新的收敛意义下，连续函数的 Fourier 级数能收敛于自己.

设$\sum\limits_{n=1}^{\infty} a_n$为一个无穷级数,$S_n = \sum\limits_{k=1}^{n} a_k$为它的部分和. 我们曾定义,如果$\lim\limits_{n\to+\infty} S_n = S$,就称级数$\sum\limits_{n=1}^{\infty} a_n$收敛于$S$且$S$为它的和. 这个定义既自然又直观,它与人们通常的认识是一致的. 但它的不足之处是一些很简单的级数,在上述意义下却没有和. 例如级数

$$\sum_{n=1}^{\infty} (-1)^{n-1} = 1 - 1 + 1 - 1 + \cdots$$

就是如此.

新给出的收敛定义,必须使得在原来意义下收敛的级数,在新的意义下仍然收敛,而且有相同的和;而一些在原来意义下发散的级数,在新的意义下却是收敛的. 换句话说,新的定义必须比原来的定义能使更多的级数有和. 下面介绍的 Cesàro 求和就能满足这样的要求.

定义 16.4.1 设$\sum\limits_{n=1}^{\infty} a_n$为一个无穷级数,$\{S_n\}$为它的部分和数列. 如果$\{S_n\}$的算术平均值数列

$$\sigma_n = \frac{S_1 + S_2 + \cdots + S_n}{n} \quad (n = 1, 2, \cdots)$$

是一个收敛数列,即$\lim\limits_{n\to+\infty} \sigma_n = \sigma$,则称级数$\sum\limits_{n=1}^{\infty} a_n$在 **Cesàro 意义下收敛**或**均值意义下收敛**,σ就称为级数$\sum\limits_{n=1}^{\infty} a_n$的 **Cesàro 和**,记为$\sum\limits_{n=1}^{\infty} a_n = \sigma(C)$,此时称级数可以 **Cesàro 求和**.

定理 16.4.1 如果级数$\sum\limits_{n=1}^{\infty} a_n$在通常意义下收敛于$S$,即$\lim\limits_{n\to+\infty} S_n = S$,则$\{S_n\}$的算术平均值数列

$$\sigma_n = \frac{S_1 + S_2 + \cdots + S_n}{n}$$

也收敛于S,即$\sum\limits_{n=1}^{\infty} a_n$在 Cesàro 意义下也收敛,而且有相同的和$S$. 但反之不成立,即存在级数在 Cesàro 意义下收敛,而在通常意义下是发散的.

证明 根据例 1.1.15 知,从$\lim\limits_{n\to+\infty} S_n = S$立即推得

$$\lim_{n\to+\infty}\sigma_n=\lim_{n\to+\infty}\frac{S_1+S_2+\cdots+S_n}{n}=S$$

但反之并不一定成立. 例如, $\sum\limits_{n=1}^{\infty}(-1)^{n-1}$, $a_n=(-1)^{n-1}$, $S_n=\begin{cases}1, n \text{ 为奇数}\\0, n \text{ 为偶数}\end{cases}$, 在通常意义下 $\{S_n\}$ 是发散的. 但由

$$\sigma_{2k}=\frac{S_1+S_2+\cdots+S_{2k}}{2k}=\frac{k}{2k}=\frac{1}{2}$$

$$\sigma_{2k+1}=\frac{S_1+S_2+\cdots+S_{2k-1}}{2k+1}=\frac{k+1}{2k+1}\to\frac{1}{2}\quad(k\to+\infty)$$

得

$$\sum_{n=1}^{\infty}(-1)^{n-1}=\lim_{n\to+\infty}\sigma_n(C)=\frac{1}{2}(C)$$

现在将 Cesàro 求和法用到 Fourier 级数上去,可以证明:连续函数 $f(x)$ 的 Fourier 级数在 Cesàro 意义下一定收敛于自己.

设 $f(x)$ 是周期为 2π 且在 $[-\pi,\pi]$ 上可积或绝对可积的函数

$$f(x)\sim\frac{a_0}{2}+\sum_{n=1}^{\infty}(a_n\cos nx+b_n\sin nx)$$

它的部分和为

$$S_n(x_0)=\frac{1}{\pi}\int_0^{\pi}[f(x_0+t)+f(x_0-t)]\frac{\sin\left(n+\frac{1}{2}\right)t}{2\sin\frac{t}{2}}\mathrm{d}t$$

利用三角恒等式

$$\sum_{k=0}^{n-1}\sin\left(k+\frac{1}{2}\right)t=\frac{\sin^2\frac{nt}{2}}{\sin\frac{t}{2}}$$

得到 $S_0(x_0),S_1(x_0),\cdots,S_{n-1}(x_0)$ 的算术平均

$$\sigma_n(x_0)=\frac{1}{n}\sum_{k=0}^{n-1}S_k(x_0)$$

$$=\frac{1}{n\pi}\int_0^{\pi}[f(x_0+t)+f(x_0-t)]\sum_{k=0}^{n-1}\frac{\sin\left(k+\frac{1}{2}\right)t}{2\sin\frac{t}{2}}\mathrm{d}t$$

$$= \frac{1}{2n\pi}\int_0^{\pi}[f(x_0+t)+f(x_0-t)]\left[\frac{\sin\frac{nt}{2}}{\sin\frac{t}{2}}\right]^2\mathrm{d}t$$

特别的,取$f(x)=1$,则 $S_n(x)=1$,$\sigma_n(x_0)=1$,代入上式得到

$$\frac{1}{n\pi}\int_0^{\pi}\left[\frac{\sin\frac{nt}{2}}{\sin\frac{t}{2}}\right]^2\mathrm{d}t=1$$

定理 16.4.2(Fejér 定理)　设$f(x)$是周期为2π且在$[-\pi,\pi]$上可积或绝对可积的函数. 如果$f(x)$在x_0处有左、右极限$f(x_0-0)$与$f(x_0+0)$,则它的 Fourier 级数在x_0处的 Cesàro 和为

$$\frac{1}{2}[f(x_0+0)+f(x_0-0)]$$

特别的,当$f(x)$在x_0处连续时,它的 Fourier 级数的 Cesàro 和为$f(x_0)$.

证明　记

$$s=\frac{1}{2}[f(x_0+0)+f(x_0-0)]$$

$$\varphi(t)=f(x_0+t)+f(x_0-t)-2s$$

则

$$\sigma_n(x_0)-s=\frac{1}{2n\pi}\int_0^{\pi}[f(x_0+t)+f(x_0-t)-2s]\left[\frac{\sin\frac{nt}{2}}{\sin\frac{t}{2}}\right]^2\mathrm{d}t$$

$$=\frac{1}{2n\pi}\int_0^{\pi}\varphi(t)\left[\frac{\sin\frac{nt}{2}}{\sin\frac{t}{2}}\right]^2\mathrm{d}t$$

由于$f(x)$的左、右极限$f(x_0-0)$与$f(x_0+0)$都存在,故$\forall\varepsilon>0$,$\exists\delta\in(0,\pi)$,当$0<t<\delta$时

$$|f(x_0+t)-f(x_0+0)|<\frac{\varepsilon}{2}$$

$$|f(x_0-t)-f(x_0-0)|<\frac{\varepsilon}{2}$$

$$|\varphi(t)|=|f(x_0+t)+f(x_0-t)-2s|$$

$$\leqslant |f(x_0+t)-f(x_0+0)|+|f(x_0-t)-f(x_0-0)|$$

$$<\frac{\varepsilon}{2}+\frac{\varepsilon}{2}=\varepsilon$$

$$\begin{aligned}\left|\frac{1}{2n\pi}\int_0^{\delta}\varphi(t)\left[\frac{\sin\frac{nt}{2}}{\sin\frac{t}{2}}\right]^2\mathrm{d}t\right| &\leqslant \frac{1}{2n\pi}\int_0^{\delta}|\varphi(t)|\left[\frac{\sin\frac{nt}{2}}{\sin\frac{t}{2}}\right]^2\mathrm{d}t\\ &<\frac{\varepsilon}{2n\pi}\int_0^{\delta}\left[\frac{\sin\frac{nt}{2}}{\sin\frac{t}{2}}\right]^2\mathrm{d}t\\ &<\frac{\varepsilon}{2n\pi}\int_0^{\pi}\left[\frac{\sin\frac{nt}{2}}{\sin\frac{t}{2}}\right]^2\mathrm{d}t\\ &=\frac{\varepsilon}{2}\end{aligned}$$

$$\begin{aligned}\left|\frac{1}{2n\pi}\int_{\delta}^{\pi}\varphi(t)\left[\frac{\sin\frac{nt}{2}}{\sin\frac{t}{2}}\right]^2\mathrm{d}t\right| &\leqslant \frac{1}{2n\pi}\int_{\delta}^{\pi}|\varphi(t)|\left[\frac{\sin\frac{nt}{2}}{\sin\frac{t}{2}}\right]^2\mathrm{d}t\\ &\leqslant\frac{1}{2n\pi\sin^2\frac{\delta}{2}}\int_0^{\pi}|\varphi(t)|\,\mathrm{d}t\\ &=\frac{A}{n}\end{aligned}$$

其中 $A=\dfrac{1}{2\pi\sin^2\frac{\delta}{2}}\displaystyle\int_0^{\pi}|\varphi(t)|\,\mathrm{d}t$ 为一个常数. 故当 $n>\dfrac{2A}{\varepsilon}$ 时

$$\begin{aligned}|\sigma_n(x_0)-s| &=\left|\frac{1}{2n\pi}\int_0^{\delta}\varphi(t)\left[\frac{\sin\frac{nt}{2}}{\sin\frac{t}{2}}\right]^2\mathrm{d}t+\frac{1}{2n\pi}\int_{\delta}^{\pi}\varphi(t)\left[\frac{\sin\frac{nt}{2}}{\sin\frac{t}{2}}\right]^2\mathrm{d}t\right|\\ &\leqslant\left|\frac{1}{2n\pi}\int_0^{\delta}\varphi(t)\left[\frac{\sin\frac{nt}{2}}{\sin\frac{t}{2}}\right]^2\mathrm{d}t\right|+\left|\frac{1}{2n\pi}\int_{\delta}^{\pi}\varphi(t)\left[\frac{\sin\frac{nt}{2}}{\sin\frac{t}{2}}\right]^2\mathrm{d}t\right|\end{aligned}$$

$$< \frac{\varepsilon}{2} + \frac{A}{n}$$

$$< \frac{\varepsilon}{2} + \frac{\varepsilon}{2}$$

$$= \varepsilon$$

这就证明了$f(x)$的 Fourier 级数在x_0处的 Cesàro 和为

$$\lim_{n \to +\infty} \sigma_n = s = \frac{1}{2}[f(x_0 + 0) + f(x_0 - 0)]$$

推论 16.4.1 设$f(x)$是周期为2π且在$[-\pi,\pi]$上可积或绝对可积的函数. 如果$f(x)$在x_0处有左、右极限,且其傅里叶级数在x_0处收敛,则必收敛于$\frac{1}{2}[f(x_0 + 0) + f(x_0 - 0)]$.

证明 设$f(x)$的傅里叶级数在x_0处收敛于s,则其 Cesàro 和也必为s. 根据定理 16.4.2,其 Cesàro 和为$\frac{1}{2}[f(x_0 + 0) + f(x_0 - 0)]$,故得

$$s = \frac{1}{2}[f(x_0 + 0) + f(x_0 - 0)]$$

更进一步,有下面的定理.

定理 16.4.3(Fejér 定理) 设$f(x)$是周期为2π的连续函数,则它的 Fourier 级数在 Cesàro 意义下一致收敛于$f(x)$.

证明 设$\varphi_x(t) = f(x + t) + f(x - t) - 2f(x)$,则

$$\sigma_n(x) - f(x) = \frac{1}{2n\pi}\int_0^{\pi} \varphi_x(t) \left[\frac{\sin \frac{nt}{2}}{\sin \frac{t}{2}}\right]^2 \mathrm{d}t$$

由于$f(x)$为整个数轴上的连续函数,故在闭区间$[-2\pi,2\pi]$上一致连续. 对于给定的$\varepsilon > 0$, $\exists \delta \in (0,\pi)$,使得$\forall t \in (0,\delta)$,有

$$| f(x + t) - f(x) | < \frac{\varepsilon}{2}, | f(x - t) - f(x) | < \frac{\varepsilon}{2} \quad (\forall x \in [-\pi,\pi])$$

因而

$$\begin{aligned} | \varphi_x(t) | &= | f(x + t) + f(x - t) - 2f(x) | \\ &\leqslant | f(x + t) - f(x) | + | f(x - t) - f(x) | \\ &< \frac{\varepsilon}{2} + \frac{\varepsilon}{2} = \varepsilon \quad (\forall x \in [-\pi,\pi]) \end{aligned}$$

于是,当 $n > \dfrac{4M}{\varepsilon\sin^2\dfrac{\delta}{2}}$ 时(其中 $M = \max\limits_{x\in[-\pi,\pi]} |f(x)|$),有

$$|\sigma_n(x) - f(x)| = \left|\frac{1}{2n\pi}\int_0^\delta \varphi_x(t)\left[\frac{\sin\dfrac{nt}{2}}{\sin\dfrac{t}{2}}\right]^2 dt + \frac{1}{2n\pi}\int_\delta^\pi \varphi_x(t)\left[\frac{\sin\dfrac{nt}{2}}{\sin\dfrac{t}{2}}\right]^2 dt\right|$$

$$\leqslant \frac{1}{2n\pi}\int_0^\delta |\varphi_x(t)|\left[\frac{\sin\dfrac{nt}{2}}{\sin\dfrac{t}{2}}\right]^2 dt + \frac{1}{2n\pi}\int_\delta^\pi |\varphi_x(t)|\left[\frac{\sin\dfrac{nt}{2}}{\sin\dfrac{t}{2}}\right]^2 dt$$

$$< \frac{\varepsilon}{2n\pi}\int_0^\pi \left[\frac{\sin\dfrac{nt}{2}}{\sin\dfrac{t}{2}}\right]^2 dt + \frac{2M}{n\sin\dfrac{\delta}{2}} < \frac{\varepsilon}{2} + \frac{\varepsilon}{2} = \varepsilon$$

因此

$$\sigma_n(x) \rightrightarrows f(x) \quad (x \in [-\pi,\pi], n \to +\infty)$$

再由周期性,有 $\sigma_n(x) \rightrightarrows f(x)$,$x \in (-\infty, +\infty)$,$n \to +\infty$,即 $f(x)$ 的 Fourier 级数在 Cesàro 意义下一致收敛于 $f(x)$.

作为 Fejér 定理 16.4.3 与 Cesàro 意义下求和的应用,我们来证明下面的 Weierstrass 定理.

定理 16.4.4(Weierstrass)　设 $f(x)$ 在 $[-\pi,\pi]$ 上连续,且 $f(-\pi) = f(\pi)$,则 $f(x)$ 必能用三角多项式一致逼近.

证法 1　根据假定,我们能将 $f(x)$ 延拓为整个数轴上的以 2π 为周期的连续函数. 于是,应用 Fejér 定理,$f(x)$ 能在 $(-\infty, +\infty)$ 中用序列 $\{\sigma_n(x)\}$ 一致逼近. 因为 $f(x)$ 的 Fourier 级数的 k 次部分和 $S_k(x)$ 是一个 k 次三角多项式,因而

$$\sigma_n(x) = \frac{1}{n}[S_0(x) + S_1(x_0) + \cdots + S_{n-1}(x)]$$

是一个 $n-1$ 次三角多项式,它就是一个一致逼近 $f(x)$ 的三角多项式序列.

证法 2　参阅定理 14.3.8.

练习题 16.4

1. 求下列级数的 Cesàro 和：

(1) $1+0-1+1+0-1+\cdots$;

(2) $\frac{1}{2}+\cos x+\cos 2x+\cdots+\cos nx+\cdots, 0<x<2\pi$;

(3) $\sin x+\sin 2x+\sin 3x+\cdots, 0<x<2\pi$.

2. 利用 Fejér 定理 16.4.2 证明：$[0,\pi]$ 上的连续函数可用余弦多项式一致逼近.

3. 证明：级数 $\sum\limits_{n=0}^{\infty} a_n$ 可以 Cesàro 求和的必要条件是 $a_n=o(n), n\to+\infty$（参阅思考题 12.1 题 5(3)）.

思考题 16.4

1. 设由无穷级数 $\sum\limits_{n=0}^{\infty} a_n$ 产生的幂级数 $\sum\limits_{n=0}^{\infty} a_n x^n$ 的收敛半径为 1. 如果

$$\lim_{x\to 1^-}\sum_{n=0}^{\infty} a_n x^n = s$$

则称级数 $\sum\limits_{n=0}^{\infty} a_n$ 在 **Abel 意义下收敛于** s, s 称为级数 $\sum\limits_{n=0}^{\infty} a_n$ 的 **Abel 和**，记为 $\sum\limits_{n=0}^{\infty} a_n = s(A)$. 此时，称 $\sum\limits_{n=0}^{\infty} a_n$ 可以 **Abel 求和**.

证明：(1) 如果级数 $\sum\limits_{n=0}^{\infty} a_n$ 在通常意义下收敛于 s，则必有

$$\sum_{n=0}^{\infty} a_n = s(A)$$

(2) $\sum\limits_{n=0}^{\infty}(-1)^n=\frac{1}{2}(A)$. 注意：$\sum\limits_{n=0}^{\infty}(-1)^n=\frac{1}{2}(C)$，但通常意义下它不收敛.

2. 证明：如果 $\sum_{n=0}^{\infty} a_n = s(C)$，则必有 $\sum_{n=0}^{\infty} a_n = s(A)$.

提示：按下列步骤论证.

(1) $\sum_{n=0}^{\infty} a_n x^n$ 在 $(-1,1)$ 中绝对收敛；

(2) 记 $f(x) = \sum_{n=0}^{\infty} a_n x^n$，则

$$f(x) = (1-x)^2 \sum_{n=0}^{\infty} (n+1)\sigma_{n+1} x^{n+1} \quad (x \in (-1,1))$$

(3) 从

$$f(x) - s = (1-x)^2 \sum_{n=0}^{\infty} (n+1)(\sigma_{n+1} - s)x^n$$

推得

$$\lim_{x \to 1^-} \sum_{n=0}^{\infty} a_n x^n = s$$

3. 证明：级数 $\sum_{n=0}^{\infty} (-1)^n (n+1) = \frac{1}{4}(A)$. 但它不能用 Cesàro 求和. 由此及题 1(2) 知，通常求和最强，Cesàro 求和次强，Abel 求和最弱.

4. 证明：$\sum_{n=2}^{\infty} (-1)^n \ln n = \frac{1}{2} \ln \frac{\pi}{2}(C)$.

复 习 题 16

1. 设 $g(t)$ 为区间 $[0,h]$ $(h>0)$ 上的单调增函数，利用

$$\int_0^h g(t) \frac{\sin \lambda t}{t} dt = g(0+0) \int_0^h \frac{\sin \lambda t}{t} dt + \int_0^h [g(t) - g(0+0)] \frac{\sin \lambda t}{t} dt$$

证明

$$\lim_{\lambda \to +\infty} \int_0^h g(t) \frac{\sin \lambda t}{t} dt = \frac{\pi}{2} g(0+0)$$

2. 设 $0 < x < 2\pi$，证明：

(1) $$\sum_{k=1}^{n} \frac{\sin kx}{k} = -\frac{x}{2} + \int_0^x \frac{\sin\left(n+\frac{1}{2}\right)t}{2\sin\frac{t}{2}} dt;$$

(2) $\sum_{k=1}^{\infty}\dfrac{\sin kx}{k}=\dfrac{\pi-x}{2}$.

3. 利用 $\cos ax$ 在 $[-\pi,\pi]$ 上的 Fourier 展开式证明:

(1) $\cot x=\dfrac{1}{x}+\sum_{n=1}^{\infty}\dfrac{2x}{x^2-n^2\pi^2}, x\neq k\pi, k=0,\pm1,\pm2,\cdots$;

(2) $\dfrac{1}{\sin x}=\dfrac{1}{x}+\sum_{n=1}^{\infty}(-1)^n\dfrac{2x}{x^2-n^2\pi^2}, x\neq k\pi, k=0,\pm1,\pm2,\cdots$.

4. 试用 Fejér 定理 16.4.2 证明:如果周期为 2π 的连续函数 f 与三角函数系

$$\{1,\cos x,\sin x,\cdots,\cos nx,\sin nx,\cdots\}$$

中每个函数都正交,则必有 $f=0$.

5. 定义在区间 $[0,1]$ 上的函数系

$$\varphi_n(t)=\operatorname{sgn}(\sin 2^n\pi t)\quad(n=1,2,\cdots)$$

称为**Rademacher 函数系**. 证明:Rademacher 函数系是 $[0,1]$ 上的规范正交系.

6. 设 $\sum_{n=0}^{\infty}a_n$, $\sum_{n=0}^{\infty}b_n$ 为两个收敛级数,其和分别为 A,B. 证明:它们的 Cauchy 乘积 $\sum_{n=0}^{\infty}c_n$ 必能 Abel 求和,且

$$\sum_{n=0}^{\infty}c_n=AB(A)$$

7. 试由 Weierstrass 的三角多项式逼近定理导出代数多项式逼近定理.

8. 设 $f(x)$ 为 $[0,\pi]$ 上的二阶连续可导函数,且 $f(0)=f(\pi)=0$,令 $f(x)$ 的 Fourier 展开式为

$$f(x)=\sum_{k=1}^{\infty}a_k\sin kx$$

其部分和为 $S_n(x)=\sum_{k=1}^{n}a_k\sin kx, n=1,2,\cdots$,证明:

(1) $a_k=-\dfrac{2}{\pi k^2}\int_0^{\pi}f''(x)\sin kx\mathrm{d}x, k=1,2,\cdots$;

(2) $\int_0^{\pi}[f(x)-S_n(x)]^2\mathrm{d}x\leqslant\dfrac{1}{3n^3}\int_0^{\pi}[f''(x)]^2\mathrm{d}x, n=1,2,\cdots$.

9. 设 $f(\theta)$ 为 $\mathbb{R}$ 上的周期为 2π 的连续函数,且

$$f(\theta)\sim\frac{a_0}{2}+\sum_{n=1}^{\infty}(a_n\cos n\theta+b_n\sin n\theta)$$

证明:(1) $u_n=\dfrac{a_0}{2}+\sum_{k=1}^{n}r^k(a_k\cos k\theta+b_k\sin k\theta)$ 在单位圆盘 $D=\{z\in$

$\mathbb{C}$（复数域）$|\,|z|<1\}$ 内的紧子集上一致收敛于一个调和函数 $u(x,y)$（即 $\Delta u=\frac{\partial^2 u}{\partial x^2}+\frac{\partial^2 u}{\partial y^2}=0$），其中 $z=re^{i\theta}=x+iy,i=\sqrt{-1}$；

（2）$\iint\limits_D\left[\left(\frac{\partial u}{\partial x}\right)+\left(\frac{\partial u}{\partial y}\right)^2\right]dxdy=\pi\sum\limits_{n=1}^{\infty}n(a_n^2+b_n^2)$.

10. 证明：Legendre 多项式

$$X_n(x)=\frac{1}{2^n n!}\frac{d^n(x^2-1)^n}{dx^n}=\frac{1}{(2n)!!}\frac{d^n(x^2-1)^n}{dx^n}$$

在 $[-1,1]$ 上为正交系，并且 $\int_{-1}^{1}X_n^2(x)dx=\frac{2}{2n+1}$.

11. 设函数列 $\{y_n(x)\}$ 满足方程

$$\frac{d}{dx}\left[p(x)\frac{dy_n}{dx}\right]+\lambda_n y_n=0\quad(\forall x\in[a,b],n=1,2,\cdots)$$

其中 $n\neq m$ 时，$\lambda_n\neq\lambda_m$，且有边界条件 $y_n(a)=y_n(b)=0$. 证明：$\{y_n(x)\}$ 为 $[a,b]$ 上的正交系.

12. 设 $0<\lambda_1<\lambda_2<\cdots<\lambda_n<\cdots$ 满足

$$\sigma\sin\sqrt{\lambda_n}l+\sqrt{\lambda_n}\cos\sqrt{\lambda_n}l=0\quad(\sigma>0)$$

证明：$\{y_n(x)\}=\{\sin\sqrt{\lambda_n}x\}$ 在 $[0,l]$ 上为正交系，并求 $\int_0^l y_n^2(x)dx$（用 σ，λ_n,l 表示）.

13. 设 $f(x)$ 是以 2π 为周期的函数，满足 α 阶 Hölder 条件（也称 α 阶 Lipschitz 条件）

$$|f(x)-f(y)|\leqslant L|x-y|^{\alpha}\quad(0<\alpha\leqslant 1)$$

证明：$a_n=O\left(\frac{1}{n^{\alpha}}\right),b_n=O\left(\frac{1}{n^{\alpha}}\right),n\to+\infty$.

14. 设 $f(x)$ 有界，周期为 2π，并在 $(-\pi,\pi)$ 上逐段单调. 证明

$$a_n=O\left(\frac{1}{n}\right),b_n=O\left(\frac{1}{n}\right)\quad(n\to\infty)$$

15.（1）证明：周期为 2π 的函数

$$f(x)=\frac{1}{4}x(2\pi-x)\quad(x\in[0,2\pi])$$

的 Fourier 级数为

$$\frac{1}{4}x(2\pi-x)=\frac{\pi^2}{6}-\sum_{n=1}^{\infty}\frac{1}{n^2}\cos nx\quad(x\in[0,2\pi])$$

并由此证得$\sum_{n=1}^{\infty}\frac{1}{n^2}=\frac{\pi^2}{6}$.

(2) 应用(1)中公式及逐项积分证明

$$\frac{1}{6}\pi^2x-\frac{1}{4}\pi x^2+\frac{x^3}{12}=\sum_{n=1}^{\infty}\frac{1}{n^3}\sin nx$$

$$-\frac{1}{36}\pi^2x^3+\frac{1}{48}\pi x^4-\frac{x^5}{240}=\sum_{n=1}^{\infty}\frac{1}{n^4}\left(\frac{\sin nx}{n}-x\right)\quad (x\in[0,2\pi])$$

由此得到$\sum_{n=1}^{\infty}\frac{1}{n^4}=\frac{1}{90}\pi^4$.

16. 设$f(x)$是以2π为周期的连续偶函数,它的 Fourier 级数为

$$f(x)\sim\frac{a_0}{2}+\sum_{n=1}^{\infty}a_n\cos nx$$

证明:(1) 函数$H(x)=\frac{1}{\pi}\int_{-\pi}^{\pi}f(x+t)f(t)\,\mathrm{d}t$是以$2\pi$为周期的连续偶函数,它的 Fourier 级数为

$$H(x)\sim\frac{a_0^2}{2}+\sum_{n=1}^{\infty}a_n^2\cos nx$$

(2) $\frac{a_0^2}{2}+\sum_{n=1}^{\infty}a_n^2\cos nx$一致收敛于$H(x)$.

17. 设$f(x)=x$在$(-\pi,\pi)$上的 Fourier 级数为

$$x=\sum_{n=1}^{\infty}\frac{2(-1)^{n-1}}{n}\sin nx\quad (x\in(-\pi,\pi))$$

试求函数$\varphi(x)=x\sin x$在$[-\pi,\pi]$上的 Fourier 级数.

18. 设$f(x)$的 Fourier 级数为

$$f(x)\sim\frac{a_0}{2}+\sum_{n=1}^{\infty}(a_n\cos nx+b_n\sin nx)$$

证明:$f(x)\sin x$的 Fourier 级数为

$$f(x)\sin x\sim\frac{b_1}{2}+\sum_{n=1}^{\infty}\left(\frac{b_{n+1}-b_{n-1}}{2}\cos nx+\frac{a_{n-1}-a_{n+1}}{2}\sin nx\right)$$

其中$b_0=0$.

参考文献

[1] 菲赫金戈尔兹 Г М. 微积分学教程(共3卷8分册)[M]. 北京:高等教育出版社,1957.

[2] 徐森林. 实变函数论[M]. 合肥:中国科学技术大学出版社,2002.

[3] 裴礼文. 数学分析中的典型问题与方法[M]. 北京:高等教育出版社,1993.

[4] 徐利治,冯克勤,方兆本,徐森林. 大学数学解题法诠释[M]. 合肥:安徽教育出版社,1999.

[5] 徐森林,薛春华. 流形[M]. 北京:高等教育出版社,1991.

[6] 何琛,史济怀,徐森林. 数学分析[M]. 北京:高等教育出版社,1985.

[7] 邹应. 数学分析[M]. 北京:高等教育出版社,1995.

[8] 汪林. 数学分析中的问题和反例[M]. 昆明:云南科技出版社,1990.

[9] 孙本旺,汪浩. 数学分析中的典型例题和解题方法[M]. 长沙:湖南科学技术出版社,1985.

刘培杰数学工作室
已出版(即将出版)图书目录——高等数学

书　　名	出版时间	定　价	编号
距离几何分析导引	2015-02	68.00	446
大学几何学	2017-01	78.00	688
关于曲面的一般研究	2016-11	48.00	690
近世纯粹几何学初论	2017-01	58.00	711
拓扑学与几何学基础讲义	2017-04	58.00	756
物理学中的几何方法	2017-06	88.00	767
几何学简史	2017-08	28.00	833
微分几何学历史概要	2020-07	58.00	1194
解析几何学史	2022-03	58.00	1490

复变函数引论	2013-10	68.00	269
伸缩变换与抛物旋转	2015-01	38.00	449
无穷分析引论(上)	2013-04	88.00	247
无穷分析引论(下)	2013-04	98.00	245
数学分析	2014-04	28.00	338
数学分析中的一个新方法及其应用	2013-01	38.00	231
数学分析例选:通过范例学技巧	2013-01	88.00	243
高等代数例选:通过范例学技巧	2015-06	88.00	475
基础数论例选:通过范例学技巧	2018-09	58.00	978
三角级数论(上册)(陈建功)	2013-01	38.00	232
三角级数论(下册)(陈建功)	2013-01	48.00	233
三角级数论(哈代)	2013-06	48.00	254
三角级数	2015-07	28.00	263
超越数	2011-03	18.00	109
三角和方法	2011-03	18.00	112
随机过程(Ⅰ)	2014-01	78.00	224
随机过程(Ⅱ)	2014-01	68.00	235
算术探索	2011-12	158.00	148
组合数学	2012-04	28.00	178
组合数学浅谈	2012-03	28.00	159
分析组合学	2021-09	88.00	1389
丢番图方程引论	2012-03	48.00	172
拉普拉斯变换及其应用	2015-02	38.00	447
高等代数.上	2016-01	38.00	548
高等代数.下	2016-01	38.00	549
高等代数教程	2016-01	58.00	579
高等代数引论	2020-07	48.00	1174
数学解析教程.上卷.1	2016-01	58.00	546
数学解析教程.上卷.2	2016-01	38.00	553
数学解析教程.下卷.1	2017-04	48.00	781
数学解析教程.下卷.2	2017-06	48.00	782
数学分析.第1册	2021-03	48.00	1281
数学分析.第2册	2021-03	48.00	1282
数学分析.第3册	2021-03	28.00	1283
数学分析精选习题全解.上册	2021-03	38.00	1284
数学分析精选习题全解.下册	2021-03	38.00	1285
函数构造论.上	2016-01	38.00	554
函数构造论.中	2017-06	48.00	555
函数构造论.下	2016-09	48.00	680
函数逼近论(上)	2019-02	98.00	1014
概周期函数	2016-01	48.00	572
变叙的项的极限分布律	2016-01	18.00	573
整函数	2012-08	18.00	161
近代拓扑学研究	2013-04	38.00	239
多项式和无理数	2008-01	68.00	22
密码学与数论基础	2021-01	28.00	1254

刘培杰数学工作室
已出版(即将出版)图书目录——高等数学

书　名	出版时间	定　价	编号
模糊数据统计学	2008—03	48.00	31
模糊分析学与特殊泛函空间	2013—01	68.00	241
常微分方程	2016—01	58.00	586
平稳随机函数导论	2016—03	48.00	587
量子力学原理.上	2016—01	38.00	588
图与矩阵	2014—08	40.00	644
钢丝绳原理:第二版	2017—01	78.00	745
代数拓扑和微分拓扑简史	2017—06	68.00	791
半序空间泛函分析.上	2018—06	48.00	924
半序空间泛函分析.下	2018—06	68.00	925
概率分布的部分识别	2018—07	68.00	929
Cartan 型单模李超代数的上同调及极大子代数	2018—07	38.00	932
纯数学与应用数学若干问题研究	2019—03	98.00	1017
数理金融学与数理经济学若干问题研究	2020—07	98.00	1180
清华大学"工农兵学员"微积分课本	2020—09	48.00	1228
力学若干基本问题的发展概论	2020—11	48.00	1262

受控理论与解析不等式	2012—05	78.00	165
不等式的分拆降维降幂方法与可读证明(第 2 版)	2020—07	78.00	1184
石焕南文集:受控理论与不等式研究	2020—09	198.00	1198

实变函数论	2012—06	78.00	181
复变函数论	2015—08	38.00	504
非光滑优化及其变分分析	2014—01	48.00	230
疏散的马尔科夫链	2014—01	58.00	266
马尔科夫过程论基础	2015—01	28.00	433
初等微分拓扑学	2012—07	18.00	182
方程式论	2011—03	38.00	105
Galois 理论	2011—03	18.00	107
古典数学难题与伽罗瓦理论	2012—11	58.00	223
伽罗华与群论	2014—01	28.00	290
代数方程的根式解及伽罗瓦理论	2011—03	28.00	108
代数方程的根式解及伽罗瓦理论(第二版)	2015—01	28.00	423
线性偏微分方程讲义	2011—03	18.00	110
几类微分方程数值方法的研究	2015—05	38.00	485
分数阶微分方程理论与应用	2020—05	95.00	1182
N 体问题的周期解	2011—03	28.00	111
代数方程式论	2011—05	18.00	121
线性代数与几何:英文	2016—06	58.00	578
动力系统的不变量与函数方程	2011—07	48.00	137
基于短语评价的翻译知识获取	2012—02	48.00	168
应用随机过程	2012—04	48.00	187
概率论导引	2012—04	18.00	179
矩阵论(上)	2013—06	58.00	250
矩阵论(下)	2013—06	48.00	251
对称锥互补问题的内点法:理论分析与算法实现	2014—08	68.00	368
抽象代数:方法导引	2013—06	38.00	257
集论	2016—01	48.00	576
多项式理论研究综述	2016—01	38.00	577
函数论	2014—11	78.00	395
反问题的计算方法及应用	2011—11	28.00	147
数阵及其应用	2012—02	28.00	164
绝对值方程—折边与组合图形的解析研究	2012—07	48.00	186
代数函数论(上)	2015—07	38.00	494
代数函数论(下)	2015—07	38.00	495

刘培杰数学工作室

已出版(即将出版)图书目录——高等数学

书　　名	出版时间	定　价	编号
偏微分方程论:法文	2015－10	48.00	533
时标动力学方程的指数型二分性与周期解	2016－04	48.00	606
重刚体绕不动点运动方程的积分法	2016－05	68.00	608
水轮机水力稳定性	2016－05	48.00	620
Lévy 噪音驱动的传染病模型的动力学行为	2016－05	48.00	667
铣加工动力学系统稳定性研究的数学方法	2016－11	28.00	710
时滞系统:Lyapunov 泛函和矩阵	2017－05	68.00	784
粒子图像测速仪实用指南:第二版	2017－08	78.00	790
数域的上同调	2017－08	98.00	799
图的正交因子分解(英文)	2018－01	38.00	881
图的度因子和分支因子:英文	2019－09	88.00	1108
点云模型的优化配准方法研究	2018－07	58.00	927
锥形波入射粗糙表面反散射问题理论与算法	2018－03	68.00	936
广义逆的理论与计算	2018－07	58.00	973
不定方程及其应用	2018－12	58.00	998
几类椭圆型偏微分方程高效数值算法研究	2018－08	48.00	1025
现代密码算法概论	2019－05	98.00	1061
模形式的 p－进性质	2019－06	78.00	1088
混沌动力学:分形、平铺、代换	2019－09	48.00	1109
微分方程,动力系统与混沌引论:第 3 版	2020－05	65.00	1144
分数阶微分方程理论与应用	2020－05	95.00	1187
应用非线性动力系统与混沌导论:第 2 版	2021－05	58.00	1368
非线性振动,动力系统与向量场的分支	2021－06	55.00	1369
遍历理论引论	2021－11	46.00	1441
动力系统与混沌	2022－05	48.00	1485
Galois 上同调	2020－04	138.00	1131
毕达哥拉斯定理:英文	2020－03	38.00	1133
模糊可拓多属性决策理论与方法	2021－06	98.00	1357
统计方法和科学推断	2021－10	48.00	1428
有关几类种群生态学模型的研究	2022－04	98.00	1486
加性数论:典型基	2022－05	48.00	1491
乘性数论:第三版	2022－07	38.00	1528

吴振奎高等数学解题真经(概率统计卷)	2012－01	38.00	149
吴振奎高等数学解题真经(微积分卷)	2012－01	68.00	150
吴振奎高等数学解题真经(线性代数卷)	2012－01	58.00	151
高等数学解题全攻略(上卷)	2013－06	58.00	252
高等数学解题全攻略(下卷)	2013－06	58.00	253
高等数学复习纲要	2014－01	18.00	384
数学分析历年考研真题解析.第一卷	2021－04	28.00	1288
数学分析历年考研真题解析.第二卷	2021－04	28.00	1289
数学分析历年考研真题解析.第三卷	2021－04	28.00	1290

超越吉米多维奇.数列的极限	2009－11	48.00	58
超越普里瓦洛夫.留数卷	2015－01	28.00	437
超越普里瓦洛夫.无穷乘积与它对解析函数的应用卷	2015－05	28.00	477
超越普里瓦洛夫.积分卷	2015－06	18.00	481
超越普里瓦洛夫.基础知识卷	2015－06	28.00	482
超越普里瓦洛夫.数项级数卷	2015－07	38.00	489
超越普里瓦洛夫.微分、解析函数、导数卷	2018－01	48.00	852

统计学专业英语	2007－03	28.00	16
统计学专业英语(第二版)	2012－07	48.00	176
统计学专业英语(第三版)	2015－04	68.00	465
代换分析:英文	2015－07	38.00	499

刘培杰数学工作室
已出版(即将出版)图书目录——高等数学

书　名	出版时间	定　价	编号
历届美国大学生数学竞赛试题集. 第一卷(1938—1949)	2015—01	28.00	397
历届美国大学生数学竞赛试题集. 第二卷(1950—1959)	2015—01	28.00	398
历届美国大学生数学竞赛试题集. 第三卷(1960—1969)	2015—01	28.00	399
历届美国大学生数学竞赛试题集. 第四卷(1970—1979)	2015—01	18.00	400
历届美国大学生数学竞赛试题集. 第五卷(1980—1989)	2015—01	28.00	401
历届美国大学生数学竞赛试题集. 第六卷(1990—1999)	2015—01	28.00	402
历届美国大学生数学竞赛试题集. 第七卷(2000—2009)	2015—08	18.00	403
历届美国大学生数学竞赛试题集. 第八卷(2010—2012)	2015—01	18.00	404
超越普特南试题:大学数学竞赛中的方法与技巧	2017—04	98.00	758
历届国际大学生数学竞赛试题集(1994—2020)	2021—01	58.00	1252
历届美国大学生数学竞赛试题集:1938—2017	2020—11	98.00	1256
全国大学生数学夏令营数学竞赛试题及解答	2007—03	28.00	15
全国大学生数学竞赛辅导教程	2012—07	28.00	189
全国大学生数学竞赛复习全书(第 2 版)	2017—05	58.00	787
历届美国大学生数学竞赛试题集	2009—03	88.00	43
前苏联大学生数学奥林匹克竞赛题解(上编)	2012—04	28.00	169
前苏联大学生数学奥林匹克竞赛题解(下编)	2012—04	38.00	170
大学生数学竞赛讲义	2014—09	28.00	371
大学生数学竞赛教程——高等数学(基础篇、提高篇)	2018—09	128.00	968
普林斯顿大学数学竞赛	2016—06	38.00	669
考研高等数学高分之路	2020—10	45.00	1203
考研高等数学基础必刷	2021—01	45.00	1251
考研概率论与数理统计	2022—06	58.00	1522
越过 211,刷到 985:考研数学二	2019—10	68.00	1115
初等数论难题集(第一卷)	2009—05	68.00	44
初等数论难题集(第二卷)(上、下)	2011—02	128.00	82,83
数论概貌	2011—03	18.00	93
代数数论(第二版)	2013—08	58.00	94
代数多项式	2014—06	38.00	289
初等数论的知识与问题	2011—02	28.00	95
超越数论基础	2011—03	28.00	96
数论初等教程	2011—03	28.00	97
数论基础	2011—03	18.00	98
数论基础与维诺格拉多夫	2014—03	18.00	292
解析数论基础	2012—08	28.00	216
解析数论基础(第二版)	2014—01	48.00	287
解析数论问题集(第二版)(原版引进)	2014—05	88.00	343
解析数论问题集(第二版)(中译本)	2016—04	88.00	607
解析数论基础(潘承洞,潘承彪著)	2016—07	98.00	673
解析数论导引	2016—07	58.00	674
数论入门	2011—03	38.00	99
代数数论入门	2015—03	38.00	448
数论开篇	2012—07	28.00	194
解析数论引论	2011—03	48.00	100
Barban Davenport Halberstam 均值和	2009—01	40.00	33
基础数论	2011—03	28.00	101
初等数论 100 例	2011—05	18.00	122
初等数论经典例题	2012—07	18.00	204
最新世界各国数学奥林匹克中的初等数论试题(上、下)	2012—01	138.00	144,145
初等数论(Ⅰ)	2012—01	18.00	156
初等数论(Ⅱ)	2012—01	18.00	157
初等数论(Ⅲ)	2012—01	28.00	158

刘培杰数学工作室
已出版(即将出版)图书目录——高等数学

书　　名	出版时间	定　价	编号
Gauss,Euler,Lagrange 和 Legendre 的遗产:把整数表示成平方和	2022—06	78.00	1540
平面几何与数论中未解决的新老问题	2013—01	68.00	229
代数数论简史	2014—11	28.00	408
代数数论	2015—09	88.00	532
代数、数论及分析习题集	2016—11	98.00	695
数论导引提要及习题解答	2016—01	48.00	559
素数定理的初等证明.第2版	2016—09	48.00	686
数论中的模函数与狄利克雷级数(第二版)	2017—11	78.00	837
数论:数学导引	2018—01	68.00	849
域论	2018—04	68.00	884
代数数论(冯克勤　编著)	2018—04	68.00	885
范氏大代数	2019—02	98.00	1016
新编640个世界著名数学智力趣题	2014—01	88.00	242
500个最新世界著名数学智力趣题	2008—06	48.00	3
400个最新世界著名数学最值问题	2008—09	48.00	36
500个世界著名数学征解问题	2009—06	48.00	52
400个中国最佳初等数学征解老问题	2010—01	48.00	60
500个俄罗斯数学经典老题	2011—01	28.00	81
1000个国外中学物理好题	2012—04	48.00	174
300个日本高考数学题	2012—05	38.00	142
700个早期日本高考数学试题	2017—02	88.00	752
500个前苏联早期高考数学试题及解答	2012—05	28.00	185
546个早期俄罗斯大学生数学竞赛题	2014—03	38.00	285
548个来自美苏的数学好问题	2014—11	28.00	396
20所苏联著名大学早期入学试题	2015—02	18.00	452
161道德国工科大学生必做的微分方程习题	2015—05	28.00	469
500个德国工科大学生必做的高数习题	2015—06	28.00	478
360个数学竞赛问题	2016—08	58.00	677
德国讲义日本考题.微积分卷	2015—04	48.00	456
德国讲义日本考题.微分方程卷	2015—04	38.00	457
二十世纪中叶中、英、美、日、法、俄高考数学试题精选	2017—06	38.00	783

博弈论精粹	2008—03	58.00	30
博弈论精粹.第二版(精装)	2015—01	88.00	461
数学 我爱你	2008—01	28.00	20
精神的圣徒　别样的人生——60位中国数学家成长的历程	2008—09	48.00	39
数学史概论	2009—06	78.00	50
数学史概论(精装)	2013—03	158.00	272
数学史选讲	2016—01	48.00	544
斐波那契数列	2010—02	28.00	65
数学拼盘和斐波那契魔方	2010—07	38.00	72
斐波那契数列欣赏	2011—01	28.00	160
数学的创造	2011—02	48.00	85
数学美与创造力	2016—01	48.00	595
数海拾贝	2016—01	48.00	590
数学中的美	2011—02	38.00	84
数论中的美学	2014—12	38.00	351
数学王者　科学巨人——高斯	2015—01	28.00	428
振兴祖国数学的圆梦之旅:中国初等数学研究史话	2015—06	98.00	490
二十世纪中国数学史料研究	2015—10	48.00	536
数字谜、数阵图与棋盘覆盖	2016—01	58.00	298
时间的形状	2016—01	38.00	556
数学发现的艺术:数学探索中的合情推理	2016—07	58.00	671
活跃在数学中的参数	2016—07	48.00	675

刘培杰数学工作室
已出版(即将出版)图书目录——高等数学

书　名	出版时间	定　价	编号
格点和面积	2012－07	18.00	191
射影几何趣谈	2012－04	28.00	175
斯潘纳尔引理——从一道加拿大数学奥林匹克试题谈起	2014－01	28.00	228
李普希兹条件——从几道近年高考数学试题谈起	2012－10	18.00	221
拉格朗日中值定理——从一道北京高考试题的解法谈起	2015－10	18.00	197
闵科夫斯基定理——从一道清华大学自主招生试题谈起	2014－01	28.00	198
哈尔测度——从一道冬令营试题的背景谈起	2012－08	28.00	202
切比雪夫逼近问题——从一道中国台北数学奥林匹克试题谈起	2013－04	38.00	238
伯恩斯坦多项式与贝齐尔曲面——从一道全国高中数学联赛试题谈起	2013－03	38.00	236
卡塔兰猜想——从一道普特南竞赛试题谈起	2013－06	18.00	256
麦卡锡函数和阿克曼函数——从一道前南斯拉夫数学奥林匹克试题谈起	2012－08	18.00	201
贝蒂定理与拉姆贝克莫斯尔定理——从一个拣石子游戏谈起	2012－08	18.00	217
皮亚诺曲线和豪斯道夫分球定理——从无限集谈起	2012－08	18.00	211
平面凸图形与凸多面体	2012－10	28.00	218
斯坦因豪斯问题——从一道二十五省市自治区中学数学竞赛试题谈起	2012－07	18.00	196
纽结理论中的亚历山大多项式与琼斯多项式——从一道北京市高一数学竞赛试题谈起	2012－07	28.00	195
原则与策略——从波利亚"解题表"谈起	2013－04	38.00	244
转化与化归——从三大尺规作图不能问题谈起	2012－08	28.00	214
代数几何中的贝祖定理(第一版)——从一道 IMO 试题的解法谈起	2013－08	18.00	193
成功连贯理论与约当块理论——从一道比利时数学竞赛试题谈起	2012－04	18.00	180
素数判定与大数分解	2014－08	18.00	199
置换多项式及其应用	2012－10	18.00	220
椭圆函数与模函数——从一道美国加州大学洛杉矶分校(UCLA)博士资格考题谈起	2012－10	28.00	219
差分方程的拉格朗日方法——从一道 2011 年全国高考理科试题的解法谈起	2012－08	28.00	200
力学在几何中的一些应用	2013－01	38.00	240
高斯散度定理、斯托克斯定理和平面格林定理——从一道国际大学生数学竞赛试题谈起	即将出版		
康托洛维奇不等式——从一道全国高中联赛试题谈起	2013－03	28.00	337
西格尔引理——从一道第 18 届 IMO 试题的解法谈起	即将出版		
罗斯定理——从一道前苏联数学竞赛试题谈起	即将出版		
拉克斯定理和阿廷定理——从一道 IMO 试题的解法谈起	2014－01	58.00	246
毕卡大定理——从一道美国大学数学竞赛试题谈起	2014－07	18.00	350
贝齐尔曲线——从一道全国高中联赛试题谈起	即将出版		
拉格朗日乘子定理——从一道 2005 年全国高中联赛试题的高等数学解法谈起	2015－05	28.00	480
雅可比定理——从一道日本数学奥林匹克试题谈起	2013－04	48.00	249
李天岩一约克定理——从一道波兰数学竞赛试题谈起	2014－06	28.00	349
整系数多项式因式分解的一般方法——从克朗耐克算法谈起	即将出版		

刘培杰数学工作室
已出版(即将出版)图书目录——高等数学

书　　名	出版时间	定　价	编号
布劳维不动点定理——从一道前苏联数学奥林匹克试题谈起	2014－01	38.00	273
伯恩赛德定理——从一道英国数学奥林匹克试题谈起	即将出版		
布查特－莫斯特定理——从一道上海市初中竞赛试题谈起	即将出版		
数论中的同余数问题——从一道普特南竞赛试题谈起	即将出版		
范·德蒙行列式——从一道美国数学奥林匹克试题谈起	即将出版		
中国剩余定理:总数法构建中国历史年表	2015－01	28.00	430
牛顿程序与方程求根——从一道全国高考试题解法谈起	即将出版		
库默尔定理——从一道 IMO 预选试题谈起	即将出版		
卢丁定理——从一道冬令营试题的解法谈起	即将出版		
沃斯滕霍姆定理——从一道 IMO 预选试题谈起	即将出版		
卡尔松不等式——从一道莫斯科数学奥林匹克试题谈起	即将出版		
信息论中的香农熵——从一道近年高考压轴题谈起	即将出版		
约当不等式——从一道希望杯竞赛试题谈起	即将出版		
拉比诺维奇定理	即将出版		
刘维尔定理——从一道《美国数学月刊》征解问题的解法谈起	即将出版		
卡塔兰恒等式与级数求和——从一道 IMO 试题的解法谈起	即将出版		
勒让德猜想与素数分布——从一道爱尔兰竞赛试题谈起	即将出版		
天平称重与信息论——从一道基辅市数学奥林匹克试题谈起	即将出版		
哈密尔顿－凯莱定理:从一道高中数学联赛试题的解法谈起	2014－09	18.00	376
艾思特曼定理——从一道 CMO 试题的解法谈起	即将出版		
一个爱尔特希问题——从一道西德数学奥林匹克试题谈起	即将出版		
有限群中的爱丁格尔问题——从一道北京市初中二年级数学竞赛试题谈起	即将出版		
糖水中的不等式——从初等数学到高等数学	2019－07	48.00	1093
帕斯卡三角形	2014－03	18.00	294
蒲丰投针问题——从 2009 年清华大学的一道自主招生试题谈起	2014－01	38.00	295
斯图姆定理——从一道“华约”自主招生试题的解法谈起	2014－01	18.00	296
许瓦兹引理——从一道加利福尼亚大学伯克利分校数学系博士生试题谈起	2014－08	18.00	297
拉姆塞定理——从王诗宬院士的一个问题谈起	2016－04	48.00	299
坐标法	2013－12	28.00	332
数论三角形	2014－04	38.00	341
毕克定理	2014－07	18.00	352
数林掠影	2014－09	48.00	389
我们周围的概率	2014－10	38.00	390
凸函数最值定理:从一道华约自主招生题的解法谈起	2014－10	28.00	391
易学与数学奥林匹克	2014－10	38.00	392
生物数学趣谈	2015－01	18.00	409
反演	2015－01	28.00	420
因式分解与圆锥曲线	2015－01	18.00	426
轨迹	2015－01	28.00	427
面积原理:从常庚哲命的一道 CMO 试题的积分解法谈起	2015－01	48.00	431
形形色色的不动点定理:从一道 28 届 IMO 试题谈起	2015－01	38.00	439
柯西函数方程:从一道上海交大自主招生的试题谈起	2015－02	28.00	440

刘培杰数学工作室
已出版(即将出版)图书目录——高等数学

书　　名	出版时间	定　价	编号
三角恒等式	2015-02	28.00	442
无理性判定:从一道 2014 年"北约"自主招生试题谈起	2015-01	38.00	443
数学归纳法	2015-03	18.00	451
极端原理与解题	2015-04	28.00	464
法雷级数	2014-08	18.00	367
摆线族	2015-01	38.00	438
函数方程及其解法	2015-05	38.00	470
含参数的方程和不等式	2012-09	28.00	213
希尔伯特第十问题	2016-01	38.00	543
无穷小量的求和	2016-01	28.00	545
切比雪夫多项式:从一道清华大学金秋营试题谈起	2016-01	38.00	583
泽肯多夫定理	2016-03	38.00	599
代数等式证题法	2016-01	28.00	600
三角等式证题法	2016-01	28.00	601
吴大任教授藏书中的一个因式分解公式:从一道美国数学邀请赛试题的解法谈起	2016-06	28.00	656
易卦——类万物的数学模型	2017-08	68.00	838
"不可思议"的数与数系可持续发展	2018-01	38.00	878
最短线	2018-01	38.00	879

从毕达哥拉斯到怀尔斯	2007-10	48.00	9
从迪利克雷到维斯卡尔迪	2008-01	48.00	21
从哥德巴赫到陈景润	2008-05	98.00	35
从庞加莱到佩雷尔曼	2011-08	138.00	136

从费马到怀尔斯——费马大定理的历史	2013-10	198.00	Ⅰ
从庞加莱到佩雷尔曼——庞加莱猜想的历史	2013-10	298.00	Ⅱ
从切比雪夫到爱尔特希(上)——素数定理的初等证明	2013-07	48.00	Ⅲ
从切比雪夫到爱尔特希(下)——素数定理 100 年	2012-12	98.00	Ⅲ
从高斯到盖尔方特——二次域的高斯猜想	2013-10	198.00	Ⅳ
从库默尔到朗兰兹——朗兰兹猜想的历史	2014-01	98.00	Ⅴ
从比勃巴赫到德布朗斯——比勃巴赫猜想的历史	2014-02	298.00	Ⅵ
从麦比乌斯到陈省身——麦比乌斯变换与麦比乌斯带	2014-02	298.00	Ⅶ
从布尔到豪斯道夫——布尔方程与格论漫谈	2013-10	198.00	Ⅷ
从开普勒到阿诺德——三体问题的历史	2014-05	298.00	Ⅸ
从华林到华罗庚——华林问题的历史	2013-10	298.00	Ⅹ

数学物理大百科全书.第 1 卷	2016-01	418.00	508
数学物理大百科全书.第 2 卷	2016-01	408.00	509
数学物理大百科全书.第 3 卷	2016-01	396.00	510
数学物理大百科全书.第 4 卷	2016-01	408.00	511
数学物理大百科全书.第 5 卷	2016-01	368.00	512

朱德祥代数与几何讲义.第 1 卷	2017-01	38.00	697
朱德祥代数与几何讲义.第 2 卷	2017-01	28.00	698
朱德祥代数与几何讲义.第 3 卷	2017-01	28.00	699

刘培杰数学工作室
已出版(即将出版)图书目录——高等数学

书　　名	出版时间	定　价	编号
闵嗣鹤文集	2011—03	98.00	102
吴从炘数学活动三十年(1951～1980)	2010—07	99.00	32
吴从炘数学活动又三十年(1981～2010)	2015—07	98.00	491
斯米尔诺夫高等数学.第一卷	2018—03	88.00	770
斯米尔诺夫高等数学.第二卷.第一分册	2018—03	68.00	771
斯米尔诺夫高等数学.第二卷.第二分册	2018—03	68.00	772
斯米尔诺夫高等数学.第二卷.第三分册	2018—03	48.00	773
斯米尔诺夫高等数学.第三卷.第一分册	2018—03	58.00	774
斯米尔诺夫高等数学.第三卷.第二分册	2018—03	58.00	775
斯米尔诺夫高等数学.第三卷.第三分册	2018—03	68.00	776
斯米尔诺夫高等数学.第四卷.第一分册	2018—03	48.00	777
斯米尔诺夫高等数学.第四卷.第二分册	2018—03	88.00	778
斯米尔诺夫高等数学.第五卷.第一分册	2018—03	58.00	779
斯米尔诺夫高等数学.第五卷.第二分册	2018—03	68.00	780
zeta 函数,q-zeta 函数,相伴级数与积分(英文)	2015—08	88.00	513
微分形式:理论与练习(英文)	2015—08	58.00	514
离散与微分包含的逼近和优化(英文)	2015—08	58.00	515
艾伦·图灵:他的工作与影响(英文)	2016—01	98.00	560
测度理论概率导论,第 2 版(英文)	2016—01	88.00	561
带有潜在故障恢复系统的半马尔柯夫模型控制(英文)	2016—01	98.00	562
数学分析原理(英文)	2016—01	88.00	563
随机偏微分方程的有效动力学(英文)	2016—01	88.00	564
图的谱半径(英文)	2016—01	58.00	565
量子机器学习中数据挖掘的量子计算方法(英文)	2016—01	98.00	566
量子物理的非常规方法(英文)	2016—01	118.00	567
运输过程的统一非局部理论:广义波尔兹曼物理动力学,第 2 版(英文)	2016—01	198.00	568
量子力学与经典力学之间的联系在原子、分子及电动力学系统建模中的应用(英文)	2016—01	58.00	569
算术域(英文)	2018—01	158.00	821
高等数学竞赛:1962—1991 年的米洛克斯·史怀哲竞赛(英文)	2018—01	128.00	822
用数学奥林匹克精神解决数论问题(英文)	2018—01	108.00	823
代数几何(德文)	2018—04	68.00	824
丢番图逼近论(英文)	2018—01	78.00	825
代数几何学基础教程(英文)	2018—01	98.00	826
解析数论入门课程(英文)	2018—01	78.00	827
数论中的丢番图问题(英文)	2018—01	78.00	829
数论(梦幻之旅):第五届中日数论研讨会演讲集(英文)	2018—01	68.00	830
数论新应用(英文)	2018—01	68.00	831
数论(英文)	2018—01	78.00	832
测度与积分(英文)	2019—04	68.00	1059
卡塔兰数入门(英文)	2019—05	68.00	1060
多变量数学入门(英文)	2021—05	68.00	1317
偏微分方程入门(英文)	2021—05	88.00	1318
若尔当典范性:理论与实践(英文)	2021—07	68.00	1366

刘培杰数学工作室
已出版(即将出版)图书目录——高等数学

书　　名	出版时间	定　价	编号
湍流十讲(英文)	2018－04	108.00	886
无穷维李代数:第3版(英文)	2018－04	98.00	887
等值、不变量和对称性(英文)	2018－04	78.00	888
解析数论(英文)	2018－09	78.00	889
《数学原理》的演化:伯特兰·罗素撰写第二版时的手稿与笔记(英文)	2018－04	108.00	890
哈密尔顿数学论文集(第4卷):几何学、分析学、天文学、概率和有限差分等(英文)	2019－05	108.00	891
数学王子——高斯	2018－01	48.00	858
坎坷奇星——阿贝尔	2018－01	48.00	859
闪烁奇星——伽罗瓦	2018－01	58.00	860
无穷统帅——康托尔	2018－01	48.00	861
科学公主——柯瓦列夫斯卡娅	2018－01	48.00	862
抽象代数之母——埃米·诺特	2018－01	48.00	863
电脑先驱——图灵	2018－01	58.00	864
昔日神童——维纳	2018－01	48.00	865
数坛怪侠——爱尔特希	2018－01	68.00	866
当代世界中的数学.数学思想与数学基础	2019－01	38.00	892
当代世界中的数学.数学问题	2019－01	38.00	893
当代世界中的数学.应用数学与数学应用	2019－01	38.00	894
当代世界中的数学.数学王国的新疆域(一)	2019－01	38.00	895
当代世界中的数学.数学王国的新疆域(二)	2019－01	38.00	896
当代世界中的数学.数林撷英(一)	2019－01	38.00	897
当代世界中的数学.数林撷英(二)	2019－01	48.00	898
当代世界中的数学.数学之路	2019－01	38.00	899
偏微分方程全局吸引子的特性(英文)	2018－09	108.00	979
整函数与下调和函数(英文)	2018－09	118.00	980
幂等分析(英文)	2018－09	118.00	981
李群,离散子群与不变量理论(英文)	2018－09	108.00	982
动力系统与统计力学(英文)	2018－09	118.00	983
表示论与动力系统(英文)	2018－09	118.00	984
分析学练习.第1部分(英文)	2021－01	88.00	1247
分析学练习.第2部分.非线性分析(英文)	2021－01	88.00	1248
初级统计学:循序渐进的方法:第10版(英文)	2019－05	68.00	1067
工程师与科学家微分方程用书:第4版(英文)	2019－07	58.00	1068
大学代数与三角学(英文)	2019－06	78.00	1069
培养数学能力的途径(英文)	2019－07	38.00	1070
工程师与科学家统计学:第4版(英文)	2019－06	58.00	1071
贸易与经济中的应用统计学:第6版(英文)	2019－06	58.00	1072
傅立叶级数和边值问题:第8版(英文)	2019－05	48.00	1073
通往天文学的途径:第5版(英文)	2019－05	58.00	1074

刘培杰数学工作室
已出版(即将出版)图书目录——高等数学

书　　名	出版时间	定　价	编号
拉马努金笔记.第1卷(英文)	2019—06	165.00	1078
拉马努金笔记.第2卷(英文)	2019—06	165.00	1079
拉马努金笔记.第3卷(英文)	2019—06	165.00	1080
拉马努金笔记.第4卷(英文)	2019—06	165.00	1081
拉马努金笔记.第5卷(英文)	2019—06	165.00	1082
拉马努金遗失笔记.第1卷(英文)	2019—06	109.00	1083
拉马努金遗失笔记.第2卷(英文)	2019—06	109.00	1084
拉马努金遗失笔记.第3卷(英文)	2019—06	109.00	1085
拉马努金遗失笔记.第4卷(英文)	2019—06	109.00	1086
数论:1976年纽约洛克菲勒大学数论会议记录(英文)	2020—06	68.00	1145
数论:卡本代尔1979:1979年在南伊利诺伊卡本代尔大学举行的数论会议记录(英文)	2020—06	78.00	1146
数论:诺德韦克豪特1983:1983年在诺德韦克豪特举行的Journees Arithmetiques数论大会会议记录(英文)	2020—06	68.00	1147
数论:1985—1988年在纽约城市大学研究生院和大学中心举办的研讨会(英文)	2020—06	68.00	1148
数论:1987年在乌尔姆举行的Journees Arithmetiques数论大会会议记录(英文)	2020—06	68.00	1149
数论:马德拉斯1987:1987年在马德拉斯安娜大学举行的国际拉马努金百年纪念大会会议记录(英文)	2020—06	68.00	1150
解析数论:1988年在东京举行的日法研讨会会议记录(英文)	2020—06	68.00	1151
解析数论:2002年在意大利切特拉罗举行的C.I.M.E.暑期班演讲集(英文)	2020—06	68.00	1152
量子世界中的蝴蝶:最迷人的量子分形故事(英文)	2020—06	118.00	1157
走进量子力学(英文)	2020—06	118.00	1158
计算物理学概论(英文)	2020—06	48.00	1159
物质,空间和时间的理论:量子理论(英文)	即将出版		1160
物质,空间和时间的理论:经典理论(英文)	即将出版		1161
量子场理论:解释世界的神秘背景(英文)	2020—07	38.00	1162
计算物理学概论(英文)	即将出版		1163
行星状星云(英文)	即将出版		1164
基本宇宙学:从亚里士多德的宇宙到大爆炸(英文)	2020—08	58.00	1165
数学磁流体力学(英文)	2020—07	58.00	1166
计算科学:第1卷,计算的科学(日文)	2020—07	88.00	1167
计算科学:第2卷,计算与宇宙(日文)	2020—07	88.00	1168
计算科学:第3卷,计算与物质(日文)	2020—07	88.00	1169
计算科学:第4卷,计算与生命(日文)	2020—07	88.00	1170
计算科学:第5卷,计算与地球环境(日文)	2020—07	88.00	1171
计算科学:第6卷,计算与社会(日文)	2020—07	88.00	1172
计算科学.别卷,超级计算机(日文)	2020—07	88.00	1173
多复变函数论(日文)	2022—06	78.00	1518
复变函数入门(日文)	2022—06	78.00	1523

刘培杰数学工作室
已出版(即将出版)图书目录——高等数学

书　　名	出版时间	定　价	编号
代数与数论:综合方法(英文)	2020—10	78.00	1185
复分析:现代函数理论第一课(英文)	2020—07	58.00	1186
斐波那契数列和卡特兰数:导论(英文)	2020—10	68.00	1187
组合推理:计数艺术介绍(英文)	2020—07	88.00	1188
二次互反律的傅里叶分析证明(英文)	2020—07	48.00	1189
旋瓦兹分布的希尔伯特变换与应用(英文)	2020—07	58.00	1190
泛函分析:巴拿赫空间理论入门(英文)	2020—07	48.00	1191
典型群,错排与素数(英文)	2020—11	58.00	1204
李代数的表示:通过 gln 进行介绍(英文)	2020—10	38.00	1205
实分析演讲集(英文)	2020—10	38.00	1206
现代分析及其应用的课程(英文)	2020—10	58.00	1207
运动中的抛射物数学(英文)	2020—10	38.00	1208
2—扭结与它们的群(英文)	2020—10	38.00	1209
概率,策略和选择:博弈与选举中的数学(英文)	2020—11	58.00	1210
分析学引论(英文)	2020—11	58.00	1211
量子群:通往流代数的路径(英文)	2020—11	38.00	1212
集合论入门(英文)	2020—10	48.00	1213
酉反射群(英文)	2020—11	58.00	1214
探索数学:吸引人的证明方式(英文)	2020—11	58.00	1215
微分拓扑短期课程(英文)	2020—10	48.00	1216
抽象凸分析(英文)	2020—11	68.00	1222
费马大定理笔记(英文)	2021—03	48.00	1223
高斯与雅可比和(英文)	2021—03	78.00	1224
π与算术几何平均:关于解析数论和计算复杂性的研究(英文)	2021—01	58.00	1225
复分析入门(英文)	2021—03	48.00	1226
爱德华·卢卡斯与素性测定(英文)	2021—03	78.00	1227
通往凸分析及其应用的简单路径(英文)	2021—01	68.00	1229
微分几何的各个方面.第一卷(英文)	2021—01	58.00	1230
微分几何的各个方面.第二卷(英文)	2020—12	58.00	1231
微分几何的各个方面.第三卷(英文)	2020—12	58.00	1232
沃克流形几何学(英文)	2020—11	58.00	1233
彷射和韦尔几何应用(英文)	2020—12	58.00	1234
双曲几何学的旋转向量空间方法(英文)	2021—02	58.00	1235
积分:分析学的关键(英文)	2020—12	48.00	1236
为有天分的新生准备的分析学基础教材(英文)	2020—11	48.00	1237

刘培杰数学工作室
已出版(即将出版)图书目录——高等数学

书　　名	出版时间	定　价	编号
数学不等式.第一卷.对称多项式不等式(英文)	2021—03	108.00	1273
数学不等式.第二卷.对称有理不等式与对称无理不等式(英文)	2021—03	108.00	1274
数学不等式.第三卷.循环不等式与非循环不等式(英文)	2021—03	108.00	1275
数学不等式.第四卷.Jensen 不等式的扩展与加细(英文)	2021—03	108.00	1276
数学不等式.第五卷.创建不等式与解不等式的其他方法(英文)	2021—04	108.00	1277

书　　名	出版时间	定　价	编号
冯·诺依曼代数中的谱位移函数:半有限冯·诺依曼代数中的谱位移函数与谱流(英文)	2021—06	98.00	1308
链接结构:关于嵌入完全图的直线中链接单形的组合结构(英文)	2021—05	58.00	1309
代数几何方法.第1卷(英文)	2021—06	68.00	1310
代数几何方法.第2卷(英文)	2021—06	68.00	1311
代数几何方法.第3卷(英文)	2021—06	58.00	1312

书　　名	出版时间	定　价	编号
代数、生物信息和机器人技术的算法问题.第四卷,独立恒等式系统(俄文)	2020—08	118.00	1119
代数、生物信息和机器人技术的算法问题.第五卷,相对覆盖性和独立可拆分恒等式系统(俄文)	2020—08	118.00	1200
代数、生物信息和机器人技术的算法问题.第六卷,恒等式和准恒等式的相等 问题、可推导性和可实现性(俄文)	2020—08	128.00	1201
分数阶微积分的应用:非局部动态过程,分数阶导热系数(俄文)	2021—01	68.00	1241
泛函分析问题与练习:第2版(俄文)	2021—01	98.00	1242
集合论、数学逻辑和算法论问题:第5版(俄文)	2021—01	98.00	1243
微分几何和拓扑短期课程(俄文)	2021—01	98.00	1244
素数规律(俄文)	2021—01	88.00	1245
无穷边值问题解的递减:无界域中的拟线性椭圆和抛物方程(俄文)	2021—01	48.00	1246
微分几何讲义(俄文)	2020—12	98.00	1253
二次型和矩阵(俄文)	2021—01	98.00	1255
积分和级数.第2卷,特殊函数(俄文)	2021—01	168.00	1258
积分和级数.第3卷,特殊函数补充:第2版(俄文)	2021—01	178.00	1264
几何图上的微分方程(俄文)	2021—01	138.00	1259
数论教程:第2版(俄文)	2021—01	98.00	1260
非阿基米德分析及其应用(俄文)	2021—03	98.00	1261

刘培杰数学工作室
已出版(即将出版)图书目录——高等数学

书　　名	出版时间	定　价	编号
古典群和量子群的压缩(俄文)	2021—03	98.00	1263
数学分析习题集.第3卷,多元函数:第3版(俄文)	2021—03	98.00	1266
数学习题:乌拉尔国立大学数学力学系大学生奥林匹克(俄文)	2021—03	98.00	1267
柯西定理和微分方程的特解(俄文)	2021—03	98.00	1268
组合极值问题及其应用:第3版(俄文)	2021—03	98.00	1269
数学词典(俄文)	2021—01	98.00	1271
确定性混沌分析模型(俄文)	2021—06	168.00	1307
精选初等数学习题和定理.立体几何.第3版(俄文)	2021—03	68.00	1316
微分几何习题:第3版(俄文)	2021—05	98.00	1336
精选初等数学习题和定理.平面几何.第4版(俄文)	2021—05	68.00	1335
曲面理论在欧氏空间 En 中的直接表示	2022—01	68.00	1444
维纳—霍普夫离散算子和托普利兹算子:某些可数赋范空间中的诺特性和可逆性(俄文)	2022—03	108.00	1496
Maple 中的数论:数论中的计算机计算(俄文)	2022—03	88.00	1497
贝尔曼和克努特问题及其概括:加法运算的复杂性(俄文)	2022—03	138.00	1498
复分析:共形映射(俄文)	2022—07	48.00	1542
微积分代数样条和多项式及其在数值方法中的应用(俄文)	2022—08	128.00	1543
蒙特卡罗方法中的随机过程和场模型:算法和应用(俄文)	2022—08	88.00	1544

狭义相对论与广义相对论:时空与引力导论(英文)	2021—07	88.00	1319
束流物理学和粒子加速器的实践介绍:第2版(英文)	2021—07	88.00	1320
凝聚态物理中的拓扑和微分几何简介(英文)	2021—05	88.00	1321
混沌映射:动力学、分形学和快速涨落(英文)	2021—05	128.00	1322
广义相对论:黑洞、引力波和宇宙学介绍(英文)	2021—06	68.00	1323
现代分析电磁均质化(英文)	2021—06	68.00	1324
为科学家提供的基本流体动力学(英文)	2021—06	88.00	1325
视觉天文学:理解夜空的指南(英文)	2021—06	68.00	1326
物理学中的计算方法(英文)	2021—06	68.00	1327
单星的结构与演化:导论(英文)	2021—06	108.00	1328
超越居里:1903年至1963年物理界四位女性及其著名发现(英文)	2021—06	68.00	1329
范德瓦尔斯流体热力学的进展(英文)	2021—06	68.00	1330
先进的托卡马克稳定性理论(英文)	2021—06	88.00	1331
经典场论导论:基本相互作用的过程(英文)	2021—07	88.00	1332
光致电离量子动力学方法原理(英文)	2021—07	108.00	1333
经典域论和应力:能量张量(英文)	2021—05	88.00	1334
非线性太赫兹光谱的概念与应用(英文)	2021—06	68.00	1337
电磁学中的无穷空间并矢格林函数(英文)	2021—06	88.00	1338
物理科学基础数学.第1卷,齐次边值问题、傅里叶方法和特殊函数(英文)	2021—07	108.00	1339
离散量子力学(英文)	2021—07	68.00	1340
核磁共振的物理学和数学(英文)	2021—07	108.00	1341
分子水平的静电学(英文)	2021—08	68.00	1342
非线性波:理论、计算机模拟、实验(英文)	2021—06	108.00	1343
石墨烯光学:经典问题的电解解决方案(英文)	2021—06	68.00	1344
超材料多元宇宙(英文)	2021—07	68.00	1345
银河系外的天体物理学(英文)	2021—07	68.00	1346
原子物理学(英文)	2021—07	68.00	1347

刘培杰数学工作室
已出版(即将出版)图书目录——高等数学

书　　名	出版时间	定　价	编号
将光打结:将拓扑学应用于光学(英文)	2021—07	68.00	1348
电磁学:问题与解法(英文)	2021—07	88.00	1364
海浪的原理:介绍量子力学的技巧与应用(英文)	2021—07	108.00	1365
多孔介质中的流体:输运与相变(英文)	2021—07	68.00	1372
洛伦兹群的物理学(英文)	2021—08	68.00	1373
物理导论的数学方法和解决方法手册(英文)	2021—08	68.00	1374
非线性波数学物理学入门(英文)	2021—08	88.00	1376
波:基本原理和动力学(英文)	2021—07	68.00	1377
光电子量子计量学.第1卷,基础(英文)	2021—07	88.00	1383
光电子量子计量学.第2卷,应用与进展(英文)	2021—07	68.00	1384
复杂流的格子玻尔兹曼建模的工程应用(英文)	2021—08	68.00	1393
电偶极矩挑战(英文)	2021—08	108.00	1394
电动力学:问题与解法(英文)	2021—09	68.00	1395
自由电子激光的经典理论(英文)	2021—08	68.00	1397
曼哈顿计划——核武器物理学简介(英文)	2021—09	68.00	1401
粒子物理学(英文)	2021—09	68.00	1402
引力场中的量子信息(英文)	2021—09	128.00	1403
器件物理学的基本经典力学(英文)	2021—09	68.00	1404
等离子体物理及其空间应用导论.第1卷,基本原理和初步过程(英文)	2021—09	68.00	1405
伽利略理论力学:连续力学基础(英文)	2021—10	48.00	1416

拓扑与超弦理论焦点问题(英文)	2021—07	58.00	1349
应用数学:理论、方法与实践(英文)	2021—07	78.00	1350
非线性特征值问题:牛顿型方法与非线性瑞利函数(英文)	2021—07	58.00	1351
广义膨胀和齐性:利用齐性构造齐次系统的李雅普诺夫函数和控制律(英文)	2021—06	48.00	1352
解析数论焦点问题(英文)	2021—07	58.00	1353
随机微分方程:动态系统方法(英文)	2021—07	58.00	1354
经典力学与微分几何(英文)	2021—07	58.00	1355
负定相交形式流形上的瞬子模空间几何(英文)	2021—07	68.00	1356

广义卡塔兰轨道分析:广义卡塔兰轨道计算数字的方法(英文)	2021—07	48.00	1367
洛伦兹方法的变分:二维与三维洛伦兹方法(英文)	2021—08	38.00	1378
几何、分析和数论精编(英文)	2021—08	68.00	1380
从一个新角度看数论:通过遗传方法引入现实的概念(英文)	2021—07	58.00	1387

刘培杰数学工作室
已出版(即将出版)图书目录——高等数学

书　　名	出版时间	定　价	编号
动力系统:短期课程(英文)	2021—08	68.00	1382
几何路径:理论与实践(英文)	2021—08	48.00	1385
广义斐波那契数列及其性质(英文)	2021—08	38.00	1386
论天体力学中某些问题的不可积性(英文)	2021—07	88.00	1396
对称函数和麦克唐纳多项式:余代数结构与 Kawanaka 恒等式	2021—09	38.00	1400
杰弗里・英格拉姆・泰勒科学论文集:第 1 卷. 固体力学(英文)	2021—05	78.00	1360
杰弗里・英格拉姆・泰勒科学论文集:第 2 卷. 气象学、海洋学和湍流(英文)	2021—05	68.00	1361
杰弗里・英格拉姆・泰勒科学论文集:第 3 卷. 空气动力学以及落弹数和爆炸的力学(英文)	2021—05	68.00	1362
杰弗里・英格拉姆・泰勒科学论文集:第 4 卷. 有关流体力学(英文)	2021—05	58.00	1363
非局域泛函演化方程:积分与分数阶(英文)	2021—08	48.00	1390
理论工作者的高等微分几何:纤维丛、射流流形和拉格朗日理论(英文)	2021—08	68.00	1391
半线性退化椭圆微分方程:局部定理与整体定理(英文)	2021—07	48.00	1392
非交换几何、规范理论和重整化:一般简介与非交换量子场论的重整化(英文)	2021—09	78.00	1406
数论论文集:拉普拉斯变换和带有数论系数的幂级数(俄文)	2021—09	48.00	1407
挠理论专题:相对极大值,单射与扩充模(英文)	2021—09	88.00	1410
强正则图与欧几里得若尔当代数:非通常关系中的启示(英文)	2021—10	48.00	1411
拉格朗日几何和哈密顿几何:力学的应用(英文)	2021—10	48.00	1412
时滞微分方程与差分方程的振动理论:二阶与三阶(英文)	2021—10	98.00	1417
卷积结构与几何函数理论:用以研究特定几何函数理论方向的分数阶微积分算子与卷积结构(英文)	2021—10	48.00	1418
经典数学物理的历史发展(英文)	2021—10	78.00	1419
扩展线性丢番图问题(英文)	2021—10	38.00	1420
一类混沌动力系统的分歧分析与控制:分歧分析与控制(英文)	2021—11	38.00	1421
伽利略空间和伪伽利略空间中一些特殊曲线的几何性质(英文)	2022—01	48.00	1422

刘培杰数学工作室
已出版(即将出版)图书目录——高等数学

书　　名	出版时间	定　价	编号
一阶偏微分方程:哈密尔顿—雅可比理论(英文)	2021—11	48.00	1424
各向异性黎曼多面体的反问题:分段光滑的各向异性黎曼多面体反边界谱问题:唯一性(英文)	2021—11	38.00	1425
项目反应理论手册.第一卷,模型(英文)	2021—11	138.00	1431
项目反应理论手册.第二卷,统计工具(英文)	2021—11	118.00	1432
项目反应理论手册.第三卷,应用(英文)	2021—11	138.00	1433
二次无理数:经典数论入门(英文)	2022—05	138.00	1434
数,形与对称性:数论,几何和群论导论(英文)	2022—05	128.00	1435
有限域手册(英文)	2021—11	178.00	1436
计算数论(英文)	2021—11	148.00	1437
拟群与其表示简介(英文)	2021—11	88.00	1438
数论与密码学导论:第二版(英文)	2022—01	148.00	1423
几何分析中的柯西变换与黎兹变换:解析调和容量和李普希兹调和容量、变化和振荡以及一致可求长性(英文)	2021—12	38.00	1465
近似不动点定理及其应用(英文)	2022—05	28.00	1466
局部域的相关内容解析:对局部域的扩展及其伽罗瓦群的研究(英文)	2022—01	38.00	1467
反问题的二进制恢复方法(英文)	2022—03	28.00	1468
对几何函数中某些类的各个方面的研究:复变量理论(英文)	2022—01	38.00	1469
覆盖、对应和非交换几何(英文)	2022—01	28.00	1470
最优控制理论中的随机线性调节器问题:随机最优线性调节器问题(英文)	2022—01	38.00	1473
正交分解法:涡流流体动力学应用的正交分解法(英文)	2022—01	38.00	1475
芬斯勒几何的某些问题(英文)	2022—03	38.00	1476
受限三体问题(英文)	2022—05	38.00	1477
利用马利亚万微积分进行 Greeks 的计算:连续过程、跳跃过程中的马利亚万微积分和金融领域中的 Greeks(英文)	2022—05	48.00	1478
经典分析和泛函分析的应用:分析学的应用(英文)	2022—05	38.00	1479
特殊芬斯勒空间的探究(英文)	2022—03	48.00	1480
某些图形的施泰纳距离的细谷多项式:细谷多项式与图的维纳指数(英文)	2022—05	38.00	1481
图论问题的遗传算法:在新鲜与模糊的环境中(英文)	2022—05	48.00	1482
多项式映射的渐近簇(英文)	2022—05	38.00	1483

刘培杰数学工作室
已出版(即将出版)图书目录——高等数学

书　　名	出版时间	定　价	编号
一维系统中的混沌:符号动力学,映射序列,一致收敛和沙可夫斯基定理(英文)	2022-05	38.00	1509
多维边界层流动与传热分析:粘性流体流动的数学建模与分析(英文)	2022-05	38.00	1510
演绎理论物理学的原理:一种基于量子力学波函数的逐次置信估计的一般理论的提议(英文)	2022-05	38.00	1511
R^2 和 R^3 中的仿射弹性曲线:概念和方法(英文)	即将出版		1512
算术数列中除数函数的分布:基本内容、调查、方法、第二矩、新结果(英文)	2022-05	28.00	1513
抛物型狄拉克算子和薛定谔方程:不定常薛定谔方程的抛物型狄拉克算子及其应用(英文)	2022-07	28.00	1514
黎曼-希尔伯特问题与量子场论:可积重正化、戴森-施温格方程(英文)	即将出版		1515
代数结构和几何结构的形变理论(英文)	2022-08	48.00	1516
概率结构和模糊结构上的不动点:概率结构和直觉模糊度量空间的不动点定理(英文)	2022-08	38.00	1517
反若尔当对:简单反若尔当对的自同构	2022-07	28.00	1533
对某些黎曼一芬斯勒空间变换的研究:芬斯勒几何中的某些变换	2022-07	38.00	1534
内诣零流形映射的尼尔森数的阿诺索夫关系	即将出版		1535
与广义积分变换有关的分数次演算:对分数次演算的研究	即将出版		1536
强子的芬斯勒几何和吕拉几何(宇宙学方面):强子结构的芬斯勒几何和吕拉几何(拓扑缺陷)	即将出版		1537
一种基于混沌的非线性最优化问题:作业调度问题	即将出版		1538
广义概率论发展前景:关于趣味数学与置信函数实际应用的一些原创观点	即将出版		1539
纽结与物理学:第二版(英文)	2022-09	118.00	1547
正交多项式和q-级数的前沿(英文)	即将出版		1548
算子理论问题集(英文)	即将出版		1549
抽象代数:群、环与域的应用导论:第二版(英文)	即将出版		1550
菲尔兹奖得主演讲集:第三版(英文)	即将出版		1551
多元实函数教程(英文)	即将出版		1552

联系地址:哈尔滨市南岗区复华四道街10号　哈尔滨工业大学出版社刘培杰数学工作室
网　　址:http://lpj.hit.edu.cn/
邮　　编:150006
联系电话:0451-86281378　　13904613167
E-mail:lpj1378@163.com